绿色食品 理论与实践

陈兆云　主编

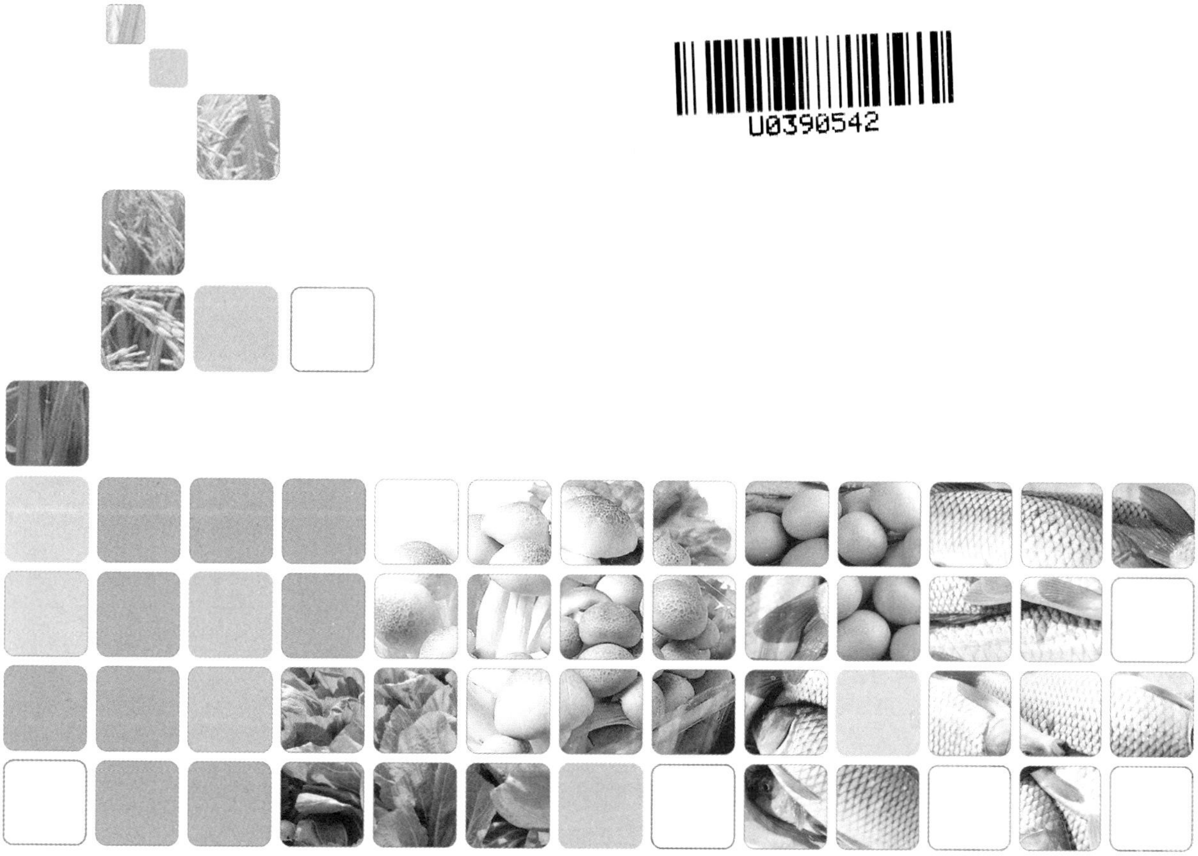

中国农业科学技术出版社

图书在版编目（CIP）数据

绿色食品理论与实践 / 陈兆云主编 . —北京：中国农业科学技术出版社，2016. 12
ISBN 978 – 7 – 5116 – 2827 – 5

Ⅰ. ①绿…　Ⅱ. ①陈…　Ⅲ. ①绿色食品 – 文集　Ⅳ. ①TS2 – 53

中国版本图书馆 CIP 数据核字（2016）第 274112 号

责任编辑　史咏竹
责任校对　杨丁庆

出 版 者　中国农业科学技术出版社
北京市中关村南大街 12 号　邮编：100081
电　　话　（010）82105169（编辑室）（010）82109702（发行部）
（010）82109709（读者服务部）
传　　真　（010）82106626
网　　址　http://www. castp. cn
经 销 者　各地新华书店
印 刷 者　北京科信印刷有限公司
开　　本　787 mm × 1 092 mm　1/16
印　　张　28. 5
字　　数　636 千字
版　　次　2016 年 12 月第 1 版　2016 年 12 月第 1 次印刷
定　　价　98. 00 元

《绿色食品理论与实践》

编 委 会

前　言

绿色食品是中国政府推出的一项开创性事业，自创立以来，在党中央、国务院的亲切关怀下，在国家各有关部门的大力支持下，在各级地方政府和农业部门的积极推动下，绿色食品事业保持了持续健康发展。目前，全国绿色食品企业已超过10 000家，产品超过24 000个，原料标准化基地面积超过1.6亿亩（1亩≈667平方米）。绿色食品已成为国内外具有较高知名度和公信力的优质安全农产品和食品品牌，为保护农业生态环境、推进农业标准化生产、提高农产品质量安全水平、促进农业增效、农民增收和农业可持续发展发挥了重要的示范引领和带动作用。

当前，中国正处于全面建成小康社会的关键时期。党中央、国务院《关于加快推进生态文明建设的意见》对发展绿色产业做出了总体部署，为绿色食品发展提供了新的动力；党的十八届五中全会提出了“创新、协调、绿色、开放、共享”的五大发展理念，对绿色食品事业发展提出了新的要求。面对新形势、新任务，各级地方政府愈加重视支持绿色食品发展，专家学者愈加关注并参与绿色食品理论研究，绿色食品工作体系在实践中积极探索、勇于创新，形成了丰硕的绿色食品理论研究与实践探索成果。

为总结宣传推广绿色食品发展理论与实践成果，进一步推动绿色食品基础理论与技术研究，鼓励并调动全社会从事绿色食品生产、管理、推广及研究等，中国绿色食品发展中心征集汇总了近3年在国家核心期刊公开发表或被图书收录的绿色食品相关论文，并整理了对本行业有重要指导意义的政策文件，编纂成《绿色食品理论与实践》一书。本书共收集整理绿色食品相关政策文件、论文73篇，内容涉及绿色食品基础理论与政策研究、绿色食品基地建设与标准化生产、绿色食品标志许可与质量监督、绿色食品品牌建设与市场发展。这些文件、论文是专家学者和绿色食品工作者长期研究的成果和丰富实践的结晶，必将对绿色食品事业发展起到重要的指导和推动作用，同时也将为绿色食品生产者、管理者和科研人员提供有益参考。

中国绿色食品发展中心

2016年12月

目　　录

基础理论与政策研究

基地建设与标准化生产

标志许可与质量监督

品牌建设与市场发展

基础理论与政策研究

农业部关于推进“三品一标”持续健康发展的意见

农质发〔2016〕6号

各省、自治区、直辖市及计划单列市农业（农牧、农村经济）、畜牧兽医、农垦、农产品加工、渔业主管厅（局、委、办），新疆生产建设兵团农业（水产、畜牧兽医）局：

无公害农产品、绿色食品、有机农产品和农产品地理标志（以下简称“三品一标”）是我国重要的安全优质农产品公共品牌。经过多年发展，“三品一标”工作取得了明显成效，为提升农产品质量安全水平、促进农业提质增效和农民增收等发挥了重要作用。为进一步推进“三品一标”持续健康发展，现提出如下意见。

一、高度重视“三品一标”发展

（一）发展“三品一标”是践行绿色发展理念的有效途径

党的十八届五中全会提出“创新、协调、绿色、开放、共享”发展理念，“三品一标”倡导绿色、减量和清洁化生产，遵循资源循环无害化利用，严格控制和鼓励减少农业投入品使用，注重产地环境保护，在推进农业可持续发展和建设生态文明等方面，具有重要的示范引领作用。

（二）发展“三品一标”是实现农业提质增效的重要举措

现代农业坚持“产出高效、产品安全、资源节约、环境友好”的发展思路，提质、增效、转方式是现代农业发展的主旋律。“三品一标”通过品牌带动，推行基地化建设、规模化发展、标准化生产、产业化经营，有效提升了农产品品质规格和市场竞争力，在推动农业供给侧结构性改革、现代农业发展、农业增效农民增收和精准扶贫等方面具有重要的促进作用。

（三）发展“三品一标”是适应公众消费的必然要求

伴随我国经济发展步入新常态和全面建设小康社会进入决战决胜阶段，我国消费市场对农产品质量安全的要求快速提升，优质化、多样化、绿色化日益成为消费主流，安全、优质、品牌农产品市场需求旺盛。保障人民群众吃得安全优质是重要民生问题，“三品一标”涵盖安全、优质、特色等综合要素，是满足公众对营养健康农产品消费的重要实现方式。

（四）发展“三品一标”是提升农产品质量安全水平的重要手段

“三品一标”推行标准化生产和规范化管理，将农产品质量安全源头控制和全程监管落实到农产品生产经营环节，有利于实现“产”“管”并举，从生产过程提升农产品质量安全水平。

二、明确“三品一标”发展方向

（一）发展思路

认真落实党的十八大和十八届三中、四中、五中全会精神，深入贯彻习近平总书记系列重要讲话精神，遵循创新、协调、绿色、开放、共享发展理念，紧紧围绕现代农业发展，充分发挥市场决定性和更好发挥政府推动作用，以标准化生产和基地创建为载体，通过规模化和产业化，推行全程控制和品牌发展战略，促进“三品一标”持续健康发展。

无公害农产品立足安全管控，在强化产地认定的基础上，充分发挥产地准出功能；绿色食品突出安全优质和全产业链优势，引领优质优价；有机农产品彰显生态安全特点，因地制宜，满足公众追求生态、环保的消费需求；农产品地理标志要突出地域特色和品质特性，带动优势地域特色农产品区域品牌创立。

（二）基本原则

一是严把质量安全，持续稳步发展。产品质量和品牌信誉是“三品一标”核心竞争力，必须严格质量标准，规范质量管理，强化行业自律，坚持“审核从紧、监管从严、处罚从重”的工作路线，健全退出机制，维护好“三品一标”品牌公信力。

二是立足资源优势，因地制宜发展。依托各地农业资源禀赋和产业发展基础，统筹规划，合理布局，认真总结“三品一标”成功发展模式和经验，充分发挥典型引领作用，因地制宜地加快发展。

三是政府支持推进，市场驱动发展。充分发挥政府部门在政策引导、投入支持、执法监管等方面的引导作用，营造有利的发展环境。牢固树立消费引领生产的理念，充分发挥市场决定性作用，广泛拓展消费市场。

（三）发展目标

力争通过5年左右的推进，使“三品一标”生产规模进一步扩大，产品质量安全稳定在较高水平。“三品一标”获证产品数量年增幅保持在6%以上，产地环境监测面积达到占食用农产品生产总面积的40%，获证产品抽检合格率保持在98%以上，率先实现“三品一标”产品可追溯。

三、推进“三品一标”发展措施

（一）大力开展基地创建

着力推进无公害农产品产地认定，进一步扩大总量规模，全面提升农产品质量安全水平。在无公害农产品产地认定的基础上，大力推动开展规模化的无公害农产品生产基地创建。稳步推动绿色食品原料标准化基地建设，强化产销对接，促进基地与加工（养殖）联动发展。积极推进全国有机农业示范基地建设，适时开展有机农产品生产示范基地（企业、合作社、家庭农场等）创建。扎实推进以县域为基础的国家农产品地理标志登记保护示范创建，积极开展农产品地理标志登记保护优秀持有人和登记保护企业（合作社、家庭农场、种养大户）示范创建。

（二）提升审核监管质量

加快完善“三品一标”审核流程和技术规范，抓紧构建符合“三品一标”标志管理特点的质量安全评价技术准则和考核认定实施细则。严格产地环境监测、评估和产品验证检测，坚持“严”字当头，严把获证审查准入关，牢固树立风险意识，认真落实审核监管措施，加大获证产品抽查和督导巡查，防范系统性风险隐患。健全淘汰退出机制，严肃查处不合格产品，严格规范绿色食品和有机农产品标签标识管理；切实将无公害农产品标识与产地准出和市场准入有机结合，凡加施获证无公害农产品防伪追溯标识的产品，推行等同性合格认定，实施顺畅快捷产地准出和市场准入。严查冒用和超范围使用“三品一标”标志等行为。

（三）注重品牌培育宣传

加强品牌培育，将“三品一标”作为农业品牌建设重中之重。做好“三品一标”获证主体宣传培训和技术服务，督导获证产品正确和规范使用标识，不断提升市场影响力和知名度。加大推广宣传，积极办好中国绿色食品博览会、中国国际有机食品博览会、地理标志农产品专展等专业展会。要依托农业影视、《农民日报》、农业院校等现有各种信息网络媒体和教育培训公共资源，加强“三品一标”等农产品质量安全知识培训、品牌宣传、科普解读、生产指导和消费引导工作，全力为“三品一标”构建市场营销平台和产销联动合作机制，支持“三品一标”产品参加全国性或区域性展会。

（四）推动改革创新

结合国家现代农业示范区、农产品质量安全县等农业项目创建，加快发展“三品一标”产品。通过“三品一标”标准化生产示范，辐射带动农产品质量安全整体水平提升。围绕国家化肥农药零增长行动和农业可持续发展要求，大力推广优质安全、生态环保型肥料农药等农业投入品，全面推行绿色、生态和环境友好型生产技术。在无公害农产品生产基地建设中，积极开展减化肥减农药等农业投入品减量化施用和考核认定试点。积极构建“三品一标”等农产品品质规格和全程管控技术体系。加快推进“三品一标”信息化建设，鼓励“三品一标”生产经营主体采用信息化手段进行生产信息管理，实现生产经营电子化记录和精细化管理。推动“三品一标”产品率先建立全程质量安全控制体系和实施追溯管理，全面开展“三品一标”产品质量追溯试点。

（五）强化体系队伍建设

“三品一标”工作队伍是农产品质量安全监管体系的重要组成部分和骨干力量，要将“三品一标”队伍纳入全国农产品质量安全监管体系统筹谋划，整体推进建设。加强从业人员业务技能培训，完善激励约束机制，着力培育和打造一支“热心农业、科学公正、廉洁高效”的“三品一标”工作体系。“三品一标”工作队伍要按照农产品质量安全监管统一部署和要求，全力做好农产品质量安全监管的业务支撑和技术保障工作。充分发挥专家智库、行业协（学）会和检验检测、风险评估、科学研究等技术机构作用，为“三品一标”发展提供技术支持。

（六）加大政策支持

各级农业部门要积极争取同级财政部门支持，将“三品一标”工作经费纳入年度财政预算，加大资金支持力度。积极争取建立或扩大“三品一标”奖补政策与资金规模，不断提高生产经营主体和广大农产品生产者发展“三品一标”积极性。尽可能把“三品一标”纳入各类农产品生产经营性投资项目建设重点，并作为考核和评价现代农业示范区、农产品质量安全县、龙头企业、示范合作社、“三园两场”等建设项目的关键指标。

发展“三品一标”，是各级政府赋予农业部门的重要职能，也是现代农业发展的客观需要。各级农业行政主管部门要从新时期农业农村经济发展的全局出发，高度重视发展“三品一标”的重要意义，要把发展“三品一标”作为推动现代农业建设、农业转型升级、农产品质量安全监管的重要抓手，纳入农业农村经济发展规划和农产品质量安全工作计划，予以统筹部署和整体推进。各地要因地制宜制定本地区、本行业的“三品一标”发展规划和推动发展的实施意见，按计划、有步骤地加以组织实施和稳步推进。要将“三品一标”发展纳入现代农业示范区、农产品质量安全县和农产品质量安全绩效管理重点，强化监督检查和绩效考核，确保“三品一标”持续健康发展，不断满足人民群众对安全优质品牌农产品的需求。

中华人民共和国农业部
2016 年 5 月 6 日

全国绿色食品产业发展规划纲要（2016—2020年）

农业部绿色食品管理办公室

多年来，发展绿色食品在推进农业发展方式转变、提高农产品质量安全水平、保护农业生态环境、促进农业增效和农民增收等方面发挥了重要的示范带动作用。绿色食品已成为我国安全优质农产品的精品品牌，得到社会各界的普遍认可。党的十八届五中全会提出了绿色发展等新思想，为绿色食品事业发展注入了新动力。为进一步推进绿色食品产业持续健康发展，发挥绿色食品在现代农业建设中的示范引领作用，更好地满足城乡居民的安全健康消费需求，根据农业农村发展与农产品质量安全相关要求，制定本规划纲要。

一、发展现状

绿色食品，是指产自优良生态环境、按照绿色食品标准生产、实行全程质量控制并获得绿色食品标志使用权的安全、优质食用农产品及相关产品。多年以来，在各级政府和农业部门的积极推动下，在市场需求的有力拉动下，全国绿色食品产业保持了稳步健康发展，取得了显著成效。

（一）产业发展已有一定规模

截至2015年年底，全国绿色食品企业总数达到9 500多家，产品总数达到23 000多个。2011—2015年，绿色食品企业和产品年均分别增长约8.5%和7.0%。绿色食品产品日益丰富，现有的产品门类包括农林产品及其加工产品、畜禽、水产品及其加工产品、饮品类产品等5个大类、57个小类、近150个种类，基本上覆盖了全国主要大宗农产品及加工产品。全国已创建665个绿色食品原料标准化生产基地，分布25个省、市、自治区，基地种植面积1.8亿亩①，产品总产量达到1亿吨。绿色食品生产资料企业总数发展到102家，产品达244个。

① 1亩≈667平方米，全书同

（二）产品质量稳定可靠

通过实施“从农田到餐桌”全程质量控制，落实标准化生产，严格产地环境、产品质量检测和投入品管控，提高现场检查和审核许可的规范性，全面加大证后监管力度，有效地保证了绿色食品产品质量。2011—2015 年，绿色食品系统每年组织抽检覆盖率超过 20%，绿色食品产品质量抽检合格率一直保持在 99% 以上。在近几年由农业部①等国家有关部门组织的农产品质量安全监督抽检中，绿色食品产品质量抽检合格率均达到 100%。

（三）品牌具有广泛影响力

经过多年宣传推广，绿色食品已被社会广泛接受，其推行的生产方式、倡导的消费理念、树立的社会形象和产生的品牌效益，已得到普遍认可。早在 1999 年，《辞海》已将“绿色食品”列入书中；绿色食品有关知识被国家编入了《全日制普通高级中学生物教学大纲》；中国农业大学、南京农业大学等多数农林院校设置了绿色食品专业或开设了绿色食品相关课程。近几年，绿色食品作为食品安全知识在部分大中城市社区广为宣传；相关电视节目中也时常涉及绿色食品的概念和知识。据调查，在国内大中城市，绿色食品品牌的认知度超过 80%；在所有认证产品中绿色食品的公信度排名第一。绿色食品品牌影响已从国内扩大到国际，其标志商标已在日本、美国、俄罗斯等 10 个国家和地区注册，丹麦、澳大利亚、加拿大等国家已开发了一批绿色食品产品。

（四）制度规范基本完善

《中华人民共和国农产品质量安全法》《中华人民共和国食品安全法》《绿色食品标志管理办法》（2012 年第 6 号农业部令）等的颁布实施，为绿色食品发展奠定了法律基础。农业部已发布绿色食品各类标准 126 项，整体达到发达国家先进水平，地方配套颁布实施的绿色食品生产技术规程已达 400 多项，绿色食品标准体系更加完善。绿色食品标志许可审查程序和技术规范在工作实践中得到不断补充和修订，绿色食品企业年检、产品抽检、市场监察、风险预警、淘汰退出等证后监管制度已全面建立和实施，以标志管理为核心的绿色食品制度规范已基本完善。

（五）体系队伍已覆盖到基层

全国已建立省级绿色食品工作机构 36 个，地（市）级绿色食品工作机构 308 个，县（市）级绿色食品工作机构 1 558个，覆盖了全国 88% 的地州、56% 的县市。全国共有专职工作人员 6 452人，其中，绿色食品检查员 3 460人、监管员 2 797人；还发展绿

① 中华人民共和国农业部，全书简称农业部

色食品企业内检员1.8万人，实现了所有获证企业的全覆盖。同时，审核确定了绿色食品定点环境监测机构57家、产品质量检测机构58家。

二、面临形势

当前和今后一个时期，推动绿色食品产业持续健康发展面临前所未有的历史机遇。

（一）政策环境有利

“支持发展绿色食品”已多次写入中央一号文件。中共中央、国务院《关于加快推进生态文明建设的意见》对发展绿色产业做出了总体部署。党的十八届五中全会提出了五大发展理念，进一步明确了绿色发展的思想。发展绿色食品，符合国家“绿色发展、低碳发展、循环发展”的战略部署，符合“产出高效、产品安全、资源节约、环境友好”的现代农业发展方向，越来越受到各级政府的高度重视。发展绿色食品已纳入我国现代农业建设、可持续农业发展、农产品质量安全提升等中长期规划，并与农业标准化、产业化、品牌化等主体工作紧密结合，在组织领导、产业指导、政策扶持、激励机制等方面的配套政策不断完善，支持力度不断加大。

（二）生产者积极性高

随着绿色食品品牌的影响力、公信力不断提升，在优质优价市场机制的传导下，广大企业和农户发展绿色食品的积极性不断提高，特别是食品行业骨干企业、各级农业产业化龙头企业、出口企业更加关注绿色食品开发与经营。同时，随着农产品质量安全社会共治大格局的形成，各方面的责任进一步落实，市场秩序和品牌保护工作得到加强，绿色食品的精品形象更加凸显，吸引着越来越多的社会工商资本进入绿色食品领域寻求发展商机，必将稳步扩大绿色食品产业规模，有效提升产业发展水平。

（三）消费需求旺盛

随着城乡居民收入水平不断提高，食品安全意识普遍增强，食物消费结构正加快由注重数量转向注重质量，追求“绿色、生态、环保”日益成为消费的基本取向和选择标准，绿色食品更加受到广大消费者的欢迎，市场需求呈现加速增长的态势。在消费需求和品牌影响的拉动下，绿色食品市场流通体系建设步伐不断加快，绿色食品越来越多地进入大型连锁超市、专营店，走上电商平台，满足日益个性化、多元化的消费需求。

与此同时，绿色食品发展仍然存在一些制约因素，面临不少挑战。

一是绿色食品发展至今还没有一个全国统一的规划。在推进现代农业农村经济发展的大格局下，统筹考虑绿色食品发展，进一步明确其定位、方向、目标、政策措施和工作要求十分重要，有利于增强工作的方位感和目标责任意识，有利于提升体系队伍建设和产业扶持政策的连续性、稳定性，从而促进绿色食品持续健康发展。

二是部门合作协调推进绿色食品发展的机制还没有建立起来。目前，绿色发展理念正在农业各产业中逐步扩散，绿色生产技术正在实践中不断得到开发与推广应用，各产业主管部门正在成为绿色农业发展的有力推动者。绿色食品工作部门与农业各产业主管部门加强工作配合，相互支持，优势互补，将成为今后推动绿色食品发展的有力手段。

三是绿色食品品牌形象有待进一步巩固提升。少数获证企业标准化生产不能真正落实到位，防控产品质量安全风险和隐患的压力增大；有的企业用标不规范或违规用标，个别企业违法制售假冒产品，有损绿色食品整体品牌形象。从结构看，中小食品企业与农民专业合作社偏多，大型食品企业偏少；初级产品偏多，精深加工产品偏少；种植业比重偏大，畜禽、水产品偏少；东中部地区发展规模较大，西部地区发展规模偏小，区域发展不平衡。面向国内外市场的品牌深度宣传与推广不足，优质优价市场机制的作用还未得到充分发挥。

三、总体思路

以邓小平理论、“三个代表”重要思想、科学发展观为指导，贯彻习近平总书记系列重要讲话精神，落实《中华人民共和国国民经济和社会发展第十三个五年规划纲要》，遵循创新、协调、绿色、开放、共享发展理念，以保护生态环境、提升农产品质量安全水平和促进农民增收为目的，以完善标准、优化程序、强化监管、加大宣传、创新机制为支撑，坚持精品定位，稳步发展，努力实现绿色食品质量水平持续提升、产业规模持续扩大、品牌公信力和影响力持续增强。

（一）基本原则

一是明确定位，率先发展。绿色食品是农业农村经济工作的重要组成部分，是生态文明建设的助推器、农业发展方式转变的排头兵、农产品安全优质消费的风向标。新时期，要按照“提质增效转方式，稳粮增收可持续”的要求，与农业产业转型升级、“一控两减三基本”、农产品质量安全监管、特色产业精准扶贫等农业主体工作相融合，率先发展，在标准化生产、产业化经营、品牌化发展中发挥示范带动作用。

二是政府推动，市场拉动。积极争取各级农业行政主管部门的支持，发挥好主管部门在统筹谋划、政策引导、投入支持、执法监管等方面的重要作用。要重视市场开发，多形式搞活流通，多渠道拓展市场，积极发挥市场在配置资源中的决定性作用，推进绿色食品优质优价市场机制的形成。

三是质量优先，稳步推进。更加注重发展的质量，全面落实全程质量控制体系和标准化生产，强化证后监管，不断提升绿色食品品牌的公信力。在坚持准入标准、保证质量的前提下，稳步扩大总量规模，不断满足城乡居民对安全优质农产品及加工食品的需求。

四是坚持特色，创新驱动。坚守与发达国家接轨的农产品及食品质量安全标准水平，保持绿色食品标准的先进性；坚持“安全、优质、环保、营养、健康”的本质特征，进一步打造精品品牌；坚持质量管理与标志许可相结合的基本制度，不断创新机制，提升发展活力。

（二）发展目标

到 2020 年，全国绿色食品产业总量规模进一步扩大，企业总数达到 11 000家，产品总数达到 27 000个，绿色食品产地环境监测面积达到 6.5 亿亩，绿色食品总产量占全国食用农产品及加工食品总产量 5% 以上。绿色食品质量和品牌公信力、认知度明显提升，质量抽检合格率保持在 99% 以上，国家级和省级农业产业化龙头企业、大型食品加工企业、出口企业比例明显上升，达到 60% 以上。

四、重点任务

（一）扎实推进基地建设，不断提高发展质量

按照“稳定总量规模，提升创建质量，强化产业对接，增强基地效益”的总体思路，新创建 200 个原料标准化基地，使基地总量达到 800 个，面积增加到 2 亿亩。以优势农产品产业带、特色农产品规划区和农业大县为重点，着力创建一批绿色食品水稻、小麦、玉米、大豆、油料、糖料、水果、茶叶、畜产品原料标准化生产基地，加大产销对接力度，形成原料基地与加工（养殖）企业相互促进的良性循环机制。

启动绿色食品园区创建活动，打造一批融“绿色食品生产、加工、销售、餐饮、体验、休闲”为一体的绿色食品综合示范园区，拓展绿色食品发展的多种功能，促进农村第一、第二、第三产业融合发展。

（二）着力扶强生产主体，持续扩大总量规模

按照“提高门槛、强化服务、加强引导”的要求，不断提高绿色食品企业的整体素质。大力引导各类龙头企业，特别是国家级和省级农业产业化龙头企业、大型食品企业、外向型企业发展绿色食品，发挥骨干企业的引领作用。积极指导国家与省级农民专业合作社示范社发展绿色食品，发挥其在标准化生产中的示范作用。鼓励引导地方特色农产品生产主体发展绿色食品，发挥行业领头作用。

（三）加快推进短缺产品开发，不断优化品种结构

重点推动生态环境良好的草原地区发展优质草食绿色畜禽产品，大力发展有特色的畜禽产品，引导行业领先企业和境外企业发展绿色畜禽产品。引导大型湖泊、库塘等自然条件良好的天然水域发展绿色水产品，鼓励远洋捕捞及其加工企业发展绿色食品。发展绿色食品精深加工产品，重点是食用植物油、米面加工品、果酒等。

（四）不断强化市场营销服务，完善市场流通体系

全面开展绿色食品市场营销服务体系建设，推动绿色食品步入“以品牌引导消费、以消费拉动市场、以市场促进生产”的发展轨道。制定绿色食品市场推广与品牌形象展示规范，引导和鼓励建设绿色食品专业营销体系。支持多形式建立绿色食品电商平台，积极引导企业充分利用电商平台拓宽营销渠道、提高流通效率。推进“中国绿色食品博览会”向专业化、市场化方向发展，使其成为促进绿色食品产销对接、商贸合作的专业平台。鼓励举办区域性绿色食品交易会，多渠道开展市场对接，扩大绿色食品品牌影响力。

（五）全面加强品牌保护，不断提升品牌的公信力

坚持绿色食品精品定位，把精品理念贯彻落实到生产经营的每一个环节，夯实品牌建设的基础。依据《中华人民共和国商标法》《绿色食品标志管理办法》等法律法规，持续开展绿色食品标志的注册与保护工作，为产业发展和品牌建设提供有力的法律保障。严格许可审查，加强证后监管，强化淘汰退出机制，确保产品质量和规范用标，切实维护品牌的公信力和美誉度。积极开展品牌知识宣传，培育并提升绿色食品在消费市场的良好形象。

五、支撑体系

（一）完善绿色食品技术标准体系

继续瞄准国际先进水平，突出“安全、优质和可持续发展”的基本特征，完善绿色食品技术标准体系，力争绿色食品有效标准达到150项。重点完善养殖、屠宰环节绿色食品卫生控制要求和食品加工过程中的卫生控制规范。推进地方特色优势农产品生产技术规程制订工作，为落实标准化生产提供技术规范。以“质量安全、技术先进、生产可行、产业提升”为基本评价指标，建立绿色食品标准跟踪评价长效机制，进一步提高标准的科学性和实用性。

（二）优化绿色食品标志许可制度

按照“科学公正、规范有序、简便快捷”的要求，不断优化标志许可审查程序，完善现场检查规范和专家评审制度。积极开展申报企业组织模式、管理体系、产地环境、风险防控能力等方面的评估，并加大现场检查力度，严格准入门槛。强化申报企业投入品审核管理，对投入品使用合理性、管理规范性、来源稳定性进行严格审查。强化工作机构审查把关和定点检测机构公正检测的责任，确保审查工作环环相接不遗漏、不延误、不推诿。建立健全检查员工作绩效考评机制，强化检查员签字负责制。加强证书

管理，不断提高颁证工作的质量和效率。

（三）加强产品质量监管体系

建立“以属地监管为原则、行政监管为主导、行业自律为基础、社会监督为保障”的综合监管运行机制。认真落实企业年检、产品质量年度抽检、绿色食品标志市场监察与打假、质量风险预警、产品公告等监管制度。积极推进绿色食品质量追溯管理。加强绿色食品企业内检员队伍建设，发挥其在宣贯标准、沟通信息、质量保障、风险预警中的重要作用。制订符合绿色食品行业自身特点的诚信标准，建立诚信信息服务平台，稳步开展诚信评价工作。

（四）强化科技支撑体系

组织开展绿色食品发展理念、标准定位、制度安排、功能作用、发展模式、运行机制及效益评价等方面的基础研究。鼓励和依托大专院校、科研院所开展绿色食品农业投入品使用技术研究，并建立将先进成熟研究成果应用到生产中的宣传推广机制。支持地方研究和推广一批特色鲜明、务实管用、农民欢迎的清洁生产技术。加大绿色食品生产资料研发和推广应用力度，不断提升绿色食品清洁化生产水平。

（五）健全管理服务体系

加快健全地方工作队伍体系，进一步理顺关系，明确职能，充实人员，推动工作机构向基层延伸。继续抓好检查员、标志监管员的培训工作，强化服务意识，提升工作能力。按照“统筹规划、合理布局、择优选用”的原则，稳步推进绿色食品检测机构布点工作，强化检测机构能力建设。充分发挥绿色食品专家队伍在理论研究、标准制修订、技术开发、风险评估等方面的重要作用。加快审核管理信息系统建设步伐，提升绿色食品许可审核工作信息化水平。发挥绿色食品协会的桥梁纽带作用，增强绿色食品行业的向心力、凝聚力。

六、保障措施

（一）加强组织领导

发展绿色食品，是国务院赋予农业部门的重要职能。各省绿色食品工作机构要从新时期农业农村经济发展的全局出发，充分认识发展绿色食品的重要意义，始终把发展绿色食品作为推动农业转型升级、加强农产品质量安全工作的重要内容，积极争取纳入当地农业农村经济发展整体规划，统筹部署推动。要加快制定符合各地实际的绿色食品发展规划和具体实施方案，明确分工和进度安排，按计划、有步骤地抓好各项工作的落实。要强化发展规划的监督检查和综合评估，积极争取将发展绿色食品纳入现代农业建设和农产品质量安全绩效管理范围，确保绿色食品发展各项工作有效推进。

（二）加大政策支持

要按照《中华人民共和国农产品质量安全法》的要求，积极争取将绿色食品工作经费纳入本级农产品质量安全管理公共财政预算，适度增加绿色食品发展预算资金，加大资金扶持力度。要积极建立补贴制度，加大对绿色食品生产企业、原料标准化生产基地、绿色食品示范园区和农户的奖补力度，不断提高企业和农民发展绿色食品的积极性。要结合国家有关规划和已有各类投资渠道，创造条件，争取把发展绿色食品纳入重要农业建设项目，明确发展目标和建设内容，丰富可追溯体系建设、现代农业示范区、农业标准化示范县、农产品质量安全县、龙头企业评定、国家级示范合作社创建、“三园两场”创建项目建设内容，统筹利用各种国家强农惠农政策与资源，实现农业项目建设与绿色食品发展相辅相成、相得益彰。

（三）深化舆论宣传

充分应用现代化的公共媒体，加强绿色食品发展理念、法律法规、标准规范、运行模式、生产技术、产品质量、品牌效应的宣传，提高社会各界和广大公众的绿色发展、健康消费意识。积极利用各种农业节庆活动和相关博览交易会，扩大绿色食品理念与标志形象宣传。认真总结绿色食品发展的成功经验和主要做法，深入挖掘各地推进绿色食品工作的成功典范，加大典型地区、典型企业、典型产品的宣传力度，进一步提升绿色食品品牌的认知度、美誉度、公信力和影响力。健全与媒体的快捷沟通、联动机制，充分发挥媒体的引导和推动作用，营造全社会关心支持绿色食品事业发展的良好氛围。深化对外交流合作，加强国际推介宣传，提升绿色食品的国际影响。

农业部副部长陈晓华在“生态农业与绿色生产”座谈会上的讲话

2015 年 10 月 29 日

同志们：

中国绿色食品发展中心和中国绿色食品协会在中国绿色食品博览会期间，举办以“生态农业与绿色生产”为主题的座谈会，总结绿色食品事业发展 25 年的经验，谋划事业未来发展的美好愿景，很有意义。下面，我谈两点意见。

一、充分肯定绿色食品事业发展取得的成绩

绿色食品事业是一项开创性事业，是改革开放的必然产物，是经济社会发展的必然选择。早在 20 世纪 90 年代初，我国城乡人民生活在解决温饱问题的基础上开始向小康水平迈进，对农产品质量提出了新要求，对农业生态环境有了新期待，推动农业开始向高产、优质、高效方向转变。适应新的形势，农业部提出了绿色食品的概念，并利用我国农垦系统生态环境、组织管理、技术条件等优势，在部分国有农场先行开发实践。此举立即得到了国务院领导的高度重视，要求“要坚持不懈地抓好这项开创性的工作”。

绿色食品事业发展到现在，已 25 年了。25 年来，在各级政府的积极推动下，在社会各界的大力支持下，有了长足发展，走出了一条标准化、品牌化、产业化相结合，经济效益、生态效益、社会效益协调发展的新路子，为保护农业生态环境，提高农产品质量安全水平，增强农产品市场竞争力，促进农业增效和农民增收发挥了积极的引领作用。

（一）打造了一个精品品牌

品牌是绿色食品事业发展的核心竞争力。25 年来，通过不断完善标准体系，严谨规范审核把关，切实加强证后监管，积淀了绿色食品品牌的公信力，赢得了消费者的口碑。多年以来，绿色食品产品质量抽检合格率一直保持在较高水平，2014 年达到 99.5%。据有关行业部门和专业机构市场调查，目前消费者对绿色食品的认知度超过 80%，在各类认证农产品中位居第一。绿色食品品牌影响力已从国内扩大到国外，绿色食品商标已在欧盟、美国、日本等 10 个国家和地区注册，知识产权依法受到保护，成

为我国农产品具有国际竞争力的重要战略资源。澳大利亚、加拿大、丹麦等国家的 5 个全球知名企业还申请获得我国颁发的绿色食品证书，产量超过 100 万吨。

（二）创建了一项新兴产业

目前，绿色食品企业已达 9 500多家，产品超过 2.3 万个，分别是创立之初的 150 倍和 170 倍，年均分别增长 19.3% 和 23.8%。主要产品已覆盖农林、畜禽、水产、饮品等多个类别，市场占有率不断提高，已成为中高端市场准入的一个重要条件。在绿色食品企业中，已有近 300 家国家级农业产业化龙头企业，1 300多家省级龙头企业。全国已创建绿色食品原料标准化基地 635 个，面积 1.6 亿亩，总产量 1 亿吨。此外，还发展绿色食品生产资料企业 100 余家、产品 250 多个。

（三）开辟了一条增收道路

依托品牌的影响力和竞争力，在优质优价市场机制作用下，绿色食品提质增效。2014 年，绿色食品产品国内年销售额已达 5 480亿元，带动 2 000多万农户实现了增收。我国加入 WTO（世界贸易组织）以后，绿色食品出口额由 4 亿美元增长到 24.8 亿美元，年均增长 16.4%。目前，我国已有 3.4 亿亩的农田、林地、草场、水域受到监控和保护，绿色食品所倡导的绿色生产、可持续发展的生产方式，以及安全、优质、环保的消费理念，已经得到全社会的普遍认同和广泛赞誉。

25 年来，绿色食品事业在开拓中发展，在创新中前行。注册了中国第一例证明商标，探索出了质量审核与标志管理相结合的成功模式，创立了第一个安全优质公共品牌，并推动我国农产品形成了以无公害农产品、绿色食品、有机食品和地理标志农产品为主导的“三品一标”品牌发展战略格局。形成了“从农田到餐桌”全程控制的技术路线，创建了一套既在国内领先，又与发达国家接轨的标准体系。率先推行了从环境评估、投入品管控、产品检验、包装标识到证后监管的全过程质量保障模式，推进了我国农业标准化生产进程。构建了政府与市场合力发展优质品牌农产品的有效机制。一方面，各级政府将发展绿色食品作为促进农业增效、农民增收的一个重要抓手，加大扶持和推进力度，充分体现事业的公益性；另一方面，又面向市场，以品牌为载体，配置优质资源，拉动消费需求，增强了绿色食品的市场竞争力。

可以讲，绿色食品事业 25 年的发展，从一个视角见证了我国城乡居民食品消费的不断变革与升级，以及与之相适应的农业发展方式的调整与转型；从一个平台印证了农业生态环境的市场价值，农产品质量安全的经济效益；也从一个侧面彰显了公共品牌的力量，技术标准的贡献，产业化经营发展的方向。

对绿色食品事业 25 年取得的成就应当充分肯定。在此，我代表农业部向长期以来关心和支持绿色食品事业的有关部门和社会各界表示感谢！向为绿色食品事业发展做出贡献的单位和个人表示敬意！

二、努力开创绿色食品事业发展的新局面

当前，我国经济发展正处在转型升级的紧要关口，今年以来，国务院发布了《关于加快推进生态文明建设的意见》，强调要把经济社会发展建立在资源高效循环利用、生态环境严格保护的基础上，大力实现绿色发展、循环发展、低碳发展；出台了《关于加快转变农业发展方式的意见》，明确提出农业要走“产出高效、产品安全、资源节约、环境友好”的发展道路，强调要全面推进农业标准化生产，推进农业品牌建设，提升农产品质量安全水平，确保人民群众“舌尖上的安全”。国家8部委局也联合印发了《全国可持续农业发展规划》（2015—2030年），确立了“一控、两减、三基本”的目标，促进农业可持续发展。

应当看到，全面建成小康社会，满足城乡人民更高水准的消费需求，发展安全、优质、营养、健康食品不可或缺；促进生态文明发展，建设“美丽中国”，践行“绿色生产、绿色消费”任重道远；加快农业现代化进程，实现农业提质增效，转变农业发展方式势在必行。生态文明建设的主旋律，现代农业发展的主战场，农产品质量安全的主攻方向，都为绿色食品事业带来了新的机遇和挑战。

在新的形势下，按照十八大和十八届三中、四中、五中全会要求，紧紧围绕做强做大绿色食品产业、放大品牌效应的目标，坚持数量、质量与效益并重，稳步推进标准化、减量化生产，带动我国农产品质量向更高水平迈进，不断满足城乡居民的健康消费需求，使绿色食品成为生态文明建设的“助推器”，促进农业发展方式转变的“排头兵”，引领我国安全优质农产品消费的“风向标”。为此，需要着力抓好以下工作。

（一）切实维护品牌的公信力

按照“四个最严”的要求，明确责任清单，全程把好质量关。企业要做到诚信自律，把标准化生产落到实处。各级农业部门和绿色食品工作机构要从严从紧，依法履责，依规办事，用标准说话。要增强品牌安全风险管控能力，特别是要强化淘汰退出机制，及时清理不合格产品，严肃查处假冒产品，确保绿色食品是一块“干净”的品牌，没有“杂质”的品牌，没有“水分”的品牌。

（二）不断提升产业发展水平

绿色食品已有了一定的规模和基础，下一步要打造产业发展的“升级版”。要搞好规划，科学指导，有序推进。要坚持精品定位，瞄准发达国家水平，结合国情，进一步完善标准体系，始终保持标准的先进性。要突出重点，再建设一批高质量、高水平的标准化基地，发展一批规模大、实力强、品牌响的标杆企业，推广一批安全、优质、环保的绿色食品生产资料，培育一批管理规范、业态新颖的绿色食品专业营销平台。

（三）努力搞好公共服务

精心组织开展各类专业培训，加强对生产企业、基地农户的技术指导和服务。加快建设专业化、网络化的信息平台，为全社会提供优质、高效的产业信息服务。强化商贸服务，促进产销对接。深入开展国际交流与合作，扩大国际影响力，帮助更多的绿色食品企业走出国门，参与国际竞争，扩大出口贸易。

（四）持续抓好队伍建设

经过多年来的努力，绿色食品已经建立了一个较为完整的工作体系，培育了一支有凝聚力、战斗力和创造力的队伍，有力地保障了事业发展，也为农产品质量安全监管工作发挥了重要的作用。适应新形势和新任务，要按照“三严三实”的要求抓好队伍建设，着力强化服务意识，锤炼工作作风，提升业务能力，进一步增强以管理机构为基础的工作力量，以检测机构为支撑的技术力量，以中国绿色食品协会为桥梁和纽带的专家力量。

同志们，回顾过去，绿色食品事业25年来，从一概念，到一个品牌，再到一个产业，十分不易，我们要倍加珍惜。展望未来，绿色食品事业充满希望。我们要继续进取，不断开创绿色食品事业发展的新局面，续写新篇章。

"十三五"期间我国农产品质量安全监管工作目标任务*

陈晓华

（中华人民共和国农业部）

一、"十二五"期间我国农产品质量安全工作成效和经验

"十二五"是我国全面建成小康社会的关键时期和农业农村发展的又一个黄金时期，是农产品质量安全工作攻坚克难、快速提升的一个重要时期。5 年来，各级农业部门认真贯彻中央决策部署，奋发有为，扎实工作，取得了积极成效。总的看，我国农产品质量安全形势稳中向好，各项工作稳中有进。2015 年全国蔬菜、畜禽和水产品监测合格率为 96.1%、99.4% 和 95.5%，分别比"十一五"末提高 3.0、0.3 和 4.2 个百分点；5 年间没有发生重大农产品质量安全事件，为我国农业农村经济平稳较快发展提供了有力支撑。回顾"十二五"，有 6 个标志性的工作值得总结。

（一）始终坚持依法监管、制度先行，法律法规及制度机制逐步完善

国家修订了《中华人民共和国食品安全法》以及饲料管理条例等法律法规，启动了《中华人民共和国农产品质量安全法》及农药、转基因管理条例的修订工作。最高人民法院、最高人民检察院出台了食品安全刑事案件适用法律的司法解释，把生产销售使用禁用农兽药、收购贩卖病死猪、私设生猪屠宰场等行为纳入了刑罚范围。农业部制修订了饲料、兽药、绿色食品、农产品监测管理办法等 10 多个部门规章，印发了加强农产品质量安全全程监管的意见，出台了 8 项监管措施和 6 项奶源监管措施。18 个省区市出台了农产品质量安全地方法规，所有省区市都把农产品质量安全纳入政府年度考核内容，建立了问责机制。以国家法律法规为主体、地方法规为补充、部门规章相配套的法律法规体系不断完善。政府调整了农产品质量安全监管体制和职能分工，国务院办公厅印发了加强农产品质量安全监管工作的通知，农业部与国家食品药品监督管理总局

* 本文原载于《农产品质量与安全》2016 年第 1 期，第 3－7 页

签订了监管合作协议，形成了全过程监管链条。各地聚焦薄弱环节，建立了高毒农药定点经营实名购买、生产档案记录、监测抽查、检打联动等一系列行之有效的管理制度。农产品质量安全监管长效机制初步建立。

（二）始终坚持问题导向、重典治乱，专项整治卓有成效

近年来，农产品质量安全工作抓“牛鼻子”、啃“硬骨头”，坚持露头就打，始终保持高压态势，连续开展年度专项治理行动。种植业重点查处禁限用农药问题，实施了化肥农药零增长行动，禁用了 14 种高毒高风险农药。畜牧业重点开展“瘦肉精”、抗菌药、畜禽屠宰以及生鲜乳专项整治，全面推进病死畜禽无害化处理。渔业重点实施孔雀石绿、硝基呋喃等违禁药物整治，加大水产品监督抽查力度，严厉打击养殖及育苗过程违法违规行为。农资打假坚持在春耕、三夏、秋冬种等重点农时集中开展专项行动，重点打击假种子、假农药、假化肥，维护农民合法权益。5 年来，专项整治共出动执法人员 1 989万人次，检查生产企业 1 370万家次，查处问题 23. 8 万起，清理关闭生猪屠宰 1 107 个，为农民挽回经济损失 38. 3 亿元。经过努力，三聚氰胺连续 6 年监测全部合格；“瘦肉精”监测合格率处于历史最好水平，基本打掉地下生产经营链条；高毒农药和禁用兽药得到较好控制；一些区域性、行业性的问题得到有效遏制。

（三）始终坚持生产入手、源头控制，农业标准化深入推进

农业标准化是解决农产品质量安全问题的治本之策。近年来，按照“产管并举”要求，将农产品质量安全工作融入农业产业发展，强化生产过程质量控制，大力推进标准化示范创建，控制源头上水平。在标准制修订上，编制了加快完善农药残留标准体系 5 年工作方案，制定农药残留限量标准 4 140项、兽药残留限量标准 1 584项、农业国家标准及行业标准 1 800余项，清理了 413 项农药残留检测方法标准。各地因地制宜制定 1. 8 万项农业生产技术规范和操作规程，加强农业标准化宣传培训和技术指导，农业生产经营主体安全意识和质控能力明显提高。在标准化示范创建上，投入 100 亿元专项资金支持开展农牧渔业标准化创建工作，创建“三园两场”9 674个，创建标准化示范县 185 个。按照稳数量、保质量、强监管的要求，新认证“三品一标”产品 2. 8 万个，累计认证产品总数达 10. 7 万个，“三品一标”合格率稳定在 98% 以上。各地因地制宜推进农业标准化生产，有依托龙头企业、农民合作社实施，有的通过“三品一标”引领带动，有的以县域为单位整建制推进。浙江省出台加强农业标准化工作的意见，创建了一大批标准化示范区，全省标准化生产覆盖率达 60% 以上。湖南省每年印发农业标准化建设工作方案，强化政府推动，开展厅市共建，整建制推进标准化实施示范。

（四）始终坚持预防为主、风险防控，监测预警和应急处置能力稳步提升

农产品质量安全问题具有突发性、敏感性，如何做到早发现、早控制、早处理，是对农产品质量安全工作者履职担当的重要检验。“十二五”期间，农产品质量安全工作

立足少出事、不出大事，着力构建“预警及时、反应快速、处置有力、科普到位”的风险防控体系。例行监测方面，将部级监测范围扩大到152个大中城市、117个品种、94项指标，深入实施农药、兽药、饲料、水产药物残留4个专项监控计划，建立起覆盖主要城市、产区和品种、参数的监测网络。各地也不断扩大监测范围，2015年定量检测样品达87.6万个。通过监测，及时发现并督促整改了一大批不合格问题。风险评估方面，组织认定100场家风险评估实验室和145家风险评估实验站，评估体系从无到有、评估能力由弱变强。对蔬菜、粮油、畜禽、奶产品等重点食用农产品进行风险评估，获取有效数据60万条，初步摸清风险隐患及分布范围、产生原因。应急处置方面，农业部完善了应急预案，组建了农产品质量安全专家组，加大了舆情监测力度，建立起上下联动、区域协同、联防联控的应急机制。各地采取多种措施，有的加强了应急培训，有的开展了应急演练，有的配备了应急装备，明显提升了应急能力，先后处置了“豇豆农残”“生姜涕灭威”“病死猪”“速生鸡”“草莓乙草胺”等突发问题，将负面影响降到最低。举办宣传周活动，积极开展科普宣传，编印农产品质量安全生产消费指南等科普书籍，印发宣传资料9 000多万份，组织专家解读热点敏感问题，普及农产品质量安全知识。

（五）始终坚持改革创新、协同共治，监管模式不断总结完善

坚持用改革的办法破解难题，抓住关键节点，推动管理创新，形成了政府、企业、社会多元共治的新局面。在落实属地责任上，紧紧抓住县域执法监管的主战场，谋划并全面启动了国家农产品质量安全县创建活动，确定首批107个县（市）作为创建试点单位，山东、四川、福建等25省同步开展了省级创建活动，浙江省还启动了国家农产品质量安全示范省创建工作。在推动工作创新上，鼓励基层放手干、大胆闯，积极探索独具特色的农产品质量安全监管模式，形成了许多好办法、好经验。比如，加强源头管控的“威海模式”、监管体系建设的“商洛模式”、寓监管于服务之中的“仙居模式”以及辽宁的检测与检疫同步的“瘦肉精”监管模式，等等。在推动社会共治上，发动社会广泛参与，强化诚信体系建设，推动监管部门与其他部门、机构间建立协同联动治理机制。农业部将农产品质量安全纳入社会信用体系，与国家发展和改革委员会、国家工商行政管理总局等部门建立失信行为联合惩戒机制。广东、河南、青海、黑龙江等省建立了“黑名单”制度，海南、湖北、陕西等省实行了举报奖励制度，浙江省德清县实施了诚信农产品工程。

（六）始终坚持健全队伍、打牢基础，监管能力快速提升

抓住食品安全监管体制调整的契机，积极落实国务院办公厅通知要求，下大力气推动监管、检测、执法3支队伍迅速壮大。在监管体系方面，目前全国所有的省份、88%的地市、75%的县、97%的乡镇建立了监管机构，落实专兼职监管人员11.7万人。在质检体系方面，投资79.3亿元，支持建设农产品质检体系建设项目1 710个，对质检机

构负责人及主管局长实行轮训，部省地县4级农检机构达到3 332个，落实检测人员3.5万人。在执法体系方面，99%的农业县开展了农业综合执法工作，落实在岗执法人员2.8万人。农产品质量安全监管有了一支基本依靠力量。同时，各级都加大了条件保障、培训练兵力度。农业部组织开展了检测技能大赛，比武场次达到955场，6名选手被授予“全国五一劳动奖章”或“全国技术能手”称号，“农产品质量安全检测员”正式纳入《国家职业分类大典》。江苏县级监管信息化网络基本全覆盖，福建为县乡全覆盖配备流动检测车976辆，江西为每个县级质检站落实30万～50万元检测经费，辽宁制定乡镇监管站建设标准和考核方案，有力推动了基层监管能力的提升。

二、“十三五”期间我国农产品质量安全工作面临的形势要求

党的十八届五中全会审议通过的“十三五”规划建议，明确提出实施食品安全战略，推进农业标准化，构建从农田到餐桌农产品质量安全全过程监管体系的任务要求，为抓好农产品质量安全工作指明了方向。各级农业部门要以此为指导，深入分析当前面临的机遇和挑战，切实谋划和推进好“十三五”农产品质量安全监管工作。

（一）中央对农产品质量安全的要求越来越严，“十三五”必须不折不扣贯彻落实党和国家的决策部署

党的十八大以来，中央领导多次就农产品质量安全作出重要指示，提出明确要求。习近平总书记强调产管并举、“四个最严”。李克强总理要求既打攻坚战，又打持久战。2015年中央政治局第二十三次集体学习又把农产品质量安全作为重要内容进行研讨，习近平总书记指示要加强政策引导扶持，把确保质量安全作为农业转方式、调结构的关键环让人民群众吃得安全放心。全国人民代表大会新修订了《中华人民共和国食品安全法》，实施了一系列最严格的监管制度。国务院将农产品质量安全纳入“惠民生政策落实”督察指标，强化考核评价、督查督办等制度。中共中央高度重视和明确要求，是做好农产品质量安全工作的动力和鞭策，我们必须站在政治和大局的高度，进一步增强责任感、使命感和紧迫感，加快解决重点难点问题，把农产品质量安全工作抓实抓好。

（二）群众对农产品质量安全的期待越来越高，“十三五”必须坚持不懈地保障好农产品消费安全

保证公众吃饱、吃好、吃得安全放心是最基本的民生问题，是小康生活应有之义。近年来我国农产品质量安全水平不断提升，但问题隐患仍然存在，在一些地区、一些品种还比较突出，群众还有意见。如果农产品质量安全问题时常发生，既影响人民群众的满意度，也影响国际社会的认可度。发展的新阶段、人民的新期待已形成倒逼，我们必须坚持目标导向，以只争朝夕的态度，下决心解决好农产品质量安全问题，给老百姓一

个实实在在的交代。

（三）农产品质量安全和产业发展联系越来越紧，“十三五”必须下大力气补齐质量安全短板

搞现代农业，“ 高产、优质、高效、生态、安全”是基本要求，产品安全是重要指标。现阶段，与数量相比，质量效益还是农业的短板。这与特殊的国情农情有关，也与农业发展方式落后有关。薄弱环节就是主攻方向。中央经济工作会议强调供给侧结构性改革，解决好供给不适应需求的问题。中央农村工作会议和全国农业工作会议也指出，适应新常态，推进现代农业发展，最紧迫的任务是大力推进农业发展方式转变和结构调整，重点是推动农业发展由数量增长为主真正转到数量质量效益并重上来。农业提质增效，提高品质、创建品牌是重要抓手和途径。这是一条市场经济的路子，是一条生态环保的路子，也是一条产业振兴的路子。我们必须树立绿色发展的理念，加快推进农业转方式、调结构，大力推动农业标准化、规模化、品牌化发展，从源头上解决“产出来”的问题。

（四）农产品质置监管职责任务越来越重，“十三五”必须想方设法提高监管能力

当前农产品质量安全法律规定是明确的，职责任务也是清晰的。现在的问题在于一些地方监管机构不健全，监管能力跟不上，监管责任难落实。随着食品安全问责力度的加大，农产品质量安全监管工作非抓不可、必须抓好。中央要求把保障农产品质量安全作为衡量党政领导班子、领导干部能力和政绩的重要考核指标。这些年，就有因监管不到位、不作为、乱作为受到问责和处分的农业部门干部，教训十分深刻。我们必须用改革的办法、法制的思维，不断完善法律法规和制度机制，切实提高农产品质量全监管能力和执法水平。

总之，农产品质量安全是全面建成小康社会需要着力解决的问题，也是推进农业现代化需要重点突破的问题。当前正处在由“ 乱”到“ 治”的转型期，需要下更大力气、坚持不懈抓紧抓好。

三、“ 十三五”农产品质量安全监管工作的目标任务

“ 十三五”期间，我们要牢固树立并切实贯彻五大发展理念，把农产品质量安全作为转变农业发展方式、建设现代农业的关键环节，坚持“ 产出来”“ 管出来”两手抓、两手硬。“ 产出来”主要是加快转变农业发展方式，推进标准化、绿色化、规模化、品牌化生产，实现生产源头可控制；“ 管出来”主要是依法严管、全程监管，治理突出问题，实现“ 从农田到餐桌”可追溯。

“ 十三五”农产品质量安全监管工作的主要目标任务是，逐步探索出一套符合中国

国情和农情的监管模式，不断提高农产品质量安全水平，力争"十三五"末主要农产品的合格率达到97%以上，基本实现农产品产出安全，努力确保不发生重大农产品质量安全事件，努力确保人民群众"舌尖上的安全"。要实现这一目标任务，必须抓住当前有利时机，强化政策支持，加大工作力度，抓紧抓好5个"全面提升"，积极推进两个"完善"。

一是全面提升源头控制能力。源头控制很重要，它不仅关系农产品质量安全问题，也关系农业可持续发展问题。"十三五"期间第一位的是要按照中央部署打好农业面源污染治理攻坚战，开展产地环境污染调查与治理修复示范，解决土壤重金属污染治理问题。要围绕"一控两减三基本"的目标，实施化肥农药零增长行动和兽用抗菌药治理行动，推行高毒农药定点经营、实名购买制度，推广绿色防控、健康养殖和高效低毒农兽药使用，做到控肥控药控添加剂。同时要有效实施生产档案记录和休药期制度，力争5年内在家庭农场、合作社、龙头企业中基本实现全覆盖。

二是全面提升标准化生产能力。抓标准化，前提是有标可依。"十三五"期间要完善标准体系，加快标准制修订和转化应用步伐，力争5年内农兽药残留标准达到1万项，与国际食品法典同步。要高度重视标准实施问题，面上要抓规模化生产经营主体，推广按标生产技术；点上要抓好"三园两场"，扩大建设规模，发挥辐射带动作用；产品上抓好"三品一标"，加强品牌培育，推动形成优质优价机制，打造一批安全优质的知名农产品品牌和生产基地。要经过5年的努力，力争使全国"菜篮子"大县规模经营主体和规模生产基地基本实现标准化生产。

三是全面提升风险防控能力。第一位的是防范行业性、区域性、系统性风险。最重要的是强化预警能力，加大风险监测、隐患排查和风险评估力度，摸清本行业、本地区突出风险隐患及"潜规则"问题。在此基础上要实施专项整治，始终保持高压严打态势，严惩违法犯罪分子，力争用3～5年的时间使大的问题隐患基本得到解决。要始终绷紧应急处置这根弦，更加重视舆情监测和舆情应对工作，进一步加强敏感热点问题科普解读，千方百计把问题解决在点上。

四是全面提升质量追溯管理能力。目前已有很多地方开展试点，取得了积极的进展和成效，再加上农业生产规模化程度提高和"互联网+"的广泛应用，全面推进追溯管理时机已经成熟。当务之急是要搭建国家农产品质量安全追溯管理信息平台，出台农产品质量安全追溯管理办法，制定相应的追溯标准及编码规则，抓紧在一些产品和行业上把全国性的追溯试点开展起来，积极推广"二维码""耳标"以及农产品包装标识，尽可能争取一些扶持政策，力争5年内大部分农民合作社、龙头企业和主要获证农产品、农资产品实现可追溯。

五是全面提升农产品质量安全监管能力。这是做好农产品质量安全工作的根本保障，必须抓紧健全机构队伍，强化手段条件，确保"有机构履职、有人员负责、有能力干事"。当前最重要的是要按照"五化""五个率先"的要求抓好农产品质量安全县创建活动，力争5年内基本覆盖"菜篮子"大县，从而推动健全省地县乡4级监管机构，构建网格化监管体系。要抓住编制“十三五”规划时机，筹划实施“十三五”农产品质量安全保障工程，积极争取中央及各地财政资金支持，以此提高基层监管执法能力和装备水平。要通过培训、练兵等多形式来提升基层监管的业务素质和工作水平，特别是要抓紧解决好基层检测机构检不了、检不出、检不准问题以及法定资质不具备的问题。

六是完善监管制度及工作机制。首先要完善监管制度，要靠制度管根本、管长远。“十三五”期间主要从法律法规和监管制度两个大的方面入手，实现农产品质量安全全程监管有法可依、有章可循。在法律法规方面，要推动修订《中华人民共和国农产品质量安全法》及农药、畜禽屠宰、转基因等配套法规，将一些有效管用的办法上升为法律制度，实现与《中华人民共和国食品安全法》两法并举、各有侧重、相互衔接。在监管制度方面，要围绕农业产业链条，抓住农业投入品、产地环境、种植养殖、收贮运、畜禽屠宰等关键节点，制定相应的制度规范，提出管理要求，形成一整套制度体系，用管用的制度来规范生产经营主体行为，提升监管水平。其次要完善工作机制。当前条件下，如何实施更为有效的监管，靠人盯人行不通，靠单打独斗也行不通，“十三五”需要在长效机制上下更大力气。要强化协调配合机制，对内要细化农口相关单位的职能任务，形成统分结合、有统有分的工作格局；对下要强化绩效考核和工作指导，推动落实属地管理责任；对外要加强与食药等部门的合作沟通，一起谋划全程监管措施，推进无缝衔接，形成监管合力。要引入社会监督机制，加大信息公开力度，有关农产品质量标准、认证认可、检测结果、行政处罚等，要依法向社会公开，鼓励各方参与农产品质量安全监管。要强化责任追究机制，对失职渎职、徇私枉法等问题，严肃追究相关人员责任。

本文根据作者在2016年全国农产品质量安全监管工作会议上的讲话整理并经审核

参考文献

陈晓华.2011.“十二五”农产品质量安全监管目标任务及近期工作重点［J］. 农产品质量与安全（1）：5－10.

陈晓华.2012.2012年我国农产品质量安全监管面临的形势与工作重点［J］. 农产品质量与安全（1）：5－10.

陈晓华.2013.2013年我国农产品质量安全监管的形势与任务［J］. 农产品质量与安全（1）：5－9.

陈晓华.2014.2014年农业部维护“舌尖上的安全”的目标任务及重要举措［J］. 农产品质量与安全（2）：3－7.

陈晓华.2015.2014年我国农产品质量安全监管成效及2015年重点任务［J］. 农产品质量与安全（1）：3－8.

国务院办公厅.2013. 国务院办公厅关于加强农产品质量全监管工作的通知［EB/OL］. http：//www. gov. cn/zw gk/2013－12/11/content_ 2545729. htm.

全国人大常委会法工委.2006. 中华人民共和国农产品质量安全法释义［M］. 北京：法律出

版社.

新华社.2015. 十八届五中全会通过“十三五”规划建议［EB/OL］.（2015－10－30）［2016－01－19］. http：//news. xinhuanet. com/finance/2015－10/30/c_ 128374407. htm.

中共中央文献研究室.2014. 十八大以来重要文献选编［M］. 北京：中央文献出版社.

中华人民共和国食品安全法：最新修订版.［M］. 北京：法律出版社，2015.

中华人民共和国最高人民法院.2013. 最高人民法院、最高人民检察院关于办理危害食品安全刑事案件适用法律若干问题的解释［EB/OL］.（2013－05－16）［2016－01－19］. http：//www. court. gov. cn/fabu-xiangqing-5330. html.

中新网.2015. 中央经济工作会议：加强供给侧结构性改革实施五大政策支柱［EB/OL］.（2015－12－21）［2016－01－19］. http://www. chinanews. com/cj/2015/12－21/7681198. shtml.

农业部农产品质量安全监管局局长马爱国在2016年全国“三品一标”工作会议上的讲话

2016年3月25日

这次会议主要任务是，学习贯彻全国农业工作会议、全国农产品质量安全监管工作会议精神，总结2015年及“十二五”“三品一标”工作，研究“十三五”发展思路，部署2016年重点任务。下面，我讲两点意见。

一、认真总结“十二五”期间“三品一标”工作成效和经验

“十二五”是农产品质量安全及“三品一标”工作攻坚克难、快速提升的重要时期。5年来，各级“三品一标”工作机构认真贯彻部党组决策部署，扎实推进各项工作，取得了可喜成绩。数量规模稳步增长，“三品一标”总数达到10.7万个，比“十一五”末提高37.7%，产品产量、生产面积、获证主体数量等均有大幅度增长。质量安全稳定可靠，“三品一标”监测合格率连续多年保持在98%以上，2015年超过99%。品牌影响力明显提升，据调查，消费者对“三品一标”的综合认知度已超过80%，无公害和地标农产品的价格平均增长5%～30%，绿色食品年销售额达4 383亿元，年出口额达到24.9亿美元。制度规范日益健全，农业部颁布了《绿色食品标志管理办法》，制订“三品一标”技术标准255项，两个中心制定制度规范数十项，各省也制定了具体的实施细则，工作制度化、规范化水平不断提高。体系队伍不断壮大，部省地县“三品一标”工作体系基本建立，共培训检（核）查员4.2万人次，企业内检员16.4万人次。总的看，“三品一标”发展成效明显，为提升农产品质量安全水平、促进农业增效农民增收发挥了重要的支撑作用。

回顾“十二五”“三品一标”的发展，有5个标志性的经验值得总结。

一是坚持严字当头，切实加强产品质量管控。产品质量和信誉是“三品一标”的生命线。部领导对“三品一标”提出“严格审查、严格监管”及“认证从紧、监管从严、处罚从重”的系列要求。各级“三品一标”工作机构认真贯彻落实，对产地环境、生产过程、产品质量进行全方位管控，在审查把关、监测抽检、标志管理等方面不断强

化，确保产品质量经得起各方检验。5 年来，全国共对 570 个不符合要求的“三品一标”撤销了证书，维护了“三品一标”的品牌信誉。湖北省专门印发了“三品一标”认证规范、机构考评办法、质量控制记录册等，将“三品一标”纳入省级农产品质量安全监测范围，对获证产品综合检查率达 100%。

二是坚持标准引领，不断完善管理制度体系。“三品一标”在我国比较早地提出并践行了农业标准化的路子，将安全理念以一种制度化安排、标志化管理和品牌化运作的形式固化下来。我们注重顶层制度设计，在操作规程、投入品使用、检验检测、包装标识、基地建设等方面推行标准化技术措施，形成了一套有效的管理制度和标准规范体系。近年来，又在示范创建、一体化管理、复查续展、标志使用推广等方面出台了一系列新的制度措施，有力助推了“三品一标”的发展活力。陕西省通过“眉县猕猴桃”国家级地标示范创建，在制度机制等方面探索出了一条区域公用品牌打造的有效模式。

三是坚持“两轮驱动”，共同营造良性发展环境。政府和市场这两只手，在“三品一标”发展中缺一不可。这些年，我们注重发挥政府引导作用，加大政策创设力度，通过奖励补贴、项目配套、绩效管理等方式加强扶持，营造有利环境。目前，多数省份对“三品一标”认证登记都有补贴或奖励，奖励的力度和精度都在提升。如海南省对每个地标产品奖励 100 万元，上海市以产量为标准进行定量化奖励，有效调动了主体的积极性。同时，注重让市场来说话，发挥“三品一标”在优质优价、便捷入市、国际对接等方面的优势。目前，从国内看，国家《食用农产品市场销售质量安全监督管理办法》已将“三品一标”作为产地准出、市场准入的重要形式；从国际看，绿色食品和有机产品已开展了海外产品认证，地理标志中欧互认谈判也到了提交名单的阶段，“走出去”步伐大大加快。可以说，“三品一标”搞得好的地方，都是政府和市场这两只手相辅相成，共同发挥作用。

四是坚持品牌培育，努力打造产业精品形象。“三品一标”是国家培育起来的安全优质农产品品牌。如何使这块牌子干净、没有水分，真正叫得响、过得硬，部里部署了“三品一标”品牌提升行动。一方面，全系统依法履职、依规办事，严格认证程序，强化证后监管，及时清理不合格产品，确保产品公信力。另一方面，切实加强品牌宣传，组织《农民日报》等媒体进行专题推介。两个中心还通过出书、办展、拍片子、建网站等多方式加强“三品一标”推介。各地积极推进，开展了颁证、授牌、专营店、宣传周等大量宣传推广活动，如北京市制作了动画宣传片，浙江省开展了宣传月活动，黑龙江、内蒙古①、新疆②等地连续多年在京举办优质特色农产品大集，都取得了很好的效果。通过这些活动，赢得了消费者口碑，提升了品牌知名度，也打造了“三品一标”产业精品形象。

五是坚持自身建设，强化体系队伍保障。“三品一标”体系队伍是事业发展的最大

---

① 内蒙古自治区，全书简称内蒙古；

② 新疆维吾尔自治区，全书简称新疆

优势和根基所在。目前，“三品一标”工作机构已基本健全，无公害农产品省、地、县工作机构分别达到68个、604个、5 312个，绿色食品省、地、县工作机构分别达到36个、308个、1 558个，基本覆盖全国所有农业市县。同时，检测机构、技术专家、检查人员等支撑体系不断扩充和完善，绿色食品协会也在行业自律、诚信体系建设等方面发挥了积极作用。内部和外部力量的不断强化，为“三品一标”事业发展提供了强大支撑。

“三品一标”的发展，为保障农产品质量安全做出了重要贡献。成绩的取得，离不开全系统的尽职尽责、积极努力。在此，我代表农业部农产品质量安全监督管理局，向大家表示衷心的感谢！

二、明确“十三五”“三品一标”工作目标任务

当前，农业农村经济发展及农产品质量安全工作进入新时期，对“三品一标”来说也是一个重大机遇期。从全面建成小康社会看，保障人民群众吃饱、吃好、吃得安全健康，是实实在在的民生问题，也是全面建成小康社会的应有之义。“三品一标”是当前市场认可、备受欢迎的安全优质农产品，需要持续大力发展。从落实中央发展战略看，党的十八届五中全会提出了“绿色发展”等五大发展理念，“三品一标”强调减量化生产，是“绿色发展”的重要体现，在推进农业可持续发展和生态文明建设中，需要继续发挥示范引领作用。从建设现代农业看，“三品一标”提升了农产品品质和核心竞争力，促进了农业增效和农民增收，在推进农业供给侧结构性改革、推动农业产业转型升级中不可或缺、只能加强、不能削弱。从加强质量安全监管看，大力推进农业标准化生产，落到产品上就是抓“三品一标”，必须不断扩大“三品一标”的覆盖面、提高优质安全农产品比例，从源头上解决“产出来”的问题。总之，新形势、新任务已形成倒逼，我们要积极作为、乘势而上，推动“三品一标”工作再上新台阶。

在分析发展机遇的同时，我们也看到，当前“三品一标”工作还面临着一些短板和问题。从生产经营主体看，有的企业存在“重认证、轻实施”问题，认证后没做到按标生产，个别的甚至以次充好、不讲诚信；有的对首次认证看得很重，但对标志使用或续标复审不积极；有的觉得用标收益不明显，持续发展后劲不足。从自身工作开展看，有的地方存在“重发证、轻监管”现象，证后监管工作没有及时跟上；有的地方人员、设备、条件薄弱，监管维权的“硬手段”比较缺乏，对违规用标行为没及时“亮剑”；有的地方品牌建设手段有限，“三品一标”公共品牌没有用好。从社会公众消费认知看，当前既有假冒伪劣产品影响信任度的问题，也有对媒体曝光的典型案例回应不及时带来的影响扩大问题，还有公众对安全优质农产品的品牌心存疑虑、消费信心不够的问题。这些问题反映了“三品一标”工作现阶段的不平衡性，也是我国农产品质量安全由“乱”到“治”转型期的一个具体表现，需要我们在今后的工作中认真研究，

有针对性地加以解决。

今年全国农产品质量安全监管工作会议上，陈晓华部长在研究部署“十三五”农产品质量安全工作时专门指出，“农业提质增效，提高品质、创建品牌是重要抓手和途径。这是一条市场经济的路子，是一条生态环保的路子，也是一条产业振兴的路子。”现在“十三五”规划纲要已经发布，农业部正在抓紧编制“十三五”农业农村经济发展规划和农产品质量安全提升规划。我们要抓住机遇，研究规划好“三品一标”发展的思路目标和重点任务。“十三五”“三品一标”工作总体思路是：深入贯彻绿色发展理念，坚持以引领农业标准化、规模化、品牌化和绿色化生产为核心，以政府引导和市场驱动为动力，以“促发展、严监管、创品牌”为主线，不断做大总量、做强品牌、做严监管、做优服务，大力助推农业提质增效和农民持续增收，为提升我国农产品质量安全水平、加快现代农业建设提供有力支撑。重点抓好以下 5 项工作。

（一）推动“三品一标”做大做强

随着全面建成小康社会的不断深入，公众对安全优质农产品的消费需求越来越大。我们要始终坚持把发展放到第一位，既要增加数量，扩大市场占有率，又要更加注重质量，提高效益。一要明确发展定位。“三品一标”从整体定位上要牢牢把握安全底线，做优质安全农产品的主力军和先行者，在提升质量安全水平上发挥更大作用。从各自特色上，无公害农产品，要面上铺开、大力发展，使之成为市场准入的基本条件；绿色食品，要精品定位、稳步发展，努力实现优质优价；有机农产品，要因地制宜、健康发展，结合高端消费需求进行拓宽；农产品地理标志，要挖掘特色、深度发展，壮大地域品牌，传承好农耕文化。二要继续扩大总量。将好的产品、好的企业、好的资源尽可能拉进来，引导其树立诚信意识和品牌观念，推动落实主体责任，严格依据规范进行标准化生产，确保“产出来”的源头安全。三要积极争取支持和补贴。抓住国家重农兴农、加大农业投入的契机，积极推动地方政府出台农产品质量安全奖补政策，为“三品一标”争取政策、资金和项目支持，带动生产经营主体重质量、保安全的积极性。

（二）从严加强审核监管

中央对农产品质量安全提出“四个最严”的总要求，“三品一标”发展需要继续坚持“严”字当头。一要严把审查准入关，坚持用标准说话，树立风险意识和底线意识，强化制度安排及落地，防范出现系统性风险隐患。二要建立退出机制，对不合格产品要坚决出局。能不能做到一经发现就立即查处和淘汰出局，直接关系到“三品一标”的公信力，农业部领导对这个问题也高度关注。大家对各方面反映或曝光的问题，既要依法依规严肃查处，又要坚持信息公开，做到公开透明、及时回应。三要严查假冒伪劣，不能鱼龙混杂。对冒牌、套牌或超范围用牌等行为，内部能解决的，要主动进行处理；需要外部配合的，要用好打假平台，会同公安、工商等相关部门联合执法。

（三）加大品牌宣传培育

品牌是“三品一标”的价值所在，打品牌不能自娱自乐，关键要让生产者和消费者信得过。一要加大宣传力度。把“三品一标”的理念、标准、要求及实际实施情况更直观地宣传出去，让社会更了解、更信任。对一些不实炒作要主动发声，及时消除负面影响。二要加强品牌培育。将“三品一标”与各地品牌建设工作挂好钩，形成抓农产品品牌就是抓“三品一标”的共识和氛围；对获证主体也要做好培训和服务，让他们会用标、用好标，切实提升经济效益。三要做好市场推广衔接。目前，中国绿色食品博览会、中国国际有机食品博览会等专业展会已经创出了牌子、搭建了平台，去年中国国际农产品交易会上农产品地理标志的首次专展也一炮打响，下一步要继续巩固和提升，办出特色和水平。四要全力推动追溯。中共中央和农业部对追溯工作很重视，我们正在建设一个覆盖全国的追溯信息平台，制定追溯管理的指导意见和管理办法，打算2016年年底前启动全国统一试点。“三品一标”搞追溯最有条件、最有优势。希望大家及早准备，及时将“三品一标”纳入首批试点，实现从生产到市场全程可追溯，让消费者买得更安全、更放心。

（四）推动工作改革创新

“三品一标”是创新的产物，发展上也要坚持与时俱进、改革创新。一要适应新的形势要求，积极融入农业农村工作大局。农业部2015年出台了加快转变发展方式、建设现代农业的文件，我们考虑结合农业提质增效转方式的要求，出台一个关于促进“三品一标”发展的综合性指导意见，希望大家深入调研、献言献策，针对性提出一些含金量高的举措，并按照意见要求落实好各项措施。二要做好示范带动。目前，农业部里正在推国家农产品质量安全县创建，在去年首批107个县市试点的基础上，2016年计划再创建200个安全县。韩长赋部长对安全县提出了“五化”及“五个率先”的总要求，局里将“三品一标”列为安全县创建的重要指标。大家要及时对安全县创建过程中“三品一标”发展情况进行跟进和对接，“三品一标”工作自身也要通过示范样板、绿色园区、原料基地县等形式，将现有的效益再放大，辐射带动更多地区提升农产品质量安全水平。三要用好信息化手段。加强申报、用标、监管、市场等方面的信息化管理，适应国家简政放权、放管结合的要求，不断提高“三品一标”管理的效率和效果。

（五）加强体系队伍建设

大家要巩固好已有体系基础，稳定好队伍，强化自身能力建设，重点加强3个方面的管理。一是依法管理，积极完善各项规章制度和标准规范，特别是在发证审核和查处核销上要有明确、具体的规定并严格执行。二是科学管理，发挥专家和技术机构的

“外脑”和“智库”优势，多为“三品一标”发展建言献策。三是绩效管理，建立激励约束机制，用好补贴手段，充分调动工作积极性。同时，希望“三品一标”工作队伍与质量安全监管部门做好联动和衔接，对质量安全工作主动入位、积极承担，共同保障老百姓“舌尖上的安全”。

推进我国绿色食品和有机食品品牌发展的思路与对策*

王运浩

（中国绿色食品发展中心）

一、2014年绿色食品、有机食品工作推进情况

2014年，绿色食品工作系统按照农业部农产品质量安全工作的总体部署，坚持“稳中求进”的指导思想，齐心协力，扎实有效地开展质量审核、证后监管、基地建设、品牌宣传等工作，推动绿色食品、有机食品保持了稳步健康发展。

全国绿色食品企业总数达到8 700家，产品总数达到21 153个，分别比2013年增长13.1%和10.9%。中绿华夏有机食品认证中心认证的有机食品企业达到814家，产品3 342个，同比分别增长11.4%和8.5%。全国已创建635个绿色食品原料标准化生产基地，面积达1.6亿亩。创建全国有机农业示范基地17个，面积达1 000万亩。绿色食品生产资料获证企业达到97家，产品243个。绿色食品产品抽检合格率达99.5%，有机食品产品抽检合格率为98.4%，均保持在较高水平，全年绿色食品、有机食品没有发生重大质量安全事件。

2014年，整个工作系统重点推进了以下几个方面的工作。

（一）全面推进制度建设

在各地绿色食品办公室的积极配合下，中国绿色食品发展中心依据《绿色食品标志管理办法》，结合多年的工作实际，全面系统地补充、修订了有关基本制度，形成了较为完善的制度体系。标志许可审查工作，修订了绿色食品标志许可审查程序、检查员注册管理办法，制定了标志许可审查工作规范、现场检查工作规范和省级工作机构续展审核工作实施办法，为把好申报产品质量关，提高审查工作的有效性、规范性打下了更加坚实的基础。颁证工作，制定了颁证程序，修订了证书管理办法，强化了标志许可工

* 本文原载于《农产品质量与安全》2015年第2期，10－13页

作的权威性、严肃性和规范性。证后监管工作，修订了企业年度检查工作规范、产品质量年度抽检工作管理办法和标志市场监察实施办法等 3 项基本监管制度，进一步明确了监管工作职责。标准制修订工作，改进了标准制定的程序和执行规范，落实了首席专家责任制和龙头企业参与制，增加了标准制定预评审环节，提高了标准的科学性和可操作性。标准化基地建设，修订了基地监管办法，强化了对基地创建规模的计划管理，严格了基地续展和验收工作。

（二）着力提高标志许可工作的质量和效率

中国绿色食品发展中心和各地绿色食品办公室对农民专业合作社等组织模式，蔬菜、水产品、畜产品等高风险产品，加大了产地环境、组织模式、管理体系、风险防控能力评估，保证了标志许可审查的有效性和产品质量。在总结 20 个省经验的基础上，继续扩大续展审核放权，进一步将北京、山西、吉林、湖南、陕西、广东、广西① 7 个省区市纳入改革范围。围绕提高续报及时率和续展工作效率，在整个系统明确了续展时限要求。推行检查员绩效考评制度，促进了现场检查和材料审核工作质量和效率的提高。完成了对 8 家检测机构的现场考核工作，进一步强化了检测机构质量把关能力。从保证企业及时领证用标出发，巩固颁证改革成果，强化省级工作机构职责，增强工作的互动性，促进了颁证率和颁证工作效率的提高。

（三）狠抓证后各项监管制度的落实

全面推广企业年检“三联单”制度，完成了对江苏、山西和宁夏等地企业年检工作的督导检查。2014 年，中心对因年检不合格的 18 家企业的 26 个产品取消了标志使用权。中国绿色食品发展中心和省级工作机构共抽检绿色食品产品 3 940个，占 2013 年年底有效用标产品总数的 20. 7%，对检出的 17 个不合格产品取消了标志使用权。各地对 160 个市场进行了监察，共抽取样品 2 172个，对发现的 175 个不规范用标产品、19 个假冒产品进行了处理。中国绿色食品发展中心配合工商、质检和农业执法部门对 168 件各类举报、投诉、查询案件进行了处理，有效清理整顿了绿色食品市场。为了增强绿色食品质量安全预警的科学评估和应急处置能力，中国绿色食品发展中心成立了质量安全预警管理专家组，聘请了 13 位专家，分别开展了对绿色食品畜禽饲料以及蔬菜的预警抽检工作，根据抽检结果及时进行了调研和综合评估，采取了相应的防范措施。

（四）持续推进市场培育和品牌宣传

一是成功举办了第十五届中国绿色食品博览会和第八届有机食品博览会，更加突出了产品推介、厂商对接等商贸活动。支持齐齐哈尔、扎兰屯、大连等地发挥自身优势，

① 广西壮族自治区，全书简称广西

继续举办区域性绿色食品展会。二是开展了绿色食品宣传工作和新闻作品评比活动，表彰了先进单位、个人和优秀作品，树立了宣传工作典型，有效激励了工作系统持续开展宣传工作的积极性。三是围绕品牌效应，充分利用各种媒体开展宣传报道和知识普及，提升了绿色食品、有机食品的知名度和影响力。四是加强与意大利、法国、瑞典、丹麦、台湾海峡两岸商务协调会、联合国国际贸易中心（ITC）等国家、地区、国际组织有关部门的交流与合作，积极组织企业参加境外展会，进一步扩大了绿色食品、有机食品的国际影响。

（五）规范高效地开展有机食品认证工作

2014 年，面对竞争日益激烈的市场环境，农业系统有机食品以严格规范的认证和良好的品牌信誉，巩固了竞争优势，获得了健康发展。一是认证工作质量和效率显著提高。认证材料的规范性明显好于往年。全年共颁发有机产品证书 1 457张，比 2013 年同期增长 15. 7%，占全国有机产品证书颁发总数的 1/8，颁证数量在全国 25 家有机食品认证机构中位居第二。企业再认证率达 88. 6%，继续保持历史高位。二是境外认证大幅增长。境外认证企业已达 22 家，产品 166 个，分别比 2013 年同期增长了 57% 和 93%，为历史最好水平。三是部分地区工作推动力度大。黑龙江、湖北、四川、山东、广西、江西、甘肃等地因地制宜推动有机食品发展，2014 年新认证企业占所有新认证企业总数的 53%。

2014 年，各地结合实际，开拓创新，探索出了许多好经验、好做法。江西把“三品”作为产业化龙头企业、农民合作社示范社申报的必备条件，省财政还安排 170 万元资金对申报企业予以扶持。黑龙江、山东、新疆、陕西、河南等地深入开展产业调研，精心谋划“十三五”发展。山东、甘肃、重庆、广西等地不仅产品增速快、企业素质好，而且检查审核工作质量高。湖北、江苏等省发挥基层绿色食品办公室作用，将企业年检现场检查工作落实到位。云南加强市场监察，及时清理了 65 个到期未续展产品。上海市强化生产过程监督检查，形成了企业自查、区县监察和绿色食品办公室督查与交叉检查相结合的“3 + 1”机制。内蒙古将绿色食品、有机食品纳入监管追溯平台进行管理，四川省已建设 139 个县级绿色食品质量安全追溯平台。黑龙江、甘肃、四川、浙江等省始终抓紧做好宣传工作，北京市还创新形式，制作了绿色食品动漫宣传片。浙江省发动企业构建诚信体系，发挥协会作用推动行业自律。宁波市纵深推进信息化工作，将功能拓展到审查许可、证书管理、地理位置、队伍管理、巡查管理、黑名单和统计查询等 7 个子系统。

二、2015 年绿色食品、有机食品各项重点工作

当前，我国经济发展进入新常态，走可持续发展道路势在必行，绿色生产、绿色消费日益成为主流，农业农村工作确立了“转方式、调结构”的战略任务，将更加注重

生态环境，更加注重质量安全，更加注重市场需求，绿色食品、有机食品迎来了新的发展机遇。在新的形势下，整个工作系统要继续开拓进取，扎实工作，推动绿色食品、有机食品持续健康发展，为促进生态文明和现代农业建设发挥更加积极的作用。

2015 年工作的基本思路是：严格落实全程监控，持续维护品牌形象；全面加大宣传力度，不断扩大品牌影响；加快完善产业体系，稳步提升品牌价值。中国绿色食品发展中心已印发了 2015 年的工作计划，明确了全年工作的目标任务和推进措施，整个绿色食品工作系统要着力做好以下 5 个方面的工作。

（一）严谨规范高效地做好标志许可工作

整个系统要认真贯彻实施“一程序、两规范”，稳步推进绿色食品标志许可审查工作。加大现场检查力度，探讨建立初审质量评价机制，大力淘汰不能持续稳定保证产品质量的弱质主体，最大限度防范风险。继续推行会审、评审常态化工作机制，完善专家评审制度，开展专业化评审，充分发挥专家的审查把关作用。对检查、审核、评审中不符合要求以及不续展的企业、产品及时予以清除。进一步扩大续展审查放权范围，实现全国 75% 省区市续展放权的目标。与此同时，要认真宣贯落实绿色食品颁证程序、证书管理办法，充分发挥地方绿色食品办公室的职能作用，共同提高颁证工作的质量和效率，确保企业及时领证用标。

（二）持续加大证后监管工作力度

一是加强企业年检工作督导，及时解决企业年检工作中的问题，进一步增强年检工作的真实性和有效性。二是加强产品抽检，实行例行抽检、专项抽检和突击抽检三结合，继续针对瓜果蔬菜等重点行业、合作社等重点主体开展产品抽检。全年计划抽检绿色食品产品 2 050个，对抽检中发现的不合格产品，及时取消标志使用权。三是加强市场监察，完善违规企业处理机制。各省绿色食品办公室要全面完成本地标志监察固定市场网点和自选流动市场网点标志监察工作。加大打击假冒力度，抓住典型案例，与公安、工商行政执法部门联合行动，组织媒体深度曝光。四是加强风险预警工作组织部署，进一步加强预警信息员队伍建设，重点开展对茶叶、稻米等产品风险隐患的排查。五是加强内部检查员队伍建设。各地要继续加强绿色食品企业内部检查员管理与培训，同时中国绿色食品发展中心 2015 年拟在山东、江苏两省组织开展内检员培训，探索建立内部检查员考核奖励机制，强化内部检查员责任，切实发挥内部检查员在质量保障方面的作用。六是按照部里的统一部署，着手开展调研工作，加快推进绿色食品质量追溯信息平台建设步伐。

（三）全方位深度开展品牌宣传

宣传工作要润物无声，长期坚持，深入人心。中国绿色食品发展中心 2015 年将在宣传方面策划几个大的活动，现正抓紧准备，各地要在积极跟进的同时，根据本地实际，采取灵活有效的方式，组织开展有深度和广度的宣传。一是展会宣传。继续组织筹办好第十六届中国绿色食品博览会、第九届中国国际有机食品博览会，支持和指导各地举办区域性展会，突出展会实效，注重商务推介和产品促销。二是现场宣传。通过建设绿色食品示范基地，宣传展示绿色食品的理念、标准、生产方式与管理制度，为绿色食品树立更直观的品牌形象。各地要主动与商家配合，支持开展绿色食品进社区、进超市的现场宣传。三是公益宣传。全面开展《中国绿色食品》宣传片及公益广告片的拍摄制作工作，举办网上绿色食品知识竞赛，鼓励、引导和发动大型知名企业开展宣传，探索面向消费者的宣传推广活动。四是对外宣传。继续开展与有关国家、地区和国际组织的交流与合作，扩大绿色食品和中绿华夏有机食品品牌的国际影响力。

（四）不断打牢产业发展基础

一是不断完善标准体系。建立并实施以检测机构为主、绿色食品办公室和企业共同参与的标准起草工作机制。组织完成农业部和中国绿色食品发展中心立项的 29 项标准制修订工作，修改完善《绿色食品标准适用产品目录》，力争绿色食品产品标准 100% 覆盖。二是逐步优化产业结构。各地要树立精品意识，积极转变工作方式，化被动受理为主动出击，积极鼓励和引导大企业、好产品申报绿色食品，好中选优。针对目前存在的用标主体结构和产品结构不理想等突出问题，组织开展产业专题调研，摸清情况，找准原因，寻求对策。三是继续稳步推进基地建设。加强计划，强化管理，稳步扩大基地建设规模。开展对部分地区重点原料产品的基地年检督导，指导地方加强对基地生产行为的规范管理，着力提高基地标准化生产水平。四是加快市场流通体系建设。继续办好中国绿色食品博览会和中国有机食品博览会，支持地方绿色食品办公室或专业营销机构开设绿色食品专区专柜，提高品牌的市场集中度。鼓励、引导和发动企业开展营销体系建设，特别是网上营销体系，探索营销模式的新突破，全面增强市场拉动力。五是继续推进信息化建设。完成“金农工程——绿色食品网上审核与管理系统”一期项目的建设与运行，同时通过项目的二期开发，进一步拓展功能，将系统向基层绿色食品办公室、监测机构、申报企业延伸，加快实现网上申报和审核，全面推动标志许可审查、颁证、监管、统计等工作的信息化、网络化、电子化进程，不断提高工作效率、质量和服务水平。

为增强对绿色食品产业发展的科学指导，加强战略研究和系统谋划，中心已启动《全国绿色食品产业发展纲要（2016—2025）》的制定工作，研究提出今后 10 年绿色食品产业发展的目标任务、总体思路和保障措施，希望各地绿色食品办公室积极献计献策，同时结合当地实际，研究制定本地区绿色食品产业发展规划。

（五）继续推动有机食品稳健发展

2015 年的有机食品工作继续以提升品牌的认知度和美誉度、竞争力和影响力为目标，重点推进以下 5 项工作：一是规范产品认证。修订现场检查、审核、产品风险检测规范，有针对性地开展交流检查和材料集中审核，确保认证质量和效率。实现认证企业和产品稳步增长，认证企业数量达到 880 家，产品 3 700个，再认证率 85% 以上。二是强化质量监管。结合部农产品质量安全监管专项，抽检有机产品 150 个；在风险评估的基础上对 42 家获证企业进行不通知现场检查，力争产品抽检合格率 98% 以上。三是推进有机农业示范基地建设。对已建成基地进行复查和监督检查，加强对基地的监管，新创建全国有机农业示范基地 5 个，积极争取有机农业示范基地相关政策支持。四是扩大境外认证。拓展与境外其他机构的交流与合作，抓好境外大项目认证，促进国际贸易发展。五是提高认证工作效率。严格执行认证进程计划管理和再认证工作时限要求，高效开展检查审核工作。

（六）切实加强体系队伍建设

在新的形势下，为全面完成绿色食品、有机食品工作的各项目标和任务，整个工作系统要切实加强体系队伍建设。一是增强法治观念。“依法办事、依规办事”已成为全社会遵循的基本准则，整个工作系统要强化“依规履责、照章办事”的意识。要在《绿色食品标志管理办法》的框架下，严格做到“坚持标准、执行程序、落实制度、遵守时限”，办事要坚持公正、公开、透明的原则，接受社会监督。要紧紧围绕事业发展和重大工作推进，依法合规用好各项业务工作经费。二是增强服务意识。要牢固树立服务企业的思想，既要坚持标准和原则，按规定办事，又要高度重视和理性对待企业的诉求，及时回应，努力帮助企业解决实际问题。三是增强业务能力。要按照《绿色食品检查员、标志监督管理员培训大纲》，结合工作实际，持续开展培训工作，不断更新业务知识，提高业务技能，以适应事业发展的需要。

此外，各地要积极支持和配合中国绿色食品协会重点做好两项工作：一是落实《关于推动绿色食品生产资料加快发展的意见》，积极推动绿色生资发展，为绿色食品产品生产和基地建设提供丰富的投入品。鼓励绿色食品企业积极应用绿色生资，带动绿色生资实现较快发展。二是推动绿色食品行业诚信体系建设，制定相关管理制度、评价标准、工作机制，指导 10 ~ 20 家绿色食品试点企业建立诚信管理体系，搭建诚信信息公共服务平台。

本文根据作者在 2015 年全国“三品一标”工作会议上的讲话整理并经作者审核

参考文献

陈晓华 . 2014. 2014 年农业部维护“ 舌尖上的安全”的目标任务及重要举措［J］. 农产品质量与

安全（2）：3 - 7.

陈晓华 . 2015. 2014 年我国农产品质量安全监管成效及 2015 年重点任务［J］. 农产品质量与安全（1）：3 - 8.

马爱国 . 2014. 当前我国农产品质量安全监管的几个关键问题分析［J］. 农产品质量与安全（2）：8 - 10.

王运浩 . 2014. 2014 年我国绿色食品和有机食品工作重点［J］. 农产品质量与安全（2）：14 - 16.

践行五大理念，推动绿色、有机食品健康发展*

王运浩

（中国绿色食品发展中心）

一、认真总结“十二五”绿色食品、有机食品工作成效

“十二五”时期，整个工作系统围绕农业部确立的“两个千方百计、两个努力确保”的中心任务，按照农产品质量安全工作的总体部署，推动绿色食品、有机食品持续健康发展。截至2015年年底，全国绿色食品企业总数达到9 579家，产品总数达到23 386个，年均分别增长8%和6%。中绿华夏有机食品认证企业达到883家，产品达到4 069个。绿色食品产品国内年销售额由2010年年末的2 824亿元增长到4 383亿元，年均增长9.2%，年均出口额达到24.9亿美元。绿色食品产地环境监测面积达到2.6亿亩。全国已创建665个绿色食品原料标准化生产基地，21个有机农业示范基地，总面积1.8亿亩，对接2 500多家企业，覆盖2 100多万户农户，每年带动农户增收超过10亿元。

“十二五”时期绿色食品、有机食品工作的整体进展与成效，体现在4个方面的“显著提升”。

（一）法制化、规范化水平显著提升

农业部颁布了新的《绿色食品标志管理办法》，明确了事业的公益性质，进一步巩固事业的法制基础。中心也对多年来的绿色食品、有机食品工作进行总结，并与《绿色食品标志管理办法》有机衔接，形成了一整套更加完善的制度体系，规范性和有效性显著提升。“十二五”期间，中国绿色食品发展中心加大投入，加快完善标准建设工作，累计制修订90项绿色食品标准，有效标准总数达到126项，彻底解决了部分产品“借用标准”的问题。

---

* 本文原载于《农村工作通讯》2016年第7期，46－49页

（二）标志许可和证后监管能力显著提升

“十二五”时期，绿色食品标志许可、有机食品认证与证后监管制度不断完善，工作机制不断强化，检查员、监管员、企业内部检员“三员”队伍不断壮大，网络平台建设不断推进，有力地保障了事业发展。5 年来，中国绿色食品发展中心和各地绿色食品办公室平均每年抽检绿色食品产品 3 470个，抽检覆盖率超过 20%，合格率保持在 99% 以上。每年对全国 90 个大中城市的 180 多个各类市场进行产品用标检查，有效地促进了企业规范用标。5 年内全国共撤销 392 个产品标志使用权，查处假冒案件 211 例，协助行政执法部门处理违规案件 317 件。

（三）品牌知名度和影响力显著提升

“十二五”以来，整个工作系统围绕提升品牌影响力，创新形式和手段，深入推进市场建设和品牌宣传。中国绿色食品发展中心每年举办中国绿色食品博览会和中国有机食品博览会，黑龙江、内蒙古、大连等地每年举办区域性绿博会，水平越来越高，效果越来越好。特别是去年在西安召开的第十六届绿色食品博览会上，绿色食品产品、绿色生产资料、标准化基地原料和电子商务同台亮相，全面展示了绿色食品产业的整体形象。黑龙江、江苏、广东等省还积极探索电商平台营销模式。5 年来，通过展会、公共媒体、示范基地等宣传途径，绿色食品安全、优质的精品形象进一步得到全社会的认可。绿色食品标志商标已在欧盟、美国、日本等 10 个国家和地区注册；来自澳大利亚、加拿大、丹麦等国家的 4 家全球知名企业的 32 个产品获得我国颁发的绿色食品证书，年产量超过 130 万吨。

（四）体系队伍工作力量显著提升

5 年来，我们不断推动体系队伍建设，建起了以检查员、监管员为主体力量，企业内部检查员为基础延伸，检测机构为协作支持，专家队伍为技术保障的工作体系。绿色食品现有省级工作机构 36 家，地市级机构 308 家，市县级机构 1 558家，覆盖了全国 88% 的地州、56% 的县市。绿色食品环境和产品定点监测机构达到 99 家。目前，整个系统共有专职工作人员 6 452人，其中检查员 3 460人、监管员 2 797人，比“十一五”期末增加了近两倍。“十二五”期间，中心和各地共组织举办 104 期培训班，累计培训检查员、监管员 1 万余人次。全国绿色食品企业内部检查员已突破 18 000人，实现了全覆盖。绿色食品专家咨询委员会、绿色食品质量安全预警专家组、有机农业委员会等多个高水平、权威性专业团队的组建和充实，增强了技术支撑能力。

二、努力推动“十三五”绿色食品、有机食品持续健康发展

“十三五”时期，绿色食品、有机食品发展面临新的机遇。“创新、协调、绿色、

开放、共享”五大新理念的普及，为事业发展提供了良好的社会环境和氛围。全面建成小康社会，势必推动消费升级转型，进一步增加社会对安全、优质、营养、健康食品的有效需求，为产业发展提供了市场容量。农业“调结构、转方式、补短板”的紧迫任务，为我们的工作提供了更为广阔的舞台。

与此同时，也应该看到我们还面临着一系列挑战。绿色食品品牌的影响力还不够强；优质优价的市场机制还不尽理想，绿色食品用标主体及产品结构还亟待优化；少数企业诚信意识和自律能力不强；少数产品质量安全存在隐患，用标不规范，加上假冒产品的市场冲击，均对品牌的公信力和美誉度构成严重伤害，整体上制约着事业的持续健康发展，必须保持高度警觉。

面临新的机遇与挑战，“十三五”时期，绿色食品、有机食品工作的总体思路是：践行“创新、协调、绿色、开放、共享”五大理念，加强品牌建设，推动绿色食品、有机食品持续健康发展，为促进农业转方式、调结构做出新的贡献。围绕上述目标和任务，着力推进以下 4 个方面的工作。

一是创造新的发展条件。强化绿色食品、有机食品工作的法律保障，提高发展质量和依法监管的能力。积极将绿色食品、有机食品工作纳入国家和地方农业和农村经济“十三五”发展规划，加强宏观指导，推动科学发展。强化事业的公益性特点，积极争取政策支持，进一步将绿色食品、有机食品工作融入现代农业、标准化生产、产业化经营、可持续发展等示范项目，调动生产主体的积极性，实现功能拓展，放大品牌效应。

二是增强全程管控能力。瞄准发达国家水平，不断修订、补充绿色食品标准，始终保持标准的先进性和竞争力。在所有绿色食品生产企业严格推行从环境评估、投入品管控、产品检验到包装标识的全程质量保障的标准化生产模式，并向基地和示范区辐射。进一步完善并落实好标志许可审查、证后监管等制度，维护品牌公信力，将产品抽检合格率保持在 99% 以上水平。强化监督职能和科技支撑体系，提高队伍素质，继续为农产品质量安全工作发挥积极的示范带动作用。

三是优化产业发展结构。通过合理调控，积极引导，示范带动，创造技术条件和政策措施，不断优化绿色食品产业发展的主体结构、产品结构、区域结构，力争大型企业、龙头企业、出口企业占 40% 以上，加工产品占 60% 以上。提升标准化生产基地建设水平，加大绿色生资认定、推广应用工作力度，巩固产业发展基础。持续抓好续展工作，在发展增量的同时，稳定存量，将绿色食品企业和产品的续展率保持在 70% 以上的水平，实现绿色食品持续良性发展。

四是提升品牌市场价值。一方面，围绕提高品牌的知名度和影响力，持续抓好品牌宣传，面向全社会传播绿色、环保、健康、可持续的发展理念，突出绿色食品“产自优良生态环境，带来强劲生命活力”的鲜明特色，树立绿色食品安全、优质的精品形象，营造政府推动、市场拉动的发展环境。另一方面，做好市场服务，支持专业营销和电商平台建设，促进厂商合作、产销对接，全面拓展市场，促进优质优价市场机制形成，实现经济效益、生态效益、社会效益同步增长。

三、扎实做好2016年绿色食品、有机食品重点工作

2016年，整个工作系统要立足“三农”工作全局，在创造绿色食品、有机食品发展外部环境和政策条件的同时，围绕“严管质量树品牌、严控风险调结构，拓宽市场增影响、拓展功能促创新”的目标，重点做好以下5个方面的工作。

（一）严格审查，防控风险，大力推进结构调整

一是按照中国绿色食品发展中心《关于改进绿色食品申报有关事项的通知》精神，积极引导本地区农业产业化龙头企业、大型食品加工企业发展绿色食品。各地要对申报主体进行科学评价，并在续展审查中逐步淘汰管理松散、档次不高的用标主体。二是推动标志许可审查“一程序、两规范”全面贯彻落实。采取有效措施，不断提高检查员现场检查和书面审查的专业能力，通过落实责任保障机制，切实提高工作的质量和效率。三是提升服务意识，严格按照程序、制度和时限要求开展颁证工作，确保申报企业及时领证用标。四是落实有机食品新的制度和技术规范，严格开展有机食品认证工作。

（二）创新机制，加强监管，努力确保品牌公信力

一是进一步落实年检制度，各地要切实开展好年检实地检查，配合完成好部分有机食品企业的不通知现场检查。二是中国绿色食品发展中心和各地继续加大产品抽检力度，协调好各级产品抽检批次和比例，提高抽检的有效性。三是按照中国绿色食品发展中心计划安排和工作要求，在规定时间内，完成固定市场和自选流动市场网点的绿色食品标志监察工作。要严厉打击假冒和不规范用标行为，对发现的不合格产品、不规范用标产品、假冒产品及时做出处置。四是继续开展绿色食品质量安全风险预警，加强对重点产品及区域的研判，及时排查质量安全风险隐患。

（三）扩大宣传，促进流通，不断增强市场活力

一要继续发挥展会在搭建平台、宣传品牌、促进贸易方面的作用，举办好长春第十七届全国绿色食品博览会、第十届中国国际有机食品博览会，组织实施好境外促销项目。二要高度重视宣传工作，通过多种形式开展绿色食品宣传。中国绿色食品发展中心已制作《中国绿色食品》专题片、公益广告片，各地要在对外交流、宣传推介等活动中组织播放，扩大社会影响。面向各地农业行政主管部门、管理机构、科研单位、企业和消费者，积极支持报刊、网站、微信等媒介开展常态化宣传。三要鼓励有条件、有信誉的单位开设专业电商平台，积极引导获证企业利用新型流通业态，促进绿色食品营销。

（四）巩固基础，拓展功能，发挥示范带动作用

一是进一步强化绿色食品发展的行业指导。中国绿色食品发展中心将争取以农业部名义印发《关于促进绿色食品健康持续发展的意见》，各地要结合实际，做好本地的宏观指导工作。二是继续推进标准体系建设，加强标准的宣贯。各地要结合本地区情况，制订绿色食品生产操作规程，让标准落实在生产过程中。三是进一步规范绿色食品原料标准化生产基地和有机农业示范基地创建、验收及管理，加快绿色生资发展步伐，探索进一步发挥原料基地、绿色生资功能作用的新思路、好办法。四是启动“全国绿色食品产业示范园”创建试点。2016 年，中心将选择生态环境优良和产业优势明显的地区，指导创建绿色食品产业示范园，推动形成“三产”融合发展的“样板”。相关绿办要精心组织，积极探索推进。五是加快推进信息化建设。中国绿色食品发展中心将进一步完善绿色食品网上审核与管理系统和有机农产品认证信息系统，优化、扩展和延伸系统功能。各地要做好相应的培训、推广应用工作，提高服务效能。六是做好产业调研、统计分析、智库建设等工作，为事业发展提供决策参考。

（五）建设队伍，提高能力，增强工作整体合力

一要持续开展培训工作。稳定检查员、监管员和生资管理员队伍，提高业务素质和技能，引入并逐步完善合理的激励与约束机制，加强绩效管理，调动专业队伍的积极性。二要强化检测机构责任意识。在继续开展能力验证工作的同时，检查任务、责任落实情况，确保为申报企业提供规范、高效服务。三要探索有效方式，抓好绿色食品企业内检员队伍建设，充分发挥他们的职能作用。四要积极动员社会力量，大力支持绿色食品协会开展绿色生资认定、行业诚信体系建设、示范企业动态评估等工作。

需要强调的是，绿色食品、有机食品面向全社会提供公共服务，是一项技术性、规范性、开拓性很强的工作，必须坚持加强工作系统自身建设。要进一步解放思想，更新观念，转变作风，破除思维定式，主动作为，勇于创新，敢于担当。在工作中要自觉培养和强化责任意识、服务意识和廉洁意识，坚持用标准、制度和原则说话，依法合规办事，同时理性对待和及时回应企业的诉求，努力帮助企业解决实际问题。此外，要切实加强项目管理、财务管理等工作，确保资金安全、规范、有效使用。

坚持创新　加强监管
不断提升绿色食品品牌公信力*

刘　平

（中国绿色食品发展中心）

20 世纪 90 年代，绿色食品作为一项开创性事业，在我国农业系统创立。发展绿色食品的理念和宗旨，一是保护农业生态环境，促进农业可持续发展；二是提高农产品及加工食品质量安全水平，增进消费者健康；三是增强农产品市场竞争力，促进农业增效、农民增收。26 年来，绿色食品经历了从概念提出、产品开发到产业体系形成，从理念创新到品牌创立与发展，品牌效应从工厂、企业放大到农田、基地和农户，成功走出了一条以品牌带动消费，以消费拉动市场，以市场促进生产的良性发展道路。绿色食品已成为生态文明建设的“助推器”，促进农业发展方式转变的“排头兵”，引领我国安全优质农产品消费的“风向标”。当前，农产品品牌化发展是挖掘农村经济增长潜力和农业内在价值的重要手段，品牌已经成为农业农村经济发展的重要战略资源。在品牌引领经济增长转型升级的阶段，绿色食品肩负着带动我国农产品品牌整体提升的重大使命。

一、坚持安全优质定位，着力打造精品品牌

“安全、优质”是绿色食品产品的基本定位。以绿色食品标志为质量证明符号，获证产品具备了“安全、优质”的基本属性，为消费者放心选购提供了保证。多年以来，绿色食品从满足城乡居民对安全优质食品需求出发，不断完善标准体系、审查许可制度、证后监管措施，确保了产品质量可靠和品牌公信力。

建立特色鲜明的绿色食品标准是绿色食品一个重大制度创新。26 年来，为了打造精品，满足高端市场需求，服务出口贸易，绿色食品标准已达到甚至超过国际先进水平。目前，通过农业部发布实施的绿色食品标准有 126 项，涵盖了产地环境、生产技术、产品标准和包装贮藏等环节，构建了一套具有科学性、完整性、系统性、先进性的

* 本文原载于《农村工作通讯》2016 年第 20 期，46 – 48 页

标准体系。绿色食品标准体系的创建和实施，奠定了绿色食品标准化生产、产业化发展的技术基础和品牌的核心竞争力，为不断提升我国农业生产和食品工业发展水平树立了新标杆。

以先进的标准为基础，绿色食品推行“环境有监测、操作有规程、生产有记录、产品有检验、上市有标识”的“五有”标准化生产和管理，建立了“从土地到餐桌”全程质量控制体系，规范了绿色食品生产的产前、产中和产后各个环节，有效实现了农产品质量安全的可追溯，在推行农业标准化生产中起到了示范带动作用。

为了保证绿色食品产品质量，提升产业化水平，放大品牌价值，还构建了与绿色食品产品生产、绿色、原料基地相关的专业营销的全产业链条。绿色食品生产资料认定与推广应用于1996年启动，目前绿色生资企业已达110家，产品234个，为绿色食品生产企业进行投入品选择提供了方便可靠保证。绿色食品原料标准化生产基地创建工作于2005年启动，全国现已建成665个基地，总面积1.69亿亩，对接企业2 488家，带动农户2 130万户，为绿色食品加工企业原料保证和带动农民增收发挥了重要作用。目前，全国有效使用绿色食品标志的企业已超过1万家，产品接近2.5万个。在国内一些大中城市的大型超市等商业连锁经营企业，绿色食品已成为市场准入的一个重要条件，纷纷设立绿色食品专柜、专区、专营店、营销中心。近年来，中绿生活网、中国工商银行融e购等从事绿色食品营销的专业电商平台异军突起，拓展了绿色食品营销网络和新型业态，为绿色食品生产企业赢得了市场份额，积极促进了农业供给侧结构性改革。

二、大胆探索，创新监管模式，维护品牌公信力

农产品质量安全既要“产出来”，也要“管出来”，绿色食品也不例外。“产出来”，就是要严格按照绿色食品标准，指导企业和农户落实生产技术操作规程，实施标准化生产，同时依据绿色食品标准和程序开展符合性检查、检测和评审，确保产品安全优质。“管出来”，就是要严格依法履职尽责，加强绿色食品产品质量和标志使用监管，持续维护品牌的公信力。多年以来，各级绿色食品工作机构按照农产品质量安全监管工作的总体部署和要求，切实加强绿色食品监管工作，取得了显著效果。

（一）创新监管制度

目前，绿色食品已全面建立和实施了以企业年度检查、产品质量抽检、标志市场监察、质量安全预警、监管信息通报等5项制度为核心的证后监管制度体系，并通过强化监管措施和淘汰退出机制，有力地维护了确保绿色食品品牌形象。

（二）企业年度检查

由绿色食品管理机构对辖区内获得绿色食品标志使用权的企业，在一个标志使用年度内的绿色食品生产经营活动、产品质量及标志使用行为实施的监督、检查、考核、评

定等。通过开展企业年检，及时指出企业在实施标准化生产和规范化管理中存在的问题，有效规范了企业行为。

（三）产品质量抽检

即对已获得绿色食品标志使用权的产品采取监督性抽查检验，是绿色食品证后监管的一项刚性化手段，年抽检比例可达25%～30%。对抽检不合格的产品，由中国绿色食品发展中心取消其标志使用权，并予以公告。多年来，各级绿色食品工作机构加大对重点区域、重点行业、重点时节的重点产品的抽检力度，抽检覆盖率逐年增长，部分省区市抽检产品甚至达到全覆盖。

（四）标志市场监察

主要目的是检查监督企业规范使用绿色食品标志，打击假冒绿色食品，维护绿色食品良好的市场形象。监察行动每年集中开展1～2次，由各地绿色食品工作机构在当地选取5～10个有代表性的超市、便利店、专卖店、批发市场、农贸市场，采取购买方式，对所有标称绿色食品的产品进行监察。发现问题，及时处理。近年来，市场监察范围逐渐向中小城市延伸，并在全国设立了近百个固定市场，作为绿色食品市场变化的长期监察点。

（五）质量安全预警

由中国绿色食品发展中心组织质量安全预警信息员和相关监测机构，收集危害产品质量安全的信息，经专家分析、评估后作出相应的防范措施。目前绿色食品已建立较为完善的质量安全预警机制，风险防范和突发事件应急处置能力不断增强。

（六）监管信息通报

通过公开媒体、网络平台公告及发布会通报等渠道，向社会发布绿色食品监管信息，包括因抽检不合格、年检不合格等被取消绿色食品标志使用权的企业及其产品。通过公告、通报制度的实施，强化了淘汰退出机制，传导了严格监管的信号。

（七）创新监管机制

第一，优化企业年检工作机制。一是按照农业部《绿色食品标志管理办法》以及配套的管理规定等制度性文件，把各级管理机构及工作人员从职责、任务进行明确分解，形成了工作责任机制；二是通过填写《检查工作记录单》《年检现场检查报告》，下达《年检结论通知》等措施，做到过程有记录，工作可追溯；三是通过组织督导，检查地方企业年检工作成效，将相关意见和信息反馈给各级绿色食品工作机构、相关企业，促进各个方面改进工作，形成了问题倒逼机制。

第二，强化产品抽检工作机制。为体现公正性，将检测工作委托给具有相应资质的第三方机构；为保证权威性，委托检测机构不受所属系统、所在区域及所有制限制，按照专业优势和业务水平来选定；为保持客观性，中国绿色食品发展中心统一确定检测项目并承担检测经费；为加大抽检力度，中国绿色食品发展中心每年产品抽检比例都保持在10%以上，加上地方绿色食品办公室每年安排的监督抽检，总的抽检比例高达25%～30%。同时，为充分发挥产品检测的作用，通过对检测数据进行进一步分析，作为风险预警的依据。此外，将年度抽检与产品续展相衔接，当年抽检结果可作为续展检测材料，为企业降低了续展成本。

第三，坚持监管信息发布机制。为了回应社会的关注，进一步体现绿色食品监管工作的严肃性和透明度，增强绿色食品品牌的公信力和可信度，从2015年开始，中国绿色食品发展中心尝试建立实施监管信息发布机制。在第十六届中国绿色食品博览会期间，首次举行监管信息发布会，向社会发声，受到了新闻媒体和社会公众的高度关注，赢得了广泛好评。

第四，完善企业内检员注册管理机制。企业内检员是开展绿色食品监管工作的一支重要力量。截至2016年6月底，全国累计有企业内部检查员20 600人。为了进一步发挥这支队伍的作用，我们利用信息化手段，开展内检员网上注册和年度登记注册，完善登记信息、摸清在岗底数，建立与内检员的信息沟通渠道，实现对内检员队伍高效、动态化管理。

第五，探索标志监管员激励机制。目前，全国绿色食品标志监管员已超过1 600人。为了完善绿色食品监管工作机制，充分调动各级监管员的积极性，中国绿色食品发展中心拟定了《绿色食品标志监管员绩效考评办法》，将在监管员激励机制方面作一些探索。

（八）创新监管理念

一是树立监管与服务结合的理念。监管的最终目的不是处罚企业，而是及时发现绿色食品企业在生产和管理中存在的风险和隐患，并帮助企业解决问题，指导企业改进和提高，不把生产环节出现的问题带到市场，使企业配合检查、欢迎检查、希望检查。

二是倡导企业诚信自律的理念。企业是绿色食品产品质量的第一责任人，也是促进绿色食品产业健康发展的主体。绿色食品多年来坚持发挥企业的积极作用，激发企业在绿色食品品质保障方面的潜力。近几年，中国绿色食品发展中心和各地绿色食品工作机构通过高密度、多频次的培训，全面加大绿色食品企业内部检查员队伍建设与管理力度，并通过多种形式和手段，充分发挥企业内检员的作用。

三是强化风险管控的理念。一方面，树立审核也是监管的理念，严把准入关口；另一方面，化“被动”处理为“主动”预防，将绿色食品质量安全风险预警管理纳入监管长效机制，结合产品质量抽检，加强对信息的分析和研判，防范行业性、区域性重大质量安全风险。

三、从严从紧，持续发力，确保绿色食品持续健康发展

绿色食品事业经过20多年的发展，在全面协调可持续发展、生态文明建设以及品牌化引领过程中的作用越来越凸显。国务院近期印发的《关于发挥品牌引领作用，推动供需结构升级的意见》，将绿色食品、有机食品列入供给结构升级工程的重要内容。随着《农业部关于推进“三品一标”持续健康发展的意见》《绿色食品产业发展规划纲要（2016—2020）》的出台，各地绿色食品发展的步伐将稳步加快，绿色食品产业规模将持续扩大，企业主体类型和产品结构将更加丰富，绿色食品品牌影响力将持续增强，这势必对监管工作提出更大的挑战。为此，整个绿色食品工作系统需要坚持不懈地抓好监管工作。

一是强化“三个意识”。绿色食品工作系统要树立和强化大局意识、责任意识和法律意识，严格按照《中华人民共和国农产品质量安全法》《中华人民共和国食品安全法》《绿色食品标志管理办法》等法律法规，依法办事，依规履责，勇于担当。

二是明确“两大任务”。要以“确保产品质量，规范使用标志”两大任务为重心，进一步强化监管工作。确保产品质量，就是通过严格的年检、抽检，确保获证产品的内在品质始终符合绿色食品标准的要求，符合绿色食品“安全、优质”的精品定位；“规范使用标志”，就是通过市场上标志使用的监测和检查，积极配合工商、质检、公安等部门，有效查处假冒用标，纠正不规范用标行为，确保绿色食品品牌是干净的品牌，没有杂质和水分的品牌。

三是落实“五项制度”。企业年检要突出有效性，加强督导。产品质量抽检要注重计划性、协调性，做好国家与地方层面的衔接。标志市场监察要突出企业不规范用标问题，加强检查，督促企业整改。质量安全预警要更加精准、及时，防患于未然。产品公告要公开、透明，对因各种检查、抽查不合格被取消绿色食品标志使用权的企业和产品及时对外发布。

四是建设“两支队伍”。绿色食品标志管理监管员和绿色食品企业内检员是开展绿色食品证后监管工作的两支重要力量，要积极发挥两支队伍的作用。要通过各项监管制度的落实，加强标志管理监管员工作的绩效考核。要通过持续抓好内检员的培训与管理，发挥内检员在宣贯标准、沟通信息、质量保障、风险预警等方面的重要作用。

兵团农业与农产品质量安全管理工作*

杨培生

（中国绿色食品发展中心）

新疆生产建设兵团（以下简称兵团）担负着党和国家赋予的屯垦戍边职责，是一个党政军企合一的特殊组织，自行管理辖区内部行政司法事务，在国家实行计划单列。

在新疆组建和发展生产建设兵团，是中共中央治国安邦的一项战略决策。党的十六大以来，中共中央进一步加强了对兵团工作的领导和支持，2006年9月和2009年8月，胡锦涛同志先后再次到新疆视察工作，要求兵团注重处理好屯垦与戍边、特殊管理体制与市场机制、兵团与地方这三个重大关系，更好地发挥推动改革发展、促进社会进步的建设大军作用，增进民族团结、确保社会稳定的中流砥柱作用，巩固西北边防、维护祖国统一的铜墙铁壁作用，切实当好生产队、战斗队、工作队、宣传队，为新时期兵团工作指明了方向。

在中共中央、国务院以及自治区党委、政府的正确领导下，在中央各部门、全国各省市的支持帮助下，兵团事业逐步发展壮大。目前，兵团总人口已由组建初期的17.5万人发展到257.3万人，约占新疆总人口的1/8。在新疆的14个地州市、59个县市内，兵团沿塔克拉玛干、古尔班通古特两大沙漠周边和边境沿线，建立了14个师（4个市）、175个团场、2 115个农牧业连队，呈“两周一线”且相对集中连片的格局。拥有3 457个工交建商企业，13家上市公司，以及一批科教文卫和金融、保险等社会事业单位，有完整的公检法机构，以及数量足够、素质较高的民兵武装力量和兵团武警部队。

半个多世纪以来，几代兵团人艰苦奋斗、屯垦戍边，为稳疆兴疆、富民固边作出了积极贡献。实践证明，在新疆组建和发展生产建设兵团，是维护祖国统一、开发建设边疆的重大举措，凝聚着党中央领导集体的远见卓识、执政智慧和治国方略。生产建设兵团这种既屯垦又戍边、既融入新疆社会又高度集中、党政军企合一的特殊组织形式，符合我国国情和新疆实际，“其作用是其他任何组织难以代替的”。

---

* 本文原载于《新疆兵团农产品质量安全工作实践与探索》2011年5月号

一、兵团农业情况

2009年兵团耕地面积1 635万亩，播种面积1 600万亩，在岗农业职工48万人。“十一五”期间，在国家强农惠农政策的支持带动下，兵团农业坚持走中国特色农业现代化道路，大力推广高效节水灌溉技术、精准农业主体技术、高密度高产栽培模式等先进生产技术，农业结构和产品布局不断优化，农业机械化水平快速提高，生态环境建设逐步改善，农业效益稳步提高，农工收入快速增长。

（一）农业综合生产能力稳步提高

2009年兵团粮食作物种植面积460万亩，总产212万吨，比2005年增长47%；兵团棉花产量约占全国的1/6，种植面积732万亩，皮棉总产113万吨，比2005年增长15%；油料作物103万亩，总产19万吨，比2005年增长95%。园艺果蔬业总面积为420万亩，总产量600万吨，实现总产值80亿元，面积、产量、产值预计分别比“十五”期末增长90%、76%和185%。

（二）规模化畜牧业加快发展

兵团畜牧业标准化养殖水平显著提升，肉类、牛奶、禽蛋产量大幅增长。2009年肉类总产27万吨，较2005年增长77%；牛奶总产38万吨，增长133%；禽蛋总产4万吨，增长45%。优势主产区主要畜种存栏及畜产品产量比重已达到70%以上累计建成规模养殖场区1 251个，总体规模化养殖水平66%。重大动物疫病防控水平不断提高。

（三）农业机械化水平快速提高

兵团农机总动力350万千瓦，大中型拖拉机3.5万台，配套农具8万台架，分别增长41%、67%和39%。种植业综合机械化水平达到88%，机耕、播种和机收机械化水平已达100%、99%和54%。主要农作物生产机械化技术渐趋成熟，棉花生产机械化取得新进展，采棉机保有量604台，完成机采面积174万亩。精量播种、秸秆还田、土壤深松和机械植保等农机化技术大面积应用。

（四）农业新技术全面推广应用

兵团节水灌溉面积已达1 000万亩，其中滴灌面积806万亩，节水灌溉由棉花向农、林、果全面推广。农作物精量半精量播种面积1 140万亩，其中，棉花精量播种面积580万亩，农作物种子包衣面积1 240万亩，测土配方施肥面积759万亩。农业职工人均经营规模40亩，农业科技进步贡献率56%，灌溉水利用系数达到0.5。

（五）农业产业化步伐明显加快

兵团农产品加工企业539个，农产品加工业产值213亿元，年均增长30%。农产品加工产值与农业总产值之比由0.32∶1提高到2009年的0.49∶1。打造了国家级龙头企业11家，兵团级龙头企业57家，培育出82个中国和新疆知名品牌。2009年兵团第一、第二、第三产业结构比例调整为33.5∶33.8∶32.7，第二产业比重已经稳定超过第一产业。

（六）生态环境保护和农产品质量安全取得新成效

兵团高度重视生态环境保护与建设，134个团场基本实现了农田林网化，绿洲森林覆盖率13.8%，垦区荒漠化趋势有所遏制。区域性气候条件得到较大改善。农产品质量安全专项整治深入推进，农药、肥料、兽药、饲料督查抽检力度进一步加大，蔬菜、水果、畜产品抽检合格率大幅度提高，“三品一标”认证工作步伐加快。

（七）农牧团场综合配套改革成效显著

落实和完善土地承包经营政策，产权制度改革取得较大进展，由农机具、运输车辆、牲畜的作价归户逐步扩大到滴灌设施、小型机井、大棚、林果及各种养殖、团办工业等。团场职工收入的持续较快增长，2009年农牧工家庭人均可支配收入7 668元，年均增长11%。基本养老保险初步实现了兵团级统筹，居民最低生活保障全覆盖。团场基础设施建设力度不断加大，97%连队通公路，98%的连队通电话、能接收电视节目，93%的团场实施集中供水，71%的团场有综合市场，92%的团场有广播，97%的团场有医院、卫生院，100%的团场有学校。

二、兵团农产品质量安全管理工作

“民以食为天，食以安为先”。全面加强农产品质量安全工作，是加快转变农业发展方式、发展现代农业的重要内容，是确保农产品消费安全、维护社会和谐稳定的有效保障，是推进农业可持续发展、增强农产品市场竞争力的重要措施。在兵团党委的正确领导和大力支持下，兵团各级农业行政主管部门扎实工作，狠抓落实，有力地推动了农产品质量安全工作全面开展。

（一）兵团农产品质量安全工作机构的历史沿革

兵团的农产品质量安全工作是从兵团发展绿色食品开始的。1993年5月17日，兵团成立新疆生产建设兵团绿色食品办公室，设在兵团农业局，与农业技术处为一个机构两块牌子，农业局局长兼主任。1996年5月31日，兵团成立兵团农业技术推广总站，为兵团农业局所属的团级事业单位，该站同时挂兵团绿色食品办公室牌子，兵团农业局局长兼任绿办主任，兵团农业技术推广总站站长任副主任。2003 年 11 月 13 日，兵团农业局成立市场信息处，主要负责农产品质量安全、农资打假、农业信息化建设等工作。2004 年 2 月 2 日，兵团撤销在农业技术推广总站所挂的兵团绿色食品办公室的牌子，成立兵团农产品质量安全中心，为兵团农业局所属的团级全额拨款事业单位，专门负责无公害农产品、绿色食品、有机产品和农产品地理标志即“三品一标”认证和管理。为进一步强化领导，2004 年 11 月 17 日，兵团成立了由分管副秘书长任组长，兵团农业局、发改委、财务局、质监局、商务局、卫生局、环保局、水利局、公安局、安监局、药监局 11 个部门组成的兵团农产品质量安全工作领导小组，统筹兵团农产品质量安全管理工作，领导小组办公室设在农业局，具体工作由农业局市场信息处承担。

（二）“十一五”期间兵团农产品质量安全工作的主要成效

1. 安全优质品牌农产品快速发展

无公害农产品、绿色食品、有机农产品保持良好发展态势，已累计完成无公害农产品认证 97 个、无公害农产品产地认定 139 个，产地面积达到 600 万亩。完成绿色食品认证 70 个，有机产品认证 25 个，农产品地理标志认证 9 个。有 2 个农产品荣获中国名牌产品称号、2 个农产品荣获中国名牌农产品称号、31 个农产品荣获新疆名牌产品称号、43 个农产品荣获新疆著名商标称号。

2. 农产品质量追溯工作成效显著

兵团已有北疆红提公司、农四师 68 团、绿翔牧业、昆仑山枣业、天康畜牧、金果农业 6 家龙头企业成为农业部质量追溯项目实施单位，通过项目建设，实现了“生产有记录、流向可跟踪、信息可查询、质量可追溯”的目标，利用网站、电话、手机短信等方式使消费者了解产品质量信息，深受消费者欢迎，提升了品牌影响力。北疆红提公司被农业部授予“农产品质量追溯系统建设项目示范基地”。2010 年兵团又有 24 家单位被农业部批准为农产品质量追溯创建单位。

3. 农产品质量安全监管工作加快推进

认真组织实施了农产品质量安全专项整治和农资打假专项治理行动，全面开展了农产品质量安全和农资打假的例行监测和监督抽查工作，及时发布抽检结果，提出整改要求。通过强化监管，农产品质量安全抽检和农资质量抽检合格率不断提升，农产品质量安全水平趋稳向好，有效遏制了重大农产品质量安全事件的发生，为确保食品安全奠定了坚实的基础。

4. 农产品质量安全检验检测体系建设步伐加快

组织实施了质检体系建设一期规划，得到农业部大力支持。兵团新建和改扩建师农产品质量安全质检站 13 个，建设省级质检中心 2 个［农业部食品质量检验检测中心（石河子）、兵团兽药饲料监察所］。兵团农产品质量安全检验检测能力大幅提升。

5. 农产品市场流通体系建设和农业信息体系建设步伐加快

兵团有 14 个大中型农产品批发市场被农业部批准命名为“农业部定点市场”，在提升农产品市场交易辐射功能和管理水平方面迈上了新的台阶。依托农业部“金农”工程项目建设，兵团建成了农业数据中心和涉及农情、科技、市场、预警、信息采集五大数据库，有效提升了农业行政主管部门的信息服务水平和宏观调控能力。

（三）兵团农产品质量安全管理工作面临的形势

“十二五”对农产品质量安全来说，既面临重大机遇，也面临新的挑战，我们要牢牢抓住提升农产品质量安全水平的有利时机和条件，切实增强做好农产品质量安全监管工作使命感和紧迫感。

首先，从政策环境上看，党中央国务院高度重视，对食品和农产品质量安全工作做出了一系列重大部署。国家新颁布的《中华人民共和国食品安全法》与《中华人民共和国农产品质量安全法》相互衔接，进一步确立了“地方政府负总责、生产经营者负第一责任、相关监管部门各负其责”的责任体系。农业部把“努力确保不发生重大农产品质量安全事件”作为农业农村经济工作的一大目标，各地区、各级党委把农产品质量安全摆上了重要议事日程，切实加大了工作力度。

其次，从外部条件上看，传统农业加快改造，现代农业快速发展，农业各行业在产业发展中更加注重质量安全，社会各界对质量安全高度关注并大力支持，广大生产者和经营者的诚信守法意识和水平不断提高，为做好农产品质量安全工作创造了有利条件。

最后，从现实情况上看，兵团当前在农产品质量安全监管方面还存在许多的挑战和问题。一是工作基础还比较薄弱，工作进展不平衡。一些师、团认识还没有完全到位，存在“上热下冷、上紧下松”和监管责任不落实的现象，难以适应新形势下对农产品质量安全监管工作的需要。二是农产品质量安全问题隐患依然存在。农资督查中农药、肥料的抽检合格率还有待进一步提升，农资打假任务艰巨。三是国内外市场要求高，农产品质量安全监管工作面临的压力大。随着人民生活水平的不断提高，随着工业化、城镇化、农业现代化的快速推进，社会对农产品质量安全的要求越来越高，现代农业产业发展与农产品质量安全的关联度越来越大。过去一些活生生的事例一再告诫我们，一旦发生重大农产品质量安全事件，多年辛辛苦苦培育的产业就会毁于一旦。发展“高产、优质、生态、安全”现代农业必须统筹好数量、质量和效益的关系，把农产品质量安全摆到与数量安全同等重要的高度，采取更加有力措施，强化监管，提升水平，为现代农业发展和新型团场建设保驾护航。

（四）“十二五”兵团农产品质量安全工作的目标任务

“十二五”期间，兵团农产品质量安全工作的发展目标是：按照发展高产、优质、高效、生态、安全农业要求，坚持源头入手，标本兼治，大力推进农业标准化生产，强化农产品质量安全监管能力建设，促使农产品质量安全整体水平全面提升，主要农产品质量安全合格率稳定保持在96%以上，确保不发生重大农产品质量安全事件。

“十二五”期间，兵团农产品质量安全工作的主要工作任务将包括以下几个方面。

1. 加快推进农产品质量安全监管队伍建设

进一步整合现有资源和机构，建立健全兵师团三级农产品质量安全监管机构。切实加强兵师两级农产品质量安全监管机构建设，逐步推动重点垦区、重点团场农产品质量安全监管机构建设，配备必要人员，具体承担农产品质量安全监管工作和无公害农产品、绿色食品、有机食品的认证组织工作，承担农资打假专项整治和农业投入品监管工作。逐步形成兵师团三级上下贯通、高效运转的农产品质量安全监管体系。

2. 加快推进检验检测体系建设

按照“突出重点、整合资源、提升能力”的总体要求，增强新疆兵团农科院食品质量监督检验测试中心（部级检测中心）、新疆兵团兽药饲料检测中心、新疆兵团种子质量监督检测中心的检验检测能力，加快建设师级农产品质量安全检测站和重点垦区、重点团场质检站，逐步完善兵团农产品质量安全检验检测体系。

3. 大力发展“三品一标”

强化产地认定和产品认证覆盖面，加大证后监管和品牌宣传推广力度，提升“三品一标”品牌社会公信力。加大“三品一标”扶持政策支持力度，充分发挥“三品一标”在制度规范、技术标准、全程控制、档案记录、包装标识等方面的优势，以品牌化带动标准化，推进产业化。

4. 深入开展农产品标准化创建活动

依照国家标准、农业行业标准、地方标准，结合兵团农业生产的实际，建立健全主要农产品产前、产中、产后各环节技术和管理标准。以蔬菜、水果、畜产品等“菜篮子”产品为重点，深入推进农产品标准化生产。农业标准化生产普及率达到80%以上，加快兵团级标准化生产示范区和全国农业标准化示范县（场）建设。积极推进农产品标准化生产示范区、无公害农产品示范基地、优势（出口）农产品生产基地建设，通过示范基地的引导、带动、辐射作用，使兵团农产品标准化生产达到95%以上。

5. 强化风险管理和应急处置

制定完善农产品质量安全突发应急预案，建立反应快速、上下联动的应急管理机制，加快农产品质量安全应急专业化队伍建设。以质量安全风险高，隐患大的食用农产品为重点，深化例行监测和督查抽检。深入开展农资打假专项行动，全面推进“放心农资下乡进村”示范工程。

（五）“十二五”兵团农产品质量安全工作的重点建设领域

一是推动实施农产品质量安全检验检测体系二期建设项目工程。在一期建设的基础上，统筹布局、明确功能，加快建设重点团场农产品质量安全质检站，确保兵团、师、团各层级有机衔接、相互补充。

二是推动实施农产品质量安全追溯建设项目工程。以“三品一标”产品为抓手，强化农产品质量安全追溯体系建设，将产地编码、生产档案、包装标识、产地准出等信息纳入追溯系统，基本实现主要农产品生产过程可控制、质量可追溯、责任可细化。

三是推动实施农产品批发交易市场改扩建项目工程。紧密结合人流、物流密集的地理位置和丰富多样的优势特色农产品生产区域，加快推进农产品批发交易市场新建和改扩建工程。根据各师需求，计划新建农产品批发市场 28 个，改扩建农产品批发交易市场 24 个。加快建设具有冷藏保鲜、分级包装、运销配送、质量检测、信息发布等功能的新型农产品批发市场，通过市场建设，加快农产品贸易流通，带动地区经济发展。

四是推动实施“金农”工程二期规划项目建设。在一期项目建设省级农业数据中心的基础上，二期项目将延伸到兵团各师、重点团场。通过建设农业信息综合服务网点和信息员队伍，整合资源，完善系统，全面提升农业信息化水平和信息服务能力。

五是推动兵师团各级加大对农产品质量安全监管工作的支持力度。强化对机构建设、督查抽检、农业标准化、“三品一标”等方面的资金投入，提升监管能力，促进农产品质量安全水平不断提高。

（六）推进兵团农产品质量安全工作的主要对策措施

围绕机构设置、检测体系、标准化生产、农业投入品监管及市场准入 5 个关键环节，充分发挥农业部门的管理职能，全面加快建设步伐，提升农产品质量安全管理水平和能力。

1. 完善机构，充实力量

推进农产品质量安全组织机构建设，尽快在师、团成立农产品质量安全中心，做到机构、职责、人员到位，为农产品质量安全工作提供组织保证。

2. 推进农业标准化生产和示范区建设

依据国家标准、农业行业标准及国内外先进标准及技术要求，结合兵团农业生产的实际，积极组织制定具有区域特色的无公害农产品生产技术规程，促使农产品生产全过程有标可依和各项标准实施到位。积极开展国家级和兵团级农业标准化示范区和无公害农产品示范基地创建活动。

3. 建立农产品质量安全例行检测制度

对重点农产品生产基地、重点农产品批发市场和已获得认证的无公害农产品、绿色食品、有机食品开展例行检测，对检测不合格的单位，查明原因，限期整改。

4. 切实提高“三品”认证数量，积极应对市场准入

要进一步强化宣传推动，使团场和企业充分认识到加快发展“三品”认证的重要性和紧迫性，切实加大“三品”认证工作的力度，提高和扩大“三品”认证总量，对获得“三品”认证的企业给予适当奖励。

5. 加强农业投入品监管，治理农业污染源头

积极开展农资打假专项整治行动，进一步加大农业投入品监管力度，依法坚决查处生产、经营和使用高毒、高残留等违禁农药的行为。加强对广大职工合理使用农业投入品知识的培训和技术指导，大力推广应用生物农药、低毒农药以及农业防治和物理防治技术。

加强职业道德建设 促进绿色食品事业持续健康发展*

陈兆云

（中国绿色食品发展中心）

古人云："人无德不立，国无德不兴"，说明道德对于一个人的成长、一个国家的发展至关重要。绿色食品是农业部推出的一个重要公共品牌，主要是依靠广大绿色食品从业人员、根据绿色食品标准、面向食用农产品生产加工企业开展的环境与质量第三方审核评价活动，是一项富有行业特色的职业活动，广大从业人员特别是绿色食品检查员、标志监管员必须加强职业道德建设，在职业活动中自觉遵循相应的道德原则和行为规范，树立和维护良好的职业形象。

一、我国社会历来重视职业道德建设

汉字"人"由一撇一捺构成，如果用一撇代表"德"，用一捺代表"才"，则形象体现了人生的意义，即一个人只有德才兼备才能在社会上安身立命、有所作为。在人生的坐标图上，"德"是横坐标，决定着一个人的人生能够向前走多远；"才"是纵坐标，决定着一个人能够肩负多重的担子；两者共同成就了一个人的人生价值大小。因此，德才是知人识人、选人用人的两个关键选项，古往今来概莫能外。

中华民族是崇尚道德的礼仪之邦，修身、齐家、治国、平天下，是无数民族先贤哲人的座右铭，他们历来把修身养性作为人生的第一课，把道德建设摆到非常突出的位置。道德是调整个人与个人之间、个人与社会组织之间关系的行为准则和规范的总和，它以善与恶、美与丑、正义与非正义、公正与偏激、诚实与虚伪为评价标准，依靠社会舆论、传统习俗、个人信念和组织纪律来维系。道德内容丰富，有社会公德、个人品德、家庭美德、职业道德等。

职业道德，顾名思义是指从业人员在一定职业活动中应遵循的、体现一定职业特征

---

* 本文为2014年作者在"全国绿色食品检查员、标志监督管理员暨绿色食品标准宣贯培训班"上的讲话

的、调整一定职业关系的行为准则和规范，这既是从业人员在进行职业活动时应遵循的行为规范，同时又是从业人员对社会应承担的道德责任和义务。正所谓练武之人要讲武德，老师要讲师德，为官者要讲官德，各行各业都有自己的职业道德。

当前，公平、公开、公正的思想广泛传播，既是市场经济的原则，也是时代发展的潮流，促使各行各业必须加强职业道德建设，以树立行业形象，维护行业公信力。我国《公民道德建设实施纲要》针对职业道德建设提出了明确要求，即爱岗敬业、诚实守信、办事公道、服务群众、奉献社会，为各行各业的职业道德建设指明了方向。

1. 爱岗敬业

爱岗，就是热爱自己的本职工作，为做好本职工作尽心尽力；敬业，就是要用一种恭敬严肃的态度来对待自己的职业，对自己的工作要专心、认真、负责任，对本职工作一丝不苟、尽心尽力、忠于职守。一个人要做好自己的本职工作，没有爱岗敬业的职业精神是不可能的。爱岗敬业是对人们工作态度的一种普遍的要求，在任何部门、任何岗位工作的公民，都应爱岗、敬业，这是职业道德所要倡导的首要规范。

2. 诚实守信

诚实是人的一种品质，这种品质最显著的特点是，一个人在社会交往中能够讲真话，能忠实于事物的本来面貌，不歪曲事实，不隐瞒真实情况，不说谎，不作假，不为了不可告人的目的而欺骗别人。守信也是一种做人的品质，就是讲信用，讲信誉，信守诺言，忠实于自己承担的义务，答应了别人的事一定要去做。诚实守信是职业道德的最基本准则，也是一个人能在社会生活中安身立命的根本。

3. 办事公道

办事公道就是指处理各种职业事务时要以国家法律、法规、各种纪律、规章以及公共道德准则为标准，秉公办事，公平、公正地处理问题，做到公道正派、客观公正、不偏不倚、公开公平；对不同的对象一视同仁，不因职位高低、贫富、亲疏的差别而区别对待。

4. 服务群众

服务群众是为人民服务的道德要求在职业道德中的具体体现，是国家机关工作人员和各个服务行业工作人员必须遵守的道德规范，要求从业人员必须树立全心全意为人民服务的思想，热爱本职工作，文明待客，对群众热情和蔼，服务周到，说话和气，急群众之所急，想群众之所想，帮群众之所需。

5. 奉献社会

奉献社会是社会主义职业道德的最高要求，核心是当社会利益与部门利益、个人利益发生冲突时，要求每一个从业人员把社会利益放在首位。每个公民无论在什么行业，什么岗位，从事什么工作，只要他爱岗敬业，努力工作，就是在为社会作贡献。

二、绿色食品行业必须加强职业道德建设

绿色食品现场检查、审核判别、标志监管等日常工作，均是根据绿色食品认证管理机构的安排和委派，由相关从业人员按照规定程序、依据绿色食品的技术标准对相关企业实施的行业特色鲜明的职业活动。这些职业活动涉及两个关系：一是具体从业人员与委派单位的关系。从业人员代表委派单位面向企业从事职业活动，需要通过自己符合职业道德的行为来树立和维护委派单位的形象和声誉；如果从业人员道德失范，将直接损害委派单位的形象和声誉，降低公信力。二是从业人员与被检查监管企业的关系。从业人员的职业活动直接影响被检查监管企业在绿色食品标志申请、使用方面的权益，需要通过自己符合职业道德的行为来树立和维护公平、公正的行业发展环境；如果从业人员道德失范，就是在向企业发出错误导向，诱导企业不走正门而走后门，围绕权力寻租搞投机活动，必然恶化行业发展环境。因此，绿色食品事业要保持持续健康发展，必须重视和加强从业人员职业道德建设，提高职业道德修养。

1. 加强职业道德建设有利于促进形成团结向上、爱岗敬业的绿色食品团队文化

绿色食品是朝阳产业，需要不断学习新知识；绿色食品从业人员是一个富有特殊使命的集体，工作中要搞好分工与合作。在这样的集体中提倡不断学习、忠于职守、敢于担当、团结协作等职业要求，有利于增强团队的凝聚力和整体工作效能。

2. 加强职业道德建设有利于树立和维护绿色食品行业的良好社会声誉

绿色食品过硬的产品质量是赢得良好社会声誉的基础，而过硬的产品质量有赖于广大从业人员严谨的工作态度和良好的职业素养。从一定意义上讲，从业人员的职业道德水平决定着绿色食品的质量安全水品。“食品产业是良心产业”，讲的就是这个道理。

3. 加强职业道德建设有利于营造绿色食品行业健康发展的良好氛围

绿色食品从业人员就像体育比赛的裁判员，对企业的相关环境条件和业务运行情况进行评判。只有在工作中始终坚持公正、公平，才能搭建起企业平等竞争的发展平台，对企业认真实施标准化生产、严格质量安全控制才能形成正确导向，从而引领行业健康有序发展。

4. 加强职业道德建设有利于提高全社会的道德水平

职业活动占了一个人一生中的大部分时间，从事职业活动的人群占了全社会的大部分。职业道德既是一个从业人员的生活态度、价值观念的表现，又是一个职业集体、甚至一个行业全体人员的行为表现。绿色食品行业作为社会众多行业之一，职业道德建设加强了，职业素养提高了，首先是对农业系统职业道德建设的贡献，进而也是在对提升整个社会道德水平注入正能量。

三、绿色食品行业职业道德建设的主要内容

20余年来，绿色食品事业不断发展，不断总结提高，已经形成了一套适合自身行业特点、反映工作需求的从业人员行为规范与要求，特别是针对检查员和监管员，提出了明确的行为准则。

1. 绿色食品检查员要自觉遵守的行为准则

（1）遵守国家有关认证的法律法规、绿色食品的认证规章制度和保密协议。从事审核和检查工作应遵循科学、公正、公平的原则。

（2）按照注册专业类别从事审核和检查工作。

（3）不断学习检查所需的专业知识，提高自身素质和检查能力。

（4）尊重客观事实，如实记录认证现场检查或认证审核对象现状，保证认证审核和现场检查的规范性、有效性、公正性。

（5）检查员在检查前后1年内不得与申请认证企业有任何有偿咨询服务关系；可以提出生产方面的改进意见，但不得收取费用；不得就市场建议接受任何经济回报。

（6）不应向申请认证的企业作出颁证与否的承诺。

（7）未经中心书面授权和申请认证企业同意，不得讨论或披露任何与审核和检查活动有关的信息，法律有特殊要求的除外。

（8）到少数民族地区检查时，应尊重当地文化和风俗习惯。

（9）不接受申请认证企业、定点检测机构任何形式的酬劳、礼品或其他好处。

（10）不以任何形式损坏中心声誉，并针对违反本行为准则进行的调查工作提供全面合作。

（11）接受中国绿色食品发展中心的监督管理。

（12）不得同时兼任其他认证机构的检查员。

2. 绿色食品标志监管员要自觉遵守的行为准则

（1）遵守有关绿色食品标志管理的规章制度，忠于职守。

（2）努力学习有关专业知识，不断提高标志管理的能力。

（3）不以权谋私，不接受可能影响本人正常行使职责的回扣、馈赠和其他任何形式的好处。

（4）如实向中心和所在单位报告情况，不弄虚作假。

（5）接受中国绿色食品发展中心的培训、指导和监督管理。

（6）保守受检查企业的商业秘密。

归纳起来，绿色食品行业职业道德要求可以集中表述为：爱岗敬业，忠于职守；科学严谨，虚心好学；坚持原则，保守秘密；客观公正，廉洁从业。

四、常抓不懈推进绿色食品行业职业道德建设

思想是行动的先导，职业道德是绿色食品审核监管从业活动的灵魂，是树立和维护绿色食品社会公信力的先决条件。要保证绿色食品事业持续健康发展，必须在全系统持之以恒地大力推进职业道德建设，使广大从业人员始终保持良好的职业道德修养。

一要落实推进职业道德建设的主体责任。职业道德建设的主体是从业人员，但推进职业道德建设的主体是行业主管部门。因此，各级绿色食品工作主管单位要在绿色食品事业发展中把职业道德建设摆到重要位置，纳入计划，统筹安排，明确要求，作为常规性工作予以部署落实，并加强监督检查，切实担负起推进行业职业道德建设的主体责任。特别是在绿色食品从业人员队伍建设上要职业技能与职业道德培养并重，既要注重传授工作需要的业务理论、知识与技能，又要灌输从业要求的行为规范与准则，并在平时工作指导和绩效考评上予以体现。

二要健全推进职业道德建设的制度机制。职业道德建设不能仅仅停留于宣传教育和倡导上，要通过制度约束推动落实。完善和落实制度是有效规范绿色食品从业人员管理与服务行为的可靠保障。要强化问责制度，对从业人员玩忽职守、贻误工作、滥用职权，侵犯企业合法权益等行为要予以查处，要通过问责对从业人员形成无形压力，促使其在工作中自觉遵章守纪、规范言行，树立良好形象。要完善考评制度，可以参考公务员管理的方法，从德能勤绩廉多方面建立综合考核评价体系，全面准确反映从业人员的工作实绩和现实表现。要建立退出机制，对严重违反职业道德、侵害企业合法权益、损害绿色食品行业形象的从业人员，要坚决清退。

三要多种形式开展经常性的职业道德教育。既要通过工作会议、集中培训，大力宣传贯彻绿色食品行业职业道德建设要求，又要通过座谈交流、经验介绍、媒体网络广泛传播职业道德内容和践行情况，在全行业形成职业道德建设的大环境、好氛围。通过经常性的宣传教育活动，发挥“润物细无声”的作用，使职业道德内化于心，外化于行，让广大从业人员养成自觉遵守职业道德的良好习惯，使职业道德修养成为每一位从业人员丰富人生、精神升华的重要内容。

四要领导带头示范引导职业道德建设。各级领导干部既是推进绿色食品职业道德建设的组织者、领导者，又是遵守职业道德的参与者、示范者，必须身体力行，率先垂范，发挥示范引导作用。领导干部如果在职业道德问题上失范，不仅仅是个人问题，必然带坏一个单位、一片区域的从业风气，危害性极大，影响期更长。

五要“廉”字当头推进职业道德建设。在市场经济条件下，绿色食品审核监管从业活动直接面向大量的农产品与食品企业，影响从业人员行为规范的核心问题是经济利益的交换，职业道德建设必须把廉洁从业摆到核心位置。要通过廉洁从业教育和相应的制度安排，向从业人员强力发出从业风险与压力，斩断从业人员与服务对象企业之间的利益交换，为全面推进绿色食品行业职业道德建设奠定坚实基础，提供有力保障。

推动我国绿色食品快速发展的策略分析*

韩沛新

(中国绿色食品发展中心)

党的十八届五中全会通过的《中共中央关于制定国民经济第十三个五年规划的建议》，围绕“两个一百年”奋斗目标和“四个全面”战略布局，对今后5年我国经济计划发展的基本任务、基本理念、重大举措做出了周密部署，其中，“三农”仍然最受关注。要补齐国民经济的这块“短板”，须大力推进农业现代化，这关系到亿万农民能否与全国人民一道迈入全面小康社会的战略目标。而加快转变农业发展方式，则是实现农业现代化的基本路径。更加注重粮食产能、农业增效和农民增收；更加注重科技创新和优化农业结构，不断提高农业综合生产能力；更加注重生态环境保护和农产品质量安全，实现可持续发展；则又是转变农业发展方式的重要内容。

“转方式”是当前农业工作面临的首要任务。农业是最古老的行业，有着最为传统的生产单元，保留着最为传统的生产方式和习惯。即便在21世纪，我国工业化、城镇化和信息化浪潮此起彼伏，但就整体情况看，农业仍然是根本性变化最小的行业。或许正是由于这种与现代化的“隔膜”和“距离”，在全球经济一体化背景下，农业受内外部环境变化的冲击也最大。如宏观经济增速放缓、国内外产品价格倒挂、行业内部结构性矛盾复杂、整体效益不高和农民持续增收困难、环境压力与资源约束大等问题，使得“三农”领域的许多改革变得更加知易行难。我国农业和农村发展就处在这样一个关键节点。如何在这个路径依赖最为严重的领域，开展既不能颠覆基础、又须在全局上搅动“一池春水”的创新，让转变农业发展方式的各项制度安排，在具体的生产过程中自然落地生根，农民能主动地去接受，是我们农业工作者必须面对的课题。

绿色食品是我国的一项开创性事业。发展绿色食品的实践表明，以品牌带来的产品价值溢出为激励，以认证推行的“标准化”为约束，以健康和可持续发展理念为引领，以全程化管理制度和可追溯机制为保障，共同促使生产者行为转变，在绿色生产的过程中保护生态环境，能够实现农业生产、农民生活、农村生态的同步改善，实现经济效

* 本文原载于《农产品质量与安全》2016年第3期，7－11页

益、社会效益和生态效益的共同提高。绿色食品事业正是诠释“产出高效、产品安全、资源节约、环境友好”的鲜活实例，是“转方式调结构”的生动典范。或许，这项生机勃勃的事业能够成为搅动传统农业“池水”的那颗“石子”。

一、绿色食品事业与五大发展理念的高度契合关系

“创新、协调、绿色、开放、共享”五大发展理念，是中共中央在总结改革开放历史经验基础上，形成的关于生态文明建设、社会主义现代化建设规律性认识的最新成果，不仅切合我国当下实际，而且必将对“十三五”乃至更长时期的经济社会发展起到指导性作用。只有遵循“五大理念”的发展，才是科学发展。

回顾绿色食品的发展历史，20 世纪 90 年代初其还是一个鲜为人知的概念，如今已有近 1 万家相关企业，2 万多个相关产品，年销售额 4 300多亿元，出口额逾 20 亿美元。创建有规模的标准化基地 665 个，监测面积达 3. 4 亿亩。绿色食品事业之所以能够从无到有、从小到大，经受住了市场的考验、得到社会各界的支持、受到广大消费者的欢迎，正是在自觉与不自觉中践行了“五大发展理念”。

（一）绿色食品坚持创新发展

一切事物的发展总会受到既定历史阶段和既定环境条件的约束，而能够在不利的约束条件下，以主观意志、智慧和努力去摆脱约束并寻得新的出路，是谓改革或创新。25 年前，改革开放的春风已使中华大地的面貌焕然一新，然而我国整体尚处在刚解决温饱阶段，农产品的数量供给还未根本过关。农业部以超前的发展眼光关注生产发展以后的环境保护、资源利用与生态和谐问题，果断启动“绿色食品工程”，无疑也是一种历史担当。难能可贵的是，绿色食品并未照抄西方发达国家有机农业的既定模式，而是紧扣我国国情，清醒地结合当时农业生产能力和组织化水平、市场发育状况，走出一条具有中国特色的发展新路。创造了“以品牌化促进组织化，以组织化保障标准化，以标准化推动现代化”的农业发展模式；创造了“环境有监测、生产有规程、产品有检验、上市有标识、问题可追溯”的农产品质量安全管理模式；创造了以“质量认证与证明商标相结合”的市场化工具解决公共管理问题的模式。创新不仅是绿色食品自身发展生生不息的动力源泉，而且对社会多层面的启蒙与示范意义也颇为深远。

（二）绿色食品推动协调发展

绿色的环境才能产出绿色的原料，绿色的原料才能加工出绿色的产品，绿色的营销才能保持“绿色”的品质。“从土地到餐桌的全程化管理”，不仅是绿色食品生产的基本制度安排，也是以绿色理念为核心，实现第一、第二、第三产业有机联结的方式。从农民合作组织的生产规程、原料质量，到龙头企业的加工工艺，再到储运销售环节的质量控制，“绿色身份”成为产业链条各环节之间衔接的关键，既保障了相互支撑又实现

了相互制约，也避免了分散的农户因过度依赖龙头企业而丧失议价主动性的弊端。在产业链条延伸的过程中，产品提高了附加值，产业链各环节主体共享了事业的整体收益。绿色食品促进了产业间的联合与协调。

绿色食品标准并不像有机食品那样，拒绝一切化学合成物质的使用，而是有选择地使用安全、高效的现代科技成果和先进技术，并使之与传统农艺精华相结合，实现高产、优质、高效，在保障数量稳定的基础上，追求产品质量的提升，从而实现了数量与质量的协调。

当前我国环境污染严重，生态系统退化，资源约束趋紧的形势十分严峻。问题形成的原因众多，其中，生产主体“当代人吃子孙饭”的竭泽而渔行为，消费者“饮水不思源”的浪费行为是不容回避的问题。发展绿色食品的过程，既是不断传播绿色发展理念的过程，也是生产者和消费者绿色价值观逐步和谐统一的过程。一方面，生产者自主发展绿色食品，既可实现市场超额利润的目标，又可为生态环境保护和可持续发展尽一份社会责任，有一定的成就感。另一方面，理性而又有实力的消费者以高出普通食品的价格消费绿色食品，如同为自己的健康买一份保险，也意味着其自愿承担一份改善生态环境的成本，善莫大焉。从代际公平的角度看，更体现了当代人对后代人履行的历史责任。因此，绿色食品实现了生产与消费、当代与后代之间的协调。

（三）绿色食品引领绿色发展

绿色食品事业在改革开放的早期，即成为我国绿色发展的先声及绿色文化的重要启蒙。它不仅将一个崭新的概念送进了大学、中学、小学的课堂，为社会输送了新的知识，而且将一种崇高的价值理念和文化符号输入人们的脑海，唤醒人们在吃饱肚子、持有票子、活有面子后，还有更有意义、更有尊严的生活。这种绿色的生活方式，不仅上承“天人合一”的中华文明要义，而且下济子孙后代的长远福祉。

于是，绿色食品被世界可持续农业协会认定为全球最成功的可持续发展模式之一，并向广大发展中国家推荐。绿色食品也成为各地发展新型经济的一条途径选择，成为民间资本投资农业的项目选择，成为中国农产品走向国际市场的出口创汇选择，成为小康生活水平下百姓放心消费的品质选择。“打绿色牌，走特色路”“既要金山银山更要绿水青山”的生态共识开始在中华大地扎根，必将转化为推动绿色发展的巨大合力。

（四）绿色食品促进开放发展

绿色食品是改革开放的产物。如果没有开放，我们就不可能看到和发达国家的差距，没有国际化的视野，也不会有创立绿色食品的动力。正是改革开放带来的机遇，才使我们在 20 世纪 90 年代初，推出国内首个质量标志，开国内证明商标管理之先河，迈出了国内认证高品质农产品的第一步。也正是以这第一步为基础，才形成今天农业领域的无公害农产品、绿色食品、有机食品、地理标志农产品（“三品一标”）共同发展的现实格局。

如今，中国绿色食品发展中心与国际上众多的环境友好型农业机构及生产性组织保持着交流与互动，绿色食品产品也成为带动我国农产品出口的先锋遍及五大洲，且年均出口增长率始终保持在两位数水平。与此同时，绿色食品标志也在欧洲、美国、日本等10多个国家和地区注册。来自澳大利亚、加拿大、丹麦等国家的全球知名企业也申请使用绿色食品标志。开放带来中外农业、食品企业的相互交流、学习与借鉴，又进一步孕育着更大的国际合作与开放机会。

（五）绿色食品实现共享发展

绿色食品是共享经济的实例。绿色食品标志是政府确立的公共品牌，它不仅体现了政府的严格监管，也承载了政府的公信力。该品牌的市场价值，由参与绿色食品发展的各方主体共享。绿色食品标志管理作为一种信息披露机制，在很大程度上克服了食品及农产品普遍存在的质量安全信息不对称现象，避免了生产流通环节的道德风险和逆向选择问题，降低了交易费用。由此带来社会福利的增加，由政府和市场各方共享。绿色食品行业标准有较强的约束力，促进了生产、流通各环节的行为规范，保障了绿色食品安全、优质、营养的品质，由全社会的消费者共享。绿色生产带来的环境美好和生态和谐，以及由此派生出的农村观光旅游等效益，则由城乡大众共享。

到2015年，我国还有5 575万农村贫困人口，由于客观条件和历史发展的诸多因素限制，贫困地区的工业化基础相对薄弱，但却保留了相对原始的生态环境。“出自优良生态环境，带来强劲生命活力”正是绿色食品的鲜明特色，通过发展绿色食品事业，能将贫困地区工业落后的劣势转化为生态资源价值的优势，让老少边穷地区的农民群众共同分享改革开放的发展成果。

二、新形势下绿色食品的发展机遇

（一）发展绿色食品是宏观政策支持的基本方向

农业始终是弱质产业，“三农”工作也始终是全党工作的重中之重，夯实农业基础更是中央一贯的方针。“十二五”期间财政新增投资预算主要向农业领域倾斜，“十三五”期间，农业作为国民经济“压舱石”的作用只能加强，不能削弱。党的十八大把生态文明建设纳入中国特色社会主义事业“五位一体”总体布局，首次把“美丽中国”作为生态文明建设的宏伟目标，说明在整个农业格局中，绿色发展、生态建设将成为新的政策支持方向。新时期连续6年的中央一号文件都提出要大力发展绿色食品，也凸显绿色食品要在农业现代化中发挥更加重要的作用。

我们的农业现代化要体现中国特色。即以解决好地少水缺的资源约束为导向，深入推进农业发展方式转变；以满足吃得好、吃得安全为导向，大力发展优质安全农产品，实现高产高效与资源生态永续利用协调兼顾。从这个意义上讲，绿色食品迎来了前所未有的发展机遇，拥有很强的政策支持预期。

（二）发展绿色食品是“转方式、调结构”的完美实践模式

随着我国经济发展进入新常态，切实转变农业发展方式、调整农业内部结构，成为破解“价格、成本双向挤压”“资源、环境双重约束”矛盾的必然选择，也是传统农业经年未见之变局，覆盖之广，影响之大前所未有。“转调”的核心是着力解决好发展的质量和效益，使农业的发展更加体现优质高效，更加体现公平和可持续。

绿色食品近 10 余年来连续以近 30% 的比例抽检，合格率达 99% 以上，平均市场价格比普通产品高 10% ~30%，75% 以上的企业通过使用绿色食品标志实现了效益提高，在面大量广的农产品中，绿色食品是名副其实的优质高效代表，满足了“转方式、调结构”对质量和效益的要求。

绿色食品生产实践，始终坚持辩证的“两点论”，把“科学种田”依法量化为一个个具体可执行的生产规范、产品标准、管理制度和保障机制，既保持了耕地的有机活力，又维护了生物的多样性平衡；既防止环境中的外源污染物对产品造成污染，又坚持清洁生产，避免生产中的废弃物对环境造成污染；既尊重消费者的选择权利，又关注生产者的合理利益；既发挥了资源的利用率，又提高了土地的产出率；既注重政府的推动，又依靠市场的拉动。绿色食品满足了“转方式、调结构”对公平、效率和可持续的要求。

（三）发展绿色食品是消费趋势变化的必然选择

任何趋势的形成，必有其深刻的历史规律和现实因素影响。早在绿色食品问世之初，有识之士曾预言“21 世纪的主导农业是生态农业，21 世纪的主导食品是绿色食品”。今天，绿色食品能成为一种消费时尚，并非偶然。

美国加州大学洛杉矶分校（UCLA）的黄宗智教授在其《隐性农业革命》一书中，从历史演进的视角，对中国改革开放以来农业所发生的巨大变化做了专门研究，认为这一前 6 个世纪都不曾有过的历史变迁共由三大趋势构成，而由于国民收入上升所致的食品消费转型正是其中之一。越来越多的高值农产品的生产，也成为“隐性农业革命”的主要内容。

从现实情况看，2015 年我国人均 GDP 已达 8 000美元左右，城镇居民恩格尔系数降至 30.6%。发达国家的经验表明，当人均 GDP 超过 7 000美元或恩格尔系数下降至 40%，消费需求将发生跨越式的改变，消费趋势将向质量更好、舒适度更高、心理体验更加自如的方向转化。身边可见的例子便是逐年增多的出境游旅客，在境外抢购“纸尿裤”“洋奶粉”“马桶盖”等现象不断，说明大众的消费潜力是客观存在的，关键在于供给侧是否有满足需求的好产品投放市场。

就食品而言，一方面我国饮食文化源远流长，民族的多元化、地理形态的多样化和气候类型的立体化，造就了异彩纷呈、无与伦比的食品资源。另一方面，近年来不尽如

人意的食品安全形势又限制了人们的消费热情。绿色食品以鲜明的标志形象昭示优质安全，在一定程度上免除了消费者的安全顾虑，把消费潜力转化为消费现实。其中，标志的提示作用，把食品的信用品特征转化为搜寻品特征，有效地弥补了消费者的信息不对称，极大地降低了消费者的选择成本，功不可没。从消费心理看也增加了消费者时尚消费的愉悦感。另外，通过统计分析可见，近10年绿色食品生产企业和使用标志的产品数量年度增长曲线，与我国人均GDP的年度增长曲线形态高度一致，显然也绝非巧合。从上述意义上讲，绿色食品符合消费潮流与趋势，市场空间不可限量。

三、推动绿色食品发展的建议措施

绿色食品在品牌化促标准化、标准化促现代化的过程中发挥主导作用；在农产品质量安全工作中发挥支撑与引领作用；在促进农业增效、农民增收中发挥带动作用；在“转方式、调结构”、促进农业可持续发展中发挥示范作用。“十三五”时期，是“转方式、调结构”的重要窗口期，历史机遇不容错过，应千方百计采取措施，推动绿色食品加快发展。

（一）加强宏观规划，进一步落实政策支持

加快绿色食品事业发展，除了行业内部继续坚持改革创新、与时俱进之外，政府的政策支持必不可少。一是要编制好事业发展规划。2015年在部有关部门指导下，绿色食品事业发展“十三五”规划已基本成型，宜尽快纳入农业农村工作的总体规划，顶层谋划，统筹发展。二是要切实做好和现有政策的衔接。尤其是国家对“三农”支持的相关政策，应明确体现出对绿色食品事业的倾斜，如测土配方施肥补助政策、化肥农药零增长支持政策、耕地保护与质量提升补助政策、农产品追溯体系建设支持政策、农产品质量安全示范县创建支持政策等，以使绿色食品事业在“十三五”期间实现更大的发展，为全面建成小康社会做出更大的贡献。

（二）强化公益性质，争取财政资金支持

随着粮食新战略的提出及发展现代农业的战略思路日益清晰，国家强农惠农的一系列补贴政策也在不断整合和创新之中，宜争取在新一轮的财政支农政策中，学习借鉴发达国家经验，对绿色食品这类环保型、生态型事业给予专项补贴。

习总书记指出“良好的生态环境是最公平的公共产品，是最普惠的农民福祉”。绿色食品的生产，在不消耗更多资源的前提下，不仅提供了更安全、优质的产品，而且改善了生态环境，注重了生物的多样性规律，保障了可持续发展，具有明显的正外部性特征。在考核实现既定的环境、生态指标的前提下，给予绿色食品生产者以适量的补贴，不仅有理论依据，能够矫正因外部性带来的市场失灵，而且发达国家也有这方面成熟的经验。近年来，国内许多省区市级财政已经进行了直接补贴绿色食品生产者的尝试，受

到了普遍欢迎，也极大地促进了这些地区的绿色食品事业发展，中央财政应在这方面有更大的作为。

（三）坚持宣传推广，不断提升品牌价值

据市场第三方调研机构针对消费者问卷调查的研究表明，绿色食品的知名度和信誉度在当下国内食品行业诸多认证品牌中名列第一。但我们也应清醒地认识到，囿于市场秩序和社会诚信基础等因素影响，绿色食品的品牌价值、文化价值仍有待进一步挖掘和提升。同时，绿色食品的总量规模与广大人民群众日益高涨的消费需求相比，还有很大距离，亟待加快发展。

一方面要进一步扩大宣传，告诉消费者绿色食品是什么、为什么、有什么独到的特色，以及蕴含怎样的农业文化、环境文化、饮食文化，使广大消费者了解绿色食品、推崇绿色食品、选择绿色食品，让绿色的生活方式成为亿万民众的习惯。另一方面要切实加强质量监管，进一步树立品牌的权威性、公正性，不断提高这一公共品牌的美誉度。

（四）加强内部体系建设，更好发挥多功能作用

现代化是个历史过程，非口号和运动能一蹴而就，它需要几代人的努力奋斗。“转方式、调结构”则是眼下的中心任务，须集整个农业系统的智慧和力量努力完成。经过20余年的不断建设，全国绿色食品管理机构已贯穿省（区）、市、县，达1 558家，6 542人。覆盖100%的省区、88%的地州、56%的市县。这支“专业化的队伍”有着的丰富绿色生产管理知识和长年的绿色生产实践经验，应当在转方式、调结构的攻坚战中勇挑重担，在农业现代化进程中发挥更重要作用。

1. 要发挥研究中心作用

在现有技术专家平台基础上，进一步聚集生态、生物、环保、可持续发展及公共管理等方面的人才，建立有权威的绿色发展智库，既从宏观战略层面开展咨询，也从专业理论、微观生产，以及消费者心理层面加强研究，指导我国的绿色可持续农业健康发展。

2. 要发挥培训中心作用

生态文明必须远离竭泽而渔、焚山而猎的短视行为，绿色生产也不能简单依靠老祖宗言传身教的传统农技，“千年的岁月重复着亘古不变的农时，亘古不变的农时重复着千年如一的农作”，中国农民必须融入世界农业科技和生物技术革命的潮流，才能让5 000年的农耕文明焕发出新的光芒。农业转方式首先要转变劳动者的意识和素质，这也是供给侧改革、提高全要素生产率的重要内容。我们要通过绿色专业知识的培训和推广，把越来越多的中国农民培养成为职业的、有绿色文化、持绿色理念、懂绿色技术、会绿色经营的建设现代农业的主导力量。

3. 要发挥信息中心作用

在现有认证数据系统的基础上，充分利用移动互联网和大数据技术，将绿色食品生

产和农业可持续发展的各个领域的相关信息集成于一个平台，诸如耕地质量、环境条件、水文气象、栽培记录、检验监测、产品追溯、主体诚信等相关资料，向全社会开放查询，并与国际相关机构开展交流。信息集成与披露，不仅是彻底破解农产品质量安全难题的“金钥匙”，也是传统农业飞跃至现代农业的一双翅膀。

4. 要发挥示范中心作用

目前，有近1万家绿色食品生产企业分布在我国广袤的大地上，似星星之火，亟待通过辐射与放大其示范作用以形成绿色燎原之势。宜在农作物优势产区、城郊都市农业区、和贫困山区，根据各地不同的资源禀赋特点，分别组织建立第一、第二、第三产业集约联动，产、加、销链条齐整，生产、生活、旅游、观光功能兼备的示范园区，示范“产出高效、产品安全、资源节约、环境美好”效果，以及农业的生产、生态、休闲及文化价值。

参考文献

B. 格米尔 A. M. 瓦雷拉 . 2015. 现代农业和生物多样性：不安的邻居［J］. 农村工作通讯（10）：61 – 64.

陈晓华 . 2016. “十三五”期间我国农产品质量安全监管工作目标任务［J］. 农产品质量与安全（1）：3 – 7.

国务院办公厅 . 2015. 关于加快转变农业发展方式的意见［J］. 农村工作通讯（16）：7 – 11.

马爱国 . 2016. “十三五”期间我国“三品一标”发展目标任务［J］. 农产品质量安全（2）：3 – 6.

农业部农业政策与法规司 . 2015. 2015 年国家深化农村改革、发展现代农业、促进农民增收政策措施［J］. 农村工作通讯（10）：26 – 34.

汪洋 . 2016. 落实发展新理念，全面做好农业农村工作［J］. 求是（8）：3 – 8.

王运浩 . 2016. 我国绿色食品“十三五”主攻方向及推进措施［J］. 农产品质量安全（2）：11 – 14.

绿色食品产业发展创新研究*

李志纯

（湖南省农业厅）

绿色食品的生产实践在我国已达20多年，应该说理论形成与实践积累均进入深层次探索期。在长期的农产品质量安全管理和种植业生产管理的实践中，笔者深感这项事业必须迅速进入深度开拓开放式发展新时期，使之真正成为促进健康消费、环境改良、农业和食品产业创新以及竞争力增强的引导型民生产业。笔者组织有关企业家、专家、管理工作者对绿色食品的发展问题进行了一些深层次研究探讨，认为我国政府和各个地方都应该高度重视和切实培育这项民生产业，大力推动实践创新和深层次突破。

一、实现绿色食品产业发展与绿色农业开发深度融合

绿色食品直接来源于农业以及与农业融合的食品加工业，开发领域十分广阔，但前提条件是生产环境、生产过程以及生产原料必须与绿色食品生产要求高度一致。也就是说，绿色食品产业的形成与发展必须以绿色农业发展为基础，两者高度融合才能把绿色食品产业做大做强。现在的问题是，食品生产与原料供给脱节，食品企业与原料生产单位脱节，食品质量保障与农产品质量保障脱节，食品加工业与农业生产脱节，这一系列的脱节问题给绿色食品产业的质量保障、规模扩大和产品创新带来了严重困难。解决这个问题的途径是实现绿色食品产业与绿色农业开发的深度融合。根据一些地方的实践探索，两者深度融合的切入点应该是政府及其相关部门要为绿色食品企业建立绿色农业特定功能区和特定基地。各地要根据绿色食品需求，制定绿色食品产业发展规划。根据规划和绿色食品企业的产品落地实际，以及绿色食品开发的具体要求，因地制宜划定建立绿色食品企业的农业生产特定功能区以及功能区特定基地，并在功能区内，根据产品的特色要求，在特定基地特别是特色农业示范区，一村一品、一乡一品示范区，建立形成绿色农业生产方式，主要是立足于全面提高农产品质量安全水平，大力推进“两型”农业、低碳农业、循环农业等绿色农业生产方式，使特定功能区和特定基地的农产品与

* 原载于《农产品质量与安全》2014年第1期，21－23页

绿色食品生产所需的质量、规模、规格、季节性要求相一致。对于特定功能区和特定基地的农业生产主体，可以是企业，也可以是与企业对接的家庭农场、专业合作社、专业化服务组织等。总之，功能区的特定基地与绿色食品企业是紧密对接的，相当于企业的原料车间，绿色食品企业与农业生产组织结成产业联盟。无论是哪类农业生产经营主体，政府及其相关部门都应在土地流转、基础设施建设、服务等方面制定分类指导的奖励、补贴等优惠性扶持措施，解决实际问题引导其融合发展。

二、同步推进绿色食品开发与绿色消费市场开拓

开发绿色食品的经济效益、社会效益、生态效益理论上都是可观的，但效益的体现还要落实到市场价值的释放。现在的问题是，绿色食品身份价值的真实性在市场上得不到有效体现。也就是说，人们十分喜爱绿色食品，但应有的价值又在价格上得不到体现，优质不能优价，而绿色食品的生产成本和管理成本都很高，企业无利可图，这在很大程度上限制了绿色食品产业发展的速度和规模。出现这种局面的直接原因：其一，消费者对绿色食品的健康安全性、生产安全性和安全保障性不了解，对其生产的流程和较高的成本不清楚，把绿色食品与普通食品同等看待与使用，尽管愿意消费，但不愿出高价；其二，企业对绿色食品种类开发创新不够，不能很好适应消费需求，源源不断开发出吸引消费者并牢牢占据其心里位置的产品；其三，绿色食品的市场体系和诚信体系没有完全形成，发育不全；其四，绿色食品品牌的培育和打造乏力，没有把它作为民生需求的特殊商品实施战略开发。这些问题都应归结为绿色食品产业开发与市场体系形成不协调、不同步、不对称。也就是说，我国目前还没有完全形成有利于绿色食品发展的市场环境。

根据一些地方和企业的实践探索，改变目前这种状况的着力点应集中突破“两个对接”。一方面，价值与价格的对接。这个需要物价部门的积极调控引导，尽快形成绿色食品的优质优价定价机制和价格补偿机制，使绿色食品企业有利可图，消费者也能得到实惠。另一方面，推进产销对接，实现绿色食品销售专业化。主要是建立起区域性专业市场，培育集散地，建立起专业销售网点或连锁店及专柜，建立配送直销和网络营销体系，大力提升展示展销规模和水平，通过多措并举，尽快建立起全方位、立体式的国际化、专业化营销体系。这个营销体系的形成与发展，不能仅靠市场自身，不能放任自流，而是离不开国家、地方政府和有关部门的规划、引导和扶持。国家应该统筹设计，制定出有利于绿色食品专业市场体系形成的引导性扶持措施。

三、推进绿色食品开发与绿色科技开发有机结合

绿色食品产业说到底是高科技产业，从农产品生产到绿色食品进入消费，既要安全营养，也要方便可口，这一产业链特殊要求的科技含量是很高的。就现在的农业生产和

绿色食品加工业现状而言，科技创新十分乏力，明显制约了绿色食品产业的发展。第一，绿色食品的产品创新乏力，开发的种类少，数量少；第二，绿色农业生产投入品的创新乏力，包括产品创新和使用创新都不能满足生产绿色农产品或绿色食品原料的要求；第三，绿色农业生产技术组合创新乏力，包括种植业的施肥、管水、防治病虫害和养殖业的饲养、疫病防控等环节都不能满足绿色生产的技术要求，特别是绿色施肥、绿色灌溉、健康养殖、病虫害绿色防控等方面的技物结合都离需求有很大差距；第四，改良改善绿色农业生产环境的技术创新乏力，主要是产地污染净化技术、产地重金属降解技术等产地环境改良技术组合没有完全形成，还不能有力有效进入实质性操作，解决实际问题；第五，添加剂的研制使用创新乏力，添加成分与添加技术与绿色食品生产要求、标准化控制存在很大的不协调，迫切需要添加技术的攻关突破；第六，质量控制技术与检测技术组合创新乏力，主要是生产全过程的质量控制技术与检测技术的系统化组合没有形成。

解决以上 6 个方面的乏力问题，就是要在绿色科技的创新上加力，把开发绿色食品与开发绿色科技有机结合。根据一些地方的实践探索，主要应推进“6 个结合”。其一，食品科技与农业科技有机结合，建立起两个科研领域的联动机制，实施融合创新；其二，农业投入品的物化技术与使用技术有机结合，使两者同步融合形成绿色生产技术组合；其三，食品添加剂产品与添加技术环节有机结合，两者同步融合，形成绿色食品添加技术领域的高科技组合；其四，绿色农业生产技术与产地环境净化改良技术有机结合，包括形成一系列土壤重金属降解、酸化土壤改良、土肥水协调、病虫害绿色防控等标准化技术组合；其五，绿色食品质量标准开发与农业技术标准开发和生产要点规范有机结合，使质量保障、风险评估、风险防控形成配套有力的标准化技术体系；其六，绿色食品的深度性、研制性、追踪性的检验检测技术研发与简易速测技术开发有机结合，配套进行，形成高科技支撑下的快速检验检测技术组合。

推进“6 个结合”应该采取的关键措施是充分调动公益性研究单位的积极性、企业自主创新的积极性和农民落实绿色科技成果的积极性，建立三者联动的创新机制。其具体组织形式应该是政府主导下的联合攻关，建立绿色科技创新联盟。同时，国家应由科技、农业、食品工业部门联合研究制订科技攻关计划，逐年下达绿色食品科技攻关课题，落实科技项目经费。

四、坚持全程系列化质量管控

绿色食品产业的生命力在于它是否真正具有绿色质量保障的内涵特征，并一以贯之于整个生产消费领域。目前的实际情况是一些企业仅仅满足于认证，争取使用标志，而且积极性不是很高，至于质量保证系数就很难说了。政府和有关部门在这方面也存在监管缺失，特别是从农产品到食品这个本来在质量监管上就应该是个直线的过程也有些扭曲，监管环节严重脱节，以致绿色食品的质量诚信大打折扣。解决这个问题是绿色食品及其企业发展的关键所在。根据一些地方和一些企业的探索，要抓住3个关键：第一，从农产品到食品，即从田间到餐桌实施全程标准化管控。关键是在管理体制和管理机制上解决对接、连贯的缺失问题，千方百计把原料生产基地、加工车间、包装贮运、市场销售环节的系列化整体质量管控落实到全程全面标准化的质量控制上，并建立可追溯的标识化系统。第二，建立起政府监管、企业自律、社会监督的高密集全程全面质量管控制度体系，以至于自然形成绿色食品的公信力、竞争力和稳定上升的消费群体。这个方面需要重新进行一系列制度设计，打破当前的一些被动局面，督促并支持企业主动推进全程系列化质量管控。第三，建立起开发、认证、监管的联动机制。开发需要企业积极主动而政府又应该大力支持，从一开始就引导其标准化开发。认证是企业自愿有偿进行，要进一步严格认证程序和制度设计，千方百计提高企业认证的实惠，提振积极性。监管是政府及其相关部门的履职要求，应该主动作为，切实维护好认证产品的市场环境，实施打假打劣的日常监管和专项整治。三者的同步联动推进，这是推进全程管控的重要途径，也是绿色食品产业发展的基本规律。

五、建立政府、企业、社会联动机制

做大做强我国绿色食品产业这个公共品牌，参与国际竞争，用国际视野推动现代农业和现代食品工业发展，必须形成政府引导、市场主导、社会倡导的发展氛围，建立起政府、企业、社会联动机制。

政府及其有关部门应该把发展绿色食品产业作为一项民生工程、产业转型工程和食品安全提升工程，列入发展规划，实施顶层设计，把行政推动与市场拉动结合起来，在现代科技、现代农业、现代食品工业方面扶持绿色食品企业发展，特别是中小企业，往往是绿色食品生产主体，更要大力扶持。扶持领域主要是在产品开发、基地开发、市场开发和认证、监管等方面，设立专项资金，提供金融保障，并且落实到具体环节和具体生产经营主体上，落实到农业产业化开发经营上。

绿色食品企业应该积极主动，根据市场需求和监管要求，狠抓企业自主创新和质量品牌自律，不断开发新产品，开发大市场，千方百计把产业做大做强，把品牌做优做响，以质量优势求信誉，以信誉优势创品牌，以品牌优势拓市场，以市场优势创高效。

全社会各个方面，都应切实关心和支持绿色食品产业的发展，为这项生命产业做大做强献计出力。对于社会力量的支持，主要是发挥各种服务组织的作用，首先是应该充分发挥绿色食品协会的纽带作用，重点是建立健全绿色食品协会的协调服务机制，在政府的领导和调控下，通过协会的有力有效运作，以效益吸引的利益机制和市场经济规则，实施一系列制度设计，形成社会认可又能各方接受的规范化操作体系，把政府与企业、企业与农民、农业与食品加工业、生产与消费、研究与推广等领域的关系协调处理好，结成利益共同体。通过全社会的共同努力，不断推进我国绿色食品产业国际化。

参考文献

陈晓华 . 2013. 2013 年我国农产品质量安全监管的形势与任务［J］. 农产品质量与安全（1）：5－9.

金发忠 . 2013. 关于严格农产品生产源头安全性评价与管控的思考［J］. 农产品质量与安全（3）：5－8.

王运浩 . 2013. 我国绿色食品与有机食品近期发展成效与推进路径［J］. 农产品质量与安全（2）：9－12.

农产品质量安全“产管融合”研究*

李志纯

（湖南省农业委员会）

农产品质量安全保障问题，从近些年不断向好的实践看，大家的认识统一在“产出来”和“管出来”的双重推动。这就提出了一个广泛而又深入的研究课题，产与管怎么融合推进？而且两者只有融合，才能实现安全保障的预期目标。说到底就是生产经营主体和管理主体怎么共同承担责任，在同一个方向和同一个基点上发力，为全社会的农产品安全消费实现低成本安全保障。就目前实际而言，笔者认为应该根据生产规律、生态规律、生命规律、科技规律、经济规律和社会规律等诸多因素综合考虑，首先从“四个链接”上取得突破，从而不断深化探索，以产管融合推进的思维，探索具有中国特色农产品质量安全保障的模式。

一、标准化链接生产与管理

农产品生产全程标准化以及全程监管标准化，这是农产品质量安全保障的生命线，近些年这根线在全国各地的实践中越扭越紧，效果也越来越显著。现在的问题，一是农产品的质量标准与产地环境质量标准、投入品质量标准、生产技术标准和其他有关标准不系统和不配套，似乎各搞各的标准，相关性连接不紧，不成完整体系，在实际操作中，缺乏系统操控力；二是标准的研究、制定、示范、应用诸环节缺乏连贯性和持续性，由此带来有些标准的科学性和操作性似乎打了折扣；三是生产管理和质量安全管理的标准化实施严重脱节，搞生产的只关心产量和经济效益，搞安全管理的只关心质量安全不出事。说到底是任务和责任未融为一体，生产与管理同步实施全程标准化的机制还没有完全形成；四是县以下基层单位的标准化管理和农业生产经营主体的标准化实施乏力，很难落地生根，全程标准化贯彻实施的基层基础十分薄弱。

有效解决上述问题，把全程标准化生产与管理链接起来，要在以下4个方面发力。

* 原载于《农产品质量与安全》2015年第1期，9－11页

（一）进一步形成系统的标准化体系，并广泛推广

要把质量安全标准的研究制定与人的健康安全性、环境安全性、投入品安全性、技术安全性和规范化操作性融合研究，进一步形成系统配套的标准化体系，同时简化成生产管理技术要点在实践中广泛推广应用。

（二）农业生产工作和质量安全工作要逐步形成一并部署、一并落实、一并考核的行政管理机制

做生产管理工作的要研究部署相关质量安全工作，做质量安全管理工作的要研究与生产发展相适应的问题，而且形成标准化贯彻实施要点，用标准化引领整个生产与管理，从机制上解决产、管脱节的现状。

（三）实施基层基础突破战略

农产品质量安全保障水平的提高，关键要看田里、土里、水里、栏里等各个生产空间和时间上的标准化工作是否到了位，这就是我们常说的抓住基层、基础和源头。根据现在的实际，应该用两种机制的办法取得突破。一种是用行政管理机制层层落实管理措施，国家可以广泛开展全国标准化生产管理示范县创建，带动省区、市、县、乡层层创建，直到全程全部普及到村组，依靠行政的力量强化层层管理到位。湖南省农业厅近几年先后与常德市和怀化市实施厅市合作推进标准化生产的效果就很好。另一种是用市场机制的办法，用效益吸引，甚至采用补贴的方法，指导和吸引农业经营主体，包括专业合作社、家庭农场、生产经营企业、种养大户等经济实体全程全面推进标准化生产。

（四）用标准的技术先进性规范适用性传统农艺措施

在农产品质量安全保障的生产技术措施上，实践证明一些传统的农艺措施是非常有效的，但必须以标准化方式，择其适用性并同时注入先进性重新组合，形成新的先进性技术规范在实践中应用。湖南省在长株潭地区实施稻田镉污染治理采取的措施效果较好。首先把污染地诊断分类分区后，分别采取调整结构、调整布局、调整耕作方式等进行修复治理。特别是调整耕作方式形成标准化技术组合很有实效。这就是在降镉技术上采用镉低积累品种、合理灌溉、用石灰调控土壤 pH 值、改进施肥、深耕与钝化剂改土、改变冬闲种植绿肥油菜等，谓之“VIP + N”技术，从现在的势头看，很有可能成为今后解决产地污染，保障农产品质量安全的一条有效有力途径。

二、标识化链接生产与销售

农产品产出进入流通领域销售，从维护消费者的权益和获取农产品应有的市场价值来说，都应亮明身份，详细标识其产地，检测后的安全状况，是否属于无公害农产品、

绿色食品、有机产品和地理标志产品，其价值应随其身份而实现，同时采用现代信息技术进行可追溯处理，还可进一步上升为电商服务，用标识化这根纽带把生产和销售紧紧连接起来，实现责任和利益的有效对接，使生产和管理的安全性措施融合推进。

现在的问题，一是生产和市场对接不紧密，基地准出和市场准入实施不严格，或者说这件事在有些地方并没有做起来，以至于生产者在安全保障上的工作价值和消费者的知情权得不到体现和保障。二是农业生产经营规模小，散户生产多，上市农产品分散，农产品市场的规范化管理难度大，加上检测、标识成本高、费时费力，生产与销售目前在很大程度上都习惯于传统方式。三是农产品产后的商品化处理水平低，包括保鲜、贮藏、运输管理不规范，尤其没有形成定时定点定量的对应生产销售体系，加上农产品市场的分布格局和层次也不尽科学，以致产销体系脱节，标识化流通受到限制。

解决这些问题，大力推进标识化流通，应切实做好以下 4 个方面的基础性扶持工作。

（一）大力扶持基地型规模生产

当前分散的农户生产只有转型为产销对接的基地型规模生产，才能切实有效地落实好生产和管理融合的各项措施，标识化流通就有基础。现在应做的是要建立扶持基地型安全生产的补贴机制和办法，对各生产环节的安全性技术措施和管理方式进行适当补贴，引导并促进基地型生产不断发展。

（二）大力扶持规范化交易

当前的不规则农产品市场交易只有转变为有序流动的、有章可循的规范化交易，才能把生产者、经营者、消费者三者的安全性权益和责任落到实处，标识化流通才有畅通的路径和广阔的平台。现在应做的是要在产地准出和市场准入的规范化建设上形成扶持性务实管用的措施。

（三）大力扶持信息化建设

信息化手段已经成为农产品生产和质量安全监管的战略措施，是实现标识化流通的科学途径，许多地方在生产和管理融合方面创造了许多经验，现在应做的是认真总结，加快提升，在生产和监管融合的信息化建设上形成硬措施。

（四）大力扶持质量品牌建设

无公害、绿色、有机、地理标志农产品都是质量安全品牌产品，它们是推进标识化流通的先行者，也是产管融合的结晶，应该在扶持它们的建设和发展上采取实实在在的措施，分类形成补贴扶持的具体办法，加快质量品牌的培育以及生产经营主体的发展。

三、诚信化链接生产经营主体与消费群体

诚信是中华文化的传承，在市场经济条件下更应发扬光大，也是当前做好农产品质量安全工作应有的科学思维。现在的种种农产品质量安全问题和隐患，都充分体现在农业生产经营主体的诚信缺失上，一些生产经营者诚信意识淡薄，制假售假，违规生产、使用投入品，非法生产、添加使用禁用物质，不按生产技术规程操作，随心所欲，毫不顾及他人健康和利益。这些行为和问题，严重挫伤了社会群体的消费信心，影响我国农产品的质量声誉和消费市场。

现在应该采取切实有力的措施，把生产经营主体和消费群体的诚信提振起来，使生产经营者依规生产，依法经营，对消费者尽力尽责，使消费者相信产品，放心消费。以诚信建设为纽带，把生产经营主体和消费群体的责权利联结起来，促进产和管的工作做到最高境界，努力营造出生产者、经营者、消费者互信互利、产销两旺的局面。

（一）推进信用体系建设

主要是建立起社会信用公共信息系统，把所有生产经营者的经营信息进入系统备案，形成诚信档案，社会共享。狠抓市场排查，反弹琵琶倒逼生产经营环节，追溯信用记录，建立黑名单制度和市场退出机制，同时建立失信追责机制等。

（二）强化生产经营主体自律

主要是通过信用体系建设，在政府和各种社会力量的大力监督和引导下，促进生产经营主体按规生产，诚信经营，形成严格的内部自律机制，确保生产经营者的每个产品符合安全性要求。

（三）推行公开承诺

通过各种途径，使生产经营主体对自己生产的产品在社会上作出公开承诺，培养自己的自觉和自信。特别要发展产业联盟，使同类产品的生产经营主体，集体联合作出公开承诺。

（四）充分发挥行业协会的作用

形成行业自律机制，建立起社会各方广泛参与的诚信考核与评价体系，强化行业自律的规章制度建设。

（五）促进生产经营主体与消费群体的信息交流

组织广大消费群体与生产经营主体互动，共同交流信息，沟通情感，使生产经营者掌握消费心理，了解消费需求，同时也使消费者了解安全生产过程，形成互信。

四、制度化链接政府与各类实体

农产品生产与管理的融合过程，实质上是在政府的主导下，由各相关部门、各类服务组织、各类生产经营主体等这些实体共同完成。这个系列化生产和管理的全过程，都应依法依规依标分工合作进行。当然，依法依规依标的操作实现，又必须建立在制度体系保障的基础上。

现在的问题，一是法律法规还很不完善，带来制度的许多方面也不完善；二是法律法规的约束性不是很强很严格，带来制度的制定和落实也不尽严格；三是法律法规的许多方面操作性不强，带来制度的制定和落实也不能深化，操作难到位；四是法律法规还很不系统，很不配套，带来制度的制定和落实只能打折扣。这些因素延缓了制度体系的形成，主要问题集中体现在产地环境监管、投入品生产和使用监管、产后商品化处理监管这些关键环节。

根据这些情况，当务之急是先把制度体系完善好，通过制度建设落实好政府的各项监管措施，促进各类服务组织和生产经营主体自觉落实好自律措施。当前应抓紧建立和完善针对解决实际问题的制度。一是协调会商制度。主要是政府管理部门和有关单位建立实质性联系会议制度，形成定期或不定期协调会商机制，针对重大问题和可能发生的问题以及长期性战略问题，开展全面分析和排查，统一思想，形成共识，齐心协力抓落实。二是安全影响评价制度。主要针对产地环境、各类投入品、各种技术方法、各项农艺措施的应用，给产地环境安全、产品安全、健康安全带来的影响，进行定性定量评价。三是产地准出、市场准入和市场、产地、贮藏、保鲜、运输等抽查以及隐患排查制度。四是考核制度。主要是层层开展安全生产和管理绩效考核、生产经营主体信用考核等。五是质量安全风险评估、交流、排除制度。六是科学实验、技术研究攻关协作制度。七是事故和问题追溯、追查、追责制度，特别是属地管理分级负责制度。通过这些制度的建立和完善，形成整个农产品质量安全制度体系并付诸行动，以此为基础，大力促进农产品质量安全法治建设。

参考文献

陈松，周云龙 . 2014. 新形势下农产品质量安全监管难点分析与对策建议［J］. 农产品质量与安全（3）：12－15.

陈晓华 . 2014. 2014 年农业部维护“舌尖上的安全”的目标任务及重要举措［J］. 农产品质量与安全（2）：3－7.

金发忠 . 2014. 我国农产品质量安全风险评估的体系构建及运行管理［J］. 农产品质量与安全（3）：3－11.

李志纯 . 2007. 农产品质量安全理论与实践［M］. 长沙：湖南科学技术出版社 .

李志纯 . 2013. 关于农产品质量安全控制的思考［J］. 农产品质量与安全（1）：18－19.

李志纯 . 2014. 绿色食品产业发展创新研究［J］. 农产品质量与安全（1）：21－23.
马爱国 . 2014. 当前我国农产品质量安全监管的几个关键问题分析［J］. 农产品质量与安全（2）：8－10.
中华人民共和国农业部 . 2014. 农业部关于加强农产品质量安全全程监管的意见［J］. 农产品质量与安全（1）：5－8.

农业可持续发展模式与加快绿色农业发展的对策*

王德章[1]　周　丹[2]

（1. 哈尔滨商业大学市场与流通经济研究中心；2. 大庆师范学院经济管理学院）

一、引　言

农业可持续发展问题提出以来，各国都在从理论与实践结合上不断探索，尤其是在系统性和发展模式方面，不断总结经验、相互学习借鉴。从标准化和比较研究角度，农业大体可分为传统农业和现代农业，在现代农业建设中，又有多种模式（如生态农业、循环农业、有机农业、绿色农业等），且绿色农业应成为现代农业的主要模式。从国际上看，一些发达国家基本实现了由传统农业向现代农业的转变，新兴经济体国家正在加速这种转变，中国就属这种情况。中国正在进行的转变经济发展方式、调整产业结构，对加快农业可持续发展和加强与亚太地区合作提供了机遇。

（一）亚太地区国家农业可持续发展面临的矛盾

一方面，要加快发展以缩小和发达国家的差距，另一方面，又要避免发展中环境污染、资源过度使用等不利于可持续发展的问题。解决以上问题，探索发展模式，借鉴他国经验，既是自身发展的需要，也是加强合作，相互促进的需要。

（二）发展模式及比较

农业、工业与服务业共同组成整个经济社会可持续发展，但农业的基础作用更加重要（图1），主要是因为农业可持续发展是工业和服务业可持续发展的基础，并且随着人口的增加，要求扩大和改善供给的需求日益迫切，在扩大和改善供给中主要应依靠科技贡献、科学管理和农民素质的提高去实现。

从实证研究的角度，农业都可分为传统农业和现代农业（是以保障农产品供给、

* 本文原载于《大庆师范学院学报》2013年第33卷第5期，29－33页

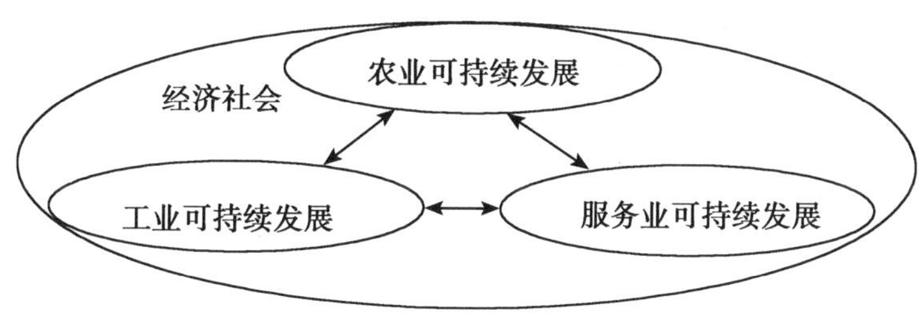

图1　农业、工业、服务业与经济社会可持续发展

增加农民收入、促进可持续发展为目标，以多元化和综合性为主要特征，以提高劳动生产率、资源产出率和产品商品率为途径，以技术创新、制度创新和先进装备为支撑，实行的是现代化的生产经营战略的绿色产业）。在推进农业可持续发展中，各国都采取了加快传统农业向现代农业转变的做法，也即通过现代农业增量的增加使农业结构发生转变。在现代农业中，又可分为绿色农业（是以促进农产品、生态和资源等安全和提高农产品产加销综合经济效益为目标，以适应绿色消费为导向的新模式）和常规现代农业（在国外是指没有达到有机农业标准，但是以现代科技为支撑，以工业化、机械化和管理现代化为依托的现代农业的一大部分；在国内是指除绿色农业以外的、包括生态农业、循环农业、都市农业等）。不同的国家结合实际又采取了不同的模式（如循环农业、生态农业、有机农业、绿色农业等），特别是通过发展绿色农业去带动现代农业，进而促进传统农业的发展。如刘连馥（2005）指出，发展绿色农业是当前及今后现代农业的必然选择；卢良恕等（2007）指出，发展绿色农业对发展现代化农业、推进社会主义新农村建设具有重要作用；都时昆等（2008）指出，绿色农业是现代农业和现代国际农产品市场营销策略的体现，是开拓农民增收渠道的农业，也是世界农业发展方向；严立东等（2003，2009）指出，发展绿色农业有助于实现农业可持续发展和推进农业现代化水平的提高；王庭芳等（2010）指出，绿色农业是当前现代农业的主导模式。上述研究表明，在现代农业的发展进程中，发达国家和新兴经济体国家具有共同的做法，也有差异化的做法，其共同的做法即在绿色农业中都有有机食品，但在中国除有机食品外，还包括绿色和无公害食品（图2、图3）。

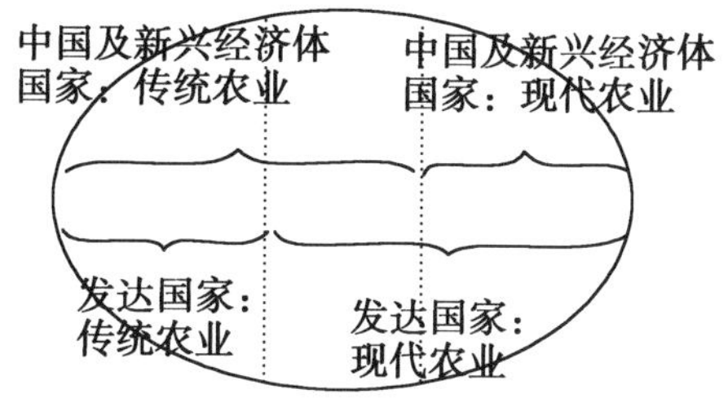

图2　农业

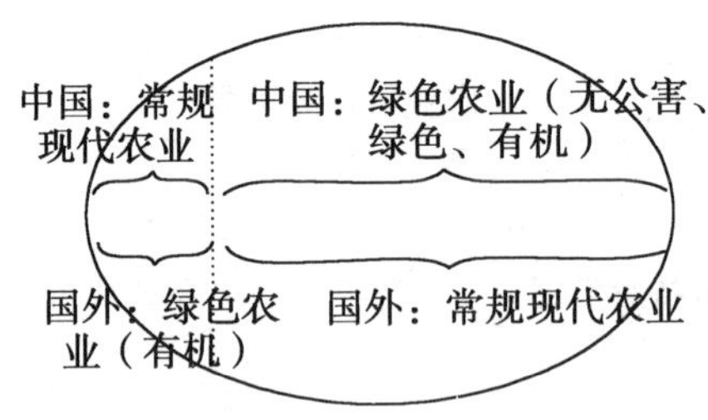

图3　现代农业

通过发展绿色农业带动常规现代农业，进而带动传统农业发展的意义在于：一是绿色农业是满足食品消费升级和提高经济效益的需要；二是绿色农业体现了发展、生态、营养、健康；三是绿色农业对促进“三农”发展、产加销结合一体化和区域经济发展有积极的促进作用；四是通过发展绿色农业提高经济效益后，可以反哺传统农业，使其加快向现代农业的转变。在绿色农业发展中，中国和国外既有共同点，又有不同点，共同点是在绿色农业中都包含有机农业，此外，在中国还包括绿色食品和无公害食品（图3）。中国农业的发展应加快由传统农业向现代农业的转变，特别是要加快发展现代农业中的绿色农业。

中国的工业化、城镇化和食品消费升级要求加快发展绿色农业和推进传统农业向现代农业的转变，中国及亚太地区实施农业可持续发展，一靠政策，二靠市场，尤其是科技和人才市场的支持。

二、中国绿色农业发展的现状、问题及原因

（一）发展绩效

1. 发展速度持续保持高增长

第一，无公害农产品快速发展。由表1可知，从2005—2009年，我国无公害农产品的企业数增加了2.2倍，年均增长34.1%，产地检测面积增加了近2.1倍，年均增长32.1%，产品产量增加了1.6倍，年均增长27.2%。

表1　中国无公害农产品发展状况

年　份	产品数（个）	产地监测面积（万亩）	产地监测面积占比（%）	产量（万吨）	产量比占（%）
2005	16 704.0	24 666.0	10.6	10 439.0	15.9
2006	23 636.0	35 000.0	15.3	14 400.0	21.5
2007	34 186.0	47 430.0	20.6	20 000.0	29.0

（续表）

年　份	产品数（个）	产地监测面积（万亩）	产地监测面积占比（%）	产量（万吨）	产量比占（%）
2008	41 249.0	58 582.6	25.0	22 000.0	29.9
2009	54 031.8	75 202.9	31.6	27 349.4	37.6
年均增长率	34.1%	32.1%		27.2%	

资料来源：2005—2008 数据从中国农业信息网整理得到；2009 年数据为预测数据

注：产地监测面积占比指产地监测面积占农作物播种面积的比，产量占比指产量占农产品总产量的比

第二，绿色食品产业整体保持高增长。由表 2 可知，从 2005—2009 年，我国绿色食品企业数、产品数、实物产量、年销售额、出口额和产地检测面积六大指标分别增长了 0.6 倍、0.6 倍、0.7 倍、2.1 倍、0.3 倍和 0.9 倍，年均增长率分别达到 12.9%、12.7%、13.6%、32.4%、7.5% 和 18.0%，年销售额的增速最快，但是也应看到，2009 年，企业数、产品数、出口额和产地检测面积 4 个指标呈现不同程度的下降。

表 2　中国绿色食品产业发展基本情况

年　份	企业个数（个）	产品总数（个）	实物产量（万吨）	产量占比（%）	年销售（亿元）	出口额（亿美元）	产地监测面积（万亩）	产地监测面积占比（%）
2005	3 695	9 728	6 003.0	9.2	1 030.0	16.2	9 800.0	6.3
2006	4 615	12 868	7 200.0	10.8	1 500.0	19.6	15 000.0	9.9
2007	5 740	15 238	8 300.0	12.0	1 929.0	21.4	23 000.0	15.0
2008	6 178	17 512	9 000.0	12.2	2 597.0	23.2	25 000.0	16.0
2009	6 003	15 707	10 000.0	13.8	3 162.0	21.6	25 000.0	15.8
年均增长率	12.9%	12.7%	13.6%		32.4%	7.5%	26.4%	

资料来源：《绿色食品统计年报》（2005—2009）、《中国统计年鉴》（2010）

注：产地监测面积占比指产地监测面积占全国农作物播种面积的比，产量占比指产量占全国农产品总产量的比

第三，有机食品产业发展速度整体处于领跑位置。由表 3 可知，从 2005 到 2009 年，我国有机食品企业数、产品数、年销售额、出口额和产地检测面积 5 个指标分别增长了 1.4 倍、3.0 倍、4.2 倍、0.3 倍和 2.9 倍，年均增长分别达 24.6%、41.1%、50.8%、7.4% 和 40.3%，其中年销售额、产品数和产地检测面积 3 个指标在绿色农业发展中增速最快，都达到 40% 以上，快速拉动我国绿色农业的发展。

表3　中国有机食品产业发展基本情况

年　份	企业个数（个）	产品总数（个）	年销售额（亿元）	出口额（亿美元）	产地监测面积（万亩）	产地监测面积占比（%）
2005	416	1 249	37. 1	1. 4	1 655. 0	1. 1
2006	520	2 278	61. 7	1. 1	4 663. 5	3. 1
2007	692	3 010	105. 2	1. 3	4 591. 5	3. 0
2008	868	4 083	178. 0	1. 1	5 283. 0	3. 4
2009	1 003	4 955	192. 0	1. 9	6 421. 0	4. 0
年均增长	24. 6%	41. 1%	50. 8%	7. 4%	40. 3%	

资料来源：《绿色食品统计年报》（2005—2009）、《中国统计年鉴》（2010）

注：产地监测面积占比指产地监测面积占农作物种植面积的比

2. 对“三农”和区域经济发展的促进作用（以黑龙江省五常市绿色稻米产业为例）

表4反映的是五常市绿色稻米产业发展对农产增收的影响。从表4可以看出，一是在农民纯收入方面，伴随着绿色稻米产业的发展，在2004—2010年，农民人均纯收入持续增长，年均增长率达到了13. 86%，低于CDP的年均增长率14. 53%；从分阶段来看，2007—2010年的各指标发展情况（除水稻种植面积外）都要优于2004—2006年，特别是后一指标，与第一阶段比，增长了3倍多；二是从绿色稻米产值来看，其占CDP的比重由2004年的20. 2%上升到2010年的35. 5%。从上述分析可知，绿色稻米产业发展对农产增收和区域经济发展发挥了重要作用。

表4　五常市绿色稻米产业发展对农户增收的影响

年　份	耕地（万亩）	水稻种植面积（万亩）	水稻产量（万吨）	产值（亿元）	农民人均纯收入（元）
2004	372. 9	145. 0	82. 2	17. 5	3 899. 0
2005	372. 9	160. 0	90. 0	20. 3	4 340. 0
2006	372. 9	165. 0	95. 0	21. 3	4 561. 0
2007	387. 5	175. 5	100. 0	26. 0	5 385. 0
2008	388. 0	175. 7	117. 0	35. 9	6 098. 0
2009	388. 0	178. 9	123. 0	50. 0	7 202. 0
2010	388. 75	180. 78	136. 40	69. 34	8 496. 00

（续表）

年　份	耕地（万亩）	水稻种植面积（万亩）	水稻产量（万吨）	产值（亿元）	农民人均纯收入（元）
2004—2006 年年均增长率	0.0%	6.7%	7.5%	10.3%	8.2%
2007—2010 年年均增长率	0.10%	0.99%	10.90%	38.68%	16.42%
2004—2010 年年均增长率	0.70%	3.74%	8.81%	25.79%	13.86%

资料来源：《哈尔滨统计年鉴 20054011》，其中水稻产量及产值数据来源于五常市人大常委会、哈尔滨中小企业局

（二）存在的问题及原因分析

1. 产品结构有待优化

第一，进入成长期①后，市场需求升级和提高竞争力要求深加工产品比重应稳定提高，而不是止升反降；第二，初加工产品比重由 2004 年的 28.1% 提高到 2008 年的 38.5%，深加工产品比重也应该同向提升（表 5）。

表 5　每年认证的绿色食品产品及其结构（按产品级别）

年　份	单　位	初级产品	初加工产品	深加工产品	合　计
2004	个（%）	2 193（33.8）	1 828（28.1）	2 475（38.1）	6 496（100.0）
2005	个（%）	3 500（36.0）	3 393（34.9）	2 835（29.1）	9 728（100.0）
2006	个（%）	4 762（37.0）	4 621（35.9）	3 485（27.1）	12 868（100.0）
2007	个（%）	5 675（37.2）	5 738（37.7）	3 852（25.1）	15 265（100.0）
2008	个（%）	6 486（37.0）	6 749（38.5）	4 277（24.5）	17 512（100.0）

资料来源：据中国绿色食品发展中心《绿色食统计年报》（2002—2008）资料整理

2. 企业规模结构亟待优化

表 6 反映的是中国绿色食品企业发展规模有关情况，从表 6 可以看出，企业平均实物产量和平均销售额这两个指标与进入成长期的企业规模不相符，从侧面也反映了中国绿色食品的市场集中度偏低。另外，2009 年绿色食品的出口情况显示，当年绿色食品出口额仅占国内市场销售额的 5.6% 左右，且近几年来不升反降，同时出口企业的平均规模偏小（仅为 0.41 亿元），在国际市场很难保持持久的竞争力。

① 从 2003 年，我国绿色食品产业进入成长期，详见王德章《中国绿色食品产业发展与出口战略研究》，中国财政经济出版社，2005 年

表6　中国绿色食品企业规模的主要指标

指　标	1996年	2004年	2006年	2008年	2009年
企业个数（个）	463	2 836	4 615	6 176	6 003
产品个数（个）	712	6 496	12 868	17 512	15 707
实物产量（万吨）	363.5	4 600	7 200	9 000	10 000
企业平均个数（个）	1.5	2.3	2.8	2.8	2.6
企业平均食物产量（万吨）	0.8	1.6	1.6	1.5	1.7
企业平均销售额（亿元）	0.34	0.3	0.33	0.42	0.53

资料来源：根据中国绿色食品发展中心《绿色食统计年报》（2002—2009）相关资料计算而得

3. 农业科技与人才的发展滞后（以黑龙江省五常市绿色稻米产业为例）

表7反映的是黑龙江省绿色食品产业投入要素情况，从表中可见，代友科技进步因素的技术人员的年均增长率仅为9.1%，低于固定资产和职工人数的增长率；同样从纵向比较来看，与2000年相比，2009年绿色食品产业投入要素中，技术人员仅增长了1.4倍，同样低于上述两指标，可见现阶段科技进步因素对产业发展的贡献度较小，发展滞后。产量的增加主要依靠的是一般劳动力和资金要素的投入。

表7　2000—2009年黑龙江省绿色食品产业要素投入情况

年　份	产量①（万吨）	固定资产（亿元）	职工人数（万人）	技术人员（万人）
2000	120.0	36.9	3.3	0.5
2001	222.0	52.8	4.3	0.8
2002	319.8	92.2	4.7	0.9
2003	345.2	72.0	5.1	1.0
2004	389.9	84.2	6.2	1.4
2005	458.4	109.4	6.6	1.3
2006	539.7	111.3	7.0	1.5
2007	853.7	132.5	10.5	1.1
2008	950.0	135.7	13.2	1.4
2009	1255.4	152.1	17.8	1.2
年均增长率	26.5%	15.2%	18.3%	9.1%

资料来源：《黑龙江统计年鉴》（2001—2009），2009年数据为预测值

① 与六大指标中的实物产量不同，此处主要指绿色食品加工企业的产量

4. 粗放的产业发展方式需要转变

从表2中可以看出，在1996—2009年，绿色食品生产中，实物产量和销售量（产出）增长量远远小于土地监测面积（投入）的增长量，可见，当前我国绿色食品实物产量的增长主要依赖的还是产地检测面积的增加。因此，生产方式由粗放型向集约、效率型转变，就要提高土地生产率和经济效益，使产出增长率高于土地投入增长率，而不是相反。

5. 主要原因分析

从宏观管理、政策导向和市场结果看，对生产基地和龙头企业的扶持力度不够；地方政府和企业表现出“重量轻质、重末轻本”和营销环节追求量的扩张，对整合资源和提高市场集中度在政策和市场导向上缺乏有力的措施；对深加工产品发展和品牌创新的投入支持不够，是深加工产品没有随着绿色农业的发展提高相应的比重，这也表明这是今后产业发展的方向之一；在科技创新支持品牌和新产品发展方面的投入，没有随着产业和企业经济效益的提高而增加，以及高层次技术和人才培养滞后等。

三、促进绿色农业可持续发展的对策

（一）依靠科技创新，优化产品结构

优化产品结构可从3个方面考虑：一是提高初加工品和深加工品的比重，提高产品的附加值，并让农产分享加工环节的成果，由2008年的绿色食品的初级品、初加工品、深加工品所占对应比重的37.0%、38.5%、24.5%（表5），调整到30%、40%、30%（2012年），再调整到25%、40%、35%（2015年）；二是提高绿色、有机食品在绿色农业中的比重，由2008年这两部分食品占整个食品的5.4%左右，到2012年达到10%左右，到2015年达到13%以上，其中有机食品达到2%左右。要实现上述目标，从宏观层面看，应对创新型企业在研发投入和技术创新方面给以政策支持；从企业层面看，要提高企业的产品创新能力，加大研发投入和更加重视品牌建设，尤其是充分发挥科技和管理人员的聪明才智，推动企业的产品实现结构升级。

（二）通过整合资源扩大企业规模

实现产业结构升级，整合资源和做强做大对绿色农业的发展至关重要。然而由于绿色、有机食品产业的利润空间大和地方行政保护的双重作用，使一些本该被淘汰的小企业仍能生存（这种情况在我国钢铁产业中也存在），使得企业市场竞争无序，缺乏明显的龙头企业。为此，就要鼓励企业进行资源整合和扩大市场集中度，从微观层面就要使优势企业通过兼并重组来扩大规模，这不但是提高市场集中度的要求，也是低成本扩张的需要；从宏观管理层面上看，发挥政府的相关职能，支持绿色农业生产在生产（基

地建设)、加工、营销、内外贸等职能的整合，实行产前、产中、产后一体化管理。

(三) 优化和调整产业内部的主要比例关系

基于经济发展方式的转变要求产业发展方式也需做同样调整，为此，产业内六大比例关系调整的趋势是稳定扩大产地监测面积，提高土地的使用效率，实物产量和企业销售额的增长幅度应适当高于产地监测面积；在企业数量和产品产销量的关系方面，要随着绿色农业进入成长期，使产品产销量的增长快于企业数量的增长，这也从另一个方面反映了整合资源和扩大企业规模的要求；从微观层面看，在提高产品质量、形成品牌优势和实现规模经济的基础上，企业要充分利用好“两种资源和两个市场”，兼顾开拓国内市场和国外市场，特别是要在开拓国内市场方面做更多的努力，使其对扩大内需和消费作出更大贡献。

(四) 构建农业标准化体系，加强亚太地区国家的合作

农业标准化体系的构建是实现农业国际合作的前提和基础，是实现世界范围内农业可持续发展的重要条件，也是加强亚太地区合作的关键。农业标准化是一项系统工程，包括农业标准体系、质量监测体系和农产品评价认证体系，覆盖产前、产中、产后的各个环节。构建我国农业标准体系的首要任务就是实现农产品评价认证的标准化，即将食品和农业分类与国际标准相符合，只有这样才能为农业的国际合作奠定基础，为亚太地区农业可持续发展的合作铺平道路。实现这一目标，既需要国家政策的支持和管理与科技的创新，也需要农业企业的积极配合。

参考文献

都时昆，陈天乐. 2008. 论绿色农业特征与市场定位［J］. 商业时代（1）：84－85.

刘连馥. 2007. 绿色农业初探［M］. 北京：中国财经出版社.

卢良恕. 2008. 建设现代农业，推进农业科技创新与体制改革［J］. 中国工程科学，10（2）：4－6.

王庭芳，黄峰. 2010. 充分发挥政府的作用，大力促进我国绿色农业的发展［J］. 农村经济（2）：67－68，77.

严立东，邓远建. 2009. 绿色农业发展的外部性问题探析［J］. 调研世界（8）：11－14.

严立东. 2003. 绿色农业发展与财政支持［J］. 农业经济问题（10）：36－39.

中国绿色食品产业区域竞争力提升思考*

王德章

（哈尔滨商业大学市场与流通经济研究中心）

研究发展战略对竞争力提高的实质作用，是在分析影响因素的基础上，找出变化原因，通过推进主要地区提高竞争力，并通过扩散效应促进产业竞争力提升。要解决我国各地区在快速发展中暴露出“重量轻质”粗放式发展及所带来的不利于可持续发展问题（产品、技术、管理等），关键要从理论上揭示影响上述变化的主要原因，分析竞争力变化的内在根据和如何通过发展战略调整适应环境变化，转方式、调结构和实现内涵式发展。本文依据产业经济与区域经济管理等理论，从市场需求变化角度，构建影响竞争力变化与调整发展战略分析框架；系统分析中国各地区绿色食品产业竞争力现状、问题及原因；依据影响竞争力变化的主要指标，设计竞争力变化模型；采用科学研究方法和技术路线，在借鉴国外经验基础上，提出要解决的关键问题及调整发展战略的对策。

一、研究意义

一个国家产业竞争力的基础是地区产业竞争力的发展态势日益良好，并通过一些地区产业竞争力的提高拉动整个产业竞争力的提高。如果把竞争力按一定标准分为强、中、弱，则可通过增加竞争力强的地区，促进产业竞争力整体水平的提高。考察中国绿色食品产业区域竞争力状况，发现在大环境基本相同的条件下，各地区的产业竞争力变化表现出较大差异。有的地区从中进入到强，有的则由强退回到中，是哪些因素影响这些变化呢?

中国绿色食品产业区域竞争力来源于资源禀赋、市场需求、发展战略和政策创新。进一步分析发现，不同地区的产业发展战略是否适应消费升级变化和产业发展不同阶段的特点是关键。产业和企业发展战略调整要以市场需求和消费升级为导向，并通过转变发展方式、调整产品结构、科技创新和政策创新，实现由主要地区竞争力提高，进而拉动整个产业竞争力的提升，这是保持和发展竞争力的根本所在。

---

* 本文原载于《商业时代》2013年第19期，126－127页

1996—2012 年，中国绿色食品产业发展速度持续保持高增长，企业数、产销额等六大指标年均增长 18% 以上（表 1），对促进现代农业发展、农民增收和城镇化建设起到积极作用，但在以高投入获取产出增长的同时，也暴露出一些亟待解决的问题：主要是依靠高投入增加产出和粗放经营（粗加工品多和靠更多的投入大量土地和劳动力资源）为主提高竞争力的做法难以为继，产品、技术、管理和政策方面的创新明显不足，企业市场集中度偏低以及产业内的比例关系不协调等。要解决这些问题，关键要从理论上探明影响地区竞争力变化的主要因素及在扩大消费需求的市场环境下，如何结合绿色食品产业发展阶段的特点，探寻影响竞争力变化的因素，揭示产业和企业发展战略如何适应市场环境变化，并体现前瞻性、科学性。

表 1　中国绿色食品产业发展基本情况

年　份	企业总数（个）	产品总数（个）	实物产量（万吨）	年销售额（亿元）	出口额（亿美元）	产地监测面积（万亩）
1996	463.0	712.0	363.5	155.3	0.1	2 248.0
2012	6 391.0	16 748.0	6 951.0	2 823.8	23.1	24 000.0
年均增长	20.62%	25.30%	23.46%	23.02%	47.51%	18.43%

资料来源：根据中国绿色食品发展中心《绿色食品统计年报》（1997—2012）等有关资料整理

第一，理论意义。从理论上研究影响中国绿色食品产业区域竞争力变化的主要因素和通过发展战略和政策创新促进竞争力提高。一是研究影响绿色食品产业区域竞争力变化的因素，揭示其变化原因；二是提出保持竞争力提升的理论依据、发展方向、主要内容及调整路径；三是从聚类分析法入手，定量分析竞争力动态变化，从 3 个层面（国家、地区、企业）研究调整发展战略、提高竞争力的对策。

第二，实践意义。一是为绿色食品产业政府管理部门和企业提供保持和发展竞争力的理论和方法，为调整区域产业和企业发展战略提供决策依据；二是为政府主管部门和企业提供可操作的具体方法；三是为相关、相近产业发展、尤其是现代农业和农产品加工业发展提供借鉴。

二、中国绿色食品产业竞争力变化状况

1996—2012 年，中国绿色食品产业粗放式发展的特征明显，产品数、实物产量、监测面积的增长超过其他三大指标，如表 1 所示，这表明了一定程度的粗放经营。

另外，依据因子聚类分析（得出影响因子得分和对应的聚类排名结果，具体计算过程略），得到我国 31 个省区市绿色食品产业发展变化及发展战略等对变化的影响，如表 2 所示。

表 2　中国绿色食品产业区域竞争力变化分析

发展阶段	竞争力强势的省区市	竞争力中势的省区市	竞争力弱势的省区市
1996—2002 年第一阶段	黑龙江、内蒙古、北京、山东、江苏、河北、四川、福建、新疆、吉林	陕西、辽宁、安徽、湖南、天津、广东、河南、江西、重庆、上海、湖北	云南、甘肃、青海、山西、广西、海南、宁夏、贵州、浙江、西藏
2003—2006 年第二阶段	江苏、黑龙江、湖北、辽宁、山东、江西、浙江、内蒙古、吉林、四川	安徽、广东、福建、山西、云南、甘肃、湖南、新疆、北京、河北、陕西、重庆、天津、河南	贵州、广西、宁夏、上海、青海、海南、西藏
2007—2010 年第三阶段	江苏、山东、浙江、湖北、黑龙江、安徽、辽宁、江西、湖南、四川、吉林	福建、广东、云南、内蒙古、河北、新疆、北京、重庆、甘肃、河南、山西、陕西、广西、宁夏	青海、天津、上海、贵州、海南、西藏

资料来源：根据《绿色食统计年报》（2002—2010）有关数据并用 SPSS 分析结果整理所得

第一阶段，属于产业发展初期，资源优势及政策支持对产业发展发挥了较大作用。处于竞争优势强势的有黑龙江、内蒙古、北京、山东和江苏 5 个省区市；处于竞争优势中势的有河北、四川、福建、新疆、吉林、陕西、辽宁、安徽、湖南、天津、广东和河南 12 个省区市；其余的为处在竞争弱势的地区。黑龙江省处在竞争优势的强势之首，主要得益于资源环境好，加上产业政策（扶持力度和县、镇一把手亲自抓项目）推动的力度大，使其处在竞争优势的强类。

第二阶段，属于成长期前期，在资源优势、市场需求和各地产业政策推动下，绿色食品产业发展加速特征明显，产品数、销售额和土地认证面积的增长更快一些。主要是食品安全和需求促进了这一产业在全国范围内的较快发展，各地纷纷出台有利于这一产业发展的支持政策和专项扶持基金，国家和各地区还通过绿色食品博览会等促销方式推动这一产业的发展。在这一阶段，除原有处于竞争优势强势的黑龙江省、内蒙古、江苏省、山东省外，湖北省、辽宁省、江西省、浙江省、吉林省和四川省也都由中、弱势类进入强势类，北京市则由强势类退回中势类。

第三阶段，属于成长期后期，发展战略（科技、产品、市场、组织创新）、政策支持发挥了较好作用，特别是适应食品安全和消费升级要求，消费者对科技含量高的品牌（产品、企业、区域）的认知度提高，科技创新对区域产业竞争力的提高发挥了重要作用，特别是通过研发和应用的推广，在产品结构优化、市场开拓、产业组织整合和创新方面有较大的突破，产业政策更倾向于通过发展战略和科技创新去提高产业竞争力。在这一阶段，湖南省由中势进入强势类，而在强势类中黑龙江省和江西省的竞争优势有所淡化，江苏省、山东省和浙江省的竞争优势得到加强，尤其是江苏省保持了强势类的首位，分析其原因主要是科技创新及地区营销发展战略适应消费需求变化和知名品牌多支持了其竞争优势。

三、中国绿色食品产业发展存在问题及原因剖析

中国绿色食品产业在产品品牌、科技创新、发展战略和科学管理等方面存在不同程度的问题。产生上述问题的主要原因在于：一是粗放式的发展模式，其标志是以量取胜，而不是以质取胜；二是产品品牌和科技创新不足；三是缺乏长期的有针对性的发展战略；四是政策支持的连续性不够。以上尤其以发展战略缺乏长期性、系统性、针对性为矛盾的主要方面，因为发展战略在一定程度上决定了政策支持的方向和力度。

四、调整发展战略以提升中国绿色食品产业竞争力的策略

第一，从 3 个层面调整发展战略。一是国家，二是地区，三是企业。调整的核心是由过去的粗放式发展转向集约式发展，由过去的注重数量转向注重质量，由过去主要依靠多投入资源转向更多地依靠管理创新。

第二，科技创新是提高竞争力的关键。保持和发展竞争力最根本的是把科技成果运用在产品、物流和管理创新上，对一些地区产业和企业发展的剖析证明了这一点。

第三，全要素竞争优势的综合运用是基础。从对绿色食品产业发展的初步分析可以得出，江西、山东、黑龙江等省较好地发挥了全要素竞争优势，尤其是山东省、黑龙江省的发展战略的影响更显突出。

第四，发展战略适应市场环境变化和政策驱动是支撑竞争力提高的主要力量。黑龙江、山东、内蒙古、吉林等省区在国家产业政策基础上，地方政府调整发展战略，发挥政策支持的程度就决定了绿色食品产业竞争力及“进位”，但产业政策发挥作用的基础是更重视市场需求的变化。

基地建设与标准化生产

CAC及我国食品安全标准体系框架对绿色食品标准体系构建的借鉴*

陈　倩　张志华　唐　伟　滕锦程

（中国绿色食品发展中心）

一、引　言

根据世界卫生组织的定义，食品安全是“食物中有毒、有害物质对人体健康影响的公共卫生问题”。食品安全问题是关系人民健康和国计民生的重大问题，近年来，随着食品安全事件的频发，各国政府和民众都愈加关心食品安全问题，也高度重视食品安全标准体系的建立和实施。食品安全标准是对食品生产、加工、流通和消费全过程中影响食品安全和质量的各种要素以及各关键环节进行控制和管理，经协商一致并经公认机构批准，共同使用和重复使用的一种规范性文件，它是提升食品质量和安全水平、保障消费者健康的关键，也是国家食品监督管理、规范市场秩序的重要依据。本文意在通过对照国际食品法典体系和我国食品安全标准体系框架，查找绿色食品标准体系的问题，对绿色食品标准体系构建提出建议。

二、CAC及我国食品安全标准体系框架

（一）CAC标准体系框架

联合国在1945年和1948年分别建立联合国粮农组织（FAO）和世界卫生组织（WHO）后，于1961年11月联合国粮农组织的第11次会议上形成决议，建立国际食品法典委员会（CAC），成为国际性食品法规，被世界贸易组织（WTO）在《实施卫生与植物卫生协定》（SPS）中认可为解决国际食品贸易争端的主要依据之一，并成为联合国成员国制定食品法律法规的依据。自2006年后成为联合国系统内唯一制定食品国

* 本文原载于《农产品质量与安全》2014年第5期，26-29页

际标准的机构，现已成为公认的食品安全国际标准。目前，CAC 标准体系中的标准可以分为5 类，包括212 个标准、73 个指南、49 个规程、3 个最高残留限量和4 个其他技术文件，总共341 个标准。这些标准由 38 个专业委员会负责制定。其中包括 5 个地区性标准化委员会（如 CCEURO 为欧洲食品标准化委员会，CCAFRICA 为非洲食品标准化委员会等），33 个食品或饲料标准委员会（如 CCPFV 为水果蔬菜规程标准化委员会，CCFO 为食用油标准化委员会，CCRVDF 为食品中兽残标准化委员会等）。标准内容涉及农药残留、兽药残留、食品添加剂、污染物、食品进出口检验、认证系统、食品卫生、特殊膳食营养、食品标签、分析方法与取样、术语、各种食品（包括饲料）产品标准；食品产品标准针对定义、成分和质量要求、食品添加剂、污染物、卫生和处理、标识等方面在通用标准没有规定的部分进行限定。其标准体系结构模式可以表述为横向和纵向相结合网格状结构，内容结构可用图 1 表述（钱富珍，2005）。标准体系模式是

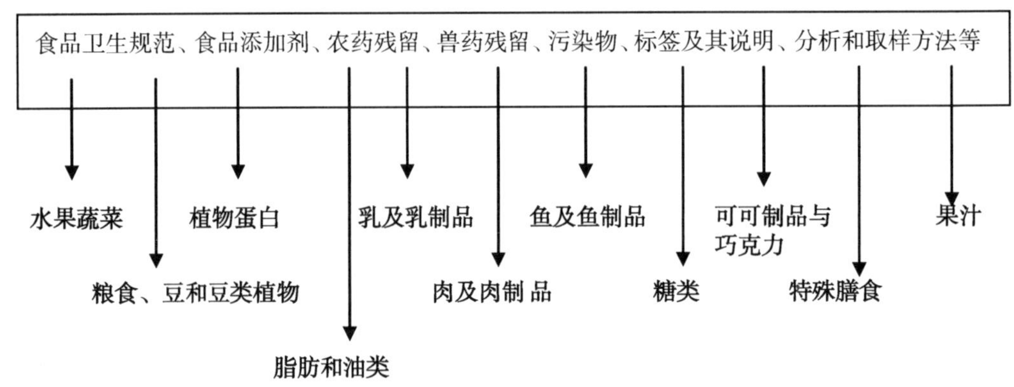

图 1　CAC 标准体系结构模式

否先进和合理，直接决定着食品安全管理体系模式的先进性和有效性。CAC 和欧盟、美国以及日本的食品安全标准、技术法规体系均采用横向的通用原则标准、技术法规与纵向的特定商品标准、技术法规相分离，标准中安全内容与产品等级质量相分离的模式。这种科学先进的体系模式设计，保证了标准内容的系统性和产品覆盖范围的全面性，增强了标准的适用性、可操作性和有效性。

CAC 标准的制定体现了 4 个原则和特点：一是以保护消费者的健康为基本出发点；二是确保国际食品贸易中的公平行为；三是以科学和危险分析为基础；四是以协商一致方式通过或修改标准。

（二）我国食品安全标准体系框架

国际食品法典最大的成果是形成了一个庞大的食品标准体系，根据近期两阶段食品法典委员会的战略计划，食品法典委员会始终将促进各成员国建立合理的法规管理框架作为首要战略目标，通过带动和影响不同国家的食品管理体制，达到逐步协调一致的长远目的。《中华人民共和国食品安全法》的颁布实施是我国食品标准体系建设的一个重

要转折点，是我国借鉴 CAC 标准体系模式构建食品安全标准体系迈出的重要一步。根据《中华人民共和国食品安全法》第十九条规定“食品安全标准是强制执行的标准。除食品安全标准外，不得制定其他的食品强制性标准”，第二十条规定了食品安全标准的内容范围，即包括食品及相关产品中的致病性微生物、农药残留、兽药残留、重金属、污染物质以及其他危害人体健康物质的限量规定，食品生产经营过程的卫生要求、食品标签标识、食品检验方法等，在法律层面上明确界定了横向基础标准的结构模式。近几年，我国食品安全标准体系构建的工作重点就是根据这一结构模式整合完善横向基础标准的内容。目前我国农药、污染物、食品添加剂、致病菌等限量标准和使用标准都已完成修订发布。关于纵向的产品标准框架在我国当前的食品安全标准体系中，由于产品检验还是目前我们食品监管的重要手段，产品标准便于执行等原因，今后一段时间内仍会作为强制性标准体系的一部分存在，但从长远发展趋势看会逐步接轨 CAC 标准体系，通过制定合理的产品分类体系以及在产品标准中引用基础标准等手段建立基础标准与产品标准的链接，将产品质量属性的内容交由行业自律、通过市场规范，这也符合《中华人民共和国食品安全法》的精神。

三、绿色食品标准体系框架

（一）绿色食品标准体系概述

绿色象征生命活力，食品维系人类生存。绿色食品指产自优良生态环境、按照绿色食品标准生产、实行全程质量控制并获得绿色食品标志使用权的安全、优质食用农产品及相关产品。以“安全、优质、生态环保和可持续发展”为核心理念的绿色食品，是我国生态农业和可持续发展的有效模式，是我国安全优质农产品的精品品牌，在推进绿色生产和生态文明建设、提升农产品质量安全水平、促进农业增效和农民增收等方面发挥了重要的示范带动作用。

绿色食品标准体系按照建设注重落实“从土地到餐桌”的全程质量控制理念，经过 20 余年的发展，逐步形成了包括产地环境质量标准、生产技术标准、产品标准和包装贮藏运输标准等四大组成部分的标准体系（图 2），对绿色食品生产的产前、产中和产后全过程各生产环节进行规范。这种体系模式如果按 CAC 和我国食品安全标准体系模式则可划分为横向的通用基础标准（包括生产环境、农兽药等生产资料良好使用的技术规范、食品包装标识等通用原则标准）和纵向的产品标准（涵盖 33 大类产品）。截至 2013 年，农业部共计发布绿色食品标准 211 项，现行有效标准 126 项（其中基础通则类标准 16 项，产品标准 110 项）。这些标准为促进绿色食品事业健康快速发展，确保绿色食品质量打下了坚实的基础。

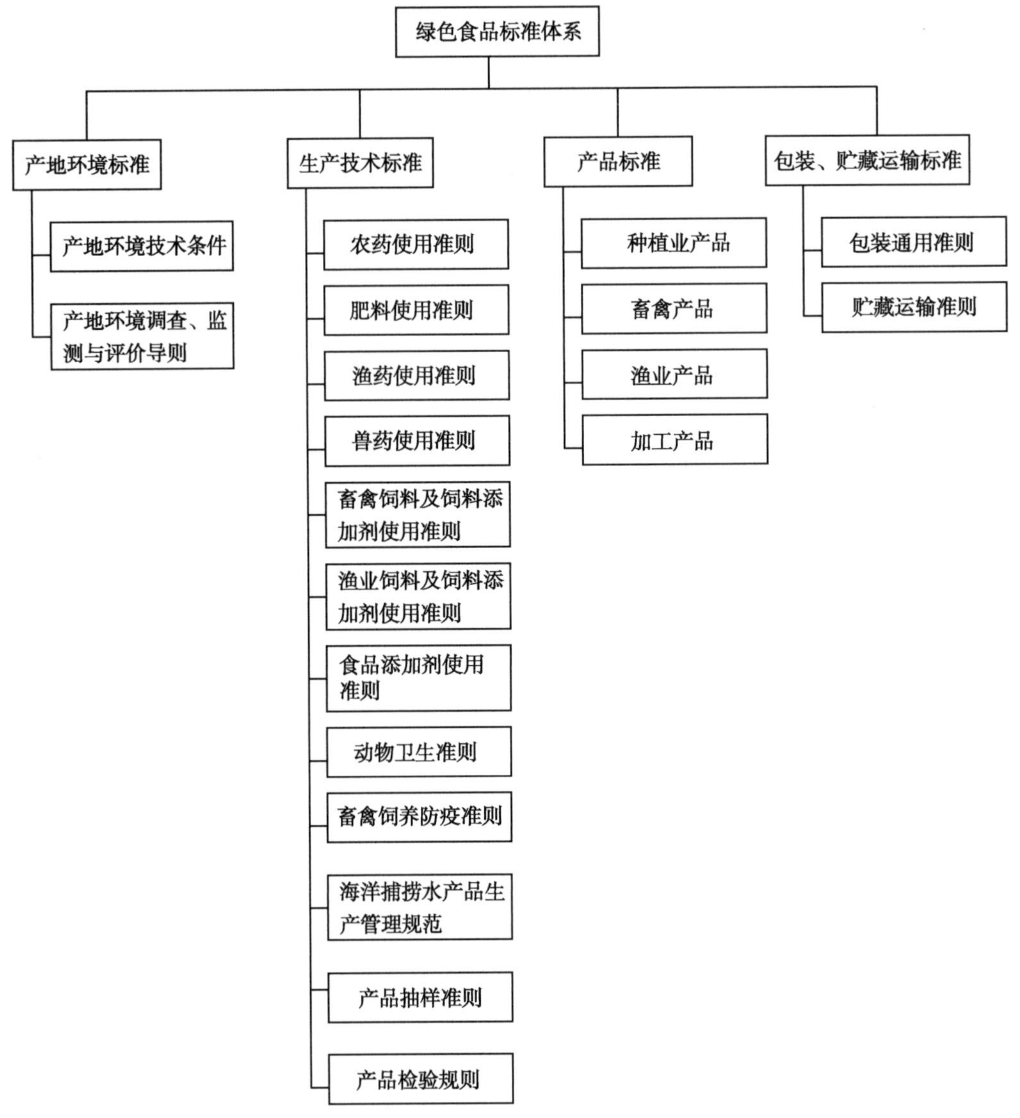

图 2　绿色食品标准体系结构

（二）绿色食品标准体系框架的主要问题

绿色食品标准作为我国农业行业标准，必须与食品安全国家标准相协调，同时要发挥行业引领示范作用，必须向国际先进标准看齐，因此在体系模式构建上应充分借鉴 CAC 和国家标准的体系模式。目前，与 CAC 标准体系框架和我国标准体系框架相比，绿色食品标准体系框架主要有以下 3 方面问题：一是横向基础标准不够全面，比如缺少对绿色食品发展宗旨、标准定位和编写原则等一般性原则规定，缺少食品中污染物限量、真菌毒素限量、致病菌限量和等的一般性规定等；二是重视产品检验、轻视过程控制，尤其欠缺对食品生产、加工过程中的卫生操作规范。目前国际食品法典中已经制定了49项预防和控制各种食品污染的生产过程规范，针对性强，如有乳和乳制品卫生操作规范、鱼和鱼制品操作规范和肉类卫生操作规范等。绿色食品虽然在农产品生产中推行良好农业规范（GAP）和良好兽医规范（GVP），在食品加工行业推行HACCP体系、良好生产规范（GMP）以及卫生标准操作程序（SSOP），但没有依据这些规范和绿色食品生产管理理念制定针对绿色食品生产的良好生产规范。三是基础通用标准与产品标准之间衔接不够，卫生安全项目设定上存在交叉重复问题。CAC和我国食品安全标准体系中的产品标准在卫生指标上对农残限量和兽残限量不再单独设定，仅对食品添加剂和部分通用标准中没有明确的污染物进行规定。而绿色食品的产品标准对污染物、农兽残限量和食品添加剂等食品安全项目指标都进行设定。这种方式有利有弊，有利的方面是作为绿色食品标志许可的重要依据，产品标准指标明确全面可以保证标准执行的一致性和评定的公平性，且方便操作执行；不利的方面是国家标准、绿色食品通用标准变化，而产品标准只能被动地滞后修订，同时产品标准不可能将限量标准中所有相关指标都进行规定，只能重点检测部分项目，难免有局限性。

四、绿色食品标准体系框架构建建议

绿色食品标准是我国推荐性农业行业标准，其体系构建首先不能脱离我国食品安全体系框架模式，不能与《中华人民共和国食品安全法》要求相悖，其次具体标准的制定工作必须依托我国现行食品安全标准，不能脱离我国生产水平和生产实际。目前绿色食品标准体系与我国食品安全标准体系基本协调，今后标准体系建设工作重点应是在符合国家食品安全标准体系构建整合要求的前提下，辩证地吸收采纳国际先进标准体系，找准定位，以“安全、优质、环保，可持续发展”为核心针对上述问题进一步补充完善绿色食品标准体系。

（一）理清标准体系框架层次，补充完善横向基础通用标准

对照CAC和我国食品安全标准体系框架，结合绿色食品发展要求，可将绿色食品标准体系分成基础标准、通用标准和专用标准3个层次（图3）。基础标准主要应说明绿色食品发展宗旨，标准的定位，范围，体系框架以及标准制修订的程序和原则。通用标准主要规范适用于所有食品生产的基本原则和要求，包括产地环境要求、肥料使用准则、农药使用准则及限量要求、兽药使用准则及限量要求、污染物和真菌毒素的要求、微生物的要求、标志标签规定、产品检验规范以及食品卫生通用标准等。专用标准重要制定规范具体产品的生产操作规范和产品质量要求。通用标准应是绿色食品生产理念和生产模式的具体体现，是标准体系的核心，专用标准则是通用标准落实到具体产品中的要求。按照这一框架层次，虽然多年来绿色食品有自己的发展宗旨，也有标准体系构建

的基本原则，但这些理念、原则没有形成标准，需要进一步研究、总结提炼形成绿色食品标准体系的基础标准，作为标准体系建设的纲领性指导文件。通用标准方面，目前有产地环境标准、农药使用准则、兽药使用准则、食品添加剂使用准则和肥料使用准则等，这些标准大部分依托我国食品安全标准体系制定，比如农药使用准则是在国家允许使用农药的基础上按低风险原则，提高风险安全系数筛选形成绿色食品允许农药清单，并对农残限量提出符合 GB 2763—2014《食品安全国家标准 食品中农药最大残留限量》和不低于0.01 毫克/千克的要求。但因国家在兽药方面没有统一的食品安全限量标准，所以绿色食品在兽残限量要求缺少统一要求，另外，食品中其他污染物和真菌毒素等控制及限量都没有通用的规定要求，需要进一步补充完善。只有完善了横向的基础通用标准，才能更好地指导纵向具体产品的生产和质量控制。

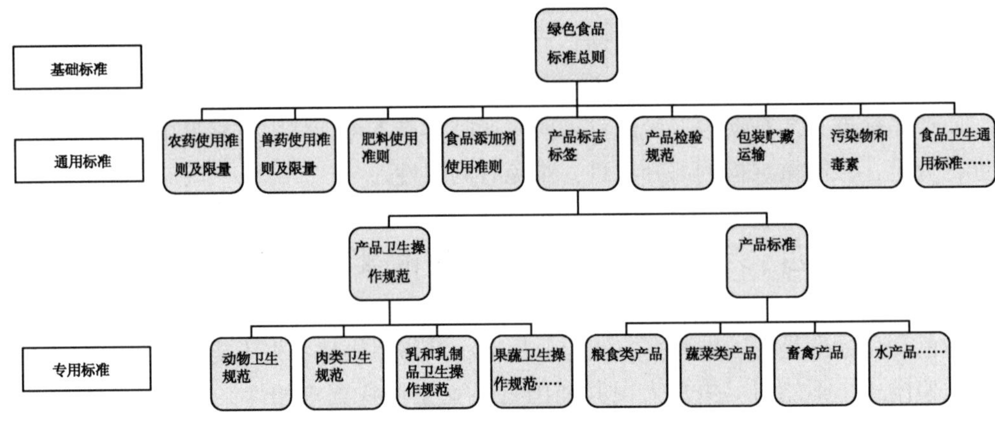

图3 绿色食品标准体系层次框架

（二）以产品卫生操作规范为重点构建专用标准体系

食品标准化工作的目的是规范和指导食品生产，提高标准化生产水平。过去几十年，我国食品标准一直注重产品质量标准制定工作，食品安全管理工作的重点和手段也是对最终产品的检测。但近几年，随着国家和社会对食品安全事件认识的不断深化，从危机应对到风险预防的转变，我国政府已充分认识到“食品安全的关键在源头，食品生产的关键在过程控制”，尤其是《中华人民共和国食品安全法》颁布实施后，国家食品安全标准体系的重点就是整合食品行业的产品标准，以农药、兽药、食品添加剂和污染物等为基础核心标准构建体系。绿色食品一直推行“从土地到餐桌”全程质量控制模式和理念，为满足绿色食品标志许可工作需要，10 余年来工作重点多放在产品标准制定上，却没有真正指导生产的针对具体产品的操作规范。生产操作规范是能将通用标准落实到最终产品中的最重要的标准，应是标准化工作的核心。好的食品是生产出来的而不是检测出来的，因此今后绿色食品标准体系建设工作应转变工作思路，以产品卫生操作规范为重点构建好专用标准体系。

（三）协调好专用产品标准与通用标准关系

按照 CAC 和我国食品安全标准体系的设计构架，通用标准规定基本食品安全项目指标，产品标准只规定产品规格和质量要求。这种设计虽可以保证产品标准与通用标准的协调性，避免标准的交叉重复，但如对产品进行监督管理或认证评定时，检测哪些项目按什么标准判定往往还需要进一步统一明确。CAC 标准和国家标准分别是国际和我国范围内适用的标准，具有普遍适用性并要发挥指导性作用，产品标准中可以不明确规定安全项目指标。但绿色食品标准作为标志许可管理的重要依据，如要按此模式制定产品标准，必须同时解决好标准交叉重复和项目指标明确性问题。在目前绿色食品通用标准尤其是限量标准还不完善全面的情况下，绿色食品产品标准还应明确安全性项目和指标，今后在通用标准逐步完善的情况下，可逐步取消产品标准中的安全性项目指标，理顺绿色食品产品分类系统，在确认产品按照绿色食品生产操作规范的基础上按类别明确绿色食品产品要重点监控的安全项目，具体指标按通用标准要求执行。

参考文献

钱富珍 .2005. 国际食品法典委员会（CAC）组织机制及其标准体系研究［J］. 上海标准化（12）：21 –25.

绿色食品鱼的质量安全：中外标准比较研究*

张志华[1]　雷绍荣[2]　宋　君[2]

（1. 中国绿色食品发展中心；2. 四川省农业科学院分析测试中心）

近年，随着世界各国关税的大幅度削减，以技术法规、标准和合格评定程序为主要内容的技术性贸易壁垒（TBT，Technical Barriers to Trade）已经成为我国面临最多的、最难克服的壁垒。发达国家凭借其经济、科技优势，不断设置和利用技术壁垒对我国外贸出口进行限制。根据中国 WTO/TBT-SPS［World Trade Organization/Technical Barriers to Trade-Sanitary and PhytoSanitary（Measures）］通报咨询网公布数据，2014 年欧盟食品与饲料快速预警（RASFF）通报总数 3 157次，其中我国产品被欧盟通报 413 次，排在被通报国家的第一位，通报的 4 种主要危害分别是致病菌、农药残留、真菌毒素和重金属。通报的 5 种主要产品为水果蔬菜、鱼类及制品、坚果类及制品、饲料物质以及减肥食品及特殊食品，其中鱼类及制品总通报次数 323 次，占总通报次数 10.23%。

水产品是我国入世后具有较大出口优势的农产品，而（冻）鱼片是我国水产出口创汇的主要品种之一。为了了解我国鱼类产品质量安全标准和国外相关产品标准（技术）之间的差距，提高绿色食品鱼类产品的质量安全管理水平和有效应对鱼类产品出口遭遇的贸易技术壁垒，因此非常有必要把我国的鱼类（鱼）产品标准与国外相关标准进行比较研究。绿色食品是我国政府推出的安全优质农产品及加工食品的公共品牌，绿色食品以其先进的标准优势、质量优势和品牌优势，已成为我国农产品突破国际贸易技术壁垒的有效手段。关于中外产品标准的比较研究，农产品中重金属、农药残留和添加剂的中外标准比较研究报道相对较多，但是将我国质量、安全指标要求较高的绿色食品标准与国外相关产品标准（技术）进行比较的研究尚未见报道。本文对 NY/T 842—2012《绿色食品　鱼》中冻鱼的相关规定与 CODEX STAN 190—1995《速冻鱼片》（Amendments in 2014）以及欧盟、国美、日本、韩国等国家和地区关于鱼类等水产品相关指标进行了比较研究，旨在了解我国绿色食品鱼的质量安全标准与国外相关产品质量要求之间的差异，从而为进一步完善我国绿色食品鱼的质量安全标准奠定基础。

---

* 本文载于《世界农业》2015 年第 12 期，37－42 页。本研究为农业部农产品质量安全“绿色食品标准体系梳理”基金项目

一、资料与方法

（一）标准和技术法规

本文中使用和查阅的相关标准和技术法规：中华人民共和国农业行业标准 NY/T 842—2012《绿色食品　鱼》；CODEX STAN 190—1995《速冻鱼片》（Amendments in 2014.）；CODEX STAN 193—1995（Amendment in 2013）（食品和饲料中污染物和毒素通用标准）；（EU）No. 420/2011［修订有关设定食品中某些污染物的最高限量的条例（EC）No. 1881/2006］；（EU）No. 488/2014［关于镉在食品中的最高限量，修订条例（EC）No. 1881/2006］；美国食品中新兽药残留的耐受性；韩国食品法典第二章第 5 条《食品通用标准和规范》（2014 年修订）；日本食品中农业化学物质残留肯定列表体系；日本食品中农业化学物质最大残留限量列表。

（二）比较方法

采用逐级比较法和相应指标比较法相结合，分析 NY/T 842—2012《绿色食品　鱼》理化要求（2 个指标）；污染物限量、鱼药残留限量（9 个指标）；绿色食品鱼产品认证检验必检项目（8 个指标）。

二、结果与分析

（一）理化指标

在 NY/T 842—2012《绿色食品　鱼》中涉及的理化指标主要有 2 项，分别为挥发性盐基氮和组胺。该标准规定一般海水鱼的挥发性盐基氮限量为 150 毫克/千克，板鳃类海水鱼的挥发性盐基氮限量为 400 毫克/千克，淡水鱼的挥发性盐基氮限量为 100 毫克/千克；组胺的限量为 300 毫克/千克。CODEX STAN 190—1995 仅规定了鲱科等 5 科海水鱼类被测单位样品的组胺平均含量不应超过 100 毫克/千克以及上述鱼类产品的任何一个单位样品的组胺含量不应超过 200 毫克/千克，没有对挥发性盐基氮作出限量规定。欧盟和美国对鱼类产品组胺的限量规定则明显低得多，分别为 1 毫克/千克和 0.5 毫克/千克（表 1）。

表1　理化要求

项　目	中　国	国　际
挥发性盐基氮（不适于活产品）	一般海水鱼类150毫克/千克 板鳃鱼类400毫克/千克 淡水鱼100毫克/千克	
组胺	海水鱼300毫克/千克	原材料100毫克/千克（CAC）； 成品200毫克/千克（CAC）； 1毫克/千克（EC）； 0.5毫克/千克（美国）

（二）重金属限量

鱼类产品的重金属污染一直是国际社会关注的焦点。NY/T 842—2012《绿公食品　鱼》分别规定了铅（0.2毫克/千克）、无机砷（0.1毫克/千克）、甲基汞（食肉鱼类为1.0毫克/千克，非食肉鱼类为0.5毫克/千克）、镉（0.5毫克/千克）4类重金属在鱼类产品中的限量。CODEX STAN 190—1995没有列出具体的重金属污染物及其限量，仅指出“其他危害人体健康的有害物质的含量也不能超过CAC标准的规定”。CAC和欧盟规定鱼类产品中铅的限量为0.3毫克/千克，韩国鱼类产品中铅的限量为0.5毫克/千克，均高于NY/T 842—2012的铅限量；鱼类产品无机砷的限量是我国特有项目，CAC、欧盟、美国、日本和韩国都没有对鱼产品中无机砷的限量作出规定；CAC对鱼产品中甲基汞的限量不分海水鱼和淡水鱼均统一规定为0.5毫克/千克。欧盟没有单独对鱼产品中甲基汞的限量作出规定，而是对不同生物学分类的鱼产品中的总汞限量作出了详细的规定：琵琶鱼、大西洋鲶鱼和鲣鱼等26种鱼产品的汞限量为1.0毫克/千克，其余鱼产品的汞限量为0.5毫克/千克；韩国既规定了鱼类产品中汞的限量又规定了甲基汞的限量：除深海鱼、金枪鱼、旗鱼以外的鱼类产品汞限量为0.5毫克/千克，包括深海鱼、金枪鱼、旗鱼在内的鱼类产品甲基汞限量为1.0毫克/千克。欧盟对镉在鱼产品中的限量也详细规定到了不同的鱼类及产品：除鲭鱼等6种鱼外的鱼肉产品的镉限量为0.05毫克/千克，鲭鱼和金枪鱼的镉限量为0.1毫克/千克，炸弹鱼的镉限量为0.15毫克/千克，凤尾鱼、箭鱼和沙丁鱼的镉限量为0.25毫克/千克。韩国仅从淡水鱼和海水鱼宏观角度规定了淡水鱼和海水鱼的镉限量分别为0.1毫克/千克和0.2毫克/千克（表2）。

（三）鱼药残留限量

NY/T 842—2012《绿公食品　鱼》一共对12种鱼药进行了限量规定。在NY/T 842—2012中，不论是海水鱼还是淡水鱼产品的甲醛含量不能超过10毫克/千克，但是国际上包括CAC、欧盟、美国、日本和韩国并没有对水产品中的甲醛限量进行规定；除了日本的肯定列表和我国的NY/T 842—2012对水产品中的敌百虫进行了限量规定外，CAC、欧盟、美国和韩国没有对鱼类产品中的敌百虫限量规定。我国规定不得在鱼类产品中检出敌百虫（<0.04 毫克/千克），而日本则对鲑性目（0.004 毫克/千克）、鳗鲡目（0.01 毫克/千克）、鲈形目（0.004 毫克/千克）以及其他鱼（0.01 毫克/千克）产品中的敌百虫限量分别进行了限量规定，日本的水产品敌百虫限量比我国规定的敌百虫含量小于 0.04 毫克/千克则认定为未检出的要求还严格；NY/T 842—2012 规定在淡水鱼产品中不得检出溴氰菊酯（对海水鱼不做检测），CAC 仅对大马哈鱼肌肉的溴氰菊酯限量进行了规定（30 微克/千克），欧盟对鳍鱼类肉加皮的溴氰菊酯限量规定为 10 微克/千克，日本则单独规定了鲑性目的限量（30 微克/千克），而将鳗鲡目、鲈形目以及其他鱼的溴氰菊酯限量统一为 10 微克/千克；金霉素、土霉素和四环素（以总量计）在 NY/T 842—2012《绿公食品　鱼》中的限量为 100 微克/千克，CAC 和日本对其的限量规定均为 200 微克/千克，美国对鳍鱼类肌肉的金霉素、土霉素和四环素的限量规定为 2 000微克/千克，欧盟的这 3 种鱼药残留限量规定与我国规定相同；我国规定磺胺类药物残留不得检出，但是日本和欧盟都规定了鱼类产品中磺胺类药物的限量为 0.1 毫克/千克；喹乙醇、硝基呋喃以及喹诺酮类药物一般被美国等国规定为鱼类等水产品养殖禁用药物，NY/T 842—2012 标准规定鱼类产品中不得检出上述 3 类药物的代谢物，但日本却对水产品中的硝基呋喃代谢物（0.5 微克/千克）和恩诺沙星/环丙沙星（100 微克/千克）作了限量规定，欧盟也对恩诺沙星/环丙沙星（100 微克/千克）作了同样的规定。我国（NY/T 842—2012）和欧盟都对鱼类产品中的多氯联苯进行了限量规定，其中我国规定多氯联苯的限量为 2.0 毫克/千克，同时单独分别对 PCB138（0.5 毫克/千克）和 PCB153（0.5 毫克/千克）的限量进行了规定；欧盟则对不同鱼类产品的多氯联苯限量分别进行了规定：鱼及制品不包括野生捕捞鳗鱼、野生捕捞淡水鱼（不含淡水捕捞洄游鱼）多氯联苯湿重（PCB28，PCB52，PCB101，PCB138，PCB153，PCB180 总量），野生淡水鱼不包括淡水捕捞洄游鱼多氯联苯湿重的限量为 0.125 毫克/千克，野生捕捞鳗鱼多氯联苯湿重的限量为 0.3 毫克/千克；包括我国 NY/T 842—2012《绿色食品　鱼》在内的欧盟、美国、日本和韩国等都规定在鱼类产品中不得检出氯霉素、乙烯雌酚和孔雀石绿禁用药品（表 2）。

（四）添加剂

对于食品添加剂的使用规定，NY/T 842—2012《绿色食品　鱼》中仅用“食品添加剂的使用按 NY/T 392—2013《绿色食品　食品添加剂使用准则》”简单表述，而准则 NY/T 392—2013 只规定了绿色食品生产中添加剂的使用原则和禁止在绿色食品生产中添加的食品添加剂，这些被禁止使用的添加剂没有包括水产品中常用的保湿剂/保水剂和抗氧化剂；在 CODEX STAN 190—1995 中则分别列出磷酸二氢钠等 8 种保湿剂/保水剂和褐藻酸钠等 3 种抗氧化剂，并对保湿剂/保水剂作了≤10 克/千克（以 P_2O_5 计）的限量规定，对抗氧化剂的使用量要求按照 GMP 规定执行。

（五）感　官

NY/T 842—2012《绿色食品　鱼》规定冻鱼感官要求按 GB/T 18109—2011《冻鱼》规定执行，分别对解冻后的鱼体外观、色泽、气味、肌肉和杂质等具体指标作了细致的规定，同时对寄生虫检验作了生物学限量规定（不得检出）；CODEX STAN 190—1995 对于鱼类产品感官检验的规定指出“必须由经过此类检验培训的人员进行检验，依据 CAC/GL 31—1999《鱼类和贝类实验室感官评定指南》所述程序进行”，没有列出具体的感官指标。在感官检验中，CODEX STAN 190—1995 只规定了寄生虫的检验方法而未对寄生虫的生物学限量规定。此外，CODEX STAN 190—1995 还增加了鱼类产品凝胶状态和缺陷的规定，NY/T 842—2012《绿色食品鱼》则没有这 2 个项目的规定。

表 2　污染物限量和鱼药残留限量

项　目	中　国	国　际
铅	0.2 毫克/千克	0.3 毫克/千克（EC、CAC）； 0.5 毫克/千克（韩国）
无机砷	0.1 毫克/千克	—
甲基汞	食肉鱼类（鲨鱼、旗鱼、金枪鱼、梭子鱼等）1.0 毫克/千克 非食肉鱼 0.5 毫克/千克	0.5 毫克/千克（CAC）； 0.5 毫克/千克，但不包括以下鱼类（Hg 限量，EC）； 1.0 毫克/千克，包括以下鱼类：琵琶鱼、大西洋鲶鱼、鲣鱼、鳗鱼、皇帝鱼、橙连鳍鲑、金鳞鱼、大比目鱼、鳕鱼、马林鱼、鲽鱼、鲻鱼、鳕鳗、梭子鱼、平鲣鱼、臀鱼、葡萄牙角鲨鱼、红鲑鱼、旗鱼、安哥拉带鱼、鲷鱼、鲨鱼、鲳鱼、鲟鱼、剑鱼、吞拿鱼（Hg 限量，EC）； 0.5 毫克/千克，除深海鱼、金枪鱼、旗鱼以外的鱼类（Hg 限量，韩国）； 1.0 毫克/千克，包括深海鱼、金枪鱼、旗鱼在内的鱼类（甲基汞限量，韩国）
镉	0.5 毫克/千克	0.05 毫克/千克，鱼肉不包括鲭鱼、金枪鱼、炸弹鱼、凤尾鱼、箭鱼、沙丁鱼（EC）； 0.1 毫克/千克，鲭鱼、金枪鱼（EC）； 0.15 毫克/千克，炸弹鱼（EC）； 0.25 毫克/千克，凤尾鱼、箭鱼、沙丁鱼（EC） 0.1 毫克/千克，淡水鱼（韩国）； 0.2 毫克/千克，海鱼（韩国）
氟	淡水鱼 2.0 毫克/千克	—
甲　醛	10.0 毫克/千克	—

（续表）

项　目	中　国	国　际
敌百虫	淡水鱼不得检出（<0.04 毫克/千克）	0.004 毫克/千克，鲑形目（日本） 0.01 毫克/千克，鳗鲡目（日本） 0.004 毫克/千克，鲈形目（日本） 0.01 毫克/千克，其他鱼（日本）
溴氰菊酯	淡水鱼不得检出（<2.5 微克/千克）	30 微克/千克，大马哈鱼肌肉（CAC）； 10 微克/千克，带鳍鱼类肉加皮（EC）； 30 微克/千克，鲑形目（日本）； 10 微克/千克，鳗鲡目、鲈形目、其他鱼（日本）
土霉素、金霉素和四环素（以总量计）	100 微克/千克	200 微克/千克（CAC，日本）； 2 000 微克/千克，鳍鱼类肌肉（美国）； 100 微克/千克（EC）
磺胺类药物（以总量计）	不得检出（<0.01 毫克/千克）	0.1 毫克/千克（日本）； 0.1 毫克/千克（EC）
喹乙醇代谢物	不得检出（<4 微克/千克）	禁用，不得检出（EC）
硝基呋喃代谢物	不得检出（<0.5 微克/千克）	禁用，不得检出（EC）； 0.5 微克/千克（日本）； 不得检出（美国）
喹诺酮类药物	不得检出（1.0 微克/千克）	0 微克/千克（EC）； 100 微克/千克，恩诺沙星/环丙沙星（日本）； 100 微克/千克，恩诺沙星/环丙沙星（EC）；
多氯联苯 PCB138 PCB153	2.0 毫克/千克 0.5 毫克/千克 0.5 毫克/千克	0.075 毫克/千克，鱼及制品不包括野生捕捞鳗鱼、野生捕捞淡水鱼（不含淡水捕捞洄游鱼）多氯联苯湿重（PCB28，PCB52，PCB101，PCB138，PCB153，PCB180 总量）（EC）； 0.125 毫克/千克，野生淡水鱼不包括淡水捕捞洄游鱼多氯联苯湿重（PCB28，PCB52，PCB101，PCB138，PCB153，PCB180 总量）（EC）； 0.3 毫克/千克，野生捕捞鳗鱼多氯联苯湿重（PCB28，PCB52，PCB101，PCB138，PCB153，PCB180 总量）（EC）
氯霉素	不得检出（<0.3 微克/千克）	禁用（EC）； 禁用（日本）； 不得检出（韩国）
己烯雌酚	不得检出（<0.6 微克/千克）	禁用（日本） 不得检出（韩国）
孔雀石绿	不得检出（<0.5 微克/千克）	禁用，不得检出（EC）； 不得检出（韩国）

三、讨 论

本文从添加剂、感官、理化（品质）指标、重金属和鱼药残留限量等5个方面比较了我国NY/T 842—2012《绿色食品 鱼》和国际食品法典委员会CODEX STAN 190—1995《速冻鱼片》以及欧盟、美国、日本、韩国等相关水产品标准、指令或法规的差异，认为我国NY/T 842—2012《绿色食品 鱼》标准的大多数指标严于或与CAC和欧盟相关指标基本一致，能够满足我国绿色食品鱼及产品的质量管理要求，但是部分指标的规定仍然需要进一步完善。

（一）理化指标及其限量规定的改进建议

挥发性盐基氮与鱼类等产品的新鲜度有明显的对应关系，水产品越新鲜，挥发性盐基氮的含量越低，所以挥发性盐基氮的含量常常被用来评价水产品的新鲜度，而组胺是蛋白质类产品在细菌作用下腐败生成的毒性最大的胺类物质。从食品化学角度分析，挥发性盐基氮和组胺都是食品腐败变质的产物，这两个指标都能反应鱼类产品的品质(腐败程度)。国外早期的部分标准包含了挥发性盐基氮指标的检验规定，但近年CAC、欧盟、美国、日本、韩国等的标准或技术法规已经不再规定检验挥发性盐基氮，仅检测毒性较大的组胺含量，而我国NY/T 842—2012《绿色食品 鱼》则保留了挥发性盐基氮和组胺2项理化指标的检测，但对组胺的限量（海水鱼300毫克/千克）规定高于CAC、欧盟、美国、日本、韩国等的相关规定，远远高于欧盟（1毫克/千克）和美国(0.5毫克/千克）的组胺限量规定。任何一个标准限量都应有明确的科学依据。绿色食品是产自优良生态环境，按照绿色食品标准生产、实行全程质量控制的安全、优质食用农产品。NY/T 842—2012《绿色食品 鱼》对海水鱼产品中组胺的限量远远高于国际发达国家和地区的限量，这可能与发达国家进口水产品设置的贸易技术壁垒有关。因此，为了有效应对进口国的技术壁垒，包括绿色食品产品标准在内的国内相关标准应对组胺的每日摄入量对人类健康影响进行风险评估，从而制定更加科学的组胺限量。此外，从标准化应具备的“经济性”等特点考虑，我们认为没有必要重复检测具有相同含义的2个理化指标。因此，建议在鱼类产品的品质检测中去掉挥发性盐基氮指标，只做毒性较大的组胺检测，与国际标准规定保持一致。

（二）设置砷、氟和甲醛检测项目的必要性

目前对砷毒性的医学研究表明，在各种砷化物中，无机砷比多数有机砷的急性毒性大，NY/T 842—2012《绿色食品 鱼》对鱼产品中的无机砷含量作了专门的限量规定(0.1毫克/千克)，但是国际社会（CAC、欧盟、美国、日本和韩国）却没有对水产品中砷的含量进行限制。早在2002年地面水的砷污染就被许多国家和地区发现，如美国、

英国和日本等9国都有高砷水引起中毒的报导。因此，水产品中砷的限量规定是非常有必要的。氟是最活泼的非金属元素之一，普遍存在于土壤、水及动植物中，研究表明氟在水产品中的蓄积和水中氟含量有密切关系，鱼和软体动物可以从水和食物链中吸收氟，富集部位主要集中在软体动物的外骨骼和鱼的骨头，并且最终通过食物链影响人类健康。我国许多地方是高氟地区，因此NY/T 842—2012《绿色食品　鱼》对淡水鱼类产品中氟限量进行了规定，而国际社会普遍没有对水产品中的氟限量进行规定，可能与淡水鱼和海水鱼产品在欧盟、美国等国家和地区消费比例不同有关。由于甲醛在鱼类等水产品中存在本底含量，所以较难区分人为添加还是环境中的甲醛转移到鱼类产品中，因此国际社会都没有对水产品中甲醛含量进行规定，而我国NY/T 842—2012《绿色食品　鱼》将鱼类产品的甲醛限量规定为10.0毫克/千克。水产品中甲醛的限量究竟有没有必要规定？我们认为应该在大样本的淡水鱼制品和海水鱼制品等水产品中甲醛含量调查、研究的基础上，搞清楚水产品的甲醛含量本底情况，根据我国水产品的生产实际情况，科学设立鱼类产品中甲醛的限量。

（三）有害物质和污染物残留限量规定的细化

与国际标准（指令或技术法规）比较，我国NY/T 842—2012《绿色食品　鱼》标准具有一定的先进性，增加了无机砷和氟等必要指标检验的规定，药物残留限量规定基本与欧盟一致，部分指标严于CAC、美国、日本和韩国，但在我国标准（NY/T 842—2012）中，不管是有害物质还是污染物限量指标的规定范围都比较笼统，比如我国仅将残留物限量范围大致分为海水鱼和淡水鱼（产品），限量范围规定不如欧盟等国（地区）具体，如欧盟将具体到种水平的琵琶鱼等26种鱼的汞限量规定为1.0毫克/千克。由于污染物和有害物质在不同种的鱼类产品的时空（不同时间、不同组织和器官）残留水平不可能一致。因此，如果笼统地将有害物质和污染物残留限量“一刀切”式地对鱼类产品进行统一规定，显然不科学。

（四）增强添加剂和感官规定的可操作性

CAC标准对食品添加剂的规定非常细致，不仅规定了具体的添加剂品种、用法还对添加剂进行了限量，而我国标准只粗略地规定了食品添加剂的使用原则。从标准的执行角度来看，我国标准的可操作性明显不如CODEX STAN 190—1995。因此，在标准制修订中可以借鉴CAC标准的规定，增强我国标准的可操作性。在感官方面，我国标准突出规定产品的“合格”品质要求，而CAC标准则重点规定产品的“不合格”要求，从“劣质”角度规定产品缺陷的“标准”，使检验人员易于识别有缺陷的产品。一般而言，产品的质量主要区分为“合格”和“不合格”，有缺陷的产品就是不合格产品。因此，利用CAC标准非常容易判断“不合格”产品，也比我国从正面规定产品品质的可操作性强。

标准的制修订是一项严谨的科学研究，尤其是限量指标的设定，必须要通过大量的调查和实验才能科学得出限量值，而完成这些基础研究可能会花上几年乃至更长时间，但是在实践中我国的标准制定从立项到标准的正式实施往往不到 2 年。这种在仓促时间和有限数据前提下设置的限量值，其科学性不言而喻。因此，在标准的制修订过程中有必要加强前期的基础研究。

参考文献

耿冠男，周德庆，朱兰兰，等 . 2010. 干制水产品中氟含量的测定与评价 [J]. 湖南农业科学 (5)：108 – 110.

蒋玉宝，周科清，刘莹，等 . 2013. 中国与欧盟苹果农药残留限量标准概况 [J]. 中国农学通报，29 (04)：195 – 199.

尚德荣，翟毓秀，宁劲松，等 . 2007. 水产品中无机砷的测定方法研究 [J]. 海洋水产研究，28 (1)：33 – 37.

田寒友，李家鹏，周彤，等 . 2012. 我国与欧盟、美国、日本、CAC 畜禽兽药残留限量标准对比研究 [J]. 肉类研究，26 (2) 43：43 – 46.

王秀芹，张玲现 . 2010. 水产品中氟含量国家标准测定方法的改进 [J]. 现代渔业信息，25 (3)：18 – 24.

颜云荞，吴婷婷，冉羿，等 . 2012. 我国与 CAC 关于食品中亚硝酸盐限量标准的对比分析 [J]. 中国食品添加剂 (4)：235 – 239.

姚焱，张平弘，陈永亨，等 . 2009. 挥发性盐基氮的光谱分析方法 [J]. 光谱学与光谱分析，29 (8)：2 196 – 2 198.

佚名 . 2015. 我国出口欧盟食品受阻分析报告 [R]. http：//www. tbtmap. cn/portal/Contents/Channel_ 2125/2015/0729/325801/content_ 325801. jsf? ztid = 2127

云振宇，刘文，蔡晓湛 . 2009. 我国与 CAC 关于食品中污染物限量标准的对比分析 [J]. 农产品加工学刊 (1)：79 – 82.

赵素莲，王玲芬，梁京辉 . 2002. 饮用水中砷的危害及除砷措施 [J]. 现代预防医学，29 (5)：651 – 652.

中华人民共和国商务部 . 2004. 出口商品技术指南冻鱼片 [M]. 北京 .

朱文慧，步营，邵仁东，等 . 2009. 国内外水产品中重金属限量标准对比分析 [J]. 水产科技情报，36 (6)：271 – 274.

朱文嘉，王联珠，郭莹莹，等 . 2013. 国内外鱼类产品兽药残留限量标准对比分析 [J]. 水产科技情报，(5)：225 – 231.

NY/T 393—2013《绿色食品农药使用准则》标准分析研究*

陈　倩　滕锦程　张志华　唐　伟

（中国绿色食品发展中心）

农药作为现代农业生产的必要生产资料，在保障我国农业生产、提高农业综合生产能力、促进粮食稳定增产和增加农民收入等方面发挥了重要作用。我国是农药生产大国、同时也是使用和出口大国。据统计，2010—2014 年我国农药原药年均生产量达 143.88 万吨，种植业农药使用量年均达 31.73 万吨（折百量）。大量使用化学农药直接导致的两个突出问题是对生态环境和自然资源的破坏，以及对食品安全和人身健康造成威胁。

近些年，我国政府高度重视生态环境和食品安全问题，不断完善相关法律法规和标准体系。为探索适合我国国情的可持续农业生产模式，1990 年经国务院批准，农业部启动绿色食品开发工作。绿色食品的发展理念突出强调农业生产对环境资源利用的可持续性和产品的安全优质特性，建立了以“安全、优质、环保，可持续发展”为核心的绿色食品标准体系。农业行业标准《绿色食品　农药使用准则》作为标准体系中核心基础标准之一，为规范和指导绿色食品生产中的农药使用发挥了重要作用。2012 年农业部立项，中国绿色食品发展中心组织浙江农科院农产品质量标准研究所、中国农业大学等单位及专家对 2010 版《绿色食品　农药使用准则》标准进行了修订，NY/T 393—2013《绿色食品　农药使用准则》于 2014 年 4 月 1 日起实施。本文对该标准编写的基本原则和主要技术内容进行了分析研究，并对标准的推广应用和跟踪改进提出了建议。

一、标准编写原则

绿色食品是指产自优良生态环境、按照绿色食品标准生产、实行全程质量控制并获得绿色食品标志使用权的安全、优质食用农产品及相关产品。NY/T 393—2013《绿色

* 本文原载于《农产品质量与安全》2016 年第 5 期，27 – 30 页

食品　农药使用准则》正是从绿色食品概念和发展理念出发，在编写过程中充分遵循可持续发展、科学评估、安全低风险和生产可行 4 项基本原则。

（一）可持续发展原则

可持续发展是既能满足当代人的需要，又不对后代人满足其需要的能力构成危害的发展，是一种注重长远发展的经济增长模式。绿色食品始终坚持可持续发展原则，率先在中国探索并实践农业生产与环境可持续的生产模式，并在其标准中予以体现和实施。因此绿色食品标准编写的首要原则就是要体现可持续发展理念，将尊重自然、顺应自然、保护自然的生态文明理念融入标准中。

（二）科学评估原则

本标准在制定过程中坚持科学评估原则，确保标准的先进性和科学性。各项技术内容充分依据现有标准和评估数据，包括两方面：一是现行法律、法规和标准依据，《农药管理条例》《农药登记资料规定》《农药安全使用规定》等构成了我国基础农药使用管理法规体系，《农药合理使用准则》和《食品中最大残留限量》等标准则构成了我国农药使用的基本标准体系。二是现有的权威机构相关的风险评估结果，本标准主要参照分析 5 方面评估数据：国内人群的膳食暴露和风险评估结果、WHO 农药危害性分类、我国农药毒性分类、FAO/WHO 农药残留专家联席会议（JMPR）评估及其被 CAC 采纳情况、美国和欧盟等发达国家的登记使用情况等。

（三）安全低风险原则

本标准在评估数据的分析筛选中坚持安全低风险原则。如对于化学合成农药依据国内人群的膳食暴露风险结果，按照国家估计 ADI（每日容许摄入量）的 20% 以内进行筛选，相当于评估安全系数比国际一般要求提高 5 倍。将 WHO 农药危害性分类中被列为淘汰类、极高危险性类和高危险性类的农药排除。中国农药毒性分类中以选择低毒和微毒农药为主。FAO/WHO 农药残留专家联席会议（JMPR）评估存在风险的农药全部排除在允许用药之外。

（四）生产可行原则

农业标准化工作的最终目标是要解决农业标准化生产问题，科学评估结果如果与实际生产脱节，再科学先进的标准也只能被束之高阁。因此本标准制定中坚持生产可行原则，将科学评估数据与生产实际调研相结合，综合分析标准技术内容的生产可行性。如按照不同作物种类、不同生长区域对常用的高效的农药品种进行调研，确保标准在绿色食品实际生产中可行性和可操作性。

二、标准结构

NY/T 393—2013《绿色食品　农药使用准则》在标准结构上分为10部分，包括前言、引言、范围、规范性引用文件、术语和定义、有害生物防治原则、农药选用、农药使用规范、绿色食品农药残留要求和附录（附录中以列表方式给出绿色食品生产允许使用的农药和其他植保产品清单）。较2000年版本，增加了引言、有害生物防治原则和绿色食品农药残留要求3部分内容，并将可使用的农药种类从原准许和禁用混合制调整为单纯的准许清单制。标准技术要求部分以“农药使用的前提—怎样选用农药—怎样使用农药—使用后的残留监控”为主线，围绕农业生产农药使用的各环节进行规范，整个标准脉络清晰，便于使用者理解操作。

三、标准主要内容

（一）有害生物防治原则

绿色食品生产中对有害生物采用的防治原则是使用农药的前提条件。绿色食品有害生物防治原则以综合防治的理念为基础，根据绿色食品的属性，进行了调整、强化和完善，具体包括四方面防治措施：一是以保护和优化生态系统为基础——生态防治；二是优先采用农业措施——农业防治；三是尽量使用物理和生物措施——物理和生物防治；四是必要时，合理使用低风险农药——化学防治。4方面措施互为补充、综合作用，生态防治是基础，农业防治、物理防治和生物防治为主，化学防治为辅。

绿色食品生产强调以保护和优化农业生态系统为基础，即在生产中应首先构建良好的农业生态环境，建立有利于各类天敌繁衍和不利于虫害、草害滋生的环境条件，提高生物多样性，维持农业生态系统的平衡，从而减少病虫草害的发生。优先采用农业措施，主要是通过增强作物对有害生物的抵抗力，控制有害生物的传播，创造不利于有害生物生长的条件来实现，比如选用抗病虫品种、进行种子种苗植物检疫、制定合理的耕作制度、实施健康栽培等。尽量使用物理和生物措施，利用简单工具和各种物理因素，如灯光诱杀、机械捕杀害虫，利用生物间的制约关系，如释放害虫天敌等。必要时合理使用低风险农药，并要按照标准规定的原则和清单选用农药。

（二）农药选用

绿色食品在农药选用上的规定可以概括为“一前提、两原则、两清单”。

一前提，即绿色食品生产中选用农药的前提条件：应符合农药相关的法律、行政法规、部门规章和国家强制性标准等，并获得国家农药登记许可。法律法规主要包括《中华人民共和国农产品质量安全法》《农药管理条例》及其实施办法，农业部有关农药品种限定的公告等。

两原则，即农药品种选择原则和农药剂型选择原则。农药品种选择上坚持低风险原则、有效性（对主要防治对象）原则、兼治优先原则和交替使用（不同作用机理农药）原则。选择对主要防治对象有效的对生态环境、操作人员和农作物危害小的低风险品种，提倡农药剂型选择从绿色食品生态环保和安全的属性出发，重点考虑不同剂型对农田环境、作业人员健康和农产品质量安全的影响。目前环保剂型主要是水基化、粒剂化和缓释化 3 种类型。水基化代表剂型有水剂、水乳剂、微乳剂等；粒剂化代表剂型有水分散粒剂；缓释化代表剂型有微囊悬浮剂等。

两清单，即 AA 级和 A 级绿色食品生产均允许使用的农药和植保产品清单（简称 AA 级清单），A 级绿色食品生产允许使用的其他农药清单（简称 A 级清单）。AA 级清单以《有机食品　第 1 部分：生产》（GB/T 19630. 1—2011）标准中“有机植物生产中允许使用的投入品”为基础，同时按照低风险原则，对比研究国内农药登记使用情况和豁免制定食品中最大残留限量的农药名单后最终确定。清单中共有 51 种（类）产品，包括植物和动物来源 20 种、微生物来源 6 种、生物化学产物 3 种、矿物来源 12 种、其他 10 种。A 级清单是对目前获得国家农药登记许可且有相关风险评估数据的 342 种有机合成农药进行逐一评估和综合分析筛选确定。进入清单的产品应主要满足以下 5 个条件：①根据国内人群的膳食暴露风险评估结果，国家估计每日摄入量（NEDI）占农药每日允许摄入量（ADI）的 20% 以内，评估安全系数提高 5 倍。②根据 WHO 农药危害性分类，不属于淘汰类、极高危险性类和高危险性类。③根据中国农药毒性分类，属于低毒和微毒的农药，少量中毒农药确有不可替代性可列入。④根据 FAO/WHO 农药残留专家 JMPR 风险评估结果，存在风险，CAC 已撤销最大残留限量的农药不能列入。⑤根据发达国家登记使用情况，在美国或欧盟登记使用；部分用途确有需要的，需要在日本、澳大利亚、加拿大或欧盟国家中至少 2 个国家登记使用。根据以上条件确定 130 种可用农药，包括杀虫剂 28 种、杀螨剂 8 种、杀软体动物剂 1 种、杀菌剂 40 种、熏蒸剂 2 种、除草剂 44 种、植物生长调节剂 7 种。

（三）农药使用规范

绿色食品生产在农药选用上坚持低毒低风险原则，在农药的使用操作中同样强调安全合理使用。具体有 4 条要求：一是掌握正确的防治适期，即根据药剂特性及作物种类等选择最合适的用药时间。比如毒杀作用的杀虫剂以对幼虫的初龄期最为有效，拒食作用的杀虫剂应在害虫的取食阶段施用。二是选择合理的施药方式，即要根据病虫草害的为害方式、发生部位和农药的特性来选择，如在作物地上部表面为害的，一般采用喷雾方式，对于土壤传播的病虫害，可采用土壤处理的方法等。三是严格控制施药剂量和施药次数。超量使用农药并不能明显提高防效，反而会杀伤害虫天敌，破坏生态平衡，增加环境和作物残留，因此绿色食品强调按农药登记剂量合理使用。四是确保安全间隔期。执行安全间隔期是控制农产品农药残留，避免残留超标的重要措施，安全间隔一般可按国家标准《农药合理使用准则》和农药登记批准的产品标签规定执行。

（四）农药残留要求

目前，国际上主要发达国家的农药残留标准法规体系基本上都采用准许清单制，其特点是除规定部分食品中农药最高残留限量外，还往往列出无须设定限量的农药清单，并对清单之外的农药残留限量进行设定。这种体系构架的优势在于能够涵盖所有的农药和农产品及其加工品，没有漏洞。NY/T 393—2013《绿色食品　农药使用准则》正是参照这种体系模式编写的，在农药残留要求上分为3种情况：一是对于绿色食品生产中允许使用的农药，其残留量不得低于GB 2763—2014《食品安全国家标准　食品中农药最大残留限量》要求；二是国家禁用的环境中长残留农药残留限量应符合GB 2763—2014《食品安全国家标准　食品中农药最大残留限量》的规定，目前主要涉及滴滴涕、七氯、硫丹等13种农药；三是绿色食品准许清单和13种长期残留的禁用农药之外的其他农药残留限量一律不得超过0.01毫克/千克，包括目前我国登记使用的400多种农药（绿色食品生产不允许使用），也包括没有在我国登记使用的其他农药。我国登记的农药有效成分有600余种，而GB 2763—2014《食品安全国家标准　食品中农药最大残留限量》只规定了其中387种农药在284种食品中的残留限量，还有200多种农药残留没有规定。因此可以说绿色食品对农药残留的要求是国内最严格的。

四、存在问题

NY/T 393—2013《绿色食品　农药使用准则》自2014年起已实施两年，在绿色食品体系内应用效果良好，但在征求标准应用反馈意见过程中，也反映出一些实际问题，主要集中在以下3个方面。

（一）小作物用药品种相对缺乏

小作物用药品种缺乏问题是我国农药登记管理中的普遍性问题。我国登记使用的农药有600多种，且多数为广谱性农药，如阿维菌素、氯氰菊酯、百菌清、多菌灵等的登记使用范围集中在水稻、小麦、玉米和蔬菜等大作物上，在种植面积小、应用范围窄的小作物上登记的农药品种较少。而绿色食品是在国家登记农药的基础上进一步筛选出130种允许用药，因此在小作物上可以用的农药品种相对更少，甚至导致部分小作物产品无药可用，影响了这些产品发展绿色食品。相信这种现象会随着我国小作物用药登记管理的健全完善而得以逐步解决。

（二）区域性差异化需求没有充分考虑

NY/T 393—2013《绿色食品　农药使用准则》适用于全国各地绿色食品的生产种植，包括国外产品申报绿色食品在农药使用上也不能违背该准则要求，因此难免有部分区域性差异化用药需求无法兼顾。比如稻瘟灵这一农药按照本标准的评估原则被排除在绿色食品允许用药清单之外，标准中还有其他农药（如多菌灵、春雷霉素）可以代替其使用，但在实际生产中，尤其是南方地区这种农药被公认为高效、低毒、低成本的好药，被认为不可替代。再如杀虫双，因为其本身属于中毒农药而被排除在绿色食品清单之外，但其在广东一带的甘蔗种植上具有不可替代性。由于标准评估数据以及调研的局限性导致部分区域性差异化需求不能给予充分考虑，需要在今后修订工作中不断完善。

（三）标准评价机制不健全，修订相对滞后

国际上采用农药准许清单制的国家都对清单实施动态管理，要保证 NY/T 393—2013《绿色食品　农药使用准则》中允许用农药清单的时效性，也必须对其进行动态管理。该标准已实施两年，其间国家农药登记情况和实际生产应用都发生了一些变化，但标准未作任何修订调整。尽管每年都在全国范围内征求反馈意见，并对数据进行重新评价，但因没有建立标准跟踪评价和标准清单动态发布机制，修订工作相对滞后，影响了标准科学性和实用性。

五、结论和建议

NY/T 393—2013《绿色食品　农药使用准则》标准充分借鉴发达国家农药管理体系，首次将农药准许清单制引入农业行业标准中，并对绿色食品生产中农药的“选用—使用—残留控制”全过程技术要点进行规范，可谓我国相关农药管理标准中最全面、最严格的标准。该标准的推广实施在保证绿色食品生产的安全性的同时，对于在我国更大范围内实施农药准许清单制管理有重要的借鉴意义。建议下一步应加大该标准的宣贯推广力度，建立切实有效的跟踪评价机制促进标准的持续改进。

（一）加强宣贯、推广实施

NY/T 393—2013《绿色食品　农药使用准则》标准的编写借鉴国外标准体系并依托现行国家标准体系融入很多创新性思想，充分体现了绿色食品创新、协调、绿色、开放、共享的发展理念，具有较高的科学性和先进性。正是因为有许多创新点，需要加强标准中的主要技术内容的宣贯解读，便于生产者理解操作。同时该标准的推广实施不应局限于绿色食品行业内，应充分发挥绿色食品的示范引领作用，在具备条件的农业示范园区、示范县等更大范围推广应用，促进农业可持续发展。

（二）跟踪评价、及时改进

我国对农药的管理实行登记制度，每年都有农药登记品种变化，或增加新品种或取消登记，因此 NY/T 393—2013《绿色食品　农药使用准则》中的允许用农药清单也应每年进行重新评估。虽然标准中明确“每年根据新的评估结果发布修改单”，但目前还

没有建立有效的跟踪评价工作机制，修改发布通道尚不畅通。笔者认为应充分发挥“互联网＋”作用，建设标准跟踪评价网络平台，建立“实时反馈、集中评价、年度发布”的工作机制，在跟踪评价内容上应不局限于现行清单内品种，可补充新增低毒有效农药品种评价、小宗特种作物特需用药评价以及分类分区域作物用药评价等。另外建议在修改单发布上考虑建立快速有效的发布方式，缩短报批周期，畅通发布通道，以便标准及时更新改进。

参考文献

陈倩，张志华，唐伟，等.2014. CAC及我国食品安全标准体系框架对绿色食品标准体系构建的借鉴［J］. 农产品质量与安全（5）：26－29.

高祥涛.2014. 农业标准化存在的问题及对策［J］. 中国标准导报（7）：12－14.

顾宝根.2014. 国内外农药管理制度的比较及启示［J］. 世界农药（2）：1－5.

纪明山.2011. 农药在现代化农业中的作用［J］. 环境保护与循环经济（3）：31－33.

李文星，黄辉，李好.2015. 我国农药使用监管现状及对策研究［J］. 农药科学与管理，36（8）：1－5.

李贤宾，段丽芳，柯昌杰，等.2014. 国际食品法典农药残留限量标准制修订进展研究［J］. 农产品质量与安全（5）：72－77.

束放，熊延坤.2016. 我国农药生产应用现状及减量使用重要意义［J］. 中国农药（1）：42－45.

王以燕，张桂亭.2010. 中国的农药登记管理制度［J］. 世界农药（3）：13－17.

王运浩.2012. 绿色食品基础理论与技术研究现状及推进重点［J］. 农产品质量与安全（6）：5－7.

魏鹏娟，王艳，刘香香，等.2015. 我国农业标准实施应用现状及对策分析［J］. 农产品质量与安全（2）：25－27.

魏启文，刘绍仁，孙艳萍，等.2013. 我国农药市场监管的成效、问题与对策［J］. 农产品质量与安全（1）：10－13.

魏启文，陶传江，宋稳成，等.2010. 农药风险评估及其现状与对策研究［J］. 农产品质量与安全（2）：38－42.

武丽辉，赵永辉，吴厚斌.2014. 农药管理的现状与思考［J］. 农药（10）：771－772.

虞轶俊，吴声敢，于国光，等.2014. 新版食品中农药最大残留限量国家标准研究［J］. 农产品质量与安全（4）：37－40.

张志恒，陈倩.2016. 绿色食品农药实用技术手册［M］. 北京：中国农业出版社，2016.

中国绿色食品标准体系发展问题与对策*

徐园园　彭小贵　陈德元

（湖北省绿色食品管理办公室）

作为绿色食品质量认证和质量体系认证的技术基础，合理而完善的绿色食品标准体系不但是顺利开展绿色食品生产和管理活动的前提，同时也是维护绿色食品生产者和消费者利益的技术和法律保障。建立完善的绿色食品标准有利于先进生产技术的推广，进而提高了农业及食品加工生产水平，确保了我国农产品及食品质量，促进了产品出口创汇。加强绿色食品标准的建设工作，是我国加入 WTO 以后，开展可持续农业生产及有机农产品平等贸易的技术保障，为我国农业，特别是生态农业、可持续农业在对外开放过程中提高自我保护、自我发展能力创造了有利条件。本文通过梳理绿色食品标准体系建设的历程与发展现状，对我国绿色食品标准体系存在的问题进行了分析，提出了完善绿色食品标准体系的政策建议。

一、绿色食品标准体系建设的原则

绿色食品标准体系建设是绿色食品产业发展的技术依托，是实现绿色食品标准化生产的技术前提。在绿色食品产业起步之初，国务院就在有关批复中明确指出农业部应“根据国际市场要求，并结合我国的具体情况，制定和完善绿色食品标准，以推动绿色食品开发工作朝着正规化、标准化的方向发展”，这为绿色食品标准化工作确定了方向。因此，绿色食品标准体系建设工作是农业标准体系建设工作的重要组成部分。绿色食品标准是推荐性农业行业标准，由农业部统一组织制定、审核和发布。多年来，绿色食品标准体系建设一直遵循以下 4 个原则。

（一）可持续发展原则

绿色食品标准以发展经济与保护生态环境相结合的方式，规范生产者的行为。在保证产量的前提下，最大限度地通过促进生物循环、合理配置和节约资源，减少经济行为

---

* 原文载于《湖北绿色农业发展研究报告（2013）》，湖北人民出版社出版，2014 年

对环境的不良影响，提高产品质量，维护和改善人类赖以生存和发展的生态环境。

（二）全程质量控制原则

绿色食品标准体系建设从认证、管理和生产等各方面，体现了“从土地到餐桌”的全程质量控制原则，通过对生产过程各环节实施控制，确保产品质量安全的同时，有效保护环境。

（三）安全优质原则

绿色食品标准制定过程中，始终贯彻突出绿色食品安全、优质特色，其安全卫生指标主要是参考发达国家的标准，它们严于国家标准和行业标准，并根据行业生产实际情况，适当增加检测项目（如加工食品中苯甲酸和糖精钠不得检出，增加了啤酒中对甲醛的限量要求等）。产品质量尽可能采用相应国家或行业标准中的优级或一级指标，并科学地加入营养品质指标。

（四）开放性原则

绿色食品标准体系除具备科学性、系统性、完整性、先进性和实用性等一般性原则外，还具备开放性原则。绿色食品产业是不断发展的，绿色食品覆盖的产品范畴也是极其宽泛的。随着认证和管理工作中新情况的不断出现，新工艺、新产品的不断涌现，新技术、新检验检测方法的不断产生，现行标准总会落后于实际需要。因此，绿色食品标准体系应具备开放性原则，要随时制定新的标准以适应产业发展的需要。

二、绿色食品标准体系发展历程

（一）探索阶段（1990—1994 年）

1990 年，农业部刚刚开发绿色食品时，就遇到了用什么样的标准进行产品质量判定的问题。经有关专家研讨后，农业部确认质量卫生指标达到同类产品的国家或行业标准中一级品技术要求的产品，方可认定为绿色食品，这个判定原则使用了 5 年时间。

（二）起步阶段（1995—1999 年）

1995 年，为了满足绿色食品质量特色的需要，农业部以农业行业标准的形式颁布了首批 25 项绿色食品产品标准。同年，中国绿色食品发展中心又制定了《绿色食品分级标准》《绿色食品产地生态环境质量标准》《生产绿色食品的肥料使用准则》和《生产绿色食品的农药使用准则》等 4 项标准，并在认证和管理工作中开始试行。1997 年，中国绿色食品发展中心又提出第二批共 20 项绿色食品产品标准，并开始组织编写制定工作。1999 年，农业部下达了《1999 年第一批农业行业标准制、修订项目计划》，绿色食品标准正式作为农业行业标准制修订项目立项。

（三）稳步发展阶段（2000 年以后）

这一阶段，我国对农业标准体系建设和产品质量安全认证更加重视，农业部下发的《关于下达第二批农业行业标准制定和修订专项计划的通知》（农市发〔2000〕13 号），不但将绿色食品标准作为其中的经常性项目，而且还提供了专项资金支持。从此以后，绿色食品标准项目列入了历年的农业行业标准制、修订计划，绿色食品标准体系建设工作步伐加快。绿色食品标准体系建设注重落实“从土地到餐桌”的全程质量控制理念。经过 20 多年的发展，逐步形成了包括产地环境质量标准、生产技术标准、产品标准和包装贮藏运输标准等四大组成部分的标准体系，对绿色食品生产的产前、产中和产后全过程各生产环节进行规范。截至 2009 年，农业部共计发布绿色食品标准 152 项，现行有效标准 108 项（其中，基础通则类标准 13 项，产品标准 95 项）。2010 年还发布了《绿色食品　畜禽饲养防疫准则》和《绿色食品　海洋捕捞水产品生产管理规范》2 项标准。这些标准为促进绿色食品产业健康快速发展，确保绿色食品质量打下了坚实的基础。

三、中国绿色食品标准体系发展现状

（一）绿色食品产地环境标准

绿色食品产地环境标准主要包括 2 项标准，即《绿色食品　产地环境技术条件》和《绿色食品　产地环境调查、监测与评价导则》。《绿色食品　产地环境技术条件》根据农业生态的特点和绿色食品产地生态环境的要求，规定了绿色食品产地的环境空气质量、农田灌溉水质、畜禽养殖水质和土壤环境质量的各项指标及浓度限值、监测和评价方法。《绿色食品　产地环境调查、监测与评价导则》是与前者相配套的实施细则。它规范了绿色食品产地环境质量现状调查、监测、评价的原则、内容和方法，为科学、正确地评价绿色食品产地环境质量提供科学依据。绿色食品产地环境标准充分体现了绿色食品的可持续发展理念，比如，为促进生产者增施有机肥，提高土壤肥力，在环境标准中提出了产地肥力的参考指标。

（二）绿色食品生产技术标准

绿色食品生产规程的控制是绿色食品质量控制的关键环节，绿色食品生产技术标准是绿色食品标准体系的核心。绿色食品生产技术标准主要包括 3 个部分：绿色食品生产资料使用准则、绿色食品生产认证管理通则和具体产品的生产操作规程。绿色食品生产资料使用准则主要是对生产绿色食品过程中投入品的原则性规定，包括农药、肥料、兽药、渔药、饲料及饲料添加剂（包括畜禽和渔业）、食品添加剂等使用标准。通过这些准则，对农业生产及食品加工过程中允许、限制和禁止使用的投入品及其使用方法、使用范围、使用量等做出了明确规定。如《绿色食品　兽药使用准则》以生产安全、优质的动物源性绿色食品为目标，确定了绿色食品生产者应供给动物充足营养，加强饲养管理，力争不用或少用药物等基本原则。在必须用药的情况下，规定了禁止使用的兽药品种和禁止用途，这些禁用兽药不仅包括国家标准规定的品种，还包括美国（氟喹诺酮类）和日本（二氯二甲吡啶酚）重点监控项目。另外，对可能用于畜禽养殖的农药品种也进行了规定，充分体现了绿色食品标准的先进性。绿色食品生产认证管理通则主要是对绿色食品生产、认证过程中的关键技术进行规范。如《绿色食品　畜禽饲养防疫准则》对畜禽饲养过程中的疫病预防、疫病监测、疫病控制和净化以及疫病档案记录等环节，提出了具体的技术要求，《绿色食品　产品检验规则》主要是对认证检验环节的工作进行规范，规定了产品检验分类、抽样和判定规则。绿色食品生产操作规程包括各类具体产品的种植、畜禽养殖、水产养殖和食品加工方面生产操作规程。这部分标准主要以地方标准和企业标准形式发布。目前，以地方标准发布的绿色食品生产操作规程已达 300 多项，获得绿色食品认证的 6 047家企业 16 034个产品，都分别有企业版的生产操作规程（数据截至 2009 年 12 月）。生产操作规程主要对具体产品的整个生产环节进行标准化规范，如种植业的规程包括农作物的产地条件、品种选择、苗木和定植、土肥水管理、病虫害防治、采收与包装贮运等生产环节中必须遵守的规定。绿色食品生产操作规程是全程质量控制的关键。它的最大优点是把食品生产以最终产品检验为主要基础的控制观念，转变为从生产环境到生产规程的源头控制。

（三）绿色食品产品标准

绿色食品产品标准是产品质量保证的最后关口，集中反映出绿色食品生产、管理及质量控制的水平。绿色食品认证涵盖范围较广，既包括农产品，又包括深加工食品，因而，产品标准分类存在很大难度。只有先建立起比较科学且基本完善的产品标准分类体系，才能为今后工作打下坚实基础。绿色食品标准体系在建设过程中，将产品按专业分成种植业产品、畜禽业产品、渔业产品和加工产品 4 类，每一专业领域又细分为大类、小类 2 个层次。比如种植业产品包括粮食作物类、油料作物类、蔬菜类、果品类、茶叶类、特种作物类和糖料作物类 7 个大类。大类下面又细分小类，如蔬菜大类产品又分为根菜类蔬菜、绿叶类蔬菜、甘蓝类蔬菜和茄果类蔬菜等 15 个蔬菜小类。绿色食品产品标准种植业产品包括 7 个大类，37 个小类产品；畜禽业产品包括 4 个大类，6 个小类产品；渔业产品包括 7 个大类，14 个小类；加工产品包括 15 个大类，57 个小类。产品标准按小类产品分别编写，标准中规定了相关产品的术语和定义、分类、感官要求、理化要求、卫生要求和微生物要求、试验方法、检验规则、标志和标签以及包标、贮藏运输等。绿色食品产品标准的安全卫生指标严于相关国家和行业标准，其质量规格要求达到国家一级品以上指标要求。

（四）绿色食品包装、贮藏、运输标准

绿色食品包装、贮藏运输标准目前形成农业行业标准发布的包括 2 项，即《绿色食品　包装通用准则》和《绿色食品　贮藏运输准则》。绿色食品包装充分考虑环境保护问题，以“3R”和“1D”［Reduce（减量化），Reuse（重复使用），Recycle（再循环）和 Degradable（再降解）］为原则，主要对绿色食品各类包装材料的选择、尺寸等提出规范要求。绿色食品对贮藏运输的要求主要以全过程质量控制为出发点，对产后的贮藏设施、堆放和贮藏条件、贮藏管理人员和记录，以及运输工具的温度控制，都提出了原则性要求，尤其强调记录要求，以保证产品的可追溯性。

四、中国绿色食品标准体系发展存在的问题

绿色食品标准体系建设是一项跨部门、跨学科的工作，是绿色食品事业发展的重要基础，它的每一步骤都是很复杂的过程，需要在充分掌握大量资料和试验数据的基础上才能确定和实施。由于受到资金、时间、经验等因素的影响，绿色食品标准体系建设还存在许多困难和问题，极大地制约了绿色食品的开发和规范管理。如绿色食品标准体系同整个农业标准化体系建设的关系有待协调和理顺；绿色食品标准与国际有机食品标准互认的程序需抓紧实施；许多产品因没有标准而得不到开发；无公害食品、生态食品等相关概念的兴起，消费者将会对绿色食品标准产生比较混乱的理解。因此，目前仍有一些问题影响绿色食品标准体系的建设。

（一）标准定位不明确

绿色食品定义的表述过于简单，没有明确系统地阐述绿色食品的理念、原则和特点，如“按照特定生产方式生产”的表述比较模糊，对于绿色食品如何定位没有深入研究。绿色食品产品标准的分类及范围需要进一步细化，如何科学地划分、制定和完善各类产品需要深入研究。绿色食品标志商标注册范围几乎涵盖了所有的食品类别，包括新产品、小品种、区域性产品、功能性产品（保健品）等，因而产品标准要覆盖全面很不现实。新产品、功能性产品等产品标准的立项和制定，需要更加慎重对待。

（二）标准制、修订滞后

从 2007 年开始，农业行业标准的制、修订工作重点转向基础性标准、检测方法标准等方面，产品标准虽然保留了绿色食品和无公害标准，但立项的数量不多。受此影响，绿色食品标准体系建设的速度无法跟上绿色食品的发展速度，绿色食品标准也无法满足认证和管理工作的需要。现行标准适用范围不能覆盖食品种类，标准之间存在交叉和遗漏，指标值不能与新修订的国家标准协调，对生产过程中新出现的有毒有害物质和质量项目不能充分表述。

（三）绿色食品标准采用国际标准的比例偏低

绿色食品标准在采用国际标准方面存在较大差距，采用国际标准和国外先进标准的比例仅为23%，低于国家标准采标率44.2%的总体水平。20世纪80年代初，英国、法国、德国仅初级农产品采用国际标准就达80%，日本新制定的农业初级品国家标准有90%以上采用国际标准。发达国家的质量分级标准是从方便贸易、方便检验和认证的角度出发制定的，实用性和操作性很强，感官指标使用不同分数以利于客观判定，质量通常用计分数值代替腐烂、异味、病虫害、机械伤等复杂的文字描述。我国绿色食品标准对产品质量因子描述倾向于定性文字描述，而且文字过于简单，没有质量要素的计分体系或数量描述，容易出现主观判断偏差，不便于依据标准对产品进行检验，导致标准的实用性和操作性较差。

（四）缺乏科学有效的数据支撑和可行性论证

绿色食品标准体系的建设需要借鉴发达国家科学合理的标准体系构架和丰富的标准制定经验，需要分析国内农产品、食品生产现状，需要总结绿色食品自身的经验并且创新、提高，需要经过食品安全的风险评估，由科学研究的数据来指导安全限量指标的制定。只有通过加强基础研究，才能提高绿色食品标准的科学性、先进性和实用性。由于绿色食品标准制定的经费和人力不足，无法支持标准的技术实验，只有凭借专家、行业、企业的日常检测报告数据和经验来确定技术指标的限量。采用国际标准时，只能进行文字翻译，无法判断标准的实用性，造成国际标准中我国自主创新的含量低，采用国际标准的盲目性大，标准不易实施。

（五）检测方法不配套，计量单位不规范

绿色食品标准中的检测项目是依据国家方法标准制定，而国家方法标准不全，使许多在绿色食品中应当列入的项目无法列入。另外，国家方法标准的检出限偏高，使绿色食品标准的安全项目不安全。感官指标缺乏科学客观的评价方法，缺乏农药多残留检测方法标准，一些产品标准还使用不规范的计量单位，产品标准和分析方法标准中的计量单位不一致，使监督检测部门难于掌握和正确使用。

（六）标准体系不能突出绿色食品的安全优质特色

优质特色绿色食品是遵循可持续发展原则，按照绿色食品标准生产，使用绿色食品商标标志的安全、优质、营养食品。因此，绿色食品的特色应该是优质、营养，目前的绿色食品标准主要考虑安全和卫生指标，对于品质的指标没有体现，所以难于突出绿色食品的安全优质特色。

（七）生产操作规程制定工作相对薄弱

现有的各地生产技术规程数量还远不能满足企业生产需要。截至目前，全国共发布绿色食品生产技术规程235项。由于相关部门的支持力度不同，各地生产技术规程制定工作存在很大差异，很多省区市还没有正式开展这项工作。新的绿色食品标准颁布后，标准宣传工作跟不上，宣传力度不大。很多企业，甚至地方绿色食品办公室、监测单位都对标准不够了解，在执行过程中掌握尺度不一样的问题很严峻，给绿色食品标准的实施带来了困难，也影响了绿色食品的总体形象。

五、完善中国绿色食品标准体系的建议

绿色食品的生产推动了可持续农业的发展。目前全球面临着日益严峻的环境和资源问题，世界各国已经承诺共同走可持续发展道路，作为第一产业部门的农业毫无疑问将是采取行动的重点领域。目前，全球对有机农业在保护环境和资源、消除常规农业的负面影响、促进农业可持续发展上的积极作用在认识上是一致的。未来农业要实现可持续发展，必须在健康的土地上，用洁净的生产方式，生产安全的食物，以满足全球食物消费在数量和质量上的需求。通过绿色食品标准体系的建设，有效地监控绿色食品质量，提高绿色食品的营养品质，是消费者的共同需要。因此，绿色食品标准体系建设应在原有的基础上，着重做好以下几方面工作。

（一）明确绿色食品标准的定位

绿色食品标准应该是先进性与实用性相结合，绿色食品标准应反映我国先进生产方式以及产出的优质食品，又具有实用性，不脱离我国绿色食品生产实践和绿色食品的质量安全状况，绿色食品标准既反映实践，又促进实践。因此，绿色食品标准应该高于国家标准，在生产技术可行的条件下达到国际先进水平。绿色食品标准还要体现先进农业生产和农产品的前瞻性。绿色食品标准体系建设应该充分借鉴国外的标准体系。国外绿色食品标准体系大体由9个部分组成：生产和加工的主要目标、基因工程要求、农作物生产和牧畜饲养的基本要求、农作物生产标准、牧畜饲养标准和养殖标准、食品加工和储运标准、纤维加工标准、标签标准和社会公正评价标准。在研究国外标准体系的基础上，必须结合我国绿色食品生产实际，制定合理的绿色食品标准体系框架。

（二）加快清理和制修订现有的绿色食品标准

要全面清理现有的绿色食品标准，对标龄过长、不符合生产实际的标准以及没有必要存在的标准，应尽快予以废除。根据农业结构调整，农产品质量升级的需要，加快绿色食品标准制定和修订工作，使标准贯穿到绿色食品生产的产前、产中、产后及检验检

测等所有环节。据商务部[①]统计，我国每年有近 240 亿美元的出口商品因达不到包装要求而受影响，其中相当一部分是因包装不符合绿色要求造成的。因此，更需要加紧制定和完善绿色食品包装标准、管理标准和生产技术规程标准。

（三）加强绿色食品标准的基础研究工作

积极与国际先进标准接轨，深入开展绿色食品标准的前期研究和基础性研究，加强国际标准和技术法规趋势研究以及相关国家、行业标准的研究，为标准制定或标准修改提供科学依据。对绿色食品标准制修订和标准执行（如企业生产、产品检验）等工作中遇到的问题进行总结和研究，为提高标准的实用性和科学性提供依据。在污染物标准限量指标制定中，应该借鉴 CAC（国际食品法典委员会）的风险性分析原则，根据我国目前食品污染物的监测数据及污染物人群暴露量资料，将风险评估充分地应用于指标与限量值的设定环节，保证绿色食品标准的先进性和实用性。为了指导全球绿色食品的发展，消除贸易歧视，今后，各国绿色食品标准将在以下 3 个方向迈向国际间协调与统一：①与国际食品法典委员会制定的有关食品标准，以及 ISO（国际标准化组织）、WTO（世界贸易组织）等国际组织制定的有关产品的标准趋向协调、统一。②国际有机农业运动联盟（IFOAM）本身的标准要在提高指导性、原则性、规范性和权威性的基础上更好地协调地区和国家之间的标准。③地区和国际标准要进一步得到相互认可，相互尊重，即标准等值，地位对等，以削弱和淡化因标准歧视所引起的技术壁垒和贸易争端。因此，应加强绿色食品标准体系如何与国际接轨的研究，接轨的标准是 CAC、FAO（联合国粮农组织）、WTO 制定的食品标准，欧盟标准，美国农业部、美国食品药品管理局制定的食品标准，日本以食品卫生法规和健康促进法规发布的限量标准及其国家标准发布的产品标准。

（四）完善绿色食品标准体系中检测方法标准

积极研究和引进先进的国际检测方法标准，进一步完善绿色食品标准，建立与绿色食品产品标准相适应的检测方法标准。深入研究 AOAC（美国分析化学家协会）检测技术标准、ISO 国际标准组织的检测标准，建立先进的检测方法标准，保证绿色食品标准体系的先进性。

（五）加强绿色食品标准的宣传与实施管理

要加强绿色食品标准的宣传工作，尤其是针对绿色食品生产企业，要积极推进围绕标准组织生产，发挥示范带动效应，用标准规范绿色食品的生产行为，引导品种结构调整，通过绿色食品标准的应用，保护传统特色产品，培育名优产品，促进先进农业技术

---

① 中华人民共和国商务部，全书简称商务部

的应用与普及，使生产者从标准中学到独特的技术、技能，提高绿色食品生产技术水平。今后绿色食品的标准不仅包括生产、加工环节，而且还将延伸到包装、运输、销售环节，不仅只注重生产、加工过程，而且还关注最终产品的质量卫生水准，即达到技术标准和优质标准的统一。

陕西省绿色食品标准化技术推广成果分析与总结*

李文祥[1]　杨毅哲[1]　林静雅[2]　同延安[3]

（1. 陕西省农业环境保护监测站；2. 咸阳市农业科学研究院；
3. 陕西省植物营养与肥料协会）

20 世纪 90 年代初，随着我国城乡人民生活温饱问题的解决，农业发展开始实现战略转型，向高产、优质、高效农业方向发展。农业部从我国实际出发，借鉴国际经验，依据我国农业生态环境、组织管理形式和技术条件优势，提出了开发绿色食品。发展绿色食品 20 余年的实践表明，一是带动了我国优势农产品的发展，促进了种植业结构调整；二是提高了农产品及其加工品的质量，使“三品一标”成为确保农产品质量安全的重要抓手；三是提升了农产品市场竞争力，树立了农产品品牌；四是增加了农民收入，推动了绿色食品安全消费。

陕西省物种资源丰富，不同的物候条件形成了不同的区域农产品优势特点，这些都为陕西发展绿色食品提供了得天独厚的自然条件。加快陕西省绿色食品发展，可以有效改变农民生产观念，提高农业生产水平和农业经济效益，促进农业产业结构调整和升级换代；可以实现农业生产标准化，提高农产品质量，提升农产品的市场竞争力，树立农产品品牌，拓宽农产品销路，增加农产品的附加值，增加农民收入，对促进陕西省现代农业发展具有现实的重要意义。

一、技术路线

2010—2013 年，以绿色食品标准化技术集成体系和推广体系、全程质量控制体系建设为核心，创新技术推广模式，强化品牌培育和宣传，提高产品市场竞争力和绿色消费公信力，推动陕西省绿色食品又好又快发展（图 1）。

---

* 原文载于《陕西农业科学》2015 年 61 卷第 12 期，88－92 页

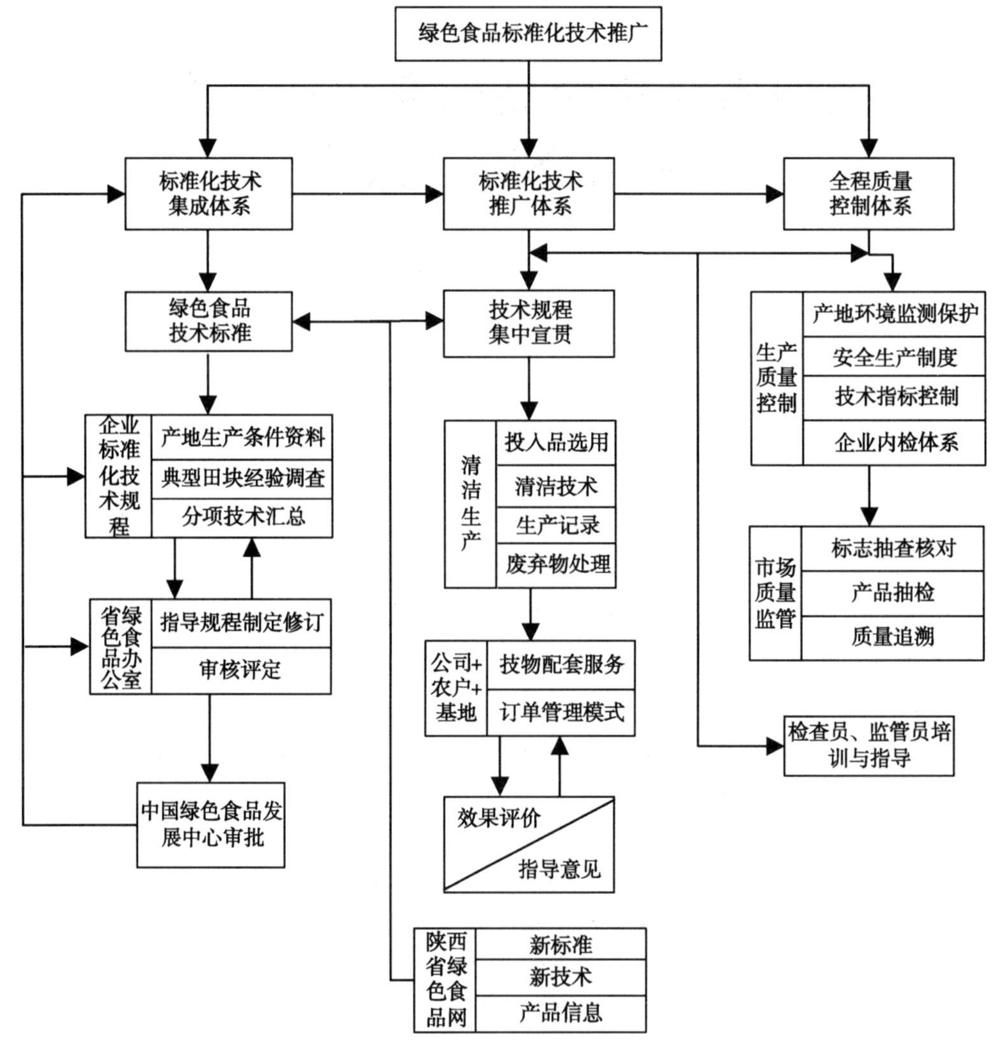

图1　技术路线——三大体系框图

二、技术内容和推广方法

2010—2013年，逐步实行“环境有检测、生产有规程、管理有体系、产品有检验、包装有标识”的标准化生产方式，突出绿色食品标准化技术集成体系与推广体系、全程质量控制体系建设；创新推广理念、推广方法，提高技术入户率和田块覆盖率；按照“从农田到餐桌”全程质量控制的要求，实现全程质量追溯目标。着力实现绿色食品标准化技术推广的科学性、精准性、安全性，推动陕西省绿色食品产业健康快速发展。

（一）绿色食品标准化技术集成体系

遵照中国绿色食品产地环境标准和生产技术标准，结合陕西省农业生态环境条件和企业生产实际，集成编制企业绿色食品生产技术规程。主要开展技术集成方法、内容等的研究，使技术规程的公司化、本土化特征更加明显，增强其科学性、针对性、操作性，提高技术集成水平。

1. 熟练掌握绿色食品相关标准

组织省市县绿色食品检查员、监管员参加全国绿色食品技术培训，学习和掌握绿色食品有关管理要求和技术标准，编写了陕西省绿色食品培训教材；采取集中培训和分别辅导的方式，对企业技术人员和农技推广人员进行培训宣传；利用陕西绿色食品网及时更新公布新的技术标准，开展网络技术咨询指导。

先后在陕西省开展了绿色食品苹果基地建设、延安市绿色农业和有机农业、韩城市绿色食品花椒专题、蒲城县绿色瓜果蔬菜专题、户县葡萄绿色专项、阎良甜瓜绿色生产技术、长安绿色食品小麦、玉米生产规程等培训活动。

2. 开展生产实地基础资料调查

分粮油、瓜果和蔬菜三大类，对陕西省关中、陕北和陕南三大不同农业生态资源和物候条件地区进行调研。主要内容有：产地环境条件，作物品种、水利灌溉方式、肥料施用方法、病虫害发生与防治；生产组织形式、耕作制度、农业技术推广等情况。调查范围涉及陕西省60%以上县区，对资料进行系统整理、系统分析，作为制定技术规程的基础资料。

3. 分类指导制定企业技术规程

针对不同企业的发展规划、经营管理方式、生产规模、产品特点、基础条件等，“量身定做”确定绿色食品技术规程集成方案，开展集成要素、内容、方法等的筛选和研究，为绿色食品标准化技术规程的公司化、本土化打好基础。按照绿色食品标准要求，采取产地环境条件 + 典型田块经验调查 + 分项实用技术等，叠加集成绿色食品标准化生产技术规程67项，使技术的标准化、科学化和针对性、操作性明显增强。

4. 审评与报批标准化技术规程

陕西省绿色食品办公室组织技术人员，对企业制定的《绿色食品标准化生产技术规程》进行多次审核，提出修改意见，企业反复完善标准化技术规程后，经评定并报中国绿色食品发展中心审批，即作为企业生产绿色食品的法定生产过程标准。2010—2013年，经国家绿色食品发展中心审批的陕西省企业绿色食品标准化生产技术规程达到67项，累计粮油、蔬菜、瓜果三大类作物共26个品种140项（图2），已在陕西省绿色食品生产基地广泛推广应用。

（二）绿色食品标准化技术推广体系

加强绿色食品标准化技术推广是本项目实施的重要内容，创新推广理念、推广方

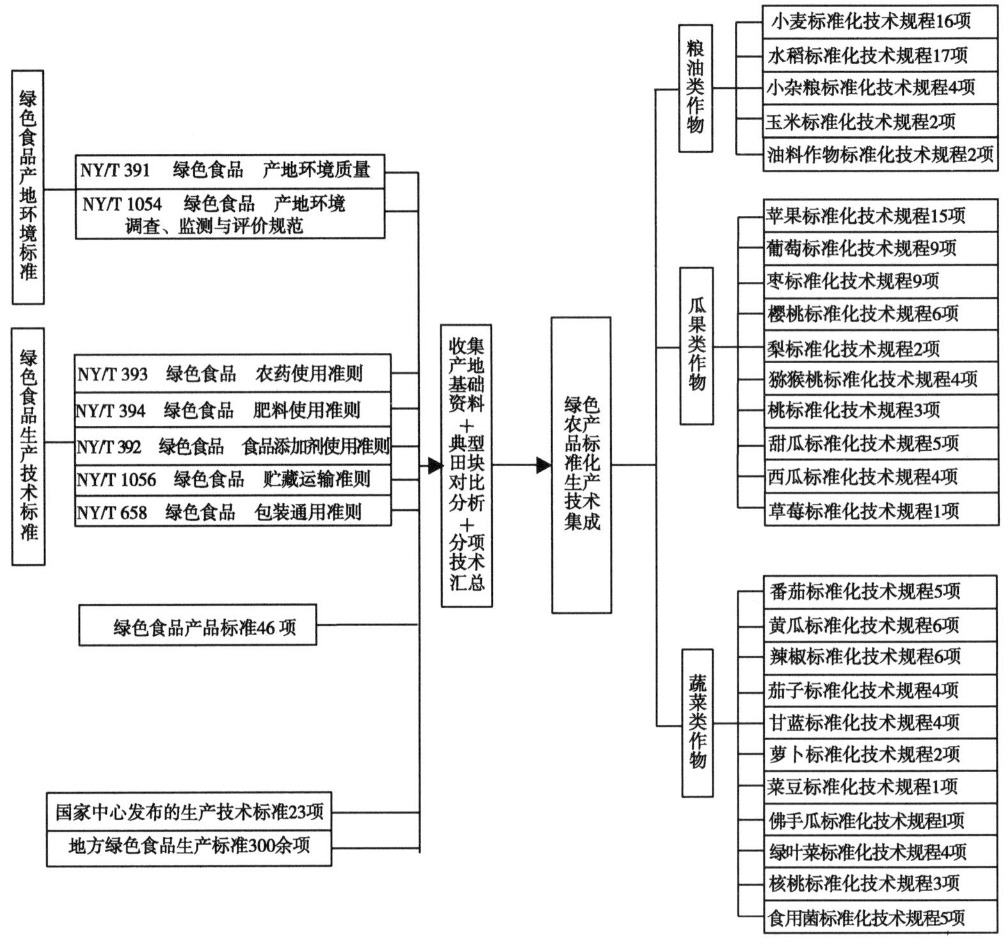

图 2 绿色食品标准化技术集成图

法，提高技术入户率和田块覆盖率是关键。

1. 宣贯标准化技术规程

由各级技术人员采取集中培训和分别辅导的方式，对企业技术人员重点就集成的《绿色食品标准化生产技术规程》进行具体化、操作化层面解读。企业组织技术人员编写绿色食品标准化技术推广方案、制订培训计划，编印技术规程宣传材料。对农户进行反复培训，规程入户上墙，熟练掌握标准化技术。

2. 推广清洁化生产技术

严格控制化学肥料的使用，防止肥料施用过程中有害物质的排放和对生态环境带来的污染，坚持可持续发展、安全优质、化肥减控、有机为主 4 个原则。建立有利于天敌繁衍和不利于病虫草害孳生的环境条件，提高生物多样性，维持农业生态平衡。优先采用农业措施、物理技术和生物措施防治病虫草害，在以上措施满足不了需求的情况下，可按要求选用绿色食品农药使用清单中的化学农药。强化生产过程记录，加强废弃物的处理，防止造成农业面源污染，保护农业生态环境。

3. 实施精准化推广模式

绿色食品标准化技术推广，创新应用“公司 + 农户 + 基地”模式，力求做到精准化推广。现场指导与示范观摩相结合，解决生产中的具体技术问题。积极开展技术物资配套服务，企业根据农户种植特点，在推广技术的同时，根据农户需求提供农业投入品等物化服务。推行订单农业管理推广模式，企业与农户形成了利益相连、风险共担的紧密式“公司 + 农户 + 基地”的利益共同体，实行统一的生产资料供给，统一技术标准、统一耕作流程、统一生产记录的绿色生产管理体系，形成了利益联动，农户收入明显提高。

（三）绿色食品全程质量控制体系

按照食品安全是产出来的、也是管出来的总要求，绿色食品标准化生产实行“从农田到餐桌”全程质量控制，保证产品质量，提升农产品质量安全水平。

1. 加强生产过程质量控制

严控产地环境质量。采测产地土壤、大气、农灌水样品 292 个，进行环境影响评价，确保各项指标符合绿色食品生产产地环境标准要求；切实控制产地周边污染源，达到产地周围五公里范围内不得有垃圾填埋场、工矿企业、公路干线等污染源。

严格安全生产制度。建立综合资料管理制度、技术推广制度、投入品选用制度、生产记录制度、废弃物处理制度、安全生产应急制度；建立分工明确、责任明确的制度实施机制，加强对企业内部所有人员的制度培训，实行严格的检查考核，确保各项制度切实有效执行；强化企业内部质量控制体系建设，每个企业至少有两名获证绿色食品内检员，负责协调、指导和监督企业内部原料采购、基地建设、投入品使用、产品检验、包装印制、防伪标签管理、广告宣传等工作。

严查技术指标落实。各级技术推广人员、企业技术人员，在加强技术推广指导的同时，积极开展对农户落实各项技术指标情况进行全面的核对检查。主要包括品种及播量、肥料品种及用量、农药品种及剂量，使用时间和方法；技术推广措施落实情况、废弃物处理措施落实情况。

2. 加强产品市场质量监管

强化标识抽查核对。按照绿色食品市场监督管理办法，每年制订标志检查计划，由省市县监管员统一在各地大型超市及农贸市场进行抽样，核对产品包装上企业名称、产品名称、绿色食品企业信息码等与其证书信息是否一致，并进行拍照、统计汇总，上报中国绿色食品发展中心。

强化产品质量抽检。省市县检查员、监管员积极配合法定质检机构，对获证企业产品进行市场抽样，由质检机构按照绿色食品质量标准进行统一检测，2010—2013 年抽检样品 324 个。陕西省获证产品在农业部组织的市场产品质量抽检中，近三年产品抽检合格率连续保持在100%，为保证陕西省农产品质量安全发挥了重要的引领作用。

强化质量追溯管理。倡导绿色食品企业建立各自的质量追溯管理体系，有的采用二维码、条形码、数字代码等，并向社会积极宣传产品优越的产品生产环境条件、严格的生产管理措施、优质的产品内在质量和绿色安全的消费品位。

3. 加强企业品牌培育宣传

企业利用各种新闻媒体和产品推介活动，加强品牌推介宣传。2010—2013年来组织61家企业86个产品参加全国绿色食品博览会，有31家企业获得畅销产品奖，进一步彰显了陕西省绿色食品品牌，提升了产品市场竞争力和消费公信力。同时，通过企业品牌的宣传展示，使陕西省优势特色农产品享誉国内外，主要包括洛川苹果、白水苹果、蒲城酥梨、清涧红枣、周至猕猴桃、户太葡萄、灞桥樱桃、阎良甜瓜、太白山蔬菜、甘泉设施蔬菜等。

三、成果分析

2010—2013年，陕西省农业环境保护监测站、陕西省绿色食品办公室、西安市绿色食品办公室，按照中国绿色食品发展理念和标准要求，围绕陕西省优势特色种植产业发展，突出绿色食品标准化技术推广，精心组织，制订方案，创新方法，落实措施，项目实施取得显著成效。

（一）绿色食品发展规模扩大，经济效益显著

陕西省2013年绿色食品生产基地认证面积累计达到198.47万亩、产品140个、企业69家，其中2010—2013年新认证基地面积112.47万亩、产品67个、企业35家，分别是2010年年底的2.3倍、1.9倍和2.0倍（图3）。

2010—2013年，累计有效推广绿色食品标准化技术面积431.84万亩，亩增产3.75%，新增总产量728万吨，新增总收入23.76亿元，新增投入产出比为1∶6.09，投入得益率5.52，经济效益显著。

（二）绿色食品标准化技术集成与推广水平明显提升

按照绿色食品标准要求，采取产地环境条件+典型田块经验调查+分项实用技术等，叠加集成绿色食品标准化生产技术规程累计达到140项（2010—2013年新增67项），涉及粮油、瓜果、蔬菜等作物共26个品种，并通过中国绿色食品发展中心的审定批准，使技术的标准化、科学化和针对性、操作性明显增强。

采取“公司+农户+基地”精准化推广方式，强化示范和对比、培训和宣传、检查和指导，提升了绿色食品标准化技术推广水平。2010—2013年检测产地土、水样292个，开展各种培训456场次，印发技术资料37万份，带动企业和专业合作社69家、39

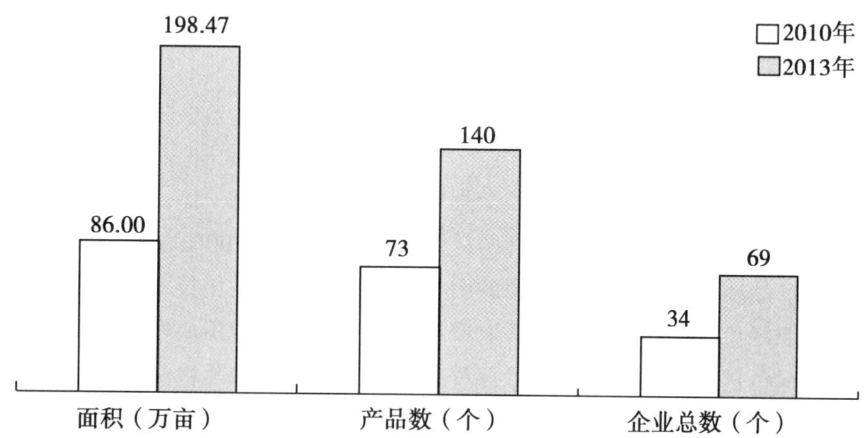

图 3　2010—2013 年绿色食品企业总数、产品数、基地面积对比

个县、84 个乡镇、321 个行政村，促进了陕西省不同地区优势农产品的均衡快速发展（表 1）。

表 1　2011—2013 年绿色食品标准化技术推广项目工作情况

年　份	企业数（个）	产品数（个）	产地采测样（次）	市场产品抽样（次）	现场检查次数（次）	集中与现场培训（次）	媒体宣传次数（次）	印发技术资料（份）	绿博会参展企业数/产品数
2011	8	17	86	65	39	145	500	10 万	10 家/17 个
2012	12	23	98	99	43	149	650	13 万	25 家/29 个
2013	15	27	108	160	76	162	700	14 万	26 家/40 个
合　计	35	67	292	324	158	456	1 850	37 万	61 家/86 个

（三）推广清洁生产技术，农业生态环境明显改善

实施农田土壤、农田大气、农灌水质等采样检测和农田环境评价，制定保持产地环境的制度措施；严控农业投入品质量和使用量，强化生产过程记录，实行全程质量追溯；积极推广节水灌溉、测土配方施肥、病虫害绿色防控等清洁生产技术；落实产前、产中、产后的肥料、农药包装物、地膜、秸秆等残留物的无害化处理措施，防止造成农业面源污染，保护农业生态环境的作用明显。

（四）农产品质量安全水平明显提高，品牌效应凸显

2010—2013 年，陕西省绿色食品在农业部产品抽检中合格率为 100%，体现了绿色食品在保障陕西省农产品质量安全中的引领作用。强化农产品品牌培育和宣传，有 31

家企业的产品在全国绿色食品博览会上获得畅销产品奖，提高了产品市场竞争力和绿色消费公信力。

四、结　语

标准化技术集成体系、推广体系和全程质量控制体系三位一体，保证了绿色食品标准化技术的推广与实施。2010—2013 年，产品抽检合格率达 100%，位居全国前列，对保障陕西省农产品质量安全发挥了重要的引领作用。企业标准化技术规程集成水平有了显著提高。按照绿色食品标准要求，采取产地环境条件 + 典型田块经验 + 分项实用技术等，叠加集成绿色食品标准化生产技术规程累计达 140 项，涉及粮油、瓜果、蔬菜等作物共 26 个品种，并通过国家绿色食品发展中心的审定批准。实施“公司 + 农户 + 基地”精准化推广，促进了订单式农业的良好发展。在绿色食品标准化技术推广中做到了公司精细组织、农户良好实施、基地有效应用；确保了产地条件、技术标准、农资采购、生产记录、产品质量标准等的统一；实行了技术指导、监督管理、综合服务到户到田块。组织陕西省绿色食品企业参加全国绿色食品博览会，进一步彰显了陕西省绿色食品品牌，提升了产品市场竞争力和消费公信力。推广清洁生产技术，落实无害化处理措施，防止造成农业面源污染，保护农业生态环境的作用明显。

参考文献

郭松玲 . 2011. 陕西农业资源开发潜力与模式研究［D］. 杨凌：西北农林科技大学 .

刘连馥 . 2007. 绿色农业：立足国情的农业发展新模式［J］. 中国报道（9）：11 – 14.

宋国宇 . 2011. 中国绿色食品产业发展评价与结构调整研究［D］. 哈尔滨：哈尔滨商业大学 .

王建平 . 2011. 农民专业合作社绿色食品发展分析与对策［J］. 农产品质量与安全（4）：5 – 8.

王运浩 . 2009. 中国绿色食品产业发展现状与战略思考［J］. 农业质量标准（1）：9 – 11.

谢焱 . 2011. 绿色食品标准体系研究［D］. 北京：中国农业科学院 .

绿色食品原料标准化生产基地发展现状与对策研究*

张志华　唐　伟　陈　倩

（中国绿色食品发展中心）

为进一步发挥绿色食品的示范带动作用，2005 年绿色食品原料标准化生产基地建设在全国正式启动。经过近 10 年的发展，基地建设取得了阶段性重要成果，成功走出了一条以品牌化带动标准化、以标准化提高农产品质量安全水平和农业效益的新路子。截至 2014 年年底，全国共有 434 个县（农场）创建了 635 个基地，基地种植总面积 1.6 亿亩，总产量 1 亿吨，共涉及水稻、玉米、大豆、小麦等 110 种地区优势农产品和特色产品，带动农户 2010 万户，与基地对接企业达 2 310家，每年直接增加农民收入 10 亿元以上。

一、基地建设取得的主要成效

基地创建单位紧紧围绕农业农村经济工作的中心任务，按照“产出高效、产品安全、资源节约、环境友好”的现代农业发展要求及基地建设的基本标准，不断完善质量管理体系，全力推进标准化生产，基地建设取得了新成效、新进展，绿色食品基地建设已成为农业农村经济工作的一道亮丽风景线。

（一）基地建设成为农业发展“转方式、调结构”的重要抓手

基地建设推进了农业标准化生产，加强了农产品质量安全管理，深化了农业结构调整，优化了农业生产主导产品区域化布局，成为农业发展“转方式、调结构”的重要抓手。黑龙江省在编制农业发展规划中，把基地建设作作为一项重要内容，制定了一系列支持政策。江苏省各级政府把发展绿色食品作为现代农业重要内容纳入当地国民经济和社会发展规划中，将绿色食品基地建设占比纳入当地政府农业基本现代化考核目标体系。山东省近几年来，将绿色食品原料基地建设作为重要目标任务，列入各项发展规划

* 本文原载于《农产品质量与安全》2015 年第 2 期，21－24 页

和考核内容。江西省组织开展了江西省绿色（有机）食品十强县（市、区）评选活动，将绿色食品基地建设情况作为评选的一项重要依据，推动绿色食品原料标准化基地的建设。

（二）基地建设成为“节约资源、保护环境”的重要途径

基地严格按照绿色食品标准生产，通过减少化肥、农药使用量、加强环境监测和保护等综合措施，推进资源节约和农业环保，促进了农业可持续发展。山东省临淄区小麦、玉米基地以“循环、生态、标准化”为目标，累计投入5亿元，取缔关闭各类环境违法业户2 000余家，封堵排水沟渠河道沿岸所有排污口，全面优化产地环境。江苏省张家港市稻麦基地实施农药集中配送和原料统购统销，低毒高效农药使用率达98%以上，生物农药使用率占比达到49.2%，与农药集中配送前相比，农药使用强度从2008年每公顷折纯量3千克下降到1.75千克，下降幅度达41.6%。黑龙江省五常市水稻基地通过基地建设，改善了生态环境，使五常市成为黑龙江仅有的两个生态示范市（县）之一。

（三）基地建设成为促进“农业增效、农民增收”的重要渠道

推进“农业增效、农民增收”是现代农业发展的出发点和落脚点。基地通过标准化生产、产业化经营、品牌化发展，有力地促进了农业增效、农民增收。山东莱阳花生基地建设以来，单产成品果提高了10%，产量由250千克/亩增加到300千克/亩。基地农户每个生产周期节省农药费8元/亩，节省化肥投入12元/亩，合计每亩带动农民增收170元，增加总效益2 250万元，取得了显著经济效益。江苏泰兴稻麦基地通过降低农药、化肥用量，每亩节约成本15元；通过订单收购，亩均增效110.5元，总增效3 597.9万元。四川苍溪猕猴桃和梨基地2013年产值11.5亿元，较2008年增长幅度超过30%，农民人均纯收入达6 352元，是“十一五”末的1.6倍。

（四）基地建设夯实了绿色食品产业发展物质基础

基地为绿色食品加工企业提供了优质可靠的原料，夯实了绿色食品产业发展的物质基础，推动了绿色食品产业可持续发展。黑龙江省五常市水稻基地建设10年来，带动10万农户，有效对接50家龙头企业，其中有42家申请成为绿色食品企业，有效使用绿标产品为102个。山东省临淄区通过创建小麦和玉米基地，整合当地粮食加工、畜牧养殖、调味品加工、食用菌生产等企业资源，让企业之间资源共享、合理利用各自副产品的产业共生组合，在全区形成了一条绿色食品企业生态循环链。

二、基地建设主要做法

（一）强化政策激励和多元化资金投入

地方政府高度重视基地创建工作，通过建立基地激励机制大大提高基创建的热情。黑龙江省和江苏省政府都采取了“先建后补”的办法，对基地建设单位进行财政补贴。黑龙江省已累计补贴2 000多万元，同时组织水利、农机等部门重点向基地投入2亿多元。江苏省按每亩1元、每基地50万元封顶对基地予以补贴，累计补贴1 387.21万元。江西省通过农业产业化专项资金对基地县进行奖励，共有28个基地县获得了总计280万元的相关奖励资金。

地方政府将绿色食品原料标准化基地建设与其他项目建设有机结合，加强资金统筹整合，提高了资金使用效率。江西省广昌白莲基地将农业部国家公益性行业专项资金、国家扶贫专项资金、国家星火计划项目资金、新农村建设项目资金等多项发展资金有机整合，加大对基地资金投入，每年通过水利项目资金在基础设施建设上投入过亿元。江苏省宜兴市茶叶基地，引导社会资本投入，提高茶叶生产集约化程度，上市公司中超电缆投资建设了茶叶产业园，累计投资超过1亿元。四川雅安市名山区充分利用茶叶产业灾后恢复重建项目资金，整合相关涉农项目资金，投入100多万元在基地大力推广绿色防控技术。

（二）强化过程管理和农民培训

各地在基地创建和监督管理中，创新方式方法，强化农业投入品管理，将“统一优良品种、统一操作规程、统一农业投入品供应和使用、统一田间管理、统一产品收购”的“五统一”生产管理制度落到实处。江苏省泰兴市稻麦基地为促进基地统一专业植保，采取补贴方式，农户出110元/亩，政府补贴40元/亩，由专业植保人员统一操作。江苏省张家港市稻麦基地实现了农药由全市31家配送站统一集中配送，实行零差价销售，政府每年投入1 000多万元补贴，绿色食品基地低毒高效农药配送率达到100%。黑龙江省坚持多部门联动，多种措施管住“源头”。通过执法部门开展专项执法，坚决禁止禁用投入品进入绿色食品基地生资市场，2014年春季，全省联合检查520多次，没收伪劣种子30多斤①、违禁药肥1 000多斤，取缔违规业户5家，有效控制了在基地的使用违禁投入品。四川省苍溪县建立了“苍溪县农产品质量安全追溯信息网”，构建了基地质量安全追溯体系，在文昌镇、亭子镇和龙王镇猕猴桃基地安装了可视化监控系统，实现了产品质量可溯源的目标。

① 1斤=500克，全书同

加强农民培训是有效落实五统一制度，解决绿色食品生产技术标准推广“最后一公里”问题的关键。四川省雅安市名山区茶叶基地积极开展“绿色食品茶叶生产实用技术进万家”活动，为每户茶农至少培养1名绿色食品茶叶生产技术明白人，累计开展骨干技术培训22期、1 835人次，全区培训茶农5万余人次。江苏省泰兴市结合“农业科技入户工程”“绿色证书培训”等培训项目的实施，将绿色食品生产技术纳入培训内容，加强对基地生产管理人员和种植户的培训，今年共举办各类培训班256次，培训人数达12.6万人次，发放培训资料10多万份。

（三）适度规模经营，典型示范带动

基地面积大，农户数量多且分散，是制约标准化生产的重要因素。江苏省通过发展适度规模经营，提供了一个好的解决思路。江苏省张家港市稻麦基地，全部由规模农户和村级土地股份合作社承包生产，25万亩基地种粮主体仅为787个，极大提高了质量管理效率，降低了安全风险系数。四川省雅安市名山区通过深化结构调整，实现了全区27万亩茶叶基地区域化布局、规模化发展，有效地提高了统一生产管理、统一生物防治、统一农药使用的效率。

开展基地核心示范区建设，可辐射带动周边农户和基地，有效提升基地管理水平。黑龙江省绿色食品办公室在对全省绿色食品基地进行整体排查的基础上，筛选一批管理水平较高、监管措施到位的基地，进行绿色食品基地科技示范核心区建设。对示范区的经验进行专题总结，提炼出可复制推广的基地管理模式，全省推行，进而带动基地整体管理水平的提高。雅安市名山区全力抓好万亩亿元示范区建设，改造提升万亩示范区3个，辐射带动了全区基地建设管理的水平。

（四）强化品牌建设和产业化经营

基地通过品牌化发展和产业化经营，以绿色食品品牌为纽带，促进基地产品优质优价机制形成，成为基地可持续发展的内生动力。四川省雅安市名山区茶叶基地通过电视、报刊、专栏、会议、展览等多种渠道大力宣传绿色食品。该基地在基地和交通要道悬挂110余幅横幅，印发宣传资料6万余份，通过成都公交车体广告、四川广播电台、茶叶博览会做宣传。品牌建设效益明显，基地产值年增长9.5%，农民人均增收2 900余元。江苏省张家港市稻麦基地农户全部与龙头企业签订购销协议，其中绿色食品企业与农户签订购销协议所覆盖面积占比87%，“公司＋基地＋农户”模式基本形成。山东省莱阳市15万亩花生基地全部与鲁花公司签订了原料收购合同，促进了企业提质增效、农民增收。

三、基地建设存在的主要问题

经过多年发展，基地建设取得了明显成效，但是生产实践过程中还存在一些问题，

主要表现在以下方面。

（一）基地发展不平衡

一是区域发展发展不平衡。黑龙江、江苏、内蒙古等 8 个省区的基地数量之和占全国基地数量的 75%，基地面积之和占全部基地面积的 86%；广东、浙江等 9 个省的基地数量之和只占全国基地数量 4.3%，面积之和占全部基地面积的 2.1%；部分地区甚至还没有启动基地创建工作。二是基地原料产品结构不合理。蔬菜、水果年产量 3 303 万吨，占全部基地产量的 32.6%，而油料、糖料及经济作物比例较低，产量仅 760 万吨，占 7.5%。畜禽、水产品基地目前还没有启动。

（二）部分基地标准化生产管理不到位

一是培训管理不到位。有些基地对农户的培训流于形式，农户对于绿色食品标准和生产要求掌握不够；有些基地培训不及时，绿色食品新的制度和要求无法及时传达；个别基地甚至连管理人员都没有熟练掌握绿色食品标准和要求。二是监督管理不到位。少数基地建设单位质量意识和责任意识不强，一定程度存在“重建轻管”现象。创建时虽制定了完善的标准化生产制度，但执行过程中，对于绿色食品投入品使用、农事记录等环节监管把关不严，给基地质量带来了隐患。

（三）基地产业化程度有待提高

一是部分基地对产业化经营的重要性认识不够，对合同管理把关不严。基地虽然与农户签订了合同，但一旦收获季节市场价格提高，农户存在毁约现象。二是有些省区是重要的商品粮基地，粮食商品量较大，每年大量粮食由国家调拨到省区外，客观上限制了绿色食品基地与龙头企业的对接。

四、对策及建议

（一）推进基地结构战略性调整

按照“控制总量规模，提升创建质量，强化产业对接，增强基地效益”的总体思路，以优势农产品产业带、特色农产品规划区和农业大县为重点，着力创建一批标准化水平高、产业化对接好、辐射带动作用强的示范基地。以推动绿色食品产业结构优化为前提，优先创建一批玉米、大豆、水稻、小麦、油料、糖料原料基地，加快形成原料基地与加工（养殖）企业相互促进的良性循环机制。探索建立一批畜禽、水产品基地以及出口产品基地试点。

（二）强化基地标准化生产管理

标准化是绿色食品基地建设的核心。应建立健全基地建设质量管理体系，强化基地农业投入品管理，特别是农药、肥料的管理，积极推行基地病虫害统防统治，加大绿色食品生产资料的推广应用，从源头上确保基地清洁生产。要强化基地环境、生产过程、农业投入品、产品质量、包装标识的监督检查，实施产品质量抽检制度，建立基地产品市场监察制度，强化公告制度和淘汰退出机制，不断提高基地建设的质量和水平。要加强基地田间管理记录和生产档案管理，建立健全基地产品质量安全追溯体系，切实做到“环境有监测、生产有标准、操作有规程、质量可追溯”。

（三）大规模开展基地培训工作

建立健全基地培训管理制度。大规模开展基地管理人员和农户培训活动，切实提高基地管理人员和农民标准化生产意识、质量安全意识和品牌意识，将绿色食品先进技术标准转化为农民的生产操作行为，将绿色食品质量管理措施落实到田间地头。一是加大对基地创建单位管理人员、生产技术人员的培训力度，建立基地管理人员“持证上岗”制度。二是大力开展农民培训活动，切实提高农户标准化生产水平。

（四）加强产业化经营和品牌宣传

大力推广应用市场需求大、品质性状好的新品种，不断优化基地产品结构，增强基地产品的市场竞争力。培育壮大龙头企业和农民专业合作社，着力提高基地与企业的对接率，不断完善企业和农户的利益联结机制，让千家万户的农民从参与基地创建中得到实实在在的利益回报。加强基地产品促销展销和市场服务，基地搭建产销对接平台，促进基地产品转化增值。通过广播、电视、报刊网络等媒体，全面开展以绿色食品为主题的宣传活动，扩大基地影响力，发挥基地在深入推进农产品品牌战略中的引领作用。

参考文献

马爱国 . 2011. 绿色食品原料标准化生产基地建设成效及发展重点［J］. 农产品质量与安全（5）：10 – 14.

中国绿色食品发展中心 . 2015. 绿色食品统计年报（2014）［内部资料］.

新常态下推进绿色食品原料标准化生产基地建设举措探析*

李　旭

（黑龙江省绿色食品发展中心）

全国绿色食品原料标准化生产基地（简称标准化生产基地）是我国近年来探索出来的一种新型的农业标准化生产模式，在保障农产品质量安全、提升农产品竞争力、推进现代农业建设、转变生产方式、改善农业生态环境、增加企业和农户收入和促进区域经济社会发展等方面发挥了不可替代的作用。在经济社会发展新常态下，如何实现和确保标准化生产基地持续健康的发展，不仅是绿色食品产业本身的问题，在一定程度上也影响到经济社会的发展，是一个关系到全局性的问题。本文通过对黑龙江省多年来实践的总结和分析，不断深化了在新常态下推动标准化生产基地建设的一些策略。

一、正视新常态下基地建设显性化的某些问题

2004 年，为适应绿色食品产业不断发展壮大的需要，黑龙江省在全国率先开展了标准化基地创建工作，得到农业部有关部门的充分肯定。经过 10 多年的探索和实践，标准化基地建设取得了显著成效。到 2014 年年底，黑龙江省绿色食品基地面积合计7 209万亩，其中国家级绿色食品原料标准化生产基地6 594.3万亩，已成为全国最大的标准化生产基地。一是加快了农业标准化进程。以绿色食品标准化生产基地建设为模式，示范带动全省按照标准化种植面积 1.5 亿亩以上，绿色食品标准化生产基地已成为实施和推进黑龙江省农业标准化的有效载体。二是提升了农业产业化水平。通过标准化生产基地的支撑，黑龙江省绿色、有机食品加工企业发展到 580 个，其中年产值超亿元的企业 80 个，分别占全省规模以上农业企业的 30.3% 和 32.2% 。三是加快了农民增收步伐。标准化生产基地建设，提高了土地产出率，基地农户户均增收 500 元以上，示范户增收 1 200元以上。四是促进了农业可持续发展。标准化生产基地建设探索出了一条合理开发利用资源、保护生态环境、促进农业可持续发展的成功之路。基地主要土壤环

* 本文原载于《农产品质量与安全》2015 年第 5 期，22 - 25 页

境指标和江河水质均优于周边地区，农田灌溉用水氨根和亚硝酸盐含量均无显示，大气环境达到国家一级水平。

标准化生产基地规模的快速扩大，在充分满足加工企业对于优质原料的需求，推动了整个产业高速发展的同时，也因其面广、点多、量大等客观实际而带来管理难度大、总体效益不显著等问题。特别是在经济社会发展进入新常态的形势下，一些隐形问题逐步显性化，一般矛盾开始尖锐化：一是面积较大与管理人员较少相矛盾。从黑龙江省情况看，不仅标准化生产基地总量规模大，不少单体基地面积也比较大。在通常情况下，一个标准化生产基地的面积都在30万亩左右，有的面积则达到50万亩，还有少部分基地堪称“巨无霸”，面积达到100万亩。相比之下，标准化生产基地的专职管理人员却比较少，少的1~2个人，多的也不超过3个人，难以对整个基地监督管理到位。二是绿色食品基地的高标准与部分农民素质不高相矛盾。据调查，在黑龙江省农村劳动力资源中，具有小学文化程度占调查的35.1%，具有初中文化程度的占调查的55.3%，具有高中文化程度的占调查的5.8%；具有大专及以上文化程度的仅占调查的1.0%，初中及以下文化程度的农业生产远远多于具有较高文化素质的生产经营者，不利于整体提高标准化生产基地农户的技术标准水平。三是基地产品种类多与市场渠道不够宽畅相矛盾。目前，黑龙江省标准化生产基地已发展到150多个，涉及水稻、玉米、大豆、杂粮、蔬菜，以及肉牛、黑木耳等13个品种、1 900多个产品。但“种强销弱”的问题还远远没有解决，绿色食品销售手段少，渠道狭窄，销售方式单一，信息不对称，尚未真正实现“卖得好”。四是质量监管严要求与机制不够完善相矛盾。尽管黑龙江省标准化生产基地质量安全水平较高，但因其链条长、环节多，管理多头，导致在监管能力、队伍、技术、资金和经验等方面仍存在差距，某些要素作用不够甚至缺失，因而导致整个监管机制的效应难以充分发挥。

二、明晰新思路、新目标和新效果

新常态下经济社会发展的一个显著特征就是从高速增长转为中高速增长，经济结构不断优化升级，并从要素驱动、投资驱动转向创新驱动。因此，标准化生产基地建设必须按照“转方式、调结构”，适应新常态的总体要求，在保持基地总量规模适度增长的基础上，坚持创建与管理并举，数量与质量同步，突出品质、优化结构，在提高建设标准、放大基地作用上狠下工夫，切实做到新常态、新标准、新品质、新效果，力争通过几年的努力，真正建设一批质量标准高、管理机制先进、功能示范作用强、品牌形象彰显和经济社会效益明显的标准化生产基地。具体要达到6个方面的标准：一是要把标准化生产基地打造成为农产品质量安全的示范区。今后一个时期，要通过进一步建立基础制度、强化技术手段、完善管理机制等措施，不断提升标准化生产基地的质量安全水平，不断提升基地产品的优质率，使其成为农产品质量安全的示范性基地，让绿色、有机食品龙头企业对标准化生产基地的原料省心、让广大消费者对食用标准化生产基地的产品放心。二是要把标准化生产基地打造成为现代农业生产的“样板田”。要在现有绿色食品标准体系的基础上，围绕标准化生产基地建设和管理的需要，进一步修订一批生产技术操作规程，努力形成比较完整的基地建设和管理的标准体系和技术体系。同时，加大标准对接力度，不断提高技术标准普及率、“入户率”和到位率，并注意通过不断完善基地标准化体系引领和带动区域内农业标准化体系建设，促进现代农业快速健康发展。三是要把标准化生产基地打造成为区域经济发展的“增长极”。未来一个阶段，要通过提高标准化生产基地产品的品质、标准，以及完善产业化经营机制等形式，大幅度提升基地的经济、社会和生态效益，使其成为区域内经济社会的发展极和增长点，农户从基地获得的收入以及对财政的贡献率实现大幅度增加。四是要把标准化生产基地打造成为推广新科技和培育新型农民的试验地。今后一个时期，要坚持高起点、高标准，大胆创新基地建设的方式和方法，积极引进先进的推进和管理机制，特别是要注意把标准化生产基地直接作为农业大专院校和科研机构的实验室、“第一车间”，及时推广和应用最新的优良品种、生产种植技术，促进先进科技与基地建设深度融合。特别是要通过标准化生产基地引进一大批新成果、新技术，培育出一大批懂技术、会经营、善管理的新型农民。五是要把标准化生产基地打造成为新产品开发的“密集区”。今后几年，要注意把标准化生产基地建设与绿色食品产品开发认证紧密结合起来，既要通过绿色食品开发认证促进标准化生产基地建设，又要通过标准化生产基地建设带动产品认证工作。还要特别注意引导绿色、有机食品生产加工企业依托标准化生产基地原料的规模优势、品质优势和机制优势，大力开发科技含量高、低碳环保的深加工产品和系列产品，六是要把标准化基地打造成为国内外有较大影响的品牌。要通过全方位、密集型的宣传推介活动，不断扩大黑龙江省标准化生产基地的影响力，培育品牌，树立形象，并得到国内外企业和消费者的广泛认知、认同。并力争通过标准化生产基地引进一批国内外大型农产品加工企业参与建设和管理，从而进一步壮大加工牵动群体，提升加工牵动能力。

三、把基地建设的关键点放到管住和管好“源头”上

事实证明：绿色食品“绿不绿”，关键在“源头”、难点也在“源头”。这个“源头”就是基地的环境和“投入品”。如果基地环境不合格，“投入品”控制不好，那么，标准化生产基地建设就有可能丧失了基础，也就难以保证产品质量。所以，建设高标准、高质量的标准化生产基地，必须坚持从基础抓起，在环境和投入品控制上不断创新思路，采取新办法，实现新目标。根据标准化生产基地面广、户多、量大等特点，强化政府作用，创新工作机制，切实在环境和“投入品”这两个环节控制上积极推进，狠抓落实，已取得了初步成效。一是通过全面开展监测提升基地环境控制水平。把基地环境安全作为绿色食品产业发展的前提，2015 年对全省已建成的 7 209万亩基地全部进行检测。检测项目包括基地的土壤、水和大气 3 类，共 25 项指标。其中，土壤主要监测总镉、总汞等重金属以及氮、磷、钾、土壤肥力等 12 项指标，水质主要监测总镉、总

汞等 9 项指标；空气主要是二氧化氮、二氧化硫、总悬浮颗粒物和氟化物 4 项指标。对监测数据进行分析，撰写绿色食品基地环境状况总体评价报告，并绘制全省标准化生产基地环境质量监测图，为今后实施常态化监测奠定基础。二是通过创新监管途径提升控制“投入品”的水平。确保产品质量安全的关键在于基地，核心是“投入品”监管。“投入品”监管工作做得好坏，直接关系和影响基地及产品的质量。近年来特别是今年，黑龙江省把控制“投入品”经销和使用贯穿标准化生产基地生产的每个层面和每个阶段，确保基地生产者严格按照标准使用“投入品”。在“投入品”的经销环节，进一步推广五常市王家屯合作社“统购统发”的投入品采购方式；在“投入品”生产环节，推进和实施了“五有”的监管措施，即有专人监管、有农技人员指导、有质量安全措施、有生产记录、有考核办法，切实提高了全省标准化生产基地投入品监管水平；在“投入品”使用环节，继续推广了标准化生产基地农户“联保”责任制，健全投入品公告和使用记录制度，切实把监管的各项措施落到每一个环节和每一个阶段。

四、把提升标准“到位率”作为基地建设的核心

标准化是基地建设的核心。能否实现和确保标准化生产，直接关系到基地建设的成败，必须把标准化作为核心贯穿基地建设始终。一是标准制订系统化。推进标准化生产基地建设，必须首先建立一套比较完整的标准体系。多年来，黑龙江省根据标准化生产基地建设的需求，已制定并由省质量技术监督局颁布实施 73 个技术操作规程，基本涵盖基地建设的各个领域。2015 年又着手对标准制订年限超过年限的 57 个操作规程逐年进行完善，并争取 3 年内完成修订工作，不断适应标准化生产基地建设的需要。二是标准细则“乡土化”。实施和推进标准化，还要充分考虑农民的接受能力，每项标准都能让农户能看懂，能学会，能会用。全省注意按照《绿色食品生产技术规程》和《绿色食品专用生产资料推荐管理办法》，紧密结合各地实际，研究制定了操作性强的绿色食品生资管理和使用制度，如“明白纸”“操作历”，并与推荐使用、禁止使用的投入品清单和绿色食品原料生产技术要点等资料一并下发到基地乡镇、村和农户，要求各基地单元必须按照规程和质量标准严格组织生产。做到什么投入品产品可用、什么生资不能用，以及怎么用，用多少，农户一看就清楚、就明白，易懂宜记，方便适用。三是培训形式多样化。采取省级集中培训和市县分散培训相结合的方式，多层次、多途径开展标准培训，及时把先进的生产技术转化为基地建设的成果。为确保技术规程的“入户率”和“到位率”，有针对性地开展了以“实施主推技术、推广主导品种、农民主体培训和实施标准化”为主要内容的“三主一化”培训，切实提高了基地农户科技素质。每年春耕前全省基地培训农民 200 多万人次，做到每户都有标准化生产技术的明白人。在基地春耕整地、播种、水稻大棚育秧等关键环节，采取召开现场会、举办培训班等多种形式推进工作，总结推广各级各类典型，以点带面，促进标准化整体上水平。四是示范推广全面化。根据农户重直观、善仿效的特点，狠抓典型示范带动。2015 年全省重点建

设了28个绿色、有机食品示范基地，涉及水稻、玉米、大豆、马铃薯、杂粮、瓜果等多个品种。示范基地以落实标准化为核心，以农民合作社为依托，采取“标准生产、封闭加工、定点销售、质量承诺”的运行机制，在标准化生产、绿色病虫草害防控、生产全程可控和质量安全可追溯等方面进行试验示范，做给农民看，引领农民干，进一步提高了标准“到位率”。

五、通过提升产销“对接率”不断增强基地发展的活力

市场是制约标准化生产基地持续健康发展的重要因素，必须坚持“反弹琵琶”，努力实现“种得好”向“卖得好”转变，并由“卖得好”倒逼“种得好”。特别是2015年，黑龙江省以基地产品为重点，以市场需求为导向，采取多种形式、多渠道、多手段，全力促进基地产品与市场直接对接。一是通过组织经贸交流开展对接。2015年年初以来，黑龙江省先后组织和承办了黑龙江绿色食品（北京）年货大集、黑龙江省春季农产品产销对接暨市场形势分析活动、黑龙江（韩国）经贸合作推介会、黑龙江（香港）绿色有机食品产业经贸交流会、第九届中国有机食品博览会等国内外大型经贸活动5个，签约额近50亿元，有效促进了绿色、有机食品生产基地与市场“对接”。二是通过拓宽销售渠道开展对接。以拓宽基地产品“出口”为目标，黑龙江省经过认证的绿色食品专卖店已达23家。积极引导企业和合作社进入大型超市，设立销售专区（专柜），开辟基地产品销售新途径。以开展“十县百企千社”活动为载体，组织10个基地县、100家绿色食品企业、1 000个合作社的产品进入北京农展馆黑龙江展销中心，集中销售，优势互补，扩大了基地产品在京津冀地区的销售量。三是通过“互联网+基地”开展对接。2015年以来，我们以“黑龙江省农产品质量追溯平台”为载体，组织各地开展基地数据搜集整理，着手将基地环境、监测数据、投入品使用、生产记录等各环节信息纳入互联网平台，努力实现“线上推介与线下体验”相结合，不断扩大基地产品市场占有率。上半年仅进入“黑龙江省农业电子商务平台”的基地产品就达700多个，实现销售额400多万元。四是通过扩大品牌影响促进“对接”。在中央和省等主要媒体以及交通要道开设专版、专栏，以及打广告等形式，持续开展标准化生产基地整体形象宣传活动，努力打造一批具有各地特色的黑龙江绿色食品品牌群体，初步在国内外达到认知、认同。

六、通过建立和完善制度实现基地持续健康发展

机制是确保基地健康发展的根本。2015年以来，黑龙江省在建立健全基地建设和管理制度的同时，积极在形成长效机制上进行探索，努力实现标准化生产基地建设从依靠“人治”到依靠“法制”。一是建立了基地专项检查制度。为进一步强化基地建设主体责任，强化规范监督管理，采取县级自查、市级检查、省级抽查的方式，对黑龙江省

现有的基地进行全面检查，重点检查了建设主体责任落实、标准化生产实施与管理、投入品使用与监管、生产记录手册及龙头企业对接等情况，在检查中，发现了基地建设上存在的诸如“重建轻管”“对接不紧”等问题，已有针对性地制定提出了解决措施。二是推动了质量追溯制度建设。帮助合作社和基地制订了质量追溯流程，指导他们完成以生产记录为主的档案体系建设，为进入质量追溯平台做好准备。按照“先易后难，逐步实施”的原则，积极组织绿色食品、有机食品企业进入质量追溯平台，2015 年争取使全部有机食品、大部分绿色食品的企业和产品进入平台，黑龙江省还要求拟认证的企业和产品实现质量可追溯，先进入平台后方可受理申报。三是继续探索了基地和企业退出机制。对出现质量安全问题的基地和企业，取消认证资格；对出现重大质量事故的基地和企业，禁止其再进入绿色食品生产行列。

参考文献

陈松，周云龙.2014. 新形势下农产品质量安全监管难点分析与对策建议［J］. 农产品质量与安全（3）：12－15.

陈晓华.2012. 2012 年我国农产品质量安全监管面临的形势与工作重点［J］. 农产品质量与安全（1）：5－10.

邓雪霏.2013. 黑龙江省“三品”质量安全监管机制创新初探［J］. 农产品质量与安全（6）：22－25.

高文.2012. 强化监管提升品牌公信力［N］. 农民日报，2012－09－24（2）.

韩玉龙.2012. 绿色食品文化与品牌培育探讨［J］. 农产品质量与安全（4）：14－17.

黑龙江省人民政府.2015. 黑龙江人民政府办公厅关于印发黑龙江省绿色食品产业发展纲要的通知［EB/OL］.（2013－11－06）［2015－05－01］. http：//www. hlj. gov. cn/wjfg/system/2013/11/27/010609905. shtml.

金发忠.2013. 关于农产品生产源头安全性评价与管控的思考［J］. 农产品质量与安全（3）：12－14.

马爱国.2015. 新时期我国“三品一标”的发展形势和任务［J］. 农产品质量与安全（2）：3－5.

王运浩.2010. 绿色食品标准经基地建设探索与实践［M］. 北京：中国农业出版社.

王运浩.2014. 2014 年我国绿色食品和有机食品工作重点［J］. 农产品质量与安全（2）：14－16.

王运浩.2015. 推进我国绿色食品和有机食品品牌发展的思路与对策［J］. 农产品质量与安全（2）：10－13.

中华人民共和国农业部.2011. 农产品质量安全发展“十二五”规划［J］. 农产品质量与安全（5）：5－9.

中华人民共和国农业部.2012. 绿色食品标志管理办法［J］. 农产品质量与安全（5）：5－7.

朱佳宁.2011. 黑龙江省绿色食品标准化基地建设探索与实践［M］. 哈尔滨：黑龙江人民出版社.

农民专业合作社在绿色食品产业中的作用探讨*

陈　曦　周东红　胡广欣

（黑龙江省绿色食品发展中心）

黑龙江省绿色食品开发始于1990年，历经了20多年的发展。2000年，黑龙江省委、省政府提出了“打绿色牌，走特色路，建设绿色食品大省”的发展战略，奠定了黑龙江省绿色食品大省的地位。特别是2010年绿色食品产业被列为黑龙江省重点发展的“十大产业”之一，强力推进，黑龙江省绿色食品又有了新的长足发展。2012年，黑龙江省绿色食品总产值1 330亿元，实物总量3 150万吨，绿色食品认证面积6 720万亩，黑龙江已成为全国最大的绿色食品生产基地。在这一发展历程中，农民专业合作社在绿色食品产业中的主体作用越来越明显，突出表现在以下几个方面。

一、提高了农业标准化水平

农业标准化是农产品质量安全工作的基础和重要组成部分，对于促进农业与农村经济持续、健康、快速发展，意义重大，是现代农业发展的重要标志。绿色食品的生产，基地是“第一车间”，农民专业合作社把处于分散状态的农户联系起来，由于这种“利益均沾，风险共担”的关系，再加上能人带动，使每个生产者都能按照标准生产，相互之间还可以建立一种监督机制，保障农民按照绿色食品标准生产，从源头上保障食品的安全性，提高农业生产标准化水平，也推动了新技术的推广和应用。黑龙江省克山县把绿色食品基地建设作为整个马铃薯产业发展的“第一车间”，积极鼓励专业合作社建设和发展种薯繁育基地。成为科技创新的实验基地，在国内率先研究成功马铃薯病毒脱毒技术，并在全国推广。他们研发“克”字号系列种薯在全国的应用面积达1/3以上。同时，克山县马铃薯专业合作社积极认证产品并获得农产品地理标志登记，通过合作社引带作用，更加规范了马铃薯的生产，达到农业标准化与农产品认证的有机结合，通过实行“五统一”统一品种、统一投入品、统一栽培方法、统一田间管理、统一技术指

* 本文原载于《农产品质量与安全》2014年第2期，31－32页

导等技术措施，保证了克山马铃薯的质量。

二、加快了农业产业化的发展

绿色食品是完全按照商品经济需求进行开发的产品，是从农田生产、食品加工、餐桌食用的系统工程。它的第一车间是基地原料生产，再经过加工，具备市场准入的商品条件，才能获得绿色食品标志进入市场。而作为安全、营养、优质类食品，绿色食品有其独特的品质要求，以系统化的质量标准，全程质量控制技术和管理措施贯穿于绿色食品生产的产前、产中、产后诸环节，并落实到每个农户、每个企业，从而使农工商、产加销更加紧密结合起来。绿色食品开发的过程，其实质是产业化的生产过程。同时，由于其对产品质量全程控制的要求，必须是绿色食品基地生产的产品，加工后才能成为绿色食品，使基地真正成为龙头企业的第一车间，加工绿色食品对生产资料的特殊要求，严格检查生产资料购买使用情况，以证明生产行为对产品质量和产地环境质量是有益的，同时要求严格控制贮运销过程的二次污染，使生产资料生产，贮运销等相关产业成为绿色食品生产产业链中不可缺少的环节。在“公司＋农户”模式中，随着公司市场拓展能力的提升，其辐射带动农户的覆盖半径也相应增大，公司与农户之间缺少承担生产组织和利益协调的中介，—些公司所需的较大数量的优质农产品原料得不到稳定供给，公司不仅难以提高其产品的市场占有率，有的甚至丧失已占有的市场。有资料显示，在农业产业化经营中，与龙头组织有订单合同关系的农户不到10%，履约率不足1/3，作为农业产业化经营的新型组织载体的农民专业合作社，龙头带动功能日益增强，有利于根据市场需求实现优质农产品基地的扩张，实现公司和农户的双赢。近年来黑龙江省大力推行“龙头企业＋专业合作组织＋基地＋农户”的模式，利益联结的范围不断扩大。绿色食品的生产特点，可以带动相关产业的发展，促进了农业结构的调整，促进了农村劳动力向非粮产业转移，提高了农民组织化程度。桦南县依托专业合作社，探索创新绿色食品产业化发展新模式，将以往“龙头＋专业村”的松散型产业化经营模式和“龙头＋合作社＋农户”的紧密型产业化经营模式，转变成为“龙头＋基地＋合作社＋农户”的合作型产业化发展新模式。通过龙头带动、基地牵动、合作社拉动，有效提高农民组织化程度，实现订单生产，绿色食品产业稳步发展。生产经营模式的创新使农民在绿色食品产业经营中获得较高的经济效益，成为促进农民增收的强劲动力。为了密切龙头企业与农户的联结机制，把绿色食品产业化向深层次推进，该县积极鼓励绿色食品龙头企业组建专业合作社，目前鸿源农业开发集团组建了鸿源水稻专业合作社、益民农机合作社，宏安油脂有限公司组建了新生大豆专业合作社，金宇米业有限公司成立6个乡镇级专业合作社，这些合作社已经发展成绿色食品龙头。桦南县白瓜专业合作社、大八浪乡棚室瓜菜合作社等一大批组织化程度较高的农民合作组织，已经成为推进该县绿色食品的产业化经营进程的生力军。通过合作社的组建，全县已形成白瓜、水稻、大豆、玉米、肉鸡、黑木耳等六大优势产业，“三品”龙头企业11家，拥有

“三品一标”的农民合作社48家，入社农民6.9万户，人均增收1 700元以上。

三、加快了农业规模化的发展

绿色食品的开发遵循产业化的发展模式，因此，作为加工龙头企业，为追求自身的规模效益，对基地原料的需求，不仅有质的规定，也有一定量的要求，因此，原料基地除遵循绿色食品生产的多项技术标准要求外，还需要一定的规模，以保证绿色食品产业化生产的需要，这就要求绿色食品生产基地推进规模化标准生产。从而促进农民由传统的分散经营向统一的规模化生产发展，通过农民专业合作社把分散的农户有组织的纳入绿色产业一体化发展之中，营造了以家庭承包经营为基础的规模化生产新模式，使基地分散生产的绿色食品原料基地生产通过合作社紧密地组织起来，统一提供给加工龙头企业，专业合作社还可以建立起自己的龙头企业或者建立自己的经营机制，必将获得良好的经济、社会、生态的规模效益，而合作社与社员的利益联结机制和规模化的发展要求，转变了农民经营观念，促进农业的适度规模经营。通过黑龙江省多年绿色食品产品开发，我们可以看到各类专业协会都对农业适度规模生产起到一定的带动和辐射作用，但都没有一些合作社那样把社员更紧密地结合起来，使企业和社员成为利益共同体，更有利于家庭承包制的稳定与完善，进而更好地促进农产品质量安全工作。

四、促进了农产品质量安全追溯

由于农民专业合作社建立了一种“利益均沾，风险共担”的契约关系，一方面增强了生产者的责任感，有利于安全生产，另一方面社员之间也建立一种监督机制，任何一种违约或败德行为都会影响到所有会员的利益。在生产上实行“统一选种、统一生产资料供应、统一生产技术规程、统一包装、统一销售”，使分散生产的产品质量趋于统一，保障了农产品质量。由于“市场准入”制度的实行，农民可以统一认证，进行品牌整合，通过建立可追溯的生产销售记录，建立起有效质量安全追溯，形成一种“看得见的农业”发展模式，促进农产品质量安全工作的健康开展。“从农田到餐桌”实施全程质量追溯跟踪，这是绿色食品标准化基区别于其他基地产品另一个显著特征。所谓可追溯系统（Traceability Systerm）就是在产品供应的整个过程中对产品的各种相关信息进行记录存储的质量保障系统，其目的是在出现产品质量问题时，能够快速有效地查询到出问题的原料或加工环节，必要时进行产品召回，实施有针对性的惩罚措施，由此来提高产品质量水平。其最大的优势是，可追溯性，能够从任何一个结点进行追溯和跟踪。黑龙江省近年来进行了绿色食品质量追溯试点工作，取得了可喜的成绩。在“公司＋合作社＋农户”这一生产模式中，合作社在质量追溯中起到重要作用。桦南县利用黑龙江省级绿色食品质量安全追溯试点县建设契机，把黑龙江省名牌“孙斌大米”纳入追溯对象，并由集团下设的鸿源水稻专业合作社对基地环境、生产投入品、田间管理、收储加工、市场流通等信息建立了详细的档案，录入网上数据库，采取“刮码溯源”的方式，实现绿色大米“从土地到餐桌”的全程质量追溯，全方位保护消费者合法权益。此项工作措施，既提高了绿色食品加工质量安全，又实现了绿色食品质量追溯体系建设。

五、提高了农产品的市场竞争力

农民合作经济组织可以提高农民的组织程度，通过促进农民的合作，提高其面对企业的谈判能力和剩余索取能力，通过联合的力量来减少利益的流失，降低市场的风险，并且创造更多的获利机会。而从事绿色食品的生产有旺盛的市场需求，不仅解决了农产品难卖问题，而且因其有较高的附加值，使农民获得了高于一般农产品的收益，反作用刺激农民生产安全食品的积极性，促进农产品产业结构的调整。同时绿色食品涵盖了种植、养殖等多个领域，又对农副产品的加工有明确的具体要求，养殖业和加工业的发展还为农业结构调整增添了原动力。农产品（特别是果蔬类和奶类）具鲜活特点，一旦不能及时卖出，它的性能和价值将受到极大的影响，甚至烂掉倒掉，分文不值，这就使得在目前的买方市场条件下，农民的处境相对于其他从业者更为不利，与公司的谈判能力更弱，利益更容易被侵害，而农业合作社这种机制，在不改变农户家庭经营这个微观基础的前提下，一定程度上解决了小规模农户经营与社会化大市场之间的矛盾，在体制转型和结构调整过程中，为广大农民提供了以较低的成本和快捷的方式与市场对接的途径，从而为农业产业化的健康发展奠立了良好的基础。尚志珍珠山食用菌合作社解决实施面对市场信息不灵、生产成本高、资金短缺、品牌和包装等问题带来的损失实行“四统一”（统一大宗生产资料供应、统一食用菌品牌和包装、统一产品销售、统一办理贷款手续），依靠同行业生产者和经营者的合作，确定了农民市场经营中的主体地位，共同抵御市场风险，实现了农业增效、农民增收，通过参加展会，不断扩大农产品的市场竞争力通过尚志黑木耳农产品地理标志登记，不断扩大产品的影响，目前合作社产品已经走出国门，销往美国、法国等发达国家。

重视市场和民间力量，是任何一个现代国家的基本理念。如果民间组织得不到应有的发育，就会降低整个社会的运转的效率。我国由于农民组织化程度相对较低，较之成熟的市场经济国家而言，在中国，政府承担的职能更为繁重，使得政府疲于应付，无法完全照应和处理层出不穷的问题，导致一些问题不能按照理所应当的方式得到切实解决，农民的利益得不到维护。绿色食品产业要发展，农业产业化就必然要提高，农业产业化要求组织制度同步发育，所以引导农民进行组织方式的创新很有必要，除此以外把合作社作为发展农业产业化经营的重要生力军，像推动龙头公司发展一样推动合作社的发展，多给予合作社支持，加强对合作社的指导、培训、监督。能够真正起到“建一个组织、兴一项产业、活一地经济、富一方百姓”的作用。建议各级政府在财政扶持资金中能够拿出一些用于扶持壮大这些农民专业合作组织，发挥这些组织的职能，鼓励他们加入绿色食品产业的发展阵营中来，必将有效地促进黑龙江省绿色食品产业步入新的发展阶段。

参考文献

李洪明. 1999. 构建适宜的组织联结机制，促进农业分户经营与产业化要求相衔接［J］. 中国农村经济（2）：30－35.

刘钧良. 2005. 浅谈森工有机食品产业发展的优势与对策［J］. 中国林副特产（1）：62－64.

马爱国. 2005. 中国农产品质量安全管理理论、实践与发展对策［M］. 北京：中国农业出版社.

迈克尔·波特. 2003. 竞争论［M］. 刘宁，高登第，李明轩，译. 北京：中信出版社.

苏东水. 2000. 产业经济学［M］. 北京：高等教育出版社.

孙兰生. 2006. 关于订单农业的经济学分析［J］. 农业发展与金融（6）：35－37.

王德章. 2003. 中国绿色食品产业发展的战略选择［J］. 中国软科学（9）：1－5.

王建平. 2011. 农民专业合作社绿色食品发展分析与对策［J］. 农产品质量与安全（4）：5.

杨和财，陶永胜. 2007. 我国农产品原产地保护组织模式与农业产业化研究［J］. 农村经济（9）：34－36.

张玉香. 2005. 中国农产品质量安全管理理论、实践与发展对策［M］. 北京：中国农业出版社.

家庭农场发展绿色食品的制约因素及对策研究*

沈群超[1]　蒋开杰[1]　吴愉萍[2]　吴华新[1]

（1. 浙江省慈溪市农业监测中心；2. 浙江省宁波市农业环境与农产品质量监督管理总站）

绿色食品即产自优良环境、按照规定的技术规范生产，实行全程质量控制，产品安全、优质并使用专用标志的食用农产品及加工品。绿色食品是为实现农业可持续发展、满足消费者健康优质生活的产物，是具有广阔市场发展前景的产业。浙江省慈溪市自2002 年开始鼓励引导绿色食品的发展，经过 10 多年的征程，经历了起步的艰难和中期的盲目，开始步入稳定期。认证主体从开始的农产品加工企业向家庭农场扩展。家庭农场由于主体明确、责任清晰、规模经营等优势，成为产品质量保证的代名词。绿色食品作为优质农产品品牌代表，吸引更多的家庭农场加入品牌农业的创建是大势所趋。

然而根据目前绿色食品的发展状况分析，家庭农场在绿色食品创建中仍然存在着诸多的障碍，发展并不顺利。本文以慈溪市为例，分析制约家庭农场发展绿色食品的原因，并提出相应的对策措施，为“十三五”期间农业的绿色、可持续发展提供参考。

一、家庭农场绿色食品认证现状

慈溪市是浙江家庭农场的发源地，是全国家庭农场五大范本之一。2001 年 7 月 9 日，慈溪市周巷镇农户桑建鸿注册成立了浙江省第一家家庭农场——慈溪市周巷镇建鸿果蔬农场。截至 2014 年底，全市经工商登记注册的家庭农场有 1 117家，其中 3. 33 公顷以上家庭农场 506 家，总经营面积超过 9 333公顷。2012 年全市家庭农场实现产值11. 7 亿余元，占全市农业总产值的 23% ，农场单位面积平均产出比普通农户高出 30%以上。

家庭农场在绿色食品认证中起步较晚，始于 2007 年。近 10 年共有 30 家家庭农场加入绿色食品申报队伍，占绿色食品认证主体的 37. 5% ，但是仅占家庭农场数量的

* 本文原载于《农产品质量与安全》2015 年第 6 期，11 – 13 页

2.7%。这些认证主体的负责人，90%以上为原来的农产品经纪人，一方面文化程度较高，管理规范，对政府的政策、市场的变化有较高的敏锐度，另一方面对品牌农业和农产品质量安全有较高的认知。家庭农场已认证绿色食品50个，占认证产品总数的32.7%，但是从近年续展、年检情况分析，继续实施绿色食品生产的后劲不足。截至2015年6月，仅有14个产品处于有效期内，有效率仅为28%。

二、家庭农场发展绿色食品的制约因素

（一）思想文化制约

慈溪市的家庭农场起步于2001年，农场负责人年龄普遍在45~55岁，初中文化水平占40%，高中文化水平占20%，虽然与其他从农人员相比，具有较高的文化水平，但是仍然以追求最大化的经济利益为主要目标，社会责任感不强，对于产品的品牌和质量，也仅以保证不出农产品质量安全事故为限，导致家庭农场从事绿色、生态农业生产的意识不强。

另外，田间生产管理是粗放型管理，负责人能说会种，但是转换成文字的能力较弱，而绿色食品鉴于管理和全程质量控制的要求，注重记录的完善、档案的收集、制度的制定落实等，是细致型的工作，对生产者的管理能力提出了新要求。

（二）生产规模制约

由于受到土地流转和家庭成员为主的管理方式的限制，家庭农场的规模难以做大。现有家庭农场的规模，6.67公顷以下为主，占56.8%，6.67~33.33公顷的，占38.1%，33.33~66.67公顷的，占3.6%，66.67公顷以上的，占总数的1.5%。虽然绿色食品没有明确的规模要求，但是为凸显区域化的品牌优势，创造良好的社会、经济、生态效益，一般要求露地在6.67公顷、设施在3.33公顷以上。以草莓、樱桃番茄等经济效益较高的产品为例，由于用工和销售风险的限制，经营范围均控制在1.33公顷以下，整体的区域带动能力较低，不被地方部门推荐。从硬件方面分析，由于政府对农用地的限制和自身资金方面的问题，规模较小的家庭农场，难以建设农资仓库、办公用房、产品包装间等设施，使绿色食品各项制度的落实和实现存在难度。

（三）经济效益制约

优质优价的市场行为主要依赖地域特色产品，如“西湖龙井”“东北大米”等，针对单一的绿色食品市场氛围尚未形成。虽然不少消费者表示愿意购买绿色食品，但是基于对产品缺少信任度，在实际选择时，仍然被价格、外观等更为直观的表象左右。政府在推动绿色食品发展方面，更为注重农产品加工业，而家庭作坊式的农产品生产方式，创造的产值不高，规模化效应不明显，缺少光鲜亮丽的外表，政府扶持力度削弱。另

外，家庭农场从事绿色食品生产，需遵循相关标准和全程的质量控制体系，增加了产品的综合成本，经济效益空间的减少削弱了生产企业认证绿色食品的积极性，也导致了家庭农场创造的绿色食品缺少生命力。

（四）生产技术制约

由于交通运输的发展、城镇化的推进和工业的发展，符合绿色食品果蔬生产要求的生产区域逐渐缩小，绿色食品畜禽的发展又受到绿色食品生产资料和非转基因蛋白质饲料数量的双重限制。同时家庭农场主要从事鲜活农产品的生产，由于生产环境和气候因子的变化，生产过程存在不可复制，这与绿色食品所要求的稳定的农业投入品、产量存在一定程度上的矛盾。以小白菜为例，品种多，全年均可种植，不同季节产量、病虫害发生情况、生长周期均有较大的变化，这些变化给绿色食品申报带来了难度，也是绿色食品质量安全中存在的潜在不稳定因素。

（五）市场环节制约

家庭农场主要从事的是生产活动，销售是其薄弱环节，部分与农产品加工企业签订订单，部分通过农民专业合作社或收购商进入流通领域，市场和收购单位均未对产品的级别提出要求。虽然政府一直积极推进市场准入机制，但离目标实现仍存在一定距离，因而绿色食品特别是初级农产品进入市场的优势并不明显，从而造成家庭农场对绿色食品申报积极性不高。

国内城市尚未出现营运良好的高端鲜食农产品市场或专柜，初级农产品仍为散装销售为主，易与普通产品混淆，不符合绿色食品要求。家庭农场所生产的绿色食品以初级农产品为主，虽有市场需求但是受到农产品季节性供应的限制，难以实现稳定的消费市场群。市场的制约也是政府陷入推动绿色食品发展被动局面的主因。

三、对策建议

（一）加强科普宣传，提高绿色食品认知

利用各种主流媒体，包括电视、微博、微信，提升绿色食品科普宣传力度，引导更多的人认识绿色食品的含义，了解绿色食品的生产过程。将观念从绿色食品销售提升到绿色理念销售，充分调动生产企业从事绿色食品发展的社会责任感，提高消费者绿色消费意识，由生产者和消费者共同推动绿色食品的发展，赋予绿色食品新的生命力。

（二）优化政府引导，搭建家庭农场与企业间的绿色食品销售平台

在今后较长的一段时间内，绿色食品的发展仍然需要沿用“政府驱动”，但驱动方式应由单一的扶持生产主体向扶持销售主体转变。建议在超市、果蔬销售企业设立专

柜，宣传和销售家庭农场所生产的绿色食品，形成绿色食品的消费氛围；鼓励家庭农场和加工企业形成绿色食品生产加工契约联盟，衍生绿色食品生产链，提高绿色食品附加值；发挥农业龙头企业在绿色食品产业发展中的关键作用，生产和收购绿色食品，从收购和销售环节鼓励绿色食品的生产。

（三）规范家庭农场建设指标，开展家庭农场分级评定

家庭农场不是简单的“一家人 + 一块地”，应逐步定位为管理有制度，生产有技术，产品有保障，安全可追溯的一个生产主体。鉴于目前已经形成的较大数量的家庭农场，推动家庭农场升级行动，并从制度落实到生产管理提出更为详细的要求，开展分级评定：A 为优，可从事绿色食品、绿色食品有机食品生产；B 为良，可从事无公害农产品生产；C 为合格，可从事一般农产品生产，也是家庭农场准入的标准；D 为警戒，按期完成整改升级为 C，否则取消家庭农场资格，定为一般种植（养殖）户，并与各级部门的扶持政策相衔接。

（四）健全绿色食品监管队伍，提升绿色食品诚信度

绿色食品涉及农、畜、水产品及其加工品，认证过程包括生产、加工、包装等环节，专业跨度大，监管涉及农业、工商、技术监督等多个部门，各级人民政府应集结各部门专家甚至吸收职业打假人，开展具有一定声势的绿色食品执法检查活动，将假冒绿色食品生产行为列入破坏农产品质量安全的行为，从重打击，提升绿色食品生产企业的诚信度和自觉性，塑造过硬的绿色食品品牌形象，形成良好的绿色食品市场。

（五）鼓励家庭农场抱团发展，提升产品区域优势

通过农民专业合作社、农业龙头企业的牵线搭桥，改变家庭农场单打独斗的局面，形成“合作社 + 家庭农场”或“龙头企业 + 家庭农场”的契约型生产经营模式，家庭农场负责做大做强生产，合作社和龙头企业负责做大做强销售，为产品的长远利益结成同盟，形成有地域优势的绿色农产品品牌。

（六）改进生产技术模式，推动绿色食品生产资料发展

以增产为主的技术研究向绿色生产研究转变，加大有机生物肥、生物农药、绿色防控技术研究，推动农畜间循环生产；开展绿色食品精深加工技术研究，扩大绿色食品加工类型，实现产业附加值的提高。

鼓励和支持绿色食品生产资料的发展将是今后一段时间的主要任务。2015 年拜尔公司就有 6 种常用农药通过绿色食品生产资料认证。地方政府应及时更新绿色食品生产资料名录，开辟绿色生资经营专柜，为家庭农场生产绿色食品提供便利。

家庭农场生产的鲜活农产品，是食用加工品的生产原料，更是百姓每日必需的消费品。促进家庭农场绿色食品的发展，是消费者生活的需求，是农业生态发展的趋势，更

是食品安全发展的重要保障，扶持和引导家庭农场绿色食品的发展，是今后农业发展的一项长期战略任务。

参考文献

陈道平，童荣兵 . 2015. 科学培育壮大家庭农场，推进现代农业集聚发展［J］. 浙江现代农业（2）：25－27.

宫凤影，周大森，马卓 . 2015. 我国绿色食品种植业产品风险管理初探［J］. 中国食物与营养，21（1）：20－22.

郭春平 . 2015. 探究我国发展家庭农场的现状和问题及政策建议［J］. 农业与技术，35（4）：214.

韩沛新 . 2012. 我国绿色食品发展现状与发展重点分析［J］. 农产品质量与安全（4）：5－9.

胡志光，陈雪 . 2015. 以家庭农场发展我国生态农业的法律对策探讨［J］. 中国软科学（2）：13－21.

李一唯 . 2015. 中国绿色食品产业国际竞争力实证分析［J］. 对外贸易，247（1）：23－26.

刘香香，魏鹏娟，王旭，等 . 2014. 广东省绿色食品发展现状与对策建议［J］. 广东农业科学（21）：188－191.

倪学志 . 2011. 绿色食品认证的几点思考［J］. 理论探索，192（6）：67－69.

宋德军 . 2012. 中国绿色食品产业区域竞争优势评价及空间分布研究［J］. 兰州商学院学报，28（5）：65－74.

宋国宇，尚旭东，李立辉 . 2013. 中国绿色食品产业发展的现状、制约因素与发展趋势分析［J］. 哈尔滨商业大学学报，133（6）：15－24.

孙威，崔玉艳，蓝管秀锋 . 2015. 基于消费者购买行为的绿色食品影响因素研究——以新乡市消费者为例［J］. 消费导刊（2）：3－5.

王德章，赵大伟，杜会永 . 2011. 中国绿色食品产业结构优化与政策创新［J］. 农产品质量与安全（增刊）：5－11.

王德章 . 2013. 中国绿色食品产业区域竞争力提升思考［J］. 商业时代，19：126－127.

吴愉萍，李永华，连瑛，等 . 2011. 宁波市种植业无公害农产品生产主体现状的调查研究［J］. 浙江农业科学（5）：983－987.

吴愉萍，吴降星，连瑛 . 2011. 宁波市“三品一标”发展现状与对策分析［J］. 农产品质量与安全（4）：18－19.

夏兆刚，谢焱 . 2014. 绿色食品畜禽水产品发展存在问题及制约因素研究［J］. 农产品质量与安全（3）：25－28.

赵大伟，武梦笛 . 2013. 绿色食品物流发展的问题与对策［J］. 物流技术，32（5）：8－10.

赵建欣，刘彬，卢燕 . 2013. 农户家庭人口学特征对绿色农产品生产影响的实证分析［J］. 经济与管理（11）：35－39.

朱佳宁 . 2013. 黑龙江省绿色食品专营市场和品牌建设的探索与实践［J］. 农产品质量与安全（3）：27－30.

我国绿色食品产业发展战略研究*

张志华　余汉新　李显军　刘斌斌　田　岩

（中国绿色食品发展中心）

绿色食品是我国的一项开创性事业，经过20多年的发展，取得了显著成效，创建了一个蓬勃发展的新兴产业，建立了一套特色鲜明的农产品质量安全制度，打造了一个代表我国安全优质农产品的公共品牌，在推进农业标准化生产、提高农产品质量安全水平、促进农业增效和农民增收等方面发挥了积极的示范引领作用。党的十八大确立了全面建成小康社会的奋斗目标，提出了加快发展现代农业和大力推进生态文明建设的战略任务，给绿色食品产业发展带来了新机遇，提出了新要求。我国经济发展进入新常态，现代农业建设进入关键时期，食品消费结构也进入加快升级转型阶段，迫切要求绿色食品承担新任务，发挥新作用。因此，在认真总结绿色食品发展现状的基础上，深入分析绿色食品产业发展存在的主要问题，研究提出今后一个时期绿色食品产业发展的战略对策，对于构建绿色食品产业发展顶层设计，显得尤为必要和重要。

一、绿色食品产业发展现状

（一）产业发展已具一定规模

截至2014年年底，全国绿色食品企业总数达到8 700家，产品总数达到21 153个。2010—2014年，绿色食品企业和产品年均分别增长8%和6%。绿色食品产品日益丰富，现有的产品门类包括农林产品及其加工产品、畜禽、水产品及其加工产品、饮品类产品、其他产品等5个大类、57个小类、近150个种类。同时，全国已创建635个绿色食品原料标准化生产基地，分布24个省、市、自治区，基地种植面积1.6亿亩，产品总产量达到1亿吨。绿色食品生产资料企业总数达到97家，产品达到243个。

（二）产业发展质量不断提高

产品质量稳定可靠，多年监督抽查结果表明，绿色食品产品质量抽检合格率一直保

* 本文原载于《中国农业资源与区划》2015年第3期，35－38页

持在较高水平，2014 年达到 99.54%。企业实力明显增强，全国已有 291 家国家级、1 334家省级农业产业化龙头企业参与绿色食品开发，分别占国家级、省级龙头企业总数的 30% 和 15% 左右。品牌影响日益扩大，在国内大中城市，绿色食品品牌的认知度超过 70%。绿色食品品牌的国际影响不断扩大，丹麦、芬兰、澳大利亚、加拿大等国家发展了一批绿色食品产品，总产量超过 100 万吨。

（三）产业发展效益日益显现

发展绿色食品，取得了良好的经济效益、社会效益和生态效益。据市场调查，绿色食品售价平均比同类普通产品约高 20%。依靠绿色食品品牌优势，通过优质优价，大多数企业不同程度地提高了经济效益，并通过原料基地建设带动了农民增收。2014 年，全国绿色食品原料标准化生产基地对接企业 2 310家，带动农户 2 010万户，每年直接增加农民收入超过 10 亿元。绿色食品产品国内年销售额达到 5 480亿元，出口额达到 24.8 亿美元。通过产地环境监测、评价和投入品管控，有 5 亿亩的农田、果园、茶园、草场、林地、水域受到保护，其中，农作物种植业面积达到 3.2 亿亩。

（四）产业发展制度体系基本完善

《中华人民共和国农产品质量安全法》《中华人民共和国食品安全法》和农业部《绿色食品标志管理办法》等法律法规的颁布实施，为推动绿色食品产业持续健康发展奠定了法律基础。农业部已发布绿色食品各类标准 126 项，整体达到发达国家先进水平，地方配套颁布实施的绿色食品生产技术规程 400 多项，绿色食品标准体系更加完善。绿色食品标志许可审查程序和技术规范不断补充和修订，绿色食品企业年检、产品抽检、市场监察、风险预警、淘汰退出等证后监管制度已全面建立和实施，以绿色食品标志管理为核心的制度体系已基本建立。

二、绿色食品产业发展存在的主要问题

我国绿色食品产业虽然取得了明显成效，但发展中也存在着一些薄弱环节和问题，一定程度上制约了绿色食品产业的持续健康发展。

（一）总量规模不大，难以满足城乡居民对安全优质农产品的需求

目前，绿色食品实物年产量 8 982.5万吨，仅占全国食品（包括农产品）商品总量的 3% ~5%，其中即使产品发展较多的大米产品和精制茶产品，2014 年产量分别为 1 302.94万吨和 7.72 万吨，分别占全国大米总产量和精制茶总产量的 10.0% 和 3.2%。而与老百姓“菜篮子”密切相关的肉类、禽蛋、乳制品和水产品发展总量更少，2014 年绿色食品肉类（猪、牛、羊、禽）、禽蛋、乳制品和水产品产量分别为 30.63 万吨、15.17 万吨、9.12 万吨和 21.22 万吨，仅分别占全国肉类、禽蛋、乳制品、水产品总产

量的0.4%、0.5%、0.3%和0.3%。

(二)产业结构不尽合理,产业发展水平有待提高

主要表现为3个方面:一是企业结构不合理,中小食品企业与农民专业合作社偏多,大型食品企业偏少。截至2014年年底,绿色食品农民专业合作社达2 291家,已占绿色食品企业总数的26.3%;国家级、省级龙头企业分别为291家和1 334家,分别仅占绿色食品企业总数的3.3%和15.3%,中小食品企业占绿色食品企业总数近一半左右。二是产品结构不合理,2014年,在有效用标产品中,初级产品11 416个,占54.0%;初加工产品6 728个,占31.8%;精深加工产品仅3 009个,占14.2%。其中,初级产品所占比重较大,而深加工产品比重相对偏低。三是区域发展不平衡,东中部地区发展规模较大,西部地区发展规模偏小,山东、浙江、江苏、黑龙江、安徽、湖北6个省开发的绿色食品企业数、产品数分别占全国绿色食品企业总数、产品总数的51.3%和52.4%。

(三)专业市场体系建设滞后,优质优价的市场机制未完全形成

近年来、黑龙江、北京、上海等地区加大了绿色食品市场体系建设的步伐,相继开展了绿色食品专业流通体系的尝试,为绿色食品市场营销取得了宝贵经验。但从整体上看,目前仍缺乏全国统一的绿色食品专业市场体系顶层设计和规范管理办法,绿色食品专业市场建设还处在摸索起步阶段,专业流通体系滞后仍然是制约产业发展的“短板”。尽管绿色食品与普通食品相比有诸多优点,但由于对消费者的品牌深度推广力度不够,造成绿色食品有效需求不足,影响了优质优价市场机制作用的发挥。

(四)少数企业标准化生产不能真正落实到位,产业发展质量有待巩固提高

少数绿色食品企业的诚信意识、质量意识、风险意识和责任意识淡薄,绿色食品全程质量控制体系没有完全建立,标准化生产措施不能真正落实,个别企业甚至存在违规使用禁用物质的现象,一定程度上存在质量安全隐患,整个绿色食品工作体系防控产品质量安全风险和隐患的压力增大;少数企业在产品包装上使用绿色食品标志不规范或者违规使用绿色食品标志,个别企业违法制售假冒产品,有损绿色食品整体品牌现象。

三、绿色食品产业发展战略选择

(一)加快推进以优化产业结构为重点的产品开发战略

从工作的抓手上,绿色食品产品开发必须紧紧围绕“菜篮子”“米袋子”及其精深加工产品加以推进。要适应消费结构多样化的趋势,加快发展绿色食品畜禽产品(包括乳制品)和水产品,重点推动生态环境良好的草原地区发展天然放牧畜禽产品,引

导大型湖泊、库塘等自然条件良好的天然水域发展绿色食品水品。积极推动饮品类产品发展绿色食品，鼓励发展深加工农林产品，重点发展食用植物油、米面加工品、果酒等。从工作的推进方式上，要积极引导各类龙头企业，重点是国家级和省级农业产业化龙头企业、大型食品企业、出口企业发展绿色食品，发挥其在扩大总量规模、满足市场需求、引领消费潮流、促进出口贸易中的骨干作用。积极扶持省级农民专业合作社示范社发展绿色食品，发挥其在推进农业标准化生产、促进农户增收中的示范带头作用。在工作的布局上，要积极实施区域发展战略，充分发挥各地区的比较优势，相互促进，共同发展。对西部地区，要着力促进重点地带、特色产业的发展，努力提高政府重视力度，增强自身发展能力；对东中部地区，要充分挖掘资源优势、地域优势和政府推动的优势，加快建设一批质量高、品牌响、效益好的绿色食品示范企业和生产基地，打造一批规模大、水平高、影响广的绿色食品产业集群。

（二）加快推进以精品形象为核心的品牌战略

品牌是绿色食品产业发展的灵魂。精品品牌形象，是绿色食品产业发展的核心价值和竞争力。要始终坚持绿色食品安全、优质、环保、生态、高效的基本理念和发展宗旨，始终坚持绿色食品的精品定位，把精品理念贯彻落实到生产经营的每一个环节，全方位推进品牌战略。要依据《中华人民共和国商标法》《绿色食品标志管理办法》等法律法规，持续开展绿色食品标志的注册与保护工作，依法保护品牌的安全性和权威性，为产业发展和品牌建设提供有力的法律保障。要按照绿色食品的精品定位水平，继续瞄准国际先进水平，突出“安全、优质和可持续发展”的基本特征，建立健全绿色食品全程质量控制标准体系，始终保持绿色食品技术标准的先进性。要建立健全绿色食品认证审核和证后监管制度，提高准入门槛，严格许可审查，强化证后监管，确保产品质量和规范用标，切实维护品牌的公信力和美誉度。要充分应用现代化的公共媒体，加强绿色食品发展理念、法律法规、标准规范、运行模式、生产技术、产品质量、品牌效应的宣传，提高社会各界和广大公众绿色发展、健康消费意识，不断提升绿色食品品牌的社会知名度和市场影响力。

（三）加快推进以促进优质优价市场机制形成为目的的市场营销战略

市场拉动是绿色食品产业发展的根本动力，搞活市场流通是推动绿色食品产业发展的重要抓手。要以促进优质优价市场机制形成、提升绿色食品品牌价值为目的，加快推进绿色食品市场营销战略，推动绿色食品进入“以品牌引导消费、以消费拉动市场、以市场促进生产”的持续健康发展轨道。要加快制定绿色食品市场推进发展规划，明确市场建设目标，创新市场发展机制，大力推动全国绿色食品专业营销体系的建设。要积极采取措施，推进中国绿色食品博览会和地方区域性绿色食品博览会向专业化、市场化方向发展，使其成为促进绿色食品产销对接、厂商合作的专业平台。要主动争取政府支持，组织绿色食品企业参加具有较大规模和较强影响力的国际展会，促进绿色食品出口贸易。要加快绿色食品电子商务平台建设，鼓励和支持大型电商开展绿色食品电子商务工作，引导绿色食品企业充分利用信息网络平台优势，拓宽绿色食品展示和营销渠道，提高流通效率。

（四）加快推进以提升我国农产品竞争力为目标的国际化发展战略

当前，国际社会对农产品质量安全高度关注，一些发达国家对我国出口农产品质量设置更高的准入门槛，这就要求发挥我国绿色食品的标准优势和质量优势，加快推进绿色食品国际化发展战略，不断突破国际贸易技术壁垒，有效应对农产品国际贸易竞争，提升我国农产品在国际市场的竞争力。要加强绿色食品标志商标在国际上注册保护力度，在继续做好马德里体系绿色食品证明商标国际续展注册工作的基础上，加快绿色食品标志商标在欧盟、韩国及东南亚地区的注册工作。加强与国际同类机构的双边或多边合作，推动相互间在农产品质量安全法律法规、技术标准、贸易规则、市场营销、认证监管等方面的交流与合作。加强与外国商（协）会的合作，积极开展绿色食品的国际推介，扩大绿色食品境外影响力，着力提高绿色食品国际化发展的进程。加强与农业系统国际交流机构的合作，积极争取国际合作项目支持，大力开展境外培训和交流，学习和借鉴国外农产品质量安全监管和产品审核认证的先进经验，进一步完善绿色食品质量管理体系。要加快绿色食品境外企业认证的步伐，着力培育一批在国际上有影响的大企业、大集团，不断提升绿色食品在国际社会的影响力和竞争力。

参考文献

中国产业信息网．2015. 2014 年中国乳制品产量及其增长年度统计数据分析［EB/OL］. http：//www. chyxx. com/data/201504/309566. html.

中国肉业网．2015. 2014 年全国肉类总产量数据统计［EB/OL］. http：//www. chinameat. cn.

中国水产信息网．2015. 2014 年中国水产品产量 6 450万吨［EB/OL］. http：//www. aquainfo. cn/news/2015/2/28/20152289355036710. shtml.

中商情报网．2015. 2014 年中国大米产量统计分析［EB/OL］. http：//www. askci. com/chanye/2015/02/03/143423xyhx. shtml.

中商情报网．2015. 2014 年中国精制茶产量统计分析［EB/OL］. http：//www. askci. com/chanye/2015/02/05/135229zie4. shtml.

中商情报网．2015. 解读中国农业展望报告禽蛋产业［EB/OL］. http：//www. askci. com/chanye/2015/04/26/839295up8. shtml.

绿色食品加工产品发展现状与难点分析*

乔春楠　李显军

（中国绿色食品发展中心）

1990 年，农业部依据农业生产新形势，启动了绿色食品开发和管理工作。近 30 年来，绿色食品事业蓬勃发展，经历了“奠定基础、加速发展、整体推进、规范运行”四个阶段。同时，通过对绿色食品的研究发现绿色食品各类产品发展不均衡，结构不合理，特别是加工产品比例偏低。本文对绿色食品初加工产品、深加工产品近年发展情况进行总结，对发展面临的难点和解决方法提出建议，力图探索绿色食品加工产品合理的发展途径，优化绿色食品产品结构，促进绿色食品事业持续健康发展。

一、绿色食品发展情况

（一）绿色食品整体发展情况

至 2014 年年底，全国有效使用绿色食品标志的企业总数 8 700家，产品总数 21 153 个，涵盖农林产品及其加工产品、畜禽类产品、水产类产品、饮品类产品和其他产品 5 大类，57 小类。绿色食品总体规模持续扩大，发展趋势趋于稳定，企业及产品数量平稳增长。

尽管绿色食品初级产品、初加工产品、深加工产品数量每年均保持增长态势，但是自 2004 年后深加工产品数量增长速度远远低于初级产品和初加工产品的数量增长速度。特别是近年来，初级产品数量增长尤为迅速（图 1），2014 年初级产品数量约为 2009 年的 1.9 倍，初加工产品数量基本保持不变，而深加工产品数量有较明显下降，2014 年产品数量仅为 2009 年的 77%。

（二）绿色食品加工产品发展情况

1. 初加工产品发展情况

对 2009—2014 年初加工产品统计显示，初加工 16 个产品类别中，大米、小麦粉和

* 本文原载于《中国食物与营养》2016 年第 6 期，25 – 28 页

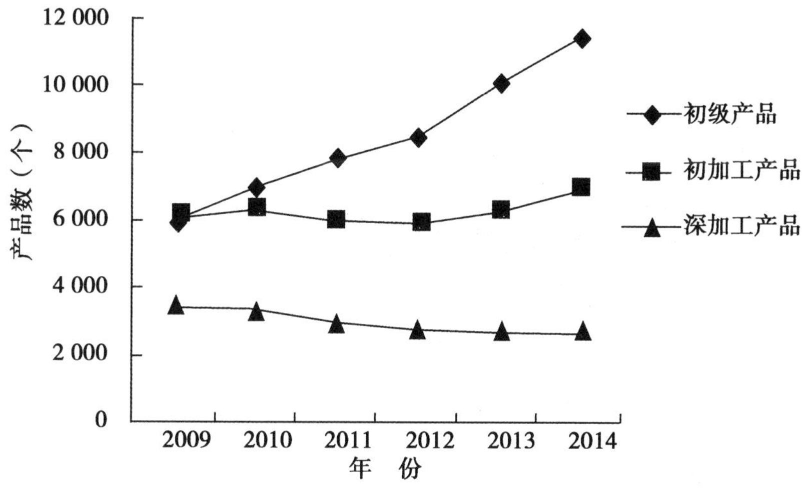

图 1　2009—2014 年绿色食品不同级别产品发展情况

精制茶三大类产品占初加工产品数量的 70% 以上（图 2），剩余 13 个产品类别数量仅占初加工产品数量的 30%。初加工产品比重不均衡，主要集中在大宗粮食作物加工产品中。

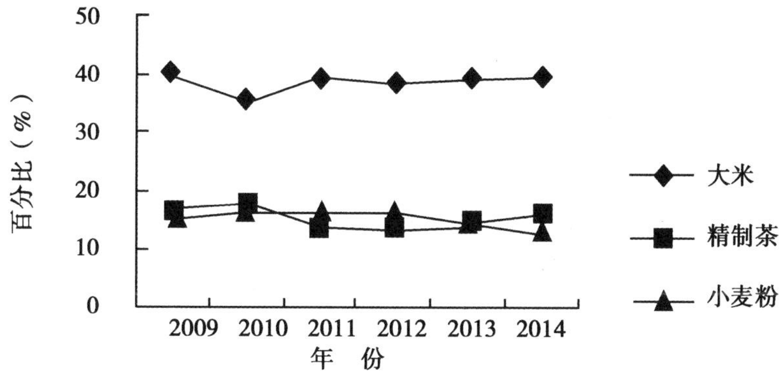

图 2　初加工产品主要组成占比

2009—2014 年初加工品中产品数量变化较大的部分为食盐、杂粮加工品、食用菌及山野菜加工品、水产加工品四大类。其中 2014 年食盐产品数量是 2009 年的 5. 65 倍，杂粮加工品产品数量是 2009 年的 1. 43 倍，食用菌及山野菜加工品、水产加工品产品数量有较大幅度减少，其余初加工产品数量相对变化不大（图 3）。

2. 深加工产品发展情况

2009—2014 年深加工产品 23 个类别中，数量占深加工产品前四位的分别是调味品、食用植物油及其制品、酒类（白酒、啤酒、葡萄酒等）、液态乳及乳制品，总量约占当年深加工产品总量的 60% 以上（图 4）。

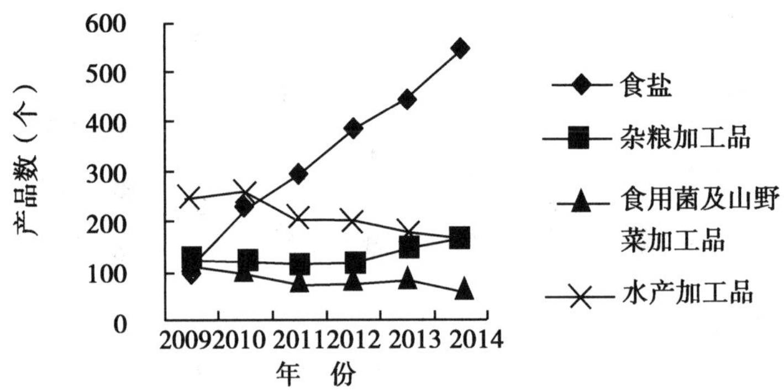

图3 变化幅度较大的初加工产品

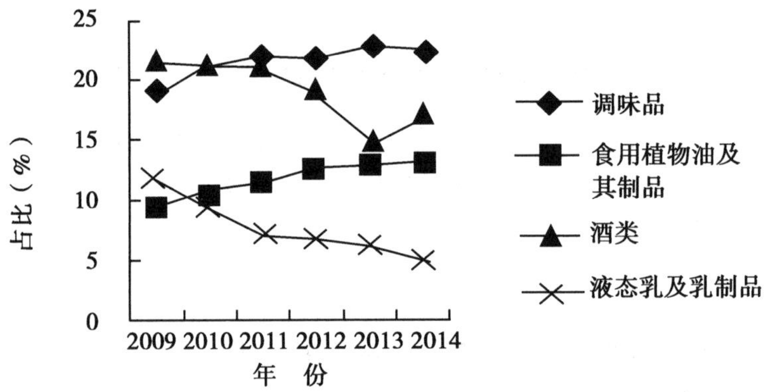

图4 深加工产品主要组成占比

2009—2014 年深加工产品中数量变化较大的部分为肉食加工品、液态乳、乳制品、啤酒、葡萄酒，均为加工工艺复杂、生产链条长的产品，数量均有明显下降（图5）。

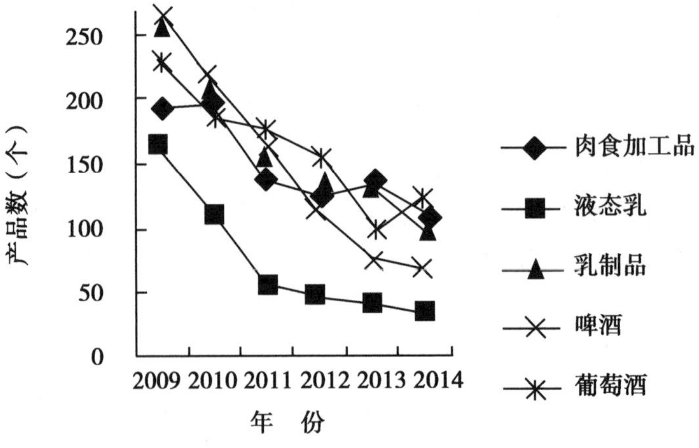

图5 变化幅度较大的深加工产品

综上所述，在绿色食品经历了加速发展达到规范运行的现阶段，初加工和深加工产品发展较初级产品缓慢。初加工和深加工产品类别结构单一，大宗粮油产品占主要部分，生产链长、工艺复杂的精深加工产品，如肉制品、乳制品等数量少且持续降低。绿色食品产品结构发展不均衡，不利于丰富消费者餐桌需求、提升企业效益，也不利于充分发挥绿色食品品牌价值。调整绿色食品产品结构，发展初加工和深加工产品有着迫切需要和重要意义。

二、发展绿色食品加工产品的必要性

（一）防范风险

加工产品生产环境卫生一般需符合国家强制生产环境卫生要求，生产工艺成熟，生产设备较为简单，加工产品原料批量集中采购，拥有较为完善成型的质量管理体系（如 ISO 9000 质量管理体系、ISO 2200 质量管理体系），因此，加工产品生产过程中可控环节和可控因素较多，产品品质比初级农产品更易控制，也更利于获标绿色食品产品的质量管理和风险防控。

（二）满足消费者需求

20 世纪 90 年代初，我国人民开始了对农产品和加工食品更高安全质量的追求，如今，经历了 20 余年的发展，广大人民群众已不满足于安全食品的基本要求，而是要求食品在兼具安全的基础上，更加注重营养均衡、饮食健康、便于储藏和携带。加工产品多为预包装食品，经过合理的加工和营养素配比添加，可以满足消费者追求营养优质食品的多重要求。多种多样便于保存的加工食品也能随时随地丰富消费者的餐桌。

（三）提高企业效益

绿色食品产品平均销售价格比普通产品约高 20%。绿色食品加工产品由于产品附加值相对初级产品较高；绿色食品标志明显，利于和非用标产品区分；销售渠道为大型商超，面向中高端有消费实力的消费群体，更能体现优质优价的市场机制，有利于实现绿色食品优质优价，提高企业经济效益。

（四）增加农民收入

加工产品生产链往往包含上游初级农产品的种植和简单加工，初级农产品的价格一般和加工品对原料的需求密切相关，种植初级农产品的农民的收入也和加工企业的效益紧密地联系在一起。通过发展绿色食品加工产品，可以提高加工产品的价格，促进对上游农产品原料的需求，增加农民收入。

三、加工产品发展绿色食品的难点

（一）质量管理体系不健全

绿色食品按照从“土地到餐桌”全程质量控制的技术路线，要求实施“环境有监测、生产有规程、产品有检验、包装有标识”的标准化生产模式，并依据绿色食品标准和技术要求建立相应的绿色食品质量管理体系。加工产品涉及原料生产（采购）、原料加工、产品包装、产品贮运等多个环节，如畜禽肉深加工企业，涉及饲料种植、饲料加工、畜禽养殖、屠宰加工等几个环节，饲料种植加工和畜禽养殖部分缺少相应的质量管理体系。因此，加工企业或止步于绿色食品质量管理体系的建立，或不能达到绿色食品标准和技术要求，从而不能获得绿色食品标志。

（二）工艺存在风险

加工产品相对于初级农产品生产工艺复杂，加工过程中会涉及更多的原料、辅料和添加剂的使用。绿色食品生产技术对加工过程中的投入品（如饲料添加剂、食品添加剂等）和生产工艺有着更为严格的要求，如绿色食品生产过程中禁用风险较大工艺（加氨法、亚硫酸铵法）生产的焦糖色，因此一部分企业不能达到绿色食品要求，一部分产品生产工艺不易改变，达到绿色食品要求成本过高，都不利于加工产品发展绿色食品。

（三）原料供应不稳定

加工产品要获得绿色食品标志许可的一个基本条件即是原料要达到绿色食品加工原料的规定。受到上游初级农产品生产企业原料供应的牵制，也是诸多加工业企业发展绿色食品的难点之一。一方面，加工企业通常具有较强的规模生产能力，对原料需求量和稳定性非常敏感，只有当符合绿色食品要求的原料种植或供应具有较大规模时，才能满足企业基本的生产能力和成本要求。另一方面，绿色食品证书有效期3年，要求符合绿色食品原料要求的种植基地或原料来源企业能够稳定提供原料至少3年时间，原料供应企业受价格因素影响不愿长期供应，客观造成加工企业存在原料来源的担忧。

（四）品牌竞争力不强

目前，大部分初加工产品和深加工产品往往包装过于简单，甚至没有包装；没有商标或者商标并不知名；营销渠道也多为低端农贸市场或低端超市，相对于包装精良、商标知名、营销渠道为高端商超的产品，绿色食品品牌价值在这些产品上很难得到充分发挥。

四、对加工产品发展绿色食品的建议

（一）改进完善现有质量管理体系

加工企业生产链条长，生产工艺各不相同，建立通用的绿色食品质量管理体系有较大困难。但是基于加工企业已有的质量控制体系，引入绿色食品技术文件和关键控制点，则工作量相对简单，所建立的绿色食品质量控制体系更加符合本生产企业特点。针对绿色食品特定要求和关键控制点，在原有质量管理体系的基础上引入绿色食品标准和技术要求，引入绿色食品原料要求等，即可实现依据绿色食品要求改进和完善现有质量管理体系的目标，从而建立绿色食品质量管理体系。

（二）扩大原料稳定供应

绿色食品原料的稳定供应制约着加工产品发展绿色食品，所以保证符合绿色食品要求的原料的稳定可靠供应尤为重要。除稳步推进全国绿色食品标准化生产基地建设，为加工企业提供大宗符合绿色食品要求的原料外，还应系统分析归类，找出制约原料供应的各种问题：瓶颈原料供应不足，如乳制品和乳饮料企业所需的乳清粉；原料供应链过长，如非转基因豆粕供应企业集中在东北地区，下游生产加工企业原料运输距离长、成本高；原料供应不足，如某些食品原料全国只有一两家生产企业生产等，有针对性地培育不同地区不同类型的上游原料供应企业，保证原料稳定可靠供应。

（三）发挥绿色食品品牌价值

绿色食品品牌价值是绿色食品的核心竞争力。充分挖掘绿色食品标志与加工产品的结合点，引导初加工产品和深加工产品利用绿色食品品牌影响力精良包装、高端营销，并积极参与绿色食品博览会和展销会，拓宽加工企业产品知名度和销售量等，充分利用和发挥绿色食品品牌价值。

总之，绿色食品品牌宣传和建设的最终载体是安全优质获得绿色食品标志使用权的一件件商品，加工产品发展绿色食品是市场需要，也是绿色食品发展的需要，通过多方努力和协作，绿色食品产品结构将更加趋于合理，绿色食品事业也将迈上新台阶，迎来新的发展。

参考文献

韩玉龙 . 2013. 关于发展多功能绿色食品问题的探讨［J］. 农产品质量与安全（4）：31 – 34.

李显军 . 2005. 中国绿色食品产业化发展研究——理论、模式与政策［D］. 北京：中国农业大学.

王运浩 . 2010. 我国绿色食品 20 年发展成效及推进方略［J］. 农产品质量与安全（4）：5 –9.
夏兆刚，谢焱，等 . 2014. 绿色食品产品结构变化及影响因素研究［J］. 中国食物与营养，20（6）：20 –23.
中国绿色食品发展中心 . 2014. 绿色食品统计年报（2014）［内部资料］.

西部地区绿色食品发展现状与推进对策探讨*

乔春楠　李显军

（中国绿色食品发展中心）

绿色食品是农业部于1990年开创的一项旨在提高农业标准化生产水平、提升农产品质量安全、增加农民收入的公益性事业。经过25年发展，至2014年年底，全国有效使用绿色食品标志的企业总数8 700家，产品总数21 153个，涵盖农林产品及其加工产品、畜禽类产品、水产类产品、饮品类产品和其他产品5个大类，57个小类。绿色食品总体规模持续扩大，发展趋势趋于稳定，企业及产品数量平稳增长。与绿色食品事业蓬勃发展形成鲜明对比的是，绿色食品区域发展不均衡，西部地区发展缓慢，地区资源优势未被开发利用，企业和产品数量少而单一。因此，促进西部地区绿色食品的发展对我国绿色食品事业均衡可持续发展，对开发西部地区优势资源，促进西部地区生产水平提升、经济增长、农民增收有着重要意义。

一、西部地区绿色食品发展现状

广义上，西部地区指重庆、四川、贵州、云南、广西、陕西、甘肃、青海、宁夏、西藏①、新疆、内蒙古12个省区市。西部地区土地面积681万平方千米，占全国总面积的71%；人口约3.5亿，占全国总人口的28%，疆域辽阔，大部分是我国经济欠发达地区。

从发展总量方面，西部地区绿色食品企业和产品数量与地域面积和资源数量不匹配。2014年年底，西部12个省区市3年有效使用绿色食品标志企业数1 691家，有效使用绿色食品标志产品数4 052个，分别仅占全国有效用标企业数和产品数的19.4%和19.1%；当年新申请绿色食品企业数681家，产品数1 768个，分别仅占全国当年新申请企业数和产品数的17.8%和20%。如图1所示，四川、重庆、甘肃、云南、新疆5个省区市3年有效用标企业数和产品数约占西部地区总数的70%以上，区域内各地区

* 本文原载于《农产品质量与安全》2016年第2期，31－34页

① 西藏自治区，全书简称西藏

发展规模也存在不均衡的现象。

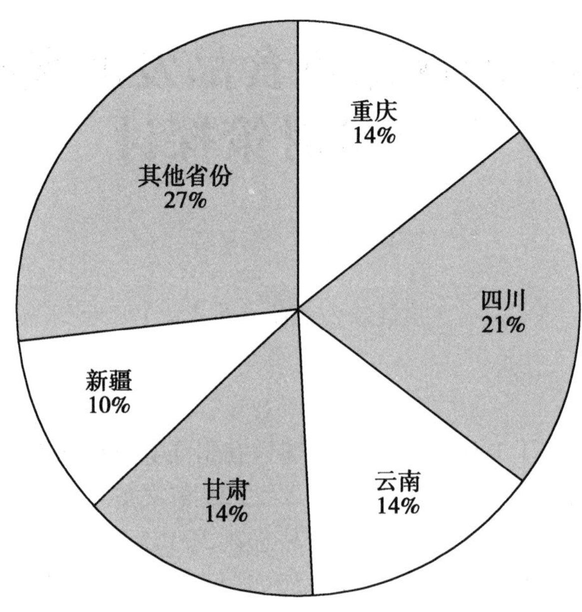

图1　2014年西部12省区市3年有效用标企业数占比

从发展增速方面，增长规模较快的省份为广西、重庆、四川、甘肃和新疆5个省区市。特别从2012年新的《绿色食品标志管理办法》颁布以来，进一步明确了省级人民政府农业行政主管部门、县级以上人民政府农业行政主管部门相对应的工作责任，5省区市的地市县级绿色食品工作机构和检查员队伍建设较为迅速，工作得到有效开展，3年有效用标企业数和产品数均有较大幅度增长（图2）。

从产品结构方面，西部地区3年有效使用绿色食品标志的产品66%集中在初级农林及其加工品，而具有环境和自然资源优势的畜禽养殖业获标产品相对较少，发展缓慢，仅占8.3%，水产类产品、饮品类产品和其他产品分别占1.6%、9.1%和15.1%。

从工作机构建设方面，西部各省级工作机构专职人数相对较少，2010年，仅有内蒙古、云南、陕西、甘肃、宁夏5省区建有地市级专职工作机构，专职工作人员不足150人；内蒙古、云南、四川、甘肃4省区建有市（县）级专职工作机构，专职工作人员不足250人。专职工作机构和专职工作人员的缺少与西部地区地域面积不匹配，与东部绿色食品发展较快的省份的工作网络体系有较大差距，大大限制了绿色食品相关工作的开展和工作效率的提高。

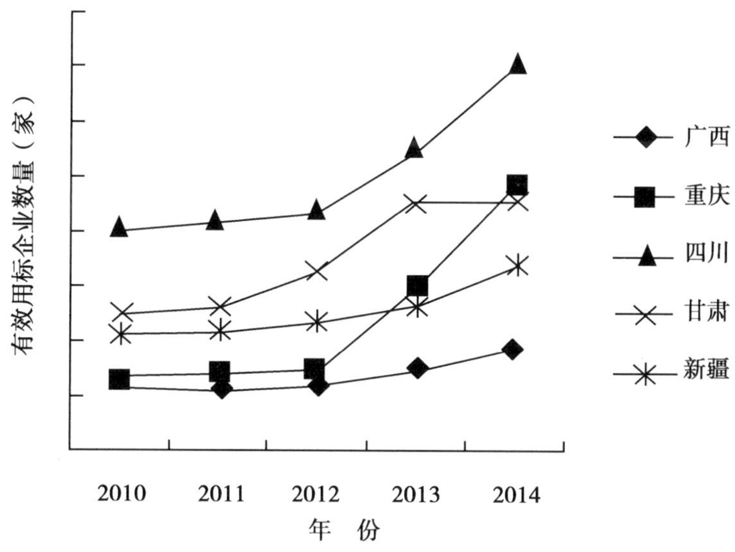

图 2　部分省区市 2010—2014 年 3 年有效用标企业数量增长情况

二、西部地区发展绿色食品的意义

（一）促进生态建设和环境保护

“绿色发展，人与自然和谐共生”是《中共中央关于制定国民经济和社会发展第十三个五年规划的建议》中的重要内容，是我国未来 5 年农业和经济发展的必然方向，是影响各项政策制定的重要因素。西部地区依托无污染的生态环境，结合绿色食品“保护生态环境，促进农业可持续发展”的基本理念，走绿色发展、可持续发展、人与自然和谐相处和谐共生的道路，符合未来农业和经济发展趋势。一方面，生态建设和环境保护是发展绿色食品的基本要求。绿色食品定义中既已明确绿色食品是指产自优良环境的食用农产品及加工品。因此，西部地区要发展绿色食品，必然要重视对相应的生态环境进行建设和保护，使其免受工业、农业、生活废弃物的污染，空气、灌溉用水、土壤等生态环境要素符合 NY/T 391—2013《绿色食品　产地环境质量》标准要求，保证生产环境清洁、无污染，客观促进了生态建设和环境保护。另一方面，生态建设和环境保护是绿色食品发展的本质特征之一。绿色食品除要求终产品达到绿色食品产品标准外，还要求在绿色食品生产、加工、包装、储运过程中，通过严密的监测、控制和标准化生产，科学合理的限量使用农药、肥料、包装物等投入品，减少农业污染物的产生，达到环境友善，保护生态的目的。

（二）促进标准化生产

西部地区农业生产水平相对薄弱，组织化、标准化程度低，产品质量不稳定。相对于传统分散的农户生产模式，绿色食品实施“从土地到餐桌”全程质量控制，包括产地环境标准，生产技术标准，产品质量标准和包装贮运标准，贯穿整个产品生产过程。此外，绿色食品生产要求建立科学合理的质量管理体系，建立生产主体与生产个体、公司与农户、基地与农户之间的统管统控模式，从而落实标准化生产，保证产品质量均一稳定。

（三）促进农民增收

绿色食品能够促进农民增收，在于绿色食品作为“无污染、安全、优质”农产品的品牌优势和多层次的销售渠道。一方面，绿色食品作为优质产品的代表，其产品品质已被市场认可，树立了良好的品牌公信力，在市场中体现为较同类产品有更高的价格。如绿色食品大米平均销售价格比普通大米高 21.7%，绿色食品食用菌比普通食用菌高 19.8%。另一方面，绿色食品品牌将原有产品的销售渠道从销售地域、销售方式、销售对象等多方面进行了拓展。借助绿色食品品牌，西部地区的产品可以销售到东部经济发达地区的高端超市，可以在绿色食品电商平台（如中绿生活网、邮了网）进行销售，可以在各类绿色食品展销会（如中国绿色食品博览会、中国国际农产品交易会）进行销售，可以作为绿色食品深加工产品的原料进行销售，改变了以往只能被低价收购的面貌，拓宽了产品的销售渠道，提升了产品的价值，进而促进农民增收。

三、西部地区发展绿色食品的优势

西部地区发展绿色食品有着较为明显的潜力和优势。

（一）环境优势

西部地区工业发展相对缓慢，农业污染较轻，具有发展绿色食品的良好环境条件。据 2014 年《中国统计年鉴》，西部 12 省区市整体污染物排放量远低于全国平均水平，其中对农业和畜牧业影响较大的废水、废气和工业固体废物排放量分别仅占全国总排放量的 20%、33% 和 33%，远低于中东部地区，若考虑到西部地区广阔的地域面积，上述指标的平方千米排放量则更低。

（二）自然资源优势

西部地区土地面积占我国总面积的 71%，其中草原总面积 3.3 亿公顷，约占全国草原面积的 84%，适宜牛羊等畜禽养殖业发展；林业用地面积 1.8 亿公顷，占全国林业用地面积的 58.1%，适宜特色林业资源开发及林下养殖业的发展。此外，西部地区还有丰富的日照资源，主要城市如兰州、西宁、乌鲁木齐月日照小时数均为东部地区2倍以上。充足的日照时间以及较大的昼夜温差，有利于农作物生长以及糖类有机物质的积累。

（三）政策优势

绿色发展、人与自然和谐发展是今后一个时期我国农业经济发展的必然方向，也是未来我国农业经济政策引导和支持的主要内容。西部地区凭借自身环境和发展优势，走绿色发展道路，符合今后发展方向和政策要求。此外，2011—2030年是国家西部大开发的加速发展阶段。在我国西部大开发的历史机遇面前，从中央到地方各个部门持续推出的优惠和扶持政策为西部地区发挥自身潜能，加速发展绿色食品提供了强大的动力。特别是《中共中央关于制定国民经济和社会发展第十三个五年规划的建议》中明确指出“深入实施西部大开发，支持西部地区改善基础设施，发展特色优势产业，强化生态环境保护”，为西部地区提供了坚实的政策保障。

（四）产品优势

西部地区独特的气候环境和物种资源孕育了独具特色的农产品，如新疆库尔勒香梨、吐鲁番葡萄、宁夏硒砂瓜、中宁枸杞、甘肃白兰瓜、天水苹果等久负盛名的农产品。这些具有特色和市场竞争力的产品如能作为绿色食品产品积极发展，做大做强，努力开拓市场，必将会对西部地区农业生产水平的发展和农民增产增收带来积极的影响。

四、促进西部地区绿色食品发展的建议

（一）立足生态和资源环境，走可持续发展道路

良好的生态环境是绿色食品产业得以持续发展的基础和前提。发展绿色食品应遵循自然规律和生态原理，以保护和改善生态环境为前提，开发无污染、安全、优质农产品，将环境资源保护、生态经济建设、增进人类健康有机结合起来，促成资源环境、经济增长和生态发展相互促进的良性循环机制，有效推进可持续发展。西部地区发展绿色食品，应以党的十八届五中全会精神为指导，按照人与自然环境、人与资源环境可持续发展的理念，挖掘地区生态、地区资源潜力，走产出高效、产品安全、资源节约、环境友好的农业现代化道路，走人与环境和谐发展的绿色道路。

（二）挖掘市场热点，引导绿色生产

西部地区发展绿色食品，要以市场为导向，挖掘市场热点，结合本地区资源优势和生产实践，将安全、优质、健康的产品引入绿色食品队伍中。如近期兴起的健康饮食风潮中，主产区为宁夏、甘肃、内蒙古、青海、新疆、黑龙江和云南等地的亚麻籽油成为

市场青睐的热点，每升售价达到40～50元，远高于其他精炼食用油。通过发掘市场热点，选择市场前景广阔的“拳头”产品，将绿色食品开发与发挥资源优势产业优势相结合，能够更为有效地促进西部地区绿色食品发展。

（三）开发生产潜力规模化、系列化生产

西部地区可以通过规模化、系列化的生产方式，开发绿色食品，更好地体现绿色食品的品牌价值。适度的规模化系列化生产可以降低单位产品的生产成本，充分利用原材料和生产设备，细分和占领不同的目标市场，提高单位产品的销售价格，从而带来额外的经营利润。以冷鲜牛肉为例，如仅销售冷鲜或者冷冻肉，产品单一，销售价格难以提高，仅为56元/千克，如将冷鲜牛肉继续分割为上脑、眼肉、牛柳等，平均销售价格在80元/千克左右，大大高于单一产品的价格。此外，中国绿色食品发展中心制定的规范和制度，促进企业规模化系列化生产，如规定同类系列产品每5个产品提供一份检验机构出具的全项产品检验报告，同类分割肉产品只需提供一份检测机构出具的全项产品检验报告，方便企业发展系列产品。

（四）提高标准化水平

标准化生产是绿色食品重要的组成部分。提高标准化生产水平包括3个方面。①技术文件标准化。生产企业在建立技术规程和质量控制体系时，要结合自身的生产特征（如西部各地区气候特点、种植作物特点、区域病虫害特点等），将绿色食品各项标准和技术规范科学的结合到其中，才能建立行之有效且符合绿色食品要求的技术标准和质量管理体系，为科学管理和标准化生产打下基础。②生产操作标准化。进行“五统一分”的标准化生产，有利于在分散的农户和松散的组织中进行标准实施和推广。③检测标准化。实施标准化的检测，通过国家标准和绿色食品产品标准来确定产品质量和收（向农户）销（向市场）标准，而彻底改变以往靠经验确定产品质量的模式。

（五）加强各级工作机构队伍建设

绿色食品各级工作机构尤其是各级专职机构和专职工作人员是绿色食品工作开展的基础，对促进绿色食品发展起着重要的作用。近年来，西部地区各级绿色食品专职和挂靠工作机构、专职和挂靠工作人员数量虽然较2010年有了较大幅度的提高，但是依然存在着工作机构不健全、工作人员数量不足、工作人员流动较快等特点。因此，加强西部地区各级工作机构队伍建设是促进西部地区绿色食品发展的重要环节之一。促进地市级和县级工作机构建设，有助于完善绿色食品工作队伍体系，发挥体系整体优势，增强工作合力，将绿色食品申请咨询、申请受理（省级工作机构授权）、现场检查等工作进一步落实到地市县级工作机构，避免检查员和申请人奔波往返，提高工作效率，缩短标志许可所需时间；有助于发挥基层农业工作人员的作用，防控风险。

（六）做好宣传培训等工作

西部地区发展绿色食品，各级绿色食品工作机构要做好宣传培训和服务等工作，将绿色食品“保护农业生态环境，促进农业可持续发展”“提高农产品及加工食品质量安全水平，增进消费者健康”“增强农产品市场竞争力，促进农业增效、农民增收”的基本理念和宗旨不断宣传，努力营造绿色食品产业发展的良好环境；在企业建立绿色食品质量管理体系，践行绿色食品生产标准过程中做好培训咨询服务，帮助企业做好人员绿色食品知识的培训，落实绿色食品各项技术标准要求，建立符合绿色食品要求的“全程质量控制”体系；在企业获得绿色食品标志使用权以后，配合工商和技术监督等部门清理、整顿和规范绿色食品市场，打击假冒绿色食品，维护绿色食品生产经营者的合法权益，促进绿色食品事业的发展。

参考文献

陈倩，梁志超，谢焱，等.2010. 绿色食品标准体系的建立和发展［J］. 中国标准化（4）：38-41.

国家统计局.214. 中国统计年鉴［M］. 北京：中国统计出版社.

韩玉龙.2013. 关于发展多功能绿色食品问题的探讨［J］. 农产品质量与安全（4）：31-34.

何庆，王敏，唐伟.2011. 中国绿色食品营销渠道建设现状研究［J］. 中国食物与营养，17（3）：43-45.

李金才，张士功，邱建军，等.2007. 我国农业标准化现状及对策［J］. 农村经济，2：37-40.

刘斌斌.2012. 我国绿色食品发展现状与对策思考［J］. 农产品质量与安全（6）：18-20.

唐伟.2013. 绿色食品区域发展政策措施探讨［J］. 中国食物与营养，19（3）：27-29.

王运浩.2010. 我国绿色食品 20 年发展成效及推进方略［J］. 农产品质量与安全（4）：5-9.

王运浩.2010. 我国绿色食品和有机农产品发展成效与对策［J］. 农产品质量与安全（2）：10-13.

张侨，宫凤影，李显军，等.2015. 绿色食品质量安全影响因素分析及对策［J］. 中国食物与营养，21（8）：16-18.

张志华，唐伟，陈倩.2015. 绿色食品原料标准化生产基地发展现状与对策研究［J］. 农产品质量与安全（2）：21-24.

张志华，唐伟.2015. “互联网+”助力绿色食品产业发展［J］. 农产品质量与安全（6）：9-12.

中国绿色食品发展中心.2011. 绿色食品统计年报（2010）［EB/OL］.（2011-05-10）. http：//www. greenfood. agri. cn/zl/tjnb/2010/201201/t20120110_ 2453945. htm.

中国绿色食品发展中心.2015. 绿色食品统计年报（2014）［EB/OL］.（2015-04-17）. http：//www. greenfood. arg. cn/zl/tjinb/2014/201504/t20150417_ 4533171. htm.

中华人民共和国农业部.2012. 绿色食品标志管理办法［EB/OL］.（2012-10-01）. http://www. greenfood. agri. cn/21/zcfg/201305/t20130513_ 3459175. htm.

我国与澳大利亚绿色食品生产管理模式比对研究*

张　侨

（中国绿色食品发展中心）

绿色食品在我国是指产自优良生态环境、按照绿色食品标准生产、实行全程质量控制并获得绿色食品标志使用权的安全、优质食用农产品及相关产品。我国绿色食品发展起步于20世纪90年代初，经过20多年发展，绿色食品从概念到产品，从产品到产业，实现了科学持续健康发展。绿色食品品牌也成为政府高度重视，社会广泛关注，群众普遍认可的政府公共安全品牌。

本文研究主要实地调查了澳大利亚谷物有限公司和嘉能可谷物有限公司两家通过我国绿色食品认证被许可使用绿色食品标志的企业生产情况，比对研究了国内外绿色食品生产管理模式。

一、澳大利亚两家绿色食品企业生产概况

（一）澳大利亚谷物公司

澳大利亚谷物公司是澳大利亚CBH集团的全资子公司。该公司主要负责澳洲西部地区大麦、小麦、油菜等作物的进出口业务和国内销售业务，其中出口业务占所有销售业务的95%以上。凭借着离亚洲市场最近的独特地理优势，澳大利亚谷物有限公司大麦主要销往中国、日本、中东、韩国等，年出口额超过1.2亿美元。该公司澳大利亚大麦、燕麦籽粒两个产品于2007年获得我国绿色食品标志许可使用权，其中大麦产品许可使用标志产量40万吨。

（二）嘉能可谷物有限公司

嘉能可谷物有限公司，其绿色食品标志使用权起初是于2004年由ABB粮食有限公

* 本文原载于《农产品质量与安全》2014年第5期，53－55页

司（ABB Grain Ltd.）获得。ABB Grain Ltd. 前身澳大利亚大麦局（Australia Barley Board，简称 ABB），是州政府的经营机构，对大麦进行垄断营销，独家经营大麦出口业务。1999 年，澳大利亚大麦局改制成立由生产者所有和控制的私营公司 ABB 粮食有限公司。2009 年，ABB Grain Ltd. 被加拿大最大的粮食集团 Viterra Inc. 收购。2012 年，Viterra 集团又被国际大宗商品及能源巨头嘉能可集团并购。当前，嘉能可集团在加拿大和澳大利亚同时拥有生产基地。该公司目前获得绿色食品标志使用权的产品为澳大利亚啤酒大麦，产量 20 万吨。

二、国内外绿色食品生产模式比较

通过对澳大利亚谷物公司、嘉能可谷物有限公司两家绿色食品标志许可使用单位的大麦生产模式开展现场检查并进行研究，对照目前国内绿色食品生产模式，发现国内外绿色食品生产与管理上存在着很多差异，主要表现在以下几个方面。

（一）基地构成方式

我国绿色食品实施的“从土地到餐桌”全程质量控制措施，要求生产单位必须建立符合绿色食品产地环境技术标准要求且能满足其生产规模的绿色食品原料标准化生产基地，基地构成方式就是生产企业通过土地与农户链接的绿色食品生产模式。目前，链接方式有两种，一种为紧密型链接，即生产企业通过长期承包或土地流转建立的自有基地；一种为松散型链接，即生产企业通过和农户签订生产合同建立的合同基地。澳大利亚两家绿色食品生产企业的基地构成均为大型家庭农场，甚至企业由农场主控股，统一作物集中生产规模大，有利于生产统一管理。

（二）作物生产管理

目前，我国的绿色食品作物生产管理方式也根据生产企业对基地的使用方式的不同分为两种。对于企业长期租赁或通过土地流转的自建基地，生产企业通过统一聘用农工或者反租倒包的形式，对种植作物的种苗供应、肥水管理、农药使用、收获贮运等整个生产链条实施统一操作；对于通过与农户签订生产供应合同方式建立的合同基地，企业在生产环节进行统一技术指导，由生产农户具体实施，在生产管理的统一性上保障难度较大。澳大利亚两家公司在生产管理的统一保障上，优势较为明显，只要抓好各基地单元农场主技术指导与管理，落实作物统一生产管理就很容易。另外，澳大利亚农业投入品管理也较为规范，例如农药使用，化学农药要受到澳大利亚杀虫剂和兽药管理局（APVMA）的严格控制，澳大利亚杀虫剂和兽药管理局是通过对杀虫剂和兽药有效合理的调控来支持澳大利亚第一产业的政府机构，各农场主必须按照政府批准的使用量和停药期合理使用化学药剂。

（三）原料收购与贮运

当前国内绿色食品的原料收购与贮运方式参差不齐，对于自建基地的生产企业，可以实现统一时间收获，设立专门绿色食品收购点，配置专门绿色食品运输专用车和贮存库。对于与农户签订合同管理的松散型管理基地，在统一收获、统一收购、统一贮运上，生产企业管理难度大、投入成本高。澳大利亚这两家生产企业，均设有自己的产、购、贮、销专门机构，在统一管理上就容易落实。例如，澳大利亚谷物公司所述的澳大利亚 CBH 集团，拥有 5 700个控股农场主成员，拥有 197 个谷物接收站和 4 个出口码头，管理着世界上最先进的粮食储存和处理网络，谷物存储和处理能力超过 20 万吨，在收购、贮运上实现了统一化和系统化。

（四）质量体系控制

国内绿色食品生产企业，均按照绿色食品标准体系包括绿色食品产地环境标准、生产技术标准、产品质量标准、包装贮运标准进行生产管理，通过产前的环境质量监测和产后的产品质量检测，把好两个关口，通过生产技术标准的实施，控制好农业投入品使用，通过包装贮运标准，落实收获运输污染控制和包装标识规范使用。澳大利亚绿色食品生产企业在质量控制方面，在执行我国绿色食品标准要求的基础上，还有自己独特的内部质量控制措施，有力地保障了绿色食品各项技术标准和准则的落实。例如，澳大利亚 CBH 集团，对于整个产业链的质量控制建立了一套质量保证管理体系，该管理体系将谷物接收场、谷物处理中心、谷物装船码头等关键环节全部纳入到该系统中。针对大麦种植基地还自建了一套独特的“Better Farm IQ”计划指导农场主进行从种植到收获的全过程质量控制。在 IQ 计划中，CBH 会对加入的农场主进行定期培训，对合格的农场发给 IQ 标识。在生产过程中，农场主会依据 IQ 计划指导手册进行耕种和记录，CBH 也会定期派专业人员对 IQ 农场进行内审和评审，并提供改进建议。

三、完善我国绿色食品生产管理模式的对策与建议

通过对澳大利亚谷物公司和嘉能可谷物有限公司两家的绿色食品生产管理模式与我国现有的绿色食品生产管理模式的比对研究，对下一步我国绿色食品生产模式的发展提出如下对策与建议。

（一）研究建立绿色食品专门生产模式

在全国大力发展现代农业，推进农业生产方式转变的有利形势下，尽快研究建立专门的绿色食品生产模式。以有利于落实绿色食品标准为基础，以通过实施绿色食品生产推动农产品质量安全提升为目标，以大型农业产业化生产企业、国有农场、家庭农场、农民专业合作社为重点，在土地流转、家庭农场、农村集体土地确权登记以及粮食整建

制高产创建，农业标准园实施等各个方面，集约绿色食品生产技术推广与管理，尽快建立一种符合国情的多元化、系统化、集约化、专业化的绿色食品生产模式，并大力推广。

（二）实施绿色食品投入品专门供应点制度

目前，随着我国农产品质量安全控制措施的不断加强，各地对农业投入品的监管力度也不断加强。农产品质量安全监管示范县创建、高毒农药定点经营、低毒农药使用补贴等各项措施和制度逐步推广。在这种形势下，绿色食品管理部门可以借助全国农产品质量安全监管体系建设，实施绿色食品投入品专门供应点制度，专门供应点只经营绿色食品许可使用的农业投入品。这种专门供应点可以依托各级农业行政主管部门设立在绿色食品生产相对集中的县（市、区）、乡镇，也可以在当地农业在行政主管部门统一监管下，设立在农业产业化龙头企业、大型农民专业合作社、大型家庭农场等。

（三）建立全国统一的绿色食品质量追溯体系

从目前看，我国农产品质量追溯体系在不同的地区、部门、行业都在不同程度的开展，但是开展的方式和要求各式各样，追溯内容参差不齐，追溯信息也无法共享。绿色食品也是一样，各个生产主体的质量追溯方式不尽相同，质量追溯管理信息也不透明，对绿色食品的质量监管带来很大的困难。建立下一步，建议尽快建立全国统一的绿色食品质量追溯体系，尽快把所有绿色食品生产主体的质量追溯管理体系归结到一个模式，上升到一个平台，统一到一个尺度，真正实现绿色食品质量可追溯，绿色食品监管有抓手，绿色食品品牌有市场。同时，农产品质量安全预警是专门针对农产品质量安全状况进行的“预先警告”，绿色食品质量追溯也应体现处预警体系管理。

（四）加快推进绿色食品市场体系建设

实施绿色食品品牌战略，是增强市场对生产的拉动力，建立加快发展长效机制的必要条件。目前的绿色食品市场体系建设还很不完善，下一步应该统筹规划资源、突出重点领域重点产品，大力开拓国内外市场，引导绿色食品消费，逐步建立和完善绿色食品市场体系。在建立以平等竞争为基本准则的市场秩序的基础上，逐步建立和完善统一开放、竞争有序的绿色食品市场体系，为绿色食品产业发展和品牌提升创造一个良好的平台。一是绿色食品市场体系要趋于专业化。打绿色牌，走绿色路，积极整合绿色食品优势资源，扩大市场开拓能力。二是绿色食品市场体系要趋于系统化。市场体系建设应涵盖绿色食品产品、绿色食品生产资料、绿色食品技术标准、绿色食品信息，绿色食品生产辅料等。三是绿色食品市场体系要趋于网络化。依托现有各类超市、农贸市场、品牌企业专店，设立绿色食品专柜、专卖店、连锁店，并配套建立绿色食品配送公司。另外，还应根据市场需求和定位，引导规模以上企业精品开拓绿色食品国际市场。

参考文献

陈晓华 . 2014. 2014 年农业部威海“舌尖上的安全”的目标任务及重要举措［J］. 农产品质量与安全（2）：3 – 7.

刘学锋 . 2007. 山东省绿色食品产业发展研究［D］. 泰安：山东农业大学 .

严伟华，张学文，江锡如 . 1999. 澳大利亚的粮食流通体制［J］. 中国财政（12）：52 – 53.

张苗苗，戴梦红，黄玲丽，等 . 2013. 澳大利亚兽用抗菌药耐药性管理［J］. 中国兽医杂志，49（9）：71 – 72.

张星联，钱永忠 . 2014. 我国农产品质量安全预警体系建设现状及对策研究［J］. 农产品质量与安全（2）：23 – 26.

中华人民共和国农业部 . 2012. 绿色食品标志管理办法［J］. 农产品质量与安全（5）：5 – 7.

对农业标准化生产和产业化经营结合发展的思考*

张晓云　修文彦　常　亮　张文红　张　侨　李　鹏

（中国绿色食品发展中心）

农业标准化是在指遵循统一、简化、协调以及优选的原则，使农业生产的产前、产中和产后的各个环节的生产操作行为均遵守既定的标准，并进行有效的监督，从而使农业生产向先进农业科技成果推广，以达到提升农产品质量，促进农产品流通，规范农产品市场秩序，提高农业竞争力的目标。而农业产业化经营，指的是产加销一体化的经营方式。农业产业化发展既可以说是农业现代化发展到一定阶段而得到分化的高级阶段，即农业内部又分化出来的第一、第二、第三产业，也可以说是农业融入到市场经济中形成的一种发展形态。当前，我国正处于传统农业向现代农业转型跨越的关键时期，党的十八大提出了四化同步发展、城乡一体化、新型农业经营体系、新型工农城乡关系等新思想新论断，对农业产业化经营这一概念提出了新的要求。随着农业生产一体化和农产品市场化的逐步深入，“农业产业化经营”更多渗入“农业标准化生产”的要素，二者的结合不仅仅从概念和理论构想上，更应该从组织模式和理论创新方面具有更深层次的意义。

一、农业标准化生产与农业产业化经营的关系

（一）农业龙头企业是农业标准化生产与农业产业化经营的结合点

农业标准化生产是产业化经营的关键和基础。农业产业化经营是新时期推进农业和农村经济发展的重要组织形式。农业标准化生产与农业产业化经营是两个相辅相成的方面，农业产业化经营是落实农产品生产、加工、流通行为的过程，在落实过程中就实现了农业标准化生产。同时，规范农民生产和销售行为也形成了农业产业化经营的具体形式。所谓农业产业化标准化生产就是把经过科学技术因素转化过来的技术要素转化为标

* 本文原载于《农产品质量与安全》2014 年第 4 期，41 - 43 页

准，在实际生产过程中加以推广。从具体概念的指向来说，农业产业标准化描述的是宏观概念，而农业标准化则面向微观层面。通过在宏观层面一系列产业化经营的制度安排，提高微观主体标准化程度，从而带来经济、社会和生态的效益。产业化经营将科学技术、管理经验、经济措施融为一体，使龙头企业向科学化、一体化、系统化、集成化发展，从而作为一项系统工程，成为现代化农业发展必须经历的重要环节。

现阶段我国农业标准化发展的实施主体主要是龙头企业，龙头企业的标准化贯彻执行力度一方面保证一些技术和政策措施得以有效实施，另一方面，也可以通过标准化的实现来提升企业内在竞争力，拓展发展空间，为企业减少内部交易成本，增加总体效益。

（二）农业标准化生产要以农业产业化发展为重要突破口

农业标准化生产体现在农业产业构成的各个环节。生产资源利用标准化，如全方位提高土地利用率以及节约用水，实现农业节本增效，以便于为可持续发展需求提供途径；投入品标准化，统一投入品标准，有利于从源头保障农产品质量安全；农业生产装备标准化，可以实现提高效率、节约成本的目标农业生产、加工标准化，推进农业生产操作一致化进程，提供同质化产品，提升产品附加值。可见，农业标准化生产分别体现在产业链的各环节上，只有在实现了农业产业化经营的基础上，才能真正将农业标准化生产贯穿于农业的产前、产中、产后，且只有在农业产业化经营的框架下，才能真正达到标准化生产的最终效果。

（三）推进生态文明建设需要标准化生产与产业化经营共同发力

目前，我国推行农业标准化的抓手之一就是通过无公害农产品、绿色食品和有机食品“三品”的发展来实现的。“三品”中，无公害农产品规定了在生产过程中使用农药、肥料的禁用范围、指标和限量的标准，绿色食品建立了包含从田间到餐桌全程覆盖的标准规范，而有机食品标准中绝对禁止使用农药、化肥等化合物。“三品”标准的制定是一个体现科学性、规范性的过程，在标准制定的过程中，政府和学术研究部门就其是否符合可持续发展和建设现代农业的要求进行考虑和设计，并将其进行推广和应用。这种制度安排从理论上实现了生产的标准化，提高了农产品质量安全水平，有效保护生态环境。但若要从现实上成立，还同时需要产业化经营，作为实现标准化生产的内在引擎，通过产业化经营的模式，唤起经营主体标准化生产意识，激发贯彻执行标准化的内在驱动力。

二、农业标准化生产与产业化经营结合的制约因素

（一）农业标准化在产业化经营中的运行机制不完善

农业产业化经营以农业高新技术为依托，实现农业生产、农产品流通等经营服务专业化、社会化，从根本上改变了农业生产的许多弱点，有效提高了农业的比较效益和市场竞争地位。农业产业化组织的运行机制是指在组织化内部各经营主体之间的相互作用的过程和方式。要在农业产业化经营过程中实现标准化生产，必须要保证参与到产业化经营中的各利益主体有一个合理的利益分配机制。由于农业标准化的生产可以提高产品质量，从而带来价值增值，而这些增值在现实中往往未能在产业链各利益主体间得到合理的分配，导致要么标准化执行缺乏动力，降低了标准的适应性、适时性、有效性，要么产销经营者出于增加利益的吸引而改变经营方式进而打乱了原有的产业化格局，破坏了原有的产业组织平衡，影响了产业化经营的效率，导致运行机制不畅。

（二）从事农业标准化生产的专业人才短缺

传统意义上的“公司＋农户”“公司＋基地＋农户”等横向一体化的产业化经营模式在全球经济一体化的今天均要向农民专业合作社等纵向一体化的高级形式转变。而在纵向一体化的产业经营模式中，对农业技术推广与运用、农业市场预期与风险规避、农企管理、农业经营资本运作等方面的要求较高，需要素质较高的专业技术人员。在标准领域，这方面的要求更为严格。而现实往往是，标准化工作人员的专业化程度和综合素质不高，知识老化现象严重。科学研究、产品开发与标准化工作相脱节，站在最前沿的科技专家往往难以参加具体的标准化制定工作，有效适用的标准比例明显低于西方发达国家，致使标准缺乏科技含量，标准整体水平偏低，达不到现阶段产业化经营转型对标准化的要求。

（三）标准制定不科学，管理不规范

农业产业化经营要求从形式上体现“一体化”的特征，即包括农业产前、产中和产后的一系列环节内化为一个有机整体，在执行标准方面，也需要有一整套完善的标准与之分别对应。我国目前农产品产前、产、供、销以及在包装、管理等一些小类的标准方面，一是不完善，由于某些重要标准缺位难以形成标准的“一体化”；二是一些标准多头管理，比如农业部门的农资行业标准与化工行业标准有时会出现不一致，企业经营许可证的颁发通常参考的是化工行业标准。这样，执行农业部标准的经营者没有采纳相应标准的积极性。这种标准多头管理的局面让生产经营者无所适从，从而达不到应有的效果。

(四) 农业标准化生产的宣传推广不到位

标准实施和推广的难度较大，其中一个重要的原因就是标准化的宣传不够，表现在标准方面，一项标准真正到达使用者手里要经历很多环节，一是由于标准发行的渠道不通畅，二是农业生产者不具有获取标准指导生产的积极性，三是标准的宣传推广力度不足。农民生产主体仍受小农意识的影响，或从风险考虑，或从成本考虑，在主观意识上不愿意通过标准的施行改变目前的生产状况。

三、政策建议

(一) 加大政府资金投入，推动农业标准化得以切实推广

农业标准化的实施从经济学上来说，相当于在生产中引入了一种投入要素，从广义来看，属于管理成本范畴，是一项公共物品。从全社会范围来看，将增加社会总福利，即带来产业生产的“有序化”、产品“高水平”以及“同质化”，需要政府对标准化生产进行投入。投入的资金主要用在以下 3 个方面：一是用于标准的制修订方面，安排专门的项目资金用于建立和完善农业各类标准以及相关标准体系；二是用在吸引专业技术人才在相应的岗位上而设置的奖励津贴以及广大科研机构实施应用示范教学基地等建设方面；三是用在激励生产经营主体行为方面，对在农业产业化经营过程中标准化的推广、应用做法突出、效果明显的单位、组织和个人实施奖励，促使他们更进一步在产业化经营中实现标准化生产。

(二) 借鉴国内外经验，支持“绿色食品”等产业持续发展

自 20 世纪 60 年代以来，发达国家如美国、日本以及欧盟各国为了保护本国农民和消费者利益，都根据自身市场特点基本实现了农业标准化生产，并以此影响国际标准，使自己取得国际贸易的有利地位。我国应充分吸收、借鉴国外先进的产业化体系发展模式，更科学、适宜地将中国特色标准化生产植入于本国的产业化经营中来。同时，也应充分发挥本土标准化成功范例，如“绿色食品”相应标准体系和产业化发展模式，一方面加强模式借鉴，充分探讨其在农业产业化经营中应用的可行性；另一方面，支持和鼓励“绿色食品”等标准化发展模式的发展壮大，成为产业化经营与标准化生产相结合的物质载体，将我国农业产业化生产经营模式推向深入。

(三) 协调利益分配，做好中小型企业及龙头企业发展导向

农业产业化经营是经实践证明的成功模式，具有“1 +1 >2”的规模报酬递增效应，当产业链上实现价值增值时，需要较好地协调利益分配，理顺管理体制，以保证这个模式平衡、持续地发展。引入科学管理能够解决这一问题，而一个有效的管理需要建立在明晰

的产权、健全的制度的公司制实体之上。因此，注重培育中小型农业企业、农民合作组织的发展，鼓励农业龙头企业理论、制度创新，尤其要发挥农业协会的作用，形成行业内监督、约束的良好规则，更好地规范主体行为，从而保证农业产业化运行机制的通畅。

（四）加大宣传贯彻，实现标准化生产的社会化推广

"大市场、小农户"是我们的基本国情。在产业化经营中推行标准化生产是一项社会性活动，需要社会全体成员的参与。农业生产经营者是推行标准化生产的根本力量，政府决策制定者是推行标准化生产的重要推手，标准研究、制定的科研技术人员是推行标准化生产的必要保障，广大公众是推行标准化生产的监督力量。除了农业生产经营者根据自己的主营范围选择或被要求采纳执行相关标准以外，政府相关管理部门要积极引导、鼓励农业生产经营者实施标准化生产，标准的研制相关从业人员也要以高度的职业敏感性去监控一项标准的可应用性，广大消费者通过对标准化内涵的了解进行必要的舆论监督活动。因此，要加大对各类主体宣传农业标准化在农业生产中的重要性，积极开展农业标准化的示范推广工作，一是要以政策倾斜的方式做宣传，促使各地农业管理者、工作者，尤其是基层农业工作者普及农业标准化知识，鼓励其由试点开始，逐渐推广标准化实施的范围。二是要以科技下乡、举办农民培训等形式向广大农民传授产业化、标准化知识，使农民能听懂、主动学、见实利，成为农业标准化生产与农业产业化经营相结合的实施者。

参考文献

丁保华，陈思，廖超子，等.2008. 无公害食品标准体系建设的思考与建议［J］. 世界农业（1）：14－16.

胡秉安.2003. 农业标准化在推动农业可持续发展中的作用与对策建议［J］. 中国农学通报（3）：139－141.

黄季焜，胡瑞法，智华勇.2009. 基层农业技术推广体系30年发展与改革：政策评估和建议［J］. 农业技术经济（1）：4－11.

姜天龙.2012. 工业化进程中农户行为分化与动因分析［J］. 安徽农业科学（2）：1 150－1 152.

李秉蔚，乔娟.2008. 国内外农业标准化现状及其发展趋势［J］. 农业展望（6）：38－41.

李里特.2000. 农产品规格化、标准化是农业产业化经营的基础［J］. 科技导报（11）：49－52.

李里特.2008. 农业标准化和食品安全［J］. 农产品加工（1）：6－8.

牛若峰.2006. 农业产业化经营发展的观察和评论［J］. 农业经济问题（3）：8－16.

王兴录.1999. 农业标准化是现代农业发展的重要手段［J］. 吉林农业大学学报（21）：142－143.

许建平.2000. 农业标准化与农业产业化［J］. 中国标准化（2）：27－28.

姚尧，高海燕，张红，等.2007. 中国食品安全标准化体系中各主体关系研究［J］. 食品工业科技（7）：40－42.

于冷.2007. 对政府推进实施农业标准化的分析［J］. 农业经济问题（9）：29－34.

我国绿色食品产业结构存在的问题与调整对策研究*

张　侨

（中国绿色食品发展中心）

绿色食品是农业部推动的一项农产品安全公益性事业，从1990年开始，历经25年发展，在推动我国农业标准化生产、提升农产品质量安全水平、促进农业增效和农民增收起到了积极的示范作用，已成为当前和今后一个时期农产品生产消费的主导品牌。随着我国农业进入提质增效新阶段，绿色食品生产方式和产业结构调整的压力进一步增大。通过稳增长、调结构、提质量，激发绿色食品发展活力，加快绿色食品生产方式转变，对促进绿色食品持续健康发展，保障现农产品质量安全具有重大现实意义。

一、我国绿色食品产业结构现状

绿色食品通过建立并推广绿色食品生产技术和质量控制体系，产业发展规模日益壮大，在保障优质农产品有效供给、推进农业结构调整、促进企业增效与农民增收等方面取得了积极成效，产业整体发展水平逐步提高。截至2014年年底，全国有效使用绿色食品标志企业总数8 700家，产品总数21 153个，分别比2013年增长13.0%和10.9%，绿色食品发展速度稳步增长，绿色食品产品抽检合格率达99.5%，保持在较高水平，绿色食品质量安全水平不断提升。

从申报主体看，一方面国家级及省级农业产业化重点龙头企业、农民专业合作社等绿色食品发展传统申报主体保持稳定发展态势，另一方面种养大户、家庭农场、合伙企业等多类型主体逐步成为绿色食品发展新生力量，丰富了绿色食品产业结构构成。2014年绿色食品年销售额已达到5 480.5亿元人民币，出口额24.8亿美元，绿色食品品牌带动效应日益凸显，不断促进了企业增效和农民增收。

从产品结构看，在全国有效使用绿色食品标志产品中，农林及加工产品占74.2%、畜禽类产品占5.2%、水产类产品占3.3%、饮品类产品占9.2%，其他产品占8.1%，

* 本文原载于《农产品质量与安全》2015年第5期，19－21页

产品类别涉及包括粮油、果品、蔬菜、肉类、蛋奶、水海产品、酒类、饮料等57类产品，基本涵盖了全部食用农产品，有效保障了优质品牌农产品消费需求。

从区域分布看，山东、江苏、浙江、黑龙江、安徽、湖北、福建、广东、四川、辽宁、河北11个省有效使用绿色食品标志企业数量超过300家，占全国绿色食品有效用标企业数的71%，成为我国绿色食品发展的中坚力量。这些地区生态环境优良，区域优势明显，政府扶持政策或资金支持力度大，绿色食品产业已成为当地支柱产业，有力推动了地方经济与社会发展，社会效益和经济效益明显。

二、我国绿色食品产业结构存在的问题

近年来，尽管我国绿色食品发展规模和质量有了很大提升，但由于我国农业发展内外环境发生深刻变化，绿色食品发展进入规模速度型增长转入质量效益型增长新时期，产业结构问题逐步显现。

（一）畜禽产品和水产品比重继续下滑

截至2014年，绿色食品畜禽类和水产类产品数量分别为1 095个和698个，分别占绿色食品产品总数的5.2%和3.3%，比2013年分别下降0.9%和0.2%。畜禽产品、水产品等养殖业生产企业生产链条长，按照绿色食品全程质量控制技术要求，饲料获取成本较高、全程质量控制较难，畜禽产品和水产品发展数量增长较慢，占绿色食品发展总量的比重持续降低，已成为我国绿色食品产业结构最突出问题。

（二）以初级及初加工农产品为主的产业层级较低

由于我国现阶段农畜业现代化程度较低，在具有市场竞争优势的绿色食品主要集中在蔬菜、水果、肉类制品等初级加工农产品，初级加工产业链条短、附加值低、对资源依赖严重、不能充分发挥品牌优势，当市场环境发生变化时，易出现较大波动。因此，我国绿色食品主导产业一直是处于产业链低端，精深加工等高端产业发展相对滞后，严重影响了绿色食品产业发展水平提升。

（三）发展成本与品牌效益的矛盾日益突出

与普通食品相比，绿色食品在基地建设、生产原料及生产资料购买、设备更新及技术人员培训方面投入大，企业生产和运营成本较高，而绿色食品企业生产规模以中小型为主，产能产值均不高，部分企业发展对当地政策和补贴扶持依赖较重，加之部分消费者对绿色食品了解相对不足，产品在市场上未能充分反映优质优价，发展成本与效益的矛盾突出，绿色食品发展具有不可持续的风险。

（四）部分申报主体持续用标能力较差

现阶段，相对于当前消费者差异化、多样化、品牌化消费行为与消费心理需求，我国绿色食品生产及销售市场仍存在产品种类较少、品牌认知度不高、市场份额较小等问题。相当一部分绿色食品发展主体在遇到监管压力加大、生产成本增加、质量控制困难等问题时，选择放弃使用绿色食品标志。

（五）发展区域不平衡问题依然突出

长期以来，由于区域资源条件、经济水平、发展政策等因素影响，造成了我国绿色食品区域发展的不均衡，70%以上的绿色食品产业高度集中在东部沿海地区和农业发展大省，其他地区由于农业基础设施滞后、产业支撑能力薄弱等因素制约，发展速度和发展规模大多低于全国平均水平。

三、我国绿色食品产业结构调整对策

绿色食品产业是国家推进农产品质量安全提升的重要抓手，是促进农业可持续发展和现代农业建设的重要发展方向，有着广阔的发展空间。当前正是绿色食品转型发展的大好时机，也是绿色食品提质增效的必然阶段，应以党的十八大及十八届三中、四中全会精神为指导，按照农业部推进农业品牌战略实施要求，以“保障质量安全，提升品牌价值”为核心，以“加快结构调整，提升发展水平”为主线，充分发挥农、林、牧、渔各产业的潜力，加快推进绿色食品产业结构调整，力促我国绿色食品产业发展水平提升。

（一）加大政策支持是加快绿色食品产业结构调整的保障

一是加快制定绿色食品产业发展规划。站在战略全局的高度，各级农业主管部门应加快对未来一段时间绿色食品产业发展目标、发展重点、工作要求等做出全面规划，并把绿色食品产业发展规划纳入农村经济发展总规划同步实施，切实加快提升产业整体发展水平，提高绿色食品产业核心竞争力和风险控制能力。二是强化政策引导。通过在项目扶持、科技投入、市场准入等方面给予政策倾斜，促进绿色食品生产要素和资源向这些优势产业集中，优化绿色食品生产区域布局，加快产业结构调整。三是进一步优化服务环境。严格执行农产品质量安全法、绿色食品标志管理办法，按照新修订的绿色食品标志许可审查程序要求，用足各项扶持政策，深入了解生产企业和生产农户需求，依法依规提高为企业、为农民办事效率，全力提升服务水平。

（二）推进标准化生产是加快绿色食品产业结构调整的核心

标准是质量的核心，标准化不仅是提高绿色食品产品质量、保障农产品质量安全的重要技术支撑，也是绿色食品产业持续发展发展的基础保障。要推动绿色食品产业结构调整和发展水平升级，必须抓好绿色食品生产技术标准研究与推广。一方面要加强标准的完善与升级。完善我国绿色食品全程质量控制标准体系，加强对农产品生产环节和流通环节的产地环境、生产技术、产品质量控制、包装运输等一系列标准的制订和修订，通过标准设立企业准入门槛，控制产业质量风险，淘汰落后产能。同时，加快现有标准与国际标准的接轨，提升绿色食品标准适用能力。另一方面加强标准化基地建设。与现代农业示范区和园艺作物示范园、农产品质量安全示范县、农产品质量追溯体系建设等项目创建结合，加强绿色食品原料标准化生产基地建设。建立起一批符合农业发展趋势、区域分工明显、产业关联度大的绿色食品标准化生产基地，同时，强化质量安全培训，严格投入品管理，充分发挥引领示范作用，以标准化生产提高农产品质量安全水平，促进绿色食品产业化水平整体提升。

（三）优化产业布局是加快绿色食品产业结构调整的关键

一是稳步壮大畜禽业和水产业。安全可靠的饲料原料是保证畜禽产品安全性的关键。通过鼓励加快绿色食品生产资料发展，加大绿色食品生产资料推广力度，为畜禽和水产产业解决饲料瓶颈，逐步扩大绿色食品畜禽水产业发展规模。二是大力培育精深加工产业。引导一批具有一定规模和市场竞争力的产业科技型龙头企业发展绿色食品产业，提高大中型企业、名牌企业和加工企业占比，稳步推进绿色食品产品结构调整和产业结构升级，延伸绿色食品产业链条，提高绿色食品产品附加值，提升优质品牌农产品市场竞争力。三是调整产业发展布局。充分发挥区域优势，推动区域特色产业、生态产业和节能产业融入绿色食品产业发展。加大对西部地区、贫困县域、有资源优势和市场潜力但发展较慢地区的扶持力度，充分发挥绿色食品产业在农村脱贫、农民增收方面的促进作用。四是提高产业质量安全水平。安全优质农产品是“产出来”的，也是“管出来”的，加大绿色食品技术标准研究与推广力度，确保产品质量安全是绿色食品产业结构调整的核心。一方面要加强源头管理。加强对原料基地、投入品管理、质量控制等风险控制关键点把关，稍有不合、坚决不批，切实把质量安全风险隐患消除在源头。另一方面要强化依法实施监管。各级农业部门利用好年度检查、市场监察、专项检查等监管手段，加强标志保护与防伪打假工作，提高绿色食品质量安全水平。另外，持续用标工作也是调整优化绿色食品产业结构、提升产业水平、持续培育农产品品牌的重要手段。要利用绿色食品期满换证的重要契机，择优淘劣，优化结构，稳定存量，全面推进绿色食品产业快速协调平衡发展。

（四）加强科技创新是加快绿色食品产业结构调整的动力

现阶段，由于我国农业现代化水平不高，生产方式粗放，造成土地短缺及利用率不高、化肥农药污染严重等一系列资源环境问题，一直没有得到有效解决，绿色食品发展受到了严重的条件约束，规模发展动力明显减弱。积极推动科技创新，从注重规模数量转向更加注重质量效益将成为新时期绿色食品产业持续健康发展的根本驱动力。一要加大科技投入力度。保障科技投入资金，健全人才投入机制，加大对绿色食品标准化、产业化和品牌化建设等重点发展领域的投入力度。二要加强产学研结合。要将高新技术作为促进绿色食品产业发展的有力武器，加大研究深度与广度，加强推广力度，促进绿色食品产学研结合，切实夯实绿色食品发展基础。三要加快科技推广。通过开展绿色食品科技推广和人员培训，指导绿色食品主体经营者科学合理使用农业投入品，切实提高农业资源使用效率，提升农产品生产科技含量，促进绿色食品科技成果转化为生产力。

（五）实施品牌战略是加快绿色食品产业结构调整的根本

绿色食品品牌是产品安全、优质的质量证明。全方位深度开展品牌宣传，不断扩大绿色食品品牌影响力，维护绿色食品的质量信誉不仅是绿色食品产品结构调整的必然需求，也对城乡居民消费结构转型升级起到了积极的促进作用。下一步，应坚持“质量为本，品牌先行”原则，在抓好绿色食品生产质量的基础上，充分实施绿色食品品牌引领战略，是加快推进绿色食品产业结构调整的根本。一要靠质量创品牌。产品质量是绿色食品品牌立身之本。通过持续不断地完善推广绿色食品生产技术，狠抓绿色食品产品质量，提高绿色食品市场信誉度和消费者认知度，稳步提升品牌市场影响力。二要靠品牌建品牌。通过推动农业产业化重点龙头企业、出口型企业等市场空间大、行业带动能力强的生产主体发展绿色食品，用知名企业品牌作为载体，扩大绿色食品品牌影响，推动绿色食品品牌建设。三要靠宣传打品牌。拓展宣传渠道，宣传扩大绿色食品品牌影响力，提升绿色食品品牌知名度，增强绿色食品安全信任度，引导社会健康消费及绿色消费理念，从而不断推动绿色食品产业结构调整和产业水平升级。

参考文献

顾蕊，聂凤英. 2015. 我国农产品价格结构稳定性的实证研究［J］. 中国食物与营养，21（6）：50 – 54.

李志纯. 2015. 农产品质量安全“产管融合”研究［J］. 农产品质量与安全（1）：9 – 11.

孙超，孟军. 2011. 国际农产品价格波动的因素分析及对中国的启示［J］. 世界农业（3）：56 – 60.

王二朋. 2015. 消费者食品安全信任指数研究［J］. 农产品质量与安全（1）：61 – 64.

王国安，牛静. 2012. 中国农业面源污染的成因及治理——基于汾河流域研究成果［J］. 世界农业（3）：69 – 71.

王运浩. 2015. 推进我国绿色食品和有机食品品牌发展的思路与对策［J］. 农产品质量与安全（2）：10 – 13.

夏兆刚，谢焱. 2014. 绿色食品畜禽水产品发展存在的问题及制约因素研究［J］. 农产品质量与安全（3）：25 – 28.

于福满，蔡克周，程榆茗. 2011. 我国畜禽产品质量安全存在的问题与对策［J］. 中国食物与营养，17（2）：10 – 12.

张志华，唐伟，陈倩 . 2015. 绿色食品原料标准化生产基地发展现状与对策研究［J］. 农产品质量与安全（2）：21 – 24.

中国绿色食品发展中心 . 2015. 绿色食品统计年报（2014）［EB/OL］.（2015 – 4 – 17）［2015 – 06 – 20］http：//www. greenfood. agri. cn/zl/tjnb/2014/201504/t20150417_ 4533171. htm.

发展绿色食品　提升食品质量安全*

袁　泳　沈　熙　徐园园

（湖北省绿色食品管理办公室）

国以民为本，民以食为天，食以安为先。面对愈演愈烈的食品质量安全问题，绿色食品企业应当承担起保障食品质量安全的社会责任，而绿色化、标准化便是绿色食品企业落实企业社会责任、保障食品质量安全的两大重要策略。

企业以社会责任为基础，消费者的信任是企业生存的前提，一旦丧失消费者信任，即使是百年老店，也只有破产一条路。因此，"君子虽爱财，亦取之有道"，企业在经营时必须不忘社会责任，以诚信为本，获得消费者的信任，才得以最终做大做强。认识到企业社会责任对绿色食品企业的重要意义，能够显著地增强绿色食品企业的社会责任意识，但能否落实企业社会责任，还需要企业制度建设和企业发展战略的支撑。

一、绿色食品企业绿色化策略

绿色食用农产品代表着未来食品发展的方向。随着人们生活水平的提高和消费方式的改变以及人们环保意识的增强，绿色食用农产品需求将逐步成为主导需求，人们需要更多的无污染、无公害、安全、卫生、营养的绿色食用农产品。联合国粮农组织在其第三十届大会上发表了《2000—2015 年全球农业战略框架》，综合世界政治、经济、社会和技术等因素指出了今后农业发展所面临的 12 种主要趋势，其中第七种趋势明确指出："消费者喜好改变，公众对粮食和环境问题的认识提高，即消费者对鱼类、水果、蔬菜等非主食产品和无污染、绿色产品的需求增加，同时对食品质量安全和环境问题的认识提高，要求有更科学的标准保证食品质量和安全。"因此，人们对未来农业的发展及食品的要求不仅是数量上的安全性，而且是要求高品位、高质量、优品种的绿色食用农产品，从而实现人与环境共处良性循环中。

这就一方面要求绿色食品企业要加大"三品"的申请力度，另一方面也要求企业实行食品召回制度。实行食品召回制度的优点在于能更好地降低缺陷食品带来的安全风

---

* 本文原载于《中国食品报》2013 年 5 月 29 日第 3 版

险，保障公众安全，维护消费者的根本利益。消费者的这些要求还有利于绿色食品企业的长期健康发展，它不仅可以将可能发生的复杂经济纠纷简化，将可能发生的巨额赔偿数目降低，而且能够赢得消费者的信赖，维护企业的良好形象，降低社会成本和交易成本。缺陷食品由生产商、进口商或经销商召回，是把可能由公众承担的损失转回到生产商、进口商或经销商身上，即将社会成本内部化，负经济刺激会促使企业降低社会成本。另外，召回缺陷食品，体现了生产商、进口商和经销商对社会负责的态度，让消费者安全放心消费，避免出现买家与卖家相互猜疑、信用缺失的状态，提高交易信用，降低消费者的搜寻费用。

二、绿色食品企业标准化策略

标准是一种特殊文件，是现代化科学技术成果和生产实践经验相结合的产物。它来自生产实践，反过来又为发展生产服务，标准随着科学技术和生产的发展应不断完善提高。标准化的目的和作用，都是通过制定和贯彻具体的标准来体现，所以标准化活动不能脱离制定、修订和贯彻标准，这是标准化最主要的内容。

企业标准是指企业所制定的产品标准和在企业内需要协调、统一的技术要求和管理、工作要求所制定的标准。企业生产的产品在没有相应的国家标准、行业标准和地方标准时，应当制定企业标准，作为组织生产的依据。在有相应的国家标准、行业标准和地方标准时，国家鼓励企业在不违反相应强制性标准的前提下，制定充分反映市场、顾客和消费者要求的，严于国家标准、行业标准和地方标准的企业标准，在企业内部适用。

企业标准化是为在企业的生产、经营、管理范围内获得最佳秩序，对现实问题或潜在的问题制定共同使用和重复使用的条款的活动。其要点是：企业的标准化活动可使企业生产、经营、管理活动的全过程保持高度统一行动和高效率的运行，从而实现获得最佳秩序和经济效益的目的。企业标准化的对象是企业生产、技术、经营、管理等各项活动中的重复性事物和概念。企业开展标准化活动的主要内容是建立、完善和实施标准体系，制定、发布企业标准，组织实施企业标准体系内的有关国家标准、行业标准和企业标准，并对标准体系的实施进行监督、合格评价和评定并分析改进。这些活动应以先进的科学技术和生产实践经验为基础。企业标准化是在企业法定代表人或其授权的管理者领导和组织下，明确各部门各单位的标准化职责和权限，为全体员工积极参与创造条件，提供必要的资源，规定标准化活动过程和程序的规范化、科学化、系统化的系统活动。

辽宁省绿色食品有机食品发展分析*

徐延驰

（辽宁省绿色食品发展中心）

辽宁省绿色食品事业创建于1990年，是全国开展工作最早的省份之一，经过22年的不懈努力，绿色食品产业从无到有，从小到大，已涵盖粮油、蔬菜、水果、畜产品、水产品、饮品六大类。截至2011年12月31日，认证绿色食品企业95家，产品221个，企业总数达到298家，产品总数690个，产品面积393万亩，实现年销售额60亿元，出口额6 178万美元；全年认证有机食品40家，产品258个，认证面积85万亩，年销售额17.6亿元，出口额2 127万美元；全国绿色食品原料标准化生产基地22个，共376.5万亩；辽宁省绿色食品原料生产示范基地8个；绿色食品、有机食品生产资料企业6家。

一、辽宁省绿色食品有机食品工作面临的新形势

辽宁省绿色食品有机食品质量总体良好，在2011年频发的质量安全事件中，绿色食品有机食品企业以过硬的质量、规范的管理、良好的信誉经受住了考验，为确保食品质量安全发挥了主导作用。近年来，各级政府越来越重视食品及农产品质量安全工作，中央连续多年将发展绿色食品写入中央一号文件，省委、省政府也将农产品质量安全作为一项重大任务进行部署，食品质量安全工作已纳入各地政府目标考核和领导干部政绩考核内容，各级政府支持和推动的力度越来越大，绿色食品发展面临越来越好的政策环境和条件。

在看到发展机遇与动力的同时，也要看到当前农产品质量安全形势依然严峻。一是行业发展面临巨大压力。随着我国经济持续稳定发展，人们对食品安全的要求越来越高，2012年国家认证认可监督管理委员会对有机产品认证的相关规定作出重大调整，新修订了有机产品标准、《有机产品认证实施规则》，首次出台了《有机产品认证目录》，已于2012年3月1日起正式实施。这些办法的出台提高了有机食品认证的门槛，

---

* 原文载于《农业科技与装备》2013年第3期，79－80页

认证难度加大，直接影响到企业认证的积极性。2012 年 2 月 23 日农业部又出台了进一步加强农产品质量安全监管工作的意见，对农产品质量安全监管工作提出更高的要求，绿色食品有机食品作为农产品中的高精尖产品，理所当然受到更多的关注。二是绿色食品行业发展的隐患依然存在。由于前几年的快速发展，辽宁省绿色食品总量规模已经达到了较高水平，监管任务越来越重，但现有人员、经费、手段都明显不足，越来越不适应发展的需要。与此同时，消费者对农产品质量安全问题的关注度越来越高，容忍度越来越低，对绿色食品有机食品的期望值越来越大，要求越来越严。三是企业的诚信还有待加强。少数绿色食品有机食品企业的自律意识和责任意识淡薄，全程质量控制体系落实不到位，产品质量安全隐患和不规范用标现象依然存在。四是队伍建设进一步加强。各地工作进展不平衡，一些地方对工作的认识和监管措施还没有完全到位，现场检查走形式，制度不落实，难以适应新形势下对绿色食品有机食品工作的需要。

二、新形势下辽宁省绿色食品有机食品面临的新局面

面对新形势，中国绿色食品发展中心和辽宁省省委、省政府都对绿色食品有机食品工作提出更高的要求。全国“三品一标”工作已由相对注重发展规模进入更加注重发展质量的新时期，由树立品牌进入到提升品牌的新阶段。辽宁省农业委员会提出要稳步发展绿色食品有机食品，强化品牌意识，树立品牌形象。辽宁省工作总的要求是：按照农业部绿色食品发展中心加强农产品质量安全的总体部署，进一步强化绿色食品有机食品证后监管工作，做到好中选优，严字当头，坚决反对快上快出政绩的思想。进一步增强风险意识，严格把关，严格监管。稍有不合，坚决不批；发现问题，坚决出局，从而保护和提升绿色食品这个品牌。

三、新形势下辽宁省绿色食品有机食品工作的主要措施

（一）加强领导，组织协调

绿色食品事业是一项公益性事业，推动绿色食品事业发展是农业部门的一项重要职责。各级农业部门要高度重视，将绿色食品有机食品工作纳入农产品质量安全的整体工作中去谋划、去推进。要加强与财政、人事、质监等相关部门的组织协调，争取资金支持，按辽宁省的部署，根据本地的环境和资源条件，研究制定发展规划，加强对绿色食品产业发展的科学指导。

（二）严格要求，稳步发展

在“从严从紧，积极稳妥”认证工作方针的指导下，积极组织产品认证，既要防止大起大落，又要切实防范认证风险，保持辽宁省绿色食品有机食品事业平稳健康发

展。各级绿色食品管理机构要针对目前认证工作中的新规定、新标准，积极调整思路，转变方式，应对变化中带来的不利因素。一是认真学习新规定、新标准，及时向企业宣贯，帮助企业迅速适应新标准带来的新变化。二是严格规范产品认证。要树立认证也是监管的理念，严格认证审查。三是提高准入门槛。绿色食品要坚持高标准、严要求，走精品路线。有机食品要因地制宜，重在依托资源和环境优势，在有条件的地方适度发展，满足国内较高层次消费需要，参与国际市场竞争。

（三）突出重点，加强监管

按照农业部开展“三品一标”品牌提升行动的要求，多措并举加强绿色食品质量安全监管工作。要将监管作为工作的首要任务，紧紧依靠各级农业行政主管部门推动此项工作。一是进一步提高企业年检时效性。要做到 100% 实地检查，年检是近距离接触企业，全面了解企业的包括产品质量，控制体系、规范用标等情况的最好时机，重点检查生产投入品的使用和规范用标等问题。针对问题，提出要求，发现问题，及时整改。提高责任心和使命感，避免现场检查流于形式。二是多渠道筹措资金，加大产品抽检力度。要将抽检工作纳入到日常监管工作中来，2012 年辽宁省绿色食品发展中心委托绿色食品监测机构加大对重点区域、重点行业、重点时节的重点产品的抽检力度。三是扩大市场监察范围。2011 年，辽宁省共检查了 7 个市场，抽取绿色食品样本 255 个，涉及 218 个企业。2012 年加大了市场监察范围，由原来的大城市逐步向中小城市、县级城市延伸，加大打击假冒和纠正不规范用标的力度，防止假冒绿色食品和不规范用标产品进入市场。四是进一步完善企业内检员制度，要确保每个企业至少有 1 名经过培训注册的相对稳定的内部检查员，各级绿色食品管理机构要与内检员保持一定联系，保证他们发挥作用。

（四）创建基地，扩展规模

2012 年，省委、省政府把推行农业标准化作为新阶段农业再上新台阶的战略举措，把全面提高农产品质量、实施农业名牌战略，作为农业发展的切入点。辽宁省农业委员会刘长江主任在全省农业工作会上也提出：建设一批生产技术科学配套、投入品监管严格有序、产品质量 100% 合格的标准化生产示范区。在基地创建过程中，要创新机制、建管并重，坚决杜绝只建不管、建管分离的情况，本着突出地方优势产业，突出区域化布局、规模化生产的原则，稳步地推进绿色食品基地的发展规模。

（五）抓好品牌，促进营销

一是组织绿色食品企业和有机食品企业参加中国绿色食品博览会和中国国际有机食品博览会等国内外大型展会，集中展示辽宁省优质特色的农产品。二是各级部门开展绿色食品宣传周，宣传月活动。加大品牌宣传力度，充分利用电视、广播、报刊、网络等新闻媒体大力宣传绿色食品“环境有监测、生产有规程、产品有检验、包装有标识、质量可追溯”的生产模式，让消费者加深对绿色食品基本制度的认知，增强消费者信心。三是鼓励引导企业在超市、农贸市场、社区建立直销专营店、销售专柜或专区。积极探索和推进“产销对接”，让绿色食品、有机食品生产企业与采购商对接洽谈。四是要充分利用辽宁省绿色食品网和辽宁绿色食品简报这两个平台，助力绿色食品有机食品企业树立新形象。

（六）加强培训，建设队伍

继续加强市级绿色食品工作机构建设，健全市（县、区）级工作机构，逐步推动绿色食品工作向乡（镇）基层拓展。各级农业部门要结合本地的农产品质量安全监管体系建设，将绿色食品有机食品工作体系建设一并纳入到农产品质量安全监管体系建设范围，强化企业内部检查员制度建设，针对企业员工流动大等不利因素，及时对内部检查员进行培训。辽宁省中心也将结合绿色食品有机食品认证制度新的变化和规定，加大对检查员和监管员的培训力度，并鼓励“两员”参加全国中心组织的各种业务培训。

我省绿色食品产业发展前景浅析*

张金凤

（吉林省绿色食品办公室）

我国绿色食品事业在1990年拉开了序幕，经过20多年的发展，取得了令人瞩目的成绩，创立了一个具有鲜明特色的朝阳产业，打造了一个代表我国安全优质农产品的精品品牌。

近几年，吉林省绿色食品产业发展形势良好，企业认证积极性高，获证企业及产品较前几年有所增加。绿色食品企业中有部分国家级龙头企业和省级龙头企业，但也不难看出，吉林省绿色食品产业的发展道路比较艰难。企业应该把绿色食品产品优势和资源优势很好地转变为商品优势和市场优势，才能获得良好而持久的经济效益。但是，实际上并非如此。部分企业规模小，基础设施不完善，没有形成品牌化，经营理念滞后，个别绿色食品企业获证后便销声匿迹了，退出了绿色食品的舞台。还有的企业存在包装标识不规范，未标注企业信息码、使用过期编号等问题，企业自律意识差。

企业经营的好与坏，关乎一方经济的发展。实际上目前部分企业的发展面临着困境，其中既有大环境带来的影响，也有自身存在的问题。那么，绿色食品产业怎样才能更好地发展，怎样才能开创美好的前景，笔者认为应从以下几方面考虑。

一、实施标准化生产，是绿色食品产业长远发展的技术支撑

绿色食品创建了一整套符合我国现代农业发展的模式，构建了具有国际先进水平的技术标准体系，在保护生态环境，提高经济效益，保障农产品质量和消费安全，提升我国优质农产品竞争力方面，发挥了不可替代的作用。绿色食品的生产实行全程质量控制，从“田间到餐桌”整个环节都要依据绿色食品生产操作规程，实施标准化生产，坚持产地有监测、过程有控制、产品有检验、包装有标识、质量可追溯等一系列标准体系。绿色食品企业要严格遵循标准化生产，做好关键控制点的监控，确保产品质量稳定

* 本文原载于《吉林农业》2014年第24期，7页

可靠，促进绿色食品产业良性发展，进而推动农业标准化进程，提高农产品质量安全水平。

二、加强行业自律，是绿色食品产业发展壮大的前提条件

绿色食品企业要发展，离不开全社会的支持，离不开公众的认可，更离不开自身的诚实守信。诚信是企业经营的一种资本，是企业发展的无形推动力，依靠诚信经营，树立企业良好形象，进而提升企业竞争能力已成为企业发展所必须具备的前提条件。企业是产品质量安全第一责任人，建立健全绿色食品质量安全保障体系，增强绿色食品企业自我管理、自我约束、自我监督的自律意识，诚信经营。做好企业，才能做好产品。绿色食品企业要保护好原料基地的生态环境、保证产品质量、规范使用标志、保障消费安全，讲诚信、讲责任、自觉维护绿色食品品牌公信力。同时按照监管部门要求，建立健全各项记录，完善各项规章制度，遵守相关法律法规，加强行业自律，在响应政府导向、服务消费者、发展自我等方面形成一种良性循环的发展格局，使企业在绿色食品发展的道路上立于不败之地。

三、落实监管制度，是绿色食品产业规范发展的重要措施

绿色食品现已形成一套完整的监管体系，通过有效落实企业年检、产品质量抽检、标志市场监察、质量安全预警、公告通报等五项监管制度，进一步强化监管措施。年检是通过对企业的生产经营活动的监督、检查、考核及评定，使绿色食品企业达到或超过认证时的水平，规范生产，加强对产品质量和标志使用的监督管理；抽检是对已获得绿色食品标志使用权的产品采取监督性抽查检验，是绿色食品证后监管的一项刚性化手段；市场监察是加强绿色食品标志使用的市场监督管理，规范企业用标，打击假冒行为，维护绿色食品的公信力，对市场上绿色食品标志使用情况进行的监督检查。同时通过质量安全预警、公告通报等制度的实施，使绿色食品企业发展更加规范。

四、积极做好宣传，是绿色食品产业良性发展的重要推动力

绿色食品符合现代农业“高产、优质、高效、生态、安全”的目标，代表着我国安全优质农产品发展的方向。质量保证是基础，品牌宣传是关键。政府部门应加大宣传力度，通过电视、广播、报刊、网络等新闻媒体进行有效地宣传，使绿色食品得到全社会的认知和消费者的信赖。企业更应做好宣传工作，通过展示展销来宣传自己的产品。特别是年度一次的中国绿色食品博览会，是全国性绿色食品集中展示和贸易洽谈的大型活动，已成为国内绿色食品产业专业性最强、规模最大、最具权威性的绿色食品贸易盛会，中国绿色食品博览会为绿色食品企业提供了一个展示企业风采、展销特色产品的平

台。只有走出去，才能被认知认可，才能开阔视野，使辽宁省的绿色农产品走出省门，走向全国，乃至全世界，真正实现吉林绿色食品的品牌价值。

五、加大扶持力度，是绿色食品产业健康发展的强有力保障

绿色食品已经成为现代农业的重要组成部分。绿色食品引领着农业品牌化，以品牌化带动着农业标准化，以标准化来提升了农产品质量安全水平，促进农业生产方式的转变。绿色食品企业的发展壮大离不开政策的倾斜和项目资金的扶持。辽宁省个别绿色食品企业昙花一现虽然有企业自身的原因，也与多年来没有任何政策支持有关。借鉴黑龙江、山东、江苏等省的做法，每年投入大量的资金扶持企业的发展。企业发展了，必然会带动一方经济发展，才能真正实现农业增效和农民增收。吉林省世界银行贷款农产品质量安全项目领导小组办公室下发了《关于征集 2014 年吉林省世界银行贷款农产品质量安全认证项目的通知》（吉世农办函〔2014〕12 号），对获证产品予以补助，这犹如一股春风，让绿色食品企业看到了希望。相信在政府的重视和支持下，绿色食品企业的路一定会越走越宽，越走越远，绿色食品产业也一定会发展成为我省未来重要的支柱性产业。

湖北绿色农业发展与美丽乡村建设*

陈永芳　罗毅民　朱邦伟

（湖北省绿色食品管理办公室）

党的十八大把生态文明建设纳入中国特色社会主义“五位一体”的总体布局，并首次提出建设“美丽中国”，把生态文明放在突出地位，进一步强调了生态文明建设的重要地位和作用。当前，我国的生态建设问题很大程度集中在农村，生态建设的重点也在农村。美丽中国的基础是美丽乡村，没有乡村的生态建设就没有美丽中国的生态文明。经济繁荣但环境污染不是美丽中国，同样，山清水秀但贫穷落后也不是美丽乡村，美丽乡村不单单是要保持青山绿水和良好的自然风貌，更是要在乡村经济发展的基础上保持和保护良好的生态环境，从而使经济发展与生态环境相协调。农业是乡村经济、社会安全的基础，也是乡村的根基，建设美丽乡村要从转变农业发展方式入手，改变传统农业耕作方式，发展绿色农业。

一、建设美丽乡村的现实意义

美丽乡村是在生态文明建设背景下提出来的，是美丽中国宏大愿景的具体实践。党的十八大将生态文明建设提升至国家战略高度，提出建设美丽中国，之后2013年中央一号文件进一步提出推进农村生态文明、建设美丽乡村的要求。美丽中国的基础在于乡村的生态文明，在城乡发展差距较大的背景下，建设美丽中国的重点在于治理乡村环境、发展乡村经济、保持乡村生态、统筹城乡发展。因此建设美丽乡村有巨大的实践意义。

（一）是落实党的十八大精神，推进生态文明建设的需要

党的十八大明确提出“要把生态文明建设放在突出位置，融入经济建设、政治建设、文化建设、社会建设各方面和全过程，努力建设美丽中国，实现中华民族永续发展”，确定了建设生态文明的战略布局。农业生态文明建设是生态文明建设的重要内

---

* 本文原载于《湖北绿色农业发展研究报告（2013）》，湖北人民出版社出版，2014年

容，开展美丽乡村创建活动，重点推进生态农业建设、推广节能减排技术、节约和保护农业资源、改善农村人居环境，是落实生态文明建设的重要举措，也是美丽中国建设在农村地区的具体实践。

（二）是加强农业生态环境保护，推进农村经济科学发展的需要

近年来农业的快速发展，从一定程度上来说是建立在对土地资源、水资源的过度消耗和要素投入过多的基础上，农业乃至整个农村经济社会发展面临着资源约束趋紧、生态退化严重、环境污染加剧等现状的严峻挑战。开展美丽乡村创建，推进农业发展方式转变，加强对农业资源的环境保护，有效提高农业资源利用率，走资源节约、环境友好的农业发展道路，是发展现代农业的必然要求，也是实现农业农村经济可持续发展的有效方法。

（三）是改善农村人居环境，提升社会主义新农村建设水平的需要

我国新农村建设取得了令人瞩目的成绩，但总体而言广大农村地区基础设施建设相对薄弱，人居环境脏乱差现象仍然突出。因此，推进生态人居、生态环境、生态经济和生态文化建设，创建宜居、宜业、宜游的美丽乡村，是新农村建设理念、内容和水平的全面提升，也是贯彻落实城乡一体化发展战略的实际步骤。

建设美丽乡村不只是要实现乡村整体风貌在视觉上的美观，也不只是保持乡村的自然原貌，而是将乡村经济发展与乡村规划、乡村生态环境、生活环境等一系列因素综合考虑，是在经济增长下的环境改善，既实现农民福利增加，又实现乡村美丽。建设美丽乡村的核心在于发展乡村经济，乡村经济的本质是农业的发展，因此建设美丽乡村首要解决的是农业发展的问题。传统的农业生产靠投入大量的人力物力，过度使用化肥和农药来换取农业产量的增长，这种粗放型的农业生产方式在美丽乡村建设的新要求下必须要做出改变，而改变的具体办法就是发展绿色农业。

绿色农业是一种新型的农业生产方式，是充分运用先进科学技术、先进工业装备和先进管理理念，以促进农产品安全、生态安全、资源安全和提高农业综合经济效益的协调统一为目标，以倡导农产品标准化为手段，推动人类社会和经济全面、协调、可持续发展的农业发展模式。绿色农业本身作为一种生态服务而存在，不仅充分体现了生态文明建设的要求，而且重点强调以人为本、环境生态优先。绿色农业遵循尊重自然、爱护自然和保护自然的法则，依靠现代技术的支撑和现代管理理念的应用，逐渐成为生态文明建设的有效载体，更是建设生态文明的重要基础。

二、美丽乡村建设中的绿色农业发展模式

农业对于生态文明建设的基础作用，需要有新的发展模式作为支撑和实现途径。作为一种新型的农业生产方式，当前绿色农业的发展还处于起步阶段，循环经济、低碳经

济、生态经济等都在发展绿色农业方面进行了有益探讨。

（一）循环农业模式

循环农业是循环经济在农业生产领域的具体应用，它经历了循环型农业、循环节约型农业、农业循环经济，最终形成现在的循环农业概念。循环农业的目标是将传统的依赖农业资源消耗的线性增长经济体系转换为依靠农业资源循环发展的经济体系，在农业资源投入、生产、产品消费、废弃物处理的全过程中倡导的是一种与资源、环境和谐的农业经济发展模式，最终实现经济效益和生态环境效益的双赢。循环农业的驱动力是经济效益，其核心是通过资源及废弃物的循环使用，达到农业非效用产出的最小化，并在这种全新的理念和策略下，实现农业经济增长和人口、资源与环境的协调。

循环农业具有 4 个方面特征：一是遵循循环经济理念的新生产方式，要求农业经济活动按照“投入品→产出品→废弃物→再生产→新产出品”的反馈式流程组织运行；二是一种资源节约与高效利用型的农业经济增长方式，把传统的依赖农业资源消耗的线性增长方式转换为依靠农业资源循环利用的发展增长方式；三是一种产业链延伸型的农业空间拓展路径，实行全过程的清洁生产，使上一环节的废弃物作为下一环节的投入品；四是一种建设环境友好型新农村的新理念，遏制农业污染和生态破坏。

国内关于循环农业的发展模式有着不同的探讨。基于产业发展目标的循环农业模式主要有生态农业改进型、农产品质量提升型、废弃物资源利用型和生态环境改善型 4 类；基于农业复合型的循环农业模式有农业生态保护型循环模式、农业废弃物循环再利用模式和产业链循环模式（尹昌斌，周颖等，2013）等。基于产业空间布局的循环农业模式从微观层面、中观层面、宏观层面分别研究了不同层级下的循环农业模式，微观上深入到农户家庭种养殖行为的家庭庭院循环，宏观层面研究乡村层次循环和园区系统循环的生态村镇型循环农业发展模式和区域层次循环农业产业化模式。

在具体农业生产种植上，俞花美等根据海南省发展热带农业的优势、发展中存在的主要问题以及当前海南省可持续热带农业发展的两种主要模式，研究了热带农业循环经济的 9 种典型模式，包括林牧复合生态工程、胶园立体种植模式、桉树林多层次结构模式、观光可持续农业模式、畜禽粪便利用型模式、精准热带农业模式、热带农业清洁生产模式、热带农产品深加工模式、生态农业产业化模式。围绕农业生产过程中投入和产出的关系、吸收农业圈层理论，耿晨光等提出循环农业圈层发展模式。该模式为以城乡为中心构建同心圆的圈层循环农业发展结构，包括城乡结合部为第一圈层的旱稻模式，以蚕桑、苗木、经济林等多年生农林产业及水产畜牧业为主的第二圈层的“种—养—加”模式，以及以优质高产粮油、蔬菜生产基地为主的第三圈层的规模农业模式。在这种多圈层循环农业发展模式下，总结出畜禽粪便分散式土地处理、农作物秸秆还田、微生物堆肥等技术，产生了很强的经济效益、环境效益。而在资源条件不佳的地区和资源环境约束的条件下，如西南地区、西北地区等，寇冬梅等提出，一是以农村庭院为核心，主要包括以能源（沼气）建设为中心环节的家庭循环农业模式、物质多层次循环利用模式和种、养、加、农、牧、渔综合经营型模式，二是专业户模式和集体（区域）协调统一模式的规模化经营。

循环农业在国外起步较早，发展较快，达到了较高的水平。国外循环农业发展主要有杜邦公司的单个企业模式、丹麦卡伦堡模式、工业园区模式、德国 DSD 回收再利用体系以及日本的循环社会模式。国外循环经济的核心是实现物化资源与废弃污染物的减量化（Reduce）投入、排放废弃物的多次利用（Reuse）和废弃物的循环再生（Recycle），基于“3R”原则的循环农业发展模式，在国外现代农业中得到充分体现。

（二）低碳农业模式

低碳农业是在地球气候环境变化背景下提出来，是从低碳经济“延伸”过来的，是低碳经济理念在农业生产方面的具体运用。低碳农业是指在发展农业生产过程中，采用和推广各种“先进”技术，以尽可能减少能量、物质消耗，减少 CO_2 等温室气体的排放，减少环境污染，从而获得最大的经济效益、社会效益和生态效益。与传统“高碳农业”发展模式相比，低碳农业具有明显的节约性、环保性、安全性、高效性、和谐性（赵其国，黄国勤等，2010），也具有低能耗、低物耗、低排放、低污染、高效率、高效益的特征。

一般观点认为，工业对资源的消耗和“三废”产出是环境污染的主要来源，而不认为或没有认识到农业对环境的污染和破坏。事实上，农业生产消耗占据了全球化石能源消耗的很大比例，是重要的温室气体排放源之一，农业产前、产中、产后的全过程都参与耗用能源、排放温室气体，全球碳排放中农业生产排放占近 1/3。农业产前投入，如种子、化肥、薄膜等，都需要通过工业加工制作，都需要消耗化石能源。农业生产所需的农业机械的制造与使用也都离不开电力、石油等能源的使用。农产品的加工、流通能源的使用更是必不可少的。特别是在我国，农业低碳发展形势不容乐观，我国单位耕地面积的化肥平均施用量已上升至 434.3 千克/公顷，是化肥使用安全上限的 1.93 倍，但利用率仅为 40%。农业领域的三大能源——煤炭、石油、电力的消费弹性大于 1，农业生产中能源利用效率呈下降趋势。以 2007 年农林牧渔水利业的煤炭消费为例，其导致的排碳量就高达 1 673吨。从 1990—2006 年的年均增速来看，16 年间农业总产值年均增长了 6.2%（按不变价格），化肥施用量年均增长 4.1%，农业能源消费总量年均增长 3.5%，碳排放量年均增长 3.2%。

低碳农业的实质是能源的低碳化、高效利用与清洁能源的开发，其有 3 个战略实施环节：一是在能量输入时，尽量使用太阳能、风能、水能、核能、生物质能等新能源，代替化石能源使用；二是在化石能源使用过程中提高其利用效率，减少 CO_2 排放；三是对已排放的 CO_2 进行捕捉、储存与利用。围绕这几个环节，低碳农业有着诸多的发展模式，常见的有：立体农业模式、休闲观光农业模式和生态高值农业模式等（赵其国，2010）；替代品模式、节地节水节能模式、清洁生产型农业发展模式、增汇固碳型农业发展模式、耕地增汇固碳模式、减量化农业、循环型农业、农产品深加工模式、废弃物综合利用型农业发展模式、低碳乡村建设模式；在农业生产中采用低排作物品种、建立低碳耕作制度、实施低碳施肥养地、推进低碳栽培技术，实现立体种养模式，绿色、有机农业生产模式，生态链转换模式，节约型农业模式，废弃物资源化综合利用模式等具体实践模式。

（三）生态农业模式

生态农业的概念最早见于美国土壤学家 W. Albreche。1981 年 M. Worthington 将生态农业明确地定义为“生态上能自我维持、低输入，经济上有生命力，在环境、伦理和审美方面可接受的小型农业”。西方国家把生态农业概括为两个内涵：一个是追求农作物的多年生；另一个是追求动物、植物、微生物三者的平衡。生态农业是一个与自然环境相协调的人工经济系统，它着眼于人、动物植物和土壤之间的天然有机的联系。在生态上能实现系统的自我维持，通过可再生能源以及少量物质的输入能够获得最大限度的纯天然产出物。与传统农业相比生态农业应达到一个封闭的物质循环，应保持土壤肥力和适当数量的牲畜饲养，生态农业融农业生产、农村经济发展、生态环境治理与保护资源的培育与高效利用为一体，实现农业高产、优质、高效与持续发展的目标。

中国生态农业的发展模式基本上定位于专家、农业管理者和农民“三位一体”结合型，初步创建了相当规模的生态农业试点县及试点生态户（场、村、乡等），并且在实践基础上产生了种养加产业化模式、四合一大棚模式（即四位一体模式）、林鱼鸭复合模式、猪（畜禽）沼果（粮菜鱼）复合模式等有效的生产模式。依据我国农业发展特色、社会经济发展水平及资源状况，也有将我国的生态农业模式总结为物质多层利用型、生物互利共生型、资源开发利用与环境治理型、观光旅游型 4 类以及景观模式、循环模式、立体模式、食物链模式、品种搭配模式等相应的生态发展模式。政府积极倡导生态农业的发展，这预示了我国农业发展的方向，而这些生态农业发展模式的实践将极大地转变传统农业经济发展方式，对农村、农业生态改善有促进作用，在美丽乡村建设上贡献巨大。

三、湖北省美丽乡村建设中存在的问题

（一）传统生产方式仍占主导，农业污染仍然严重

美丽乡村建设必须转变农业发展方式。当前湖北省作为一个农业大省，在农业生产方式上仍然以传统小农生产、高投入的石油农业为主的农业发展模式。在农业机械化程度上落后，农业基础设施建设力度不够，农业科技投入及推广也存在诸多问题，农业生产主体对现代农业生产技术的掌握程度较低，在新技术采用上较滞后。这些粗放的农业发展模式，延续了传统农业所带来的环境问题，造成土壤、地下水污染等农业污染问题。

（二）乡村基础设施不完善，生活垃圾污染现象普遍

由于乡村建设不完善，在农村生活水平日益提高背景下，农村生活环境面临着很多问题。“污水乱泼、垃圾乱倒、粪土乱堆、柴草乱放、禽畜乱跑”“室内现代化，室外脏乱差”“污水靠蒸发，垃圾靠风刮”等，是湖北一些农村环境的真实写照。更令人担忧的是，随着现代工业产品的不断渗入，农村的生活垃圾正日益“城市化”。为解决生活垃圾污染问题，湖北省正投入力量建立和完善农村基础生活设施，如部分村镇先后修垃圾池、配垃圾车、聘保洁员，建立了“户保洁、组集中清理、村清运、乡镇处理”的农村垃圾处理机制，通过采取系列措施，逐渐开始改变“柴火垃圾乱堆放、塑料袋子满天飞、农药瓶子到处丢”的现象。

（三）思想认识不足，转变农业发展方式进展缓慢

建设美丽乡村要彻底转变发展观念。美丽乡村并不是简单的漂亮房子，它应该有生产功能，有公共设施、文化建设，也有农民素质的提升，美丽乡村在注重外在美的同时，也要注重内在美。农村、农业发挥着特殊的生态功能，能够保护自然生态、涵养水源，起到改善城市环境和市民生活质量的作用，农村环保不仅仅是农民的事情，更是全民的事情。当前广泛存在对美丽乡村建设认识局限，部分农村地区在美丽乡村建设过程中敷衍了事，因此我们要在思想上统一认识，解放思想，探索本地建设模式，积极发动群众，实现美丽乡村建设目标。

四、湖北省美丽乡村建设与绿色农业发展策略

（一）绿色农业发展中美丽乡村建设典型模式

美丽乡村的基础和保障在于农村经济的发展，农村经济发展的根基在于农业。发展绿色农业推动农业现代化，并将特色农产品销售与乡村生态休闲旅游相结合，通过第一、第二、第三产业的全面带动，增强乡村自我“造血功能”，以多种产业支撑促进农村经济发展，进而推动美丽乡村建设。在当前新型城镇化建设的际遇下，湖北省必须抓住机遇，在各自的自然资源禀赋、社会经济发展水平、产业发展特点以及民俗文化传承等条件下开展美丽乡村建设。

在美丽乡村建设过程中涌现出一大批有着巨大示范意义的美丽乡村建设模式，值得湖北借鉴。根据农业部总结了我国当前存在的10种典型的美丽乡村建设模式。

一是产业发展型模式。主要在东部沿海等经济相对发达地区，其特点是产业优势和特色明显，农民专业合作社、龙头企业发展基础好，产业化水平高，初步形成“一村一品”“一乡一业”，实现了农业生产聚集、农业规模经营，农业产业链条不断延伸，产业带动效果明显。典型代表为江苏省张家港市南丰镇永联村。

二是生态保护型模式。主要是在生态优美、环境污染少的地区，其特点是自然条件优越，水资源和森林资源丰富，具有传统的田园风光和乡村特色，生态环境优势明显，把生态环境优势变为经济优势的潜力大，适宜发展生态旅游。典型代表如浙江省安吉县山川乡高家堂村。

三是城郊集约型模式。主要是在大中城市郊区，其特点是经济条件较好，公共设施和基础设施较为完善，交通便捷，农业集约化、规模化经营水平高，土地产出率高，农民收入水平相对较高，是大中城市重要的“菜篮子”基地。典型代表为上海市松江区泖港镇。

四是社会综治型模式。主要在人数较多，规模较大，居住较集中的村镇，其特点是区位条件好，经济基础强，带动作用大，基础设施相对完善。典型代表如吉林省松原市扶余市弓棚子镇广发村。

五是文化传承型模式。是在具有特殊人文景观，包括古村落、古建筑、古民居以及传统文化的地区，其特点是乡村文化资源丰富，具有优秀民俗文化以及非物质文化，文化展示和传承的潜力大。典型代表如河南省洛阳市孟津县平乐镇平乐村。

六是渔业开发型模式。主要在沿海和水网地区的传统渔区，其特点是产业以渔业为主，通过发展渔业促进就业，增加渔民收入，繁荣农村经济，渔业在农业产业中占主导地位。典型代表如广东省广州市南沙区横沥镇冯马三村。

七是草原牧场型模式。主要在我国牧区半牧区县（旗、市），占全国国土面积的40%以上。其特点是草原畜牧业是牧区经济发展的基础产业，是牧民收入的主要来源。典型乡村如内蒙古锡林郭勒盟西乌珠穆沁旗浩勒图高勒镇脑干哈达嘎查。

八是环境整治型模式。主要在农村脏乱差问题突出的地区，其特点是农村环境基础设施建设滞后，环境污染问题，当地农民群众对环境整治的呼声高、反应强烈。典型代表为广西壮族自治区恭城瑶族自治县莲花镇红岩村。

九是休闲旅游型模式。这种模式主要是在适宜发展乡村旅游的地区，其特点是旅游资源丰富，住宿、餐饮、休闲娱乐设施完善齐备，交通便捷，距离城市较近，适合休闲度假，发展乡村旅游潜力大。典型代表如江西省婺源县江湾镇。

十是高效农业型模式。这种模式主要在我国的农业主产区，其特点是以发展农业作物生产为主，农田水利等农业基础设施相对完善，农产品商品化率和农业机械化水平高，人均耕地资源丰富，农作物秸秆产量大。典型代表如福建省漳州市平和县三坪村。

（二）湖北绿色农业发展中美丽乡村建设策略

湖北省作为中部崛起战略重要省份，在经济发展过程中特别是农村地区取得了巨大的成绩。但是湖北省各地农村发展水平差异、资源条件不同，使得湖北省建设美丽乡村要一方面结合我国典型的美丽乡村建设模式，另一方面要综合考虑湖北农村地区实际，探索湖北省的美丽乡村建设发展模式。

一是坚持以农为本发展战略，跨二进三，实现“三农”跨越式发展。湖北省作为一个农业大省，农业仍然占全省经济总量的大部分，经济增长的源泉也在现代农业的发展，特别是农业中的第二产业生产加工和相关服务业的发展，将极大地带动湖北农村的发展。

二是坚持生态先行发展战略，强调自然和谐与生态文明，推动“三农”可持续发展。挖掘和保护生态、善于经营生态，通过优良的生态和优质的服务，把生态优势转化为生态效益，把青山绿水变成了金山银山，产生了绿色 GDP，走上了可持续发展的道路。湖北省农村有着丰富的特色资源，如鄂西的生态资源，鄂东、鄂东南等的水产资源条件等，这些为湖北农业生态经营奠定了基础，利用好这些资源，发展绿色产业，找到适合湖北省的美丽乡村建设之路。

三是坚持精神传承发展战略，突出理念思路转变，实现“三农”和谐发展。当前美丽乡村建设工作推进力度不够，农民响应不足，绿色发展思路贯彻不彻底，加强美丽乡村建设的理念转变不及时，在建设过程中表现出的懈怠、不力等问题都需要从思想上加强教育，促进发展理念的转变。

在生态文明日益得到重视的当前，建设美丽乡村既是顺应国家发展战略，也是应对环境问题频发、人民对美好生态的向往和要求。乡村的美丽是在农民增收、农村发展基础上实现的人与环境的和谐，建设美丽乡村必须以农业发展为基础，不断转变传统农业发展方式，推进绿色农业发展与推广普及，加大低碳农业、循环农业、生态农业的投入和扶持力度，引导农业生产经营者转变观念、改变方式、提高技术、改进生产，用绿色农业统筹乡村的经济发展和生态环境的协调发展。此外，在美丽乡村建设过程中，要针对农村生活污染治理、农业资源污染治理、种植养殖污染防治等问题加大投入治理，不断完善农村基础设施建设，同时也要把农村环境保护与改善农村人居环境、促进农业可持续发展与美丽乡村建设结合起来，不断提升农村生态文明水平。

参考文献

白金明 . 2008. 我国循环农业理论与发展模式研究［D］. 北京：中国农业科学院 .

黄国勤，赵其国 . 2011. 低碳经济、低碳农业与低碳作物生产［J］. 江西农业大学学报：社会科学，10（1）：1 – 5.

黄进勇 . 2005. 生态农业及其模式研究［J］. 中国农学通报，21（5）：376 – 379.

李金才，张士功，邱建军，等 . 2008. 我国生态农业模式分类研究［J］. 中国生态农业学报，16（5）：1 275 – 1 278.

刘连馥 . 2005. 绿色农业初探［M］. 北京：中国财政经济出版社 .

罗吉文 . 2010. 低碳农业发展模式探析［J］. 生态经济（12）：142 – 144.

骆世明 . 2009. 论生态农业模式的基本类型［J］. 中国生态农业学报，17（3）：405 – 409.

肖忠东，周密，孙林岩 . 2005. 中国生态农业模式研究与实证分析［J］. 科学学研究，23（2）：208 – 212.

肖忠海 . 2011. 我国循环农业理论与实践研究进展述评及展望［J］. 云南财经大学学报（1）：

77－83.

许广月．2010. 中国低碳农业发展研究［J］. 经济学家（10）.

尹昌斌，周颖，刘利花．2013. 我国循环农业发展理论与实践［J］. 中国生态农业学报，21（1）：47－53.

张莉侠，曹黎明．2011. 中国低碳农业发展现状与对策探讨［J］. 经济问题探索（11）：103－106.

郑恒，李跃．2011. 低碳农业发展模式探析［J］. 农业经济问题（6）：26－29.

关于发展多功能绿色食品问题的探讨*

韩玉龙

（黑龙江省绿色食品发展中心）

正如农业的多功能性一样，绿色食品在具有经济方面诸多功能的同时，还具有社会方面的诸多功能。历经20多年的精心培育和发展，我国绿色食品已进入一个新的发展阶段。在这样一个新形势下，明确和拓展绿色食品的多功能性，逐步由单一功能向多功能方向转变，实现经济效益、社会和生态等多重效益的完美统一，将有利于将绿色食品纳入国家层面的发展战略，形成良好的政策供给氛围，加快促进事业的良性发展，并进一步提升其在现代农业建设中的引领、带动和示范作用。

一、发展多功能绿色食品问题的提出

发展绿色食品是我国农业的一大创举，自其创立以来的20多年间，尽管其规模不断发展，影响不断扩大，作用不断提升，但无论是具体实践层面，还是理论研究层面，对绿色食品功能的定义和理解，一直以来仍然只被许多人认为是以提供安全优质农产品为基本和主要功能，而对绿色食品所具有的其他功能尤其是同时还具有的人文、生态等社会方面的功能则缺乏一种比较明确的认识或者在具体操作层面基本被忽略。主要有3种表现形式：①思想认识上的浅层性。相当一部分人对绿色食品功能的理解还比较肤浅，或者仅停留在绿色食品概念所表述的层面和范畴。通常情况是只把绿色食品简单地理解为一种经过认证的农产品，功能内涵简单，外延狭窄，作用不大。其结果是以比较单一的内容替代了绿色食品比较系统的内容，以比较简单的内涵取代了绿色食品十分丰富的内涵，特别是对绿色食品在区域经济社会发展中的巨大作用认识不够。②目标定位上的单一性。一些地方把发展绿色食品的目标仅定位于产品质量安全、开拓市场等少数几个方面，用比较简单的功能顶替了多方面的功能，用比较单一化的目标替换了系列化的目标，没有看到甚至也许没有意识到绿色食品不仅具有保障优质农产品供给，延长产业链条，促进农民增收等经济功能和经济目标，更具有更新农民观念、推进生态文明建

* 本文原载于《农产品质量与安全》2013年第4期，31－34页

设、培育新型农民以及提高公众健康水平等巨大的社会功能和社会目标。③推进措施上的失衡性。由于在思想认识和目标定位上存在的单一性和简单化，也就因此导致部分地方在发展绿色食品的具体措施上缺少系统性、综合性和配套性，通常表现为比较重视经济功能和经济目标，而基本忽视社会功能和社会目标；重视显性功能和目标，而忽视隐性功能和目标；重视短期功能和目标，忽视长远功能和目标。表现在具体实施和操作过程中，对看得见、摸得着的功能和目标则有可能有某些实质性的动作，而对其他尤其是社会方面的功能和目标则缺乏实质性的行为。

对绿色食品所具有的多功能性，由于在理论上缺乏基本的认识，在实践操作上又不同程度地缺位、缺失，其结果就是，绿色食品没有真正纳入政府层面的发展战略尤其是区域经济社会发展的总体战略之中，其所应获得政策支持和供给的空间也就相对狭小，所应发挥的作用也不同程度地受到限制，特别是在一些地方导致了绿色食品产业体系的形成步履维艰，绿色食品的效益难以实现最大化。

二、绿色食品多功能的表现形式

从广义上说，绿色食品多功能的表现形式可以简单划分为经济、社会两个大类。关于绿色食品功能分类，主要应依据绿色食品的内容及其表现形式进行划分。据此，可以划分为以下 10 个方面的功能。

（一）食品安全功能

《绿色食品标志管理办法》开宗明义，绿色食品就是一种安全、优质的食用农产品。饮食是人类生活必需品，然而病从口入，病由食生。饮食的第一要素首先应该是安全。近年来，食品质量安全事件频发，消费者对食品安全出现了信任危机。因此，发展绿色食品的首要目标就是确保产品质量安全，从“土地到餐桌”，每个环节和阶段都要确保产品质量，实现产品安全，这也是绿色食品最基本的功能之一。

（二）营养健康功能

由于绿色食品产自优良的生态环境，并严格按照技术标准种植和生产，特别是对农药、化肥以及添加剂等投入品实行限制使用，这不仅保证了其产品的质量安全，而且产品的固有营养也得到较好的保留，这就使其具有了营养健康的功能。从黑龙江省情况看，绿色食品基地化肥、农药使用量不到全国的一半，特别是昼夜温差大，干物质和微量元素积累多，产品口味纯正色香、营养全面丰富，对提高广大消费者的身体健康水平具有积极的保障作用。

（三）改善生态功能

绿色食品生产对环境建设提出了许多具体而明确的要求，村屯面源污染得到有效控制，生产区域杜绝了污染企业入驻，生态环境得到了有效保护。因此可以说，绿色食品生产过程实质是生态环境改善过程。绿色食品开发推进了清洁生产和资源利用，探索出一条依托资源，合理开发利用资源，促进低碳农业发展的成功之路。

（四）产业延伸功能

与普通农产品不同，绿色食品从产地源头到生产加工，一直到储运和销售，都有相对独立的技术标准和质量要求。这种标准和要求在客观上也就使绿色食品的外延不断扩大，产业链条不断延长。如按照绿色食品标准研制开发和生产绿色食品肥、药，并逐步形成和发展为绿色食品生产资料的新产业等。

（五）扩大就业功能

实践证明，绿色食品开发直接关联种养殖业、食品加工业、物流业、广告业和销售业等众多领域和多个环节，可以形成较大和较多的就业空间，是吸纳农村剩余劳动力的重要载体。初步统计，依托绿色食品，黑龙江省每年可安置农村剩余劳动力60余万人，占同期农村剩余劳动力的15%左右。

（六）增收增效功能

由于绿色食品具有质量、品牌和效益优势，在优质优价市场竞争机制的作用下，发展绿色食品既能显著提高农产品质量安全水平，又能有效促进农民增收和企业增效。调查表明，黑龙江绿色食品大米平均销售价为8.64元/千克，比普通大米高21.7%；绿色食品食用菌平均销售价为173.8元/千克，比普通产品高19.85%。

（七）教育示范功能

一方面，绿色食品对技术的要求，对农民素质的要求，往往都比一般农产品要高。因此，发展绿色食品可以有效地促进农业先进技术和科技成果的传播和推广，加速农民依靠科技致富的步伐。另一方面，绿色食品产业涵盖了种养加销等多个环节，具有严格的生产技术要求，培养和锻炼了一批有文化、懂技术、会经营，亦农亦工、亦农亦商的新型农民。

（八）促进文明功能

绿色食品是一种具备现代化特征的农业生产方式，这就要求绿色食品生产者和经营者必须改变小农意识，而增强现代化生产理念和适应市场经济需要的诚信意识和文明意识。也可以这样说，绿色食品生产过程也是农民思想观念更新的过程，同时也是促进乡村文明建设的过程。绿色食品还倡导绿色理念和绿色消费，对引导和培育广大消费者文明的生活方式具有潜移默化的作用。

(九) 开拓市场功能

近年来，一些国家为保护本国农业，运用技术壁垒对农产品进口设置障碍，这给我国农产品进入国际市场增加了难度。由于绿色食品生产标准同发达国家农业标准基本接轨，产品标志、标准管理和市场监督制度逐步完善，可以有效打破国际贸易壁垒，促进和扩大农产品国际贸易。2012 年黑龙江绿色食品省外销售额达到 470 亿元，产品销售的国家和地区就已达到 40 个。

(十) 社会稳定功能

仓廪实而知礼节，衣食足而知荣辱。同样，食品安全质量过硬，消费者食用健康，也是确保一个地区社会稳定的主要因素。

从绿色食品的整个生产过程来看，其所体现的理念是品质和安全，遵循的原则也是品质和安全，终端的结果更是品质和安全，在为消费水平提高和增强消费者信心的同时，也有效地维护和促进了社会稳定。

三、发展多功能绿色食品的意义

绿色食品多功能是一个动态的发展过程，具有渐进性、可持续性和内发性等特征，并逐步由隐性功能走向显性功能，从单一功能转向多样功能，从低层次功能升向高层次功能，而且其功能也将不断发展释放更多和更大的作用。从部分实践看，开发并不断拓展绿色食品功能，具有重要意义。

(一) 有利于各级政府增强对绿色食品重要性的再认识

中共中央、国务院高度重视发展绿色食品。从十七届三中全会《关于推进农村改革发展若干重大问题的决定》以及多个中央一号文件都强调，要积极发展无公害农产品、绿色食品、有机农产品。但在一些地方，中央发展绿色食品的精神还没有得到很好的落实。这主要是因为人们对绿色食品多功能的认识还远远不足，只把绿色食品简单地看成是较高级别的农产品，开展绿色食品工作是一种简单的质量认证行为。而开发和拓展绿色食品功能，并不断使其效应最大化，可以为全社会特别是各级政府重新认识绿色食品开辟新的途径，进一步增强对绿色食品重要性的认识和理解。

(二) 有利于调动社会各界投身和发展绿色食品的积极性

绿色食品虽已经历 20 余载的发展，但其经营和生产主体仍比较单一，来源也比较狭窄。国内生产经营主体大多为原来的农产品生产加工企业和农民专业合作经济组织，具有全国和全球影响力的大企业所占的比重比较低。导致这种情况的原因固然是多方面，但与现阶段绿色食品功能拓展不够、展示不充分也有一定的关系。而发展多功能的绿色食品，将促进绿色食品所具有的多方面功能得以展现和表达，也就使国内外绿色食品领域外部的投资者和其他有识之士能更加充分地了解和掌握绿色食品的内涵与外延，以及广阔的发展前景和市场潜力，切实调动他们投资发展绿色食品的积极性。

（三）有利于满足消费者对绿色食品多样化的需求

随着人民生活总体水平的不断提高和社会进步，消费者对绿色食品的需求已经变得越来越多样化。不仅只满足于绿色食品的一般性的食用安全，而是对其产地、品种、品质、品形、色泽、口感也有了越来越多的新要求；同时对产品的品牌、文化等非物质元素的需求也呈现出不断增加之势。对此，也只有促进和实现绿色食品的多功能化，发展多功能绿色食品，才有条件来满足广大消费者的多样化和多层次的需求。如通过开发即食性绿色食品，可以满足现代生活快节奏的需求；开发保健型绿色食品，可以满足人们追求健康和品质生活的需求；开发消遣型绿色食品，可以满足人们追求精神生活的需求。

（四）有利于加快新农村和建成小康社会的步伐

毫无疑问，没有任何产业能够像绿色食品一样，与建成小康社会特别是新农村建设有如此密切的联系，并直接作用于“生产发展、生活宽裕、乡风文明、村容整洁、管理民主”这一总体大目标。开发和拓展绿色食品功能，有利于促进农业产业结构调整。绿色食品发展过程实质上也就是农业结构的不断调整，不断优化的过程，二者互为促进，互为提高。通过发展绿色食品，农产品市场竞争力明显增强，对农民增收的牵动作用越来越大，加快了“生活宽裕”目标的实现。绿色食品产业的开发，不仅促进农村硬件环境的改善，也逐步影响了人们的精神生活。同时，开发和拓展绿色食品功能，可以引导农民逐渐养成“按章办事”的好习惯，有利于促进村级组织实现“管理民主”的目标。

（五）有利于加快生态文明建设的步伐

党的十八大报告指出，建设生态文明，是关系人民福祉、关乎民族未来的长远大计。众所周知，绿色食品标志图形由太阳、叶片和蓓蕾组成，意为保护、安全，表达明媚阳光下的和谐生机，它首先体现的就是优质、高效、生态和安全，不仅代表了生态文明建设的方向，也是生态文明建设的一项重要内容。而进一步开发和拓展绿色食品功能，可以更广泛地提示和引导人们保护生态环境，生产和消费安全优质食品，推进标准化和清洁化生产，努力实现人与自然共同生息，生态与经济共同繁荣，人、经济、社会与自然的全面协调可持续发展，全面建设现代文明和生态文明。

（六）有利于培育和做大农村经济发展的新支点

从部分地区实践看，拓展绿色食品功能可以为实现农业增效、农民增收以及农村经济社会的发展生成一些新的增长点。如开发绿色食品营养健康功能，可以培育和发展绿色食品保健品产业；开发绿色食品改善生态功能，可以培育和发展绿色有机肥、有机药产业。同时，发展多功能绿色食品实际上是一个多样化生产门路的开拓过程，也就可以不断促进新项目的衍生，给农民带来更多的就业机会。

四、发展多功能绿色食品途径的选择

绿色食品功能所具有的多样性和多元化的特征，不仅为绿色食品提供广阔的发展前景和政策空间，也为提升绿色食品在社会经济特别是农业发展中的地位奠定了基础。因此，要深刻领会十八大报告的精神，抓住各种有利契机，采取切实有效的措施推进多功能绿色食品的发展。

（一）要注意解决好由谁来组织推进的问题

必须承认，发展多功能绿色食品首先面临的一个实际问题就是相当一部分地方政府包括农业主管部门的领导对多功能绿色食品的了解还非常有限，在具体操作上缺少谋划、缺乏政策。因此，发展多功能绿色食品，首先必须解决领导层面的认识问题。要充分借助各种渠道和载体，广泛宣传推介绿色食品的多功能性，充分引起各级政府和决策部门的关注，以切实把发展多功能绿色食品提到政府特别是农业行政主管部门的议事日程上来，进而采取行政、经济和法律等综合性手段和措施，不断推动多功能绿色食品的发展。

（二）要注意解决好由谁来具体实施的问题

发展多功能绿色食品，必须具有可以承担各种开发能力的主体。当前，要注意鼓励 3 类主体发展多功能绿色食品。一是鼓励和引导各类专业大户、家庭农场、农民专业合作社等新型农业经营主体，在发展多种形式的适度规模经营的基础上，因地制宜地开发绿色食品的各种功能，实现多元化增收。二是引导和支持各类工商企业投资绿色食品，并通过建立大农场、大种植园、大养殖场等现代农业企业的形式，规模化开发和拓展绿色食品功能，尽快形成新的产业。三是引导和鼓励世界500 强或者大型农产品加工企业进入我国绿色食品领域，运用其先进的技术和雄厚的实力多形式地发展多功能绿色食品，逐步扩大规模，培育品牌，占领市场。

（三）要注意解决从哪里入手的问题

发展多功能绿色食品一定要因地制宜，哪个地方适宜发展什么，就大力发展什么；什么功能适宜发展，就大力开发和拓展什么功能。从实际情况看，发展多功能绿色食品，要特别注意选择那些能对地方发展和农民致富拉动作用大、比较优势明显的功能作为突破口，大力给予开发。如一部分玉米资源丰富的地方，把玉米叶制成具有民族特色的绿色食品包装盒，美观实用环保，既拓展了其保护环境的功能，又使产品的文化功能得到延伸。黑龙江省大兴安岭、伊春等地的绿色食品企业发挥当地柳条资源丰富的优势，把柳条制作成为产品的包装盒，在拓展绿色食品保护环境功能的同时，还安置了大批劳动力就业，并促进了柳编产业的发展。

（四）要注意解决好主动还是被动的问题

社会各界对发展多功能绿色食品持什么态度，其结果可能大相径庭。因此，应该大力宣传推介多功能绿色食品，让社会各界特别是企业和农民能真正地认知、认同。注意在重要媒体开设“绿色食品”宣传专栏，组织新闻媒体有计划、有重点地宣传绿色食品和发展多功能绿色食品，形成良好的舆论氛围。

对在实践中已取得明显成效的多功能绿色食品发展模式要认真加以总结宣传，形成社会共识，并让整个社会认识到，发展多功能绿色食品是一种现代农业理念，是农业的发展趋势。特别是要让企业和农民这些主体充分了解认识到多功能绿色食品会给他们带来的益处，以促进农民自觉地开发绿色食品的多种功能，拓展其就业渠道，优化其产业结构，努力实现绿色食品经济、社会和生态效益的统一。

（五）要注意解决好发展多功能绿色食品的政策供给问题

目前，主要是解决好资金供给的问题。要积极争取国家对发展多功能绿色食品的财政支持，尤其是对生态保护、植被恢复等功能项目建设要大力支持。国家应在稳定原有补贴政策的前提下，制定出台生产绿色（有机）食品等优质农产品的补贴政策，充分调动广大企业和农民生产优质农产品的积极性，保护生态环境，调整产业结构，开拓市场，向社会提供更多健康和安全的农产品。充分发挥政府支农政策的导向功能，积极运用市场机制和投入激励机制，引导信贷资金、工商资本、民间资本等投入绿色食品，形成多元化的绿色食品投入格局。加大对农业信贷的投放，不断增加规模，对绿色食品给予倾斜。健全政策性农业保险制度，按照“政府引导、政策支持、财政补贴、市场运作”的原则，逐步扩大政策性农业保险的覆盖范围，逐步扩大保险品种，为多功能绿色食品发展创造良好的政策和资金环境。

参考文献

陈晓华. 2012. 现代农业发展与农业经营体制机制创新［J］. 农业经济研究（11）：4－6.
王德章，赵大伟，杜会永. 2011. 中国绿色食品产业结构优化与政策创新［J］. 农产品质量与安全（增刊）：5－11，23.

陕西省绿色食品产业发展现状及对策*

林静雅[1]　杨毅哲[2]

(1. 咸阳市农业科学研究院；2. 陕西省农业环境保护监测站)

随着我国现代农业的发展，农产品质量安全问题受到了各级政府和广大市民的高度重视和普遍关注，绿色食品作为“三品一标”中的重要组成部分，已成为国内外具有较高知名度和公信力的品牌，成为农产品质量安全工作的一个重要抓手，推进农业标准化的一个有效载体，促进农业增效、农民增收的一条重要途径，发展现代农业的最佳模式。

近年来，陕西绿色食品产业发展迅速，从获证企业数量到总体管理水平上都有了质的飞跃。但同许多先进省份相比还有很大的差距，比如，山东、江苏、浙江等省的绿色食品企业超过600家，是陕西省的6倍以上；西部的四川、甘肃等省的绿色农产品数量是我省的3倍以上，这与我们要把陕西建成西部强省的目标要求相差甚远。所以，陕西省必须迎头赶上，加快绿色食品产业的发展步伐。

一、陕西省绿色食品产业发展现状

陕西省位于中国内陆腹地，土地面积20.58万平方千米，常用耕地面积286.10万公顷，南北跨越3个气候带，分为黄土高原、关中平原、秦巴山地3个自然生态区，物种资源丰富。陕北黄土高原的小杂粮、牛羊、苹果、红枣等，关中平原的小麦、玉米、蔬菜、梨、猕猴桃及杂果、牛、羊、猪等，陕南秦巴山区的茶、桑、大米、植物油及山货产品等，不同的物候条件，形成了不同的区域农产品优势特点。这些都是陕西省发展绿色食品得天独厚的条件。

近10年来，陕西省绿色食品从概念到产品，从产品到品牌，从品牌到产业，获得了长足发展。截至2015年年底，全省有效期内绿色食品企业102家，产品216个，产量209.27万吨。全国绿色食品原料标准化基地2个，覆盖面积66万亩。全省绿色食品产地监测面积256.42万亩，约占全省常用耕地面积的5.83%。企业数与产品数分别是

* 本文原载于《现代农业科技》2016年第11期，325－326页

2005 年的 2. 42 倍和 3. 43 倍（图 1）。

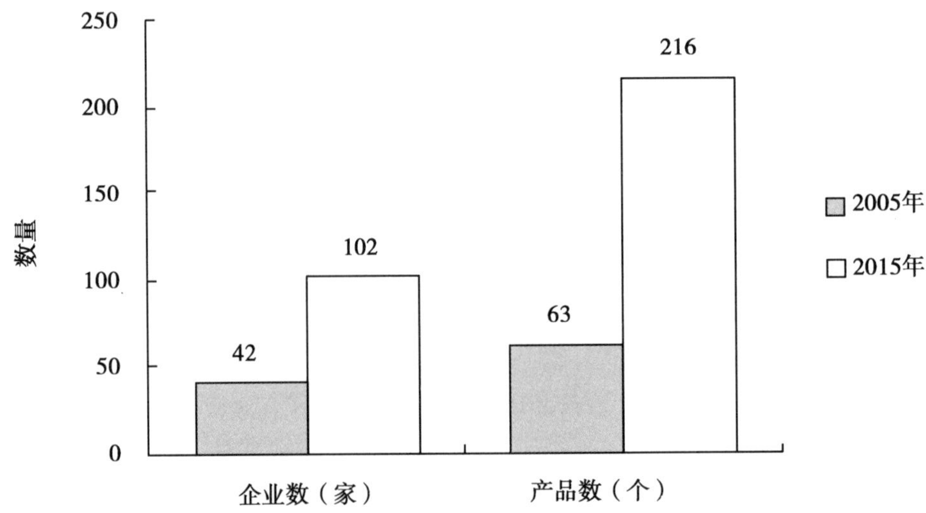

图 1　陕西省 2005 年、2015 年有效期内绿色食品企业数和产品数

另外，相比全国其他省市地区，陕西省绿色食品产业发展速度仍然较慢。目前，全国有效期内绿色食品获证企业 9 000多家，产品 2 万余个，陕西省占全国总量的比例仅 1%，排名处于中等偏下水平。各市区间的发展速度也有较大差异，西安、渭南、汉中、榆林等地发展较快，其中西安市占全省总量的 42%；杨凌、商洛、安康、铜川等地发展较慢，所占比例不足 5%，其中安康市为发展空白区（图 2）。

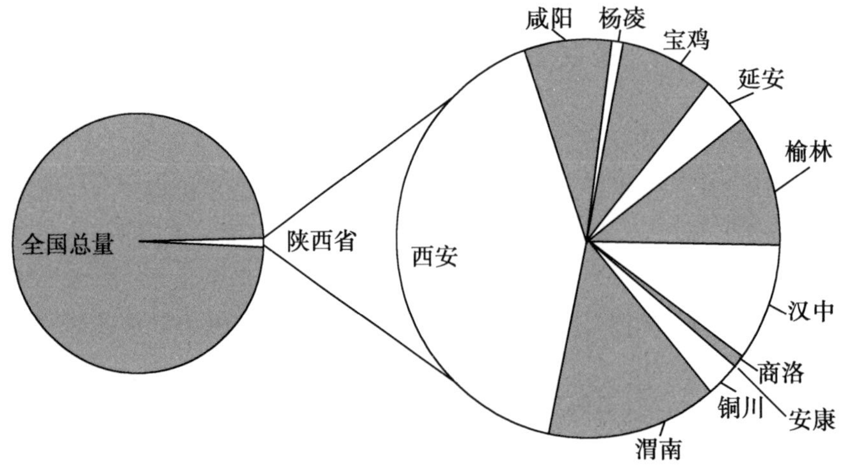

图 2　陕西省绿色食品企业数区域比例分布

二、陕西省绿色食品发展存在的问题

我国绿色食品产业正处于一个高速发展的时期，而陕西省绿色食品虽已有一定发展，但发展速度较慢的原因是多方面的。

（一）相关法规文件滞后，落实不到位

目前全省尚未出台适宜陕西实际情况的绿色食品农业生产指导性规程文件，对企业绿色食品标准化生产的实施缺乏指引，同时也不利于规范绿色食品生产经营活动。

（二）市县级服务体系不健全

许多市县级农业技术服务部门由于职能分工不明确，对本地区绿色食品企业缺乏技术指导和行业监管，有些甚至不了解、不熟悉本地区绿色食品企业和产品。有些市县级技术人员对绿色食品标准和法律法规的掌握也不到位，严重限制了本地区绿色食品产业的发展。

（三）企业管理人员流动性大

由于区域经济发展不平衡，有些地区经济较为落后，文化程度不高，部分合作社和企业实力不强，人员素质相对较弱，管理水平不到位。内部管理人员流动性较大，内检员更换频繁，管理体系不够完善，导致绿色食品企业内部监管不到位，职责不明确，存在续展间断现象。

（四）产品销售模式不合理

许多企业存在“重申报，轻市场”的观念，未发挥绿色食品的优质优价，品牌意识较弱。绿色食品与普通农产品在销售模式上没有区分，销售渠道没有针对性，价钱没有梯度，没有利用好绿色食品这个品牌，导致企业对绿色食品品牌的需求性不强，存在放弃续展的现象。

（五）政策扶持不到位

陕西省绿色食品产业的发展需要省市县各级政府的重视和政策扶持。农产品生产企业由于利润偏低，因不能立刻在销售中获得经济效益而对绿色食品申报存在犹豫和顾虑。这需要各级政府对企业申报加大扶持力度，增强政策倾向和资金补助的落实，还要加大宣传、引导消费，提高绿色食品市场占有率。

三、陕西省绿色食品产业发展思路

目前，绿色食品发展在陕西省农业经济中的比重还不高，扩大规模仍然是陕西绿色食品工作今后一个时期面临的首要任务，也是绿色食品工作的重中之重，在发展的同时还要加强质量的监管，以保证陕西绿色食品事业快速、健康、持续发展。

（一）完善绿色食品生产技术标准体系

结合陕西省农业生产力发展水平和农产品质量安全整体状况，对全省具有比较优势的大宗农产品，如苹果、梨、猕猴桃、红枣、小麦、大米等，制定并完善各类农产品绿色食品生产技术标准，推动绿色食品生产技术进步。加强专业培训，做好技术服务，按照绿色食品标准化生产和规范化管理的要求，促进企业建立健全质量管理体系，指导农民落实标准化生产。

（二）稳步扩大总量规模

以绿色食品原料标准化基地建设为依托，突出重点，积极引导农业产业化龙头企业、大型食品加工企业、出口企业和农民专业合作组织发展绿色食品产品认证。继续依托优势农产品产业带，充分发挥地方政府、龙头企业和广大农民的积极性，运用标准化、产业化、品牌化相结合的发展机制，推进绿色食品基地建设，巩固绿色食品产业发展基础，放大绿色食品品牌效应。

（三）切实加强行业监管

加强绿色食品监管制度建设，确保认证质量，提高认证的有效性。按照属地管理的基本原则，逐步建立科学的绿色食品监管体制和长效机制，落实各项规章制度，确保产品质量稳定可靠，企业规范使用标志，维护良好的市场秩序。建立绿色食品质量安全风险预警机制，提高行业风险预警、防范与控制能力，确保绿色食品质量和品牌安全。

（四）加大品牌宣传和市场服务

采取多种形式，普及知识，传播理念，引领消费，扩大陕西省绿色农产品的知名度和影响力，增强市场拉动力。创造条件，构建绿色食品专业流通渠道和营销网络，培育绿色食品专业流通型企业，建立有特色的营销体系和有活力的促销机制。加大产品销售和贸易服务力度，更有效地促进厂商合作、产销对接，进一步提升陕西省绿色农产品品牌的价值。

（五）优化产业发展环境和条件

积极争取有关部门的支持，进一步加大对绿色食品发展的政策推动力度，强化以市场导向为基础、政府推动为保障的发展机制，发挥政府与市场的双重作用。依据《中华人民共和国农产品质量安全法》《中华人民共和国食品安全法》《绿色食品管理办法》等法律法规，加强陕西省绿色食品法规建设，进一步提高绿色食品产业依法监管的能力和水平。不断总结经验，积极探索规律，开展调查研究，加强对陕西省绿色食品产业发展的科学指导。

参考文献

邓小松 . 2015. 四川省绿色食品发展现状及建议［J］. 四川农业科技（1）：08 – 09.

刘连馥 . 2007. 绿色农业：立足国情的农业发展新模式［J］. 中国报道（9）：11 – 14.

刘香香 . 2014. 广东省绿色食品发展现状与对策建议［J］. 广东农业科学（21）：188 – 191.

宋国宇 . 2011. 中国绿色食品产业发展评价与结构调整研究［D］. 哈尔滨：哈尔滨商业大学 .

杨毅哲 . 2008. 绿色食品与陕西农业发展研究［D］. 杨凌：西北农林科技大学 .

湖北神地农业科贸有限公司绿色农业运营案例分析*

胡军安　李淑君　肖　锐

（湖北省绿色食品管理办公室）

"绿色农业"在我国的成功实践表明了其重要的现实价值和历史意义，也为解决农业生产和有限资源的矛盾，推动人类社会和经济全面、协调、可持续发展起到了重要作用。为了探讨微观企业绿色农业运营的实践情况，本文以湖北神地农业科贸有限公司为例，研究了湖北神地农业科贸有限公司的绿色农业发展特色、运营模式，并在总结不足的基础上展望了湖北神地农业科贸有限公司绿色农业运营的美好未来。

一、湖北神地农业科贸有限公司概况

湖北神地农业科贸有限公司是一家以蛋鸡规模化养殖为载体，从事绿色食品研发和利用生物技术对鸡蛋进行综合开发、生产、经营的农业产业化国家重点龙头企业、国家高新技术企业、企业院士专家工作站、湖北省科技创新示范企业。公司成立于 2004 年 4 月，位于"湖北蛋鸡第一村"荆门市京山县钱场镇舒岭村，注册资金 1 160 万元。2005 年 4 月被认定为省级重点龙头企业，2007 年被湖北省人民政府认定为"湖北名牌"。现已建成种鸡场、孵化场、饲料厂、养殖技术培训基地、蛋品分级、喷码、包装、清洁加工厂，是一家以生产高品质鸡蛋、蛋品深加工为主业的省级高新技术企业和农业产业化省级重点龙头企业。

湖北神地农业科贸有限公司严格遵循"绿色、营养、健康"的产业化发展方向，全面实施品牌战略，努力延伸营销触角和产品线，整合地方资源优势，依托党和政府建设社会主义新农村，发展现代农业的好政策，致力于绿色食品的开发、生产与经营，初步建成了父母代种鸡场、种禽繁育中心、示范养殖场基地、饲料厂、冷藏库、蛋品加工厂为主体的产业链，发展农业循环经济。其产品行销我国武汉、广州、深圳、福建、厦门、上海、北京、香港等 10 多个省、市、地区。2007 年公司全面通过了 ISO 9001：

* 本文原载于《湖北绿色农业发展研究报告（2013）》，湖北人民出版社出版，2014 年

2000 质量管理体系和 HACCP 食品安全管理体系认证，并引进了世界领先水平的荷兰莫巴全自动蛋品加工生产线，确保产品品质的优良。

目前湖北神地农业科贸有限公司带动农户养蛋鸡规模已逾 300 万只，年产鲜蛋 80 000多吨。公司主导产品是“咯家果佳”牌系列低胆固醇营养健康蛋、富硒黑羽绿壳蛋、山地散养土鸡蛋和“神地”牌溶菌酶、鸡蛋粉、鸡蛋液等精深加工系列产品。

二、湖北神地农业科贸有限公司的绿色农业发展特色

（一）开发绿色食品

湖北神地农业科贸有限公司的现代化生产基地，位于距武汉市区 170 千米的湖北省京山县风景区，这里风景秀美，安全、无污染，是绿色鸡蛋生产的理想养殖场所，为生产出蛋白浓、黏度高、口感好、无腥味、具有自然香味的鸡蛋提供了自然条件。在饲料喂养上，湖北神地农业科贸有限公司坚持使用绿色饲料，养殖全过程以绿色饲料添加剂如益生素、寡聚糖、中草药等替代抗生素和化学药物，无任何激素，使产出的鸡蛋不但胆固醇的含量非常低，而且富含为满足人们健康膳食所需且比例平衡的高水平 n－3 多不饱和脂肪酸和微量元素。湖北神地农业科贸有限公司再搭配合理科学的喂养方式，精心喂养。在鸡蛋的卫生防疫方面，针对蛋壳表面存在的沙门氏菌和大肠杆菌等有害菌，湖北神地农业科贸有限公司采取严格措施进行消毒，其产品通过国家农业部、国家质检局无公害农产品认证。

过硬的安全卫生条件并不影响鸡蛋的营养和美味。神地农业科贸有限公司所生产的鸡蛋经过中国农科院畜牧研究所检测，富含钙、铁、锌、硒、维生素 A 和维生素 E，其卵磷脂含量比其他鸡蛋高出 113%、胆固醇含量比其他鸡蛋低 50% 以上，富含钙、卵磷脂及人体必需的氨基酸。而且鸡蛋蛋壳清洁完整光润，蛋呈橘黄色至橙红色，蛋清黏稠清澈，蛋黄橙黄天然，口感很细腻，下咽很爽滑，煎炒煮蒸，香嫩诱人，香醇可口。

在新产品开发方面，神地农业科贸有限公司与中国农业科学院饲料研究所签订了技术合作协议，现已研制开发出“咯家果佳”“神地”两个系列产品，其中“咯家果佳”牌绿色鲜鸡蛋，具有“绿色、安全、健康、高营养、低胆固醇”等特点，蛋中富含的 n－3不饱和脂肪酸，可以降低血清总胆固醇、甘油三酯的含量和低密度脂蛋白胆固醇水平，可以提高高密度脂蛋白胆固醇水平，降低动脉硬化指数值从而抑制冠心病的发生，抑制缺血性心血管疾病的发生，改善人体免疫技能，获农业部“无公害农产品”称号，经中国绿色食品发展中心认证为绿色食品 A 级产品，2007 年公司通过 ISO9001：2000 质量管理体系和 HACCP 食品安全管理体系认证。由于“咯家果佳”鸡蛋生产基地距武汉市区只有 170 千米，鸡蛋出厂 10 小时就可以进入超市，因此保证了鸡蛋的绝对新鲜。而且“咯家果佳”鸡蛋实施了国际普遍认可的身份识别标志——在鸡蛋上喷涂食用级红色油墨，这样的话，鸡蛋由哪个鸡场生产、生产日期等数据都一目了然，消费

者看到贴有“绿色鸡蛋”或“无公害鸡蛋”标识的产品，就可以放心购买。

（二）采用高新绿色农业科技

湖北神地农业科贸有限公司在新产品的开发过程中注重采用高新技术。公司坚持“质量、诚信、创新、高效”八字方针，公司视食品质量安全为企业的生命，经受了“苏丹红”和“三聚氰胺”事件的洗礼和考验，产品从未发生过质量问题，蛋品合格率一直保持100%。为了让广大消费者吃上放心蛋，公司严把生产质量控制关，还不惜花重金从国外引进目前世界上先进的蛋品加工设备，每道工序都按苛刻的质量标准严格把关，达到质量要求才能推向市场。

2004年9月湖北神地农业科贸有限公司与中国农业科学院饲料研究所签订技术合作协议，共同完成“九五”国家科技攻关专题“降血压、降血脂功能鸡蛋的研究”，以及国家自然科学基金项目，利用其特有的“生物富集技术”，研发各种功能性营养健康蛋，研制生产了低胆固醇鸡蛋、富硒黑羽绿壳鸡蛋、山地散养土鸡蛋和适合特定人群的高营养蛋四大系列产品，这些产品富含多种人体需要的微量元素，适合各类人群食用，产品投放市场，深受消费者喜爱。其中与中国农业科学院饲料研究所共同研制开发的低胆固醇营养健康蛋的专用饲料、规模化养殖技术及对胆固醇含量的控制技术经湖北省科技厅组织专家鉴定达到国内领先水平。

在生产设备方面，公司生产基地建有310平方米的标准化实验室，主要实验、中试和检验检测设备53台（套）。在生产工艺上先后引进荷兰莫巴和美国钻石公司全套全自动保洁蛋生产线2条、意大利打蛋生产线1条和法国阿克提尼公司巴氏杀菌机系统1套，装备技术处于国内同行业领先水平。为确保鸡蛋洁净安全，湖北神地农业科贸有限公司还引进鸡蛋保洁技术，对鸡蛋专业清洁，清洗涂油，剔除散黄蛋、裂纹蛋，紫外线杀灭细菌，使每一枚神地鸡蛋都洁净安全，从而进一步提高了蛋品质量，同时使蛋品加工能力比过去提高6倍以上。

公司现拥有省级重点科技成果4项，其中国内领先水平2项，国际先进水平2项，省级科技进步三等1项，并获得国家发明专利1项，实用新型专利7项，外观包装专利10项，特别是与中国农业大学共同研发的溶菌酶全套生产线已获国家授权发明专利，填补了国内空白，替代了进口，结束了我国长期依赖进口溶菌酶全套生产线的历史。该公司2010年被湖北省科技厅和省发改委分别授予“湖北省校企共建研发中心”“蛋品加工湖北工程研究中心”，成为湖北省同行业中唯一获此殊荣的企业。湖北神地农业科贸有限公司的研发中心与华中农业大学历时4年时间攻关，已成功研制了利用生物技术将废弃蛋壳制成丙酸钙、乳酸钙、蛋壳膜多肽等国内首创高新技术产品，研究技术处于国际先进水平。

近年来，公司在蛋品精深加工技术领域突飞猛进，产业化规模水平不断提档升级，高新技术产品相继问世，发展速度有目共睹，经过10年时间的经营壮大，初步形成以蛋品精深加工为核心，提高蛋品研发和装备科技运用水平，围绕打造国内最具有竞争力的农业科技上市企业而奋斗。

三、湖北神地农业科贸有限公司的绿色农业运营模式及带动效应

湖北神地农业科贸有限公司自成立以来，紧紧围绕“种鸡—孵化—规模饲养—饲料加工—蛋品加工和深加工—产品销售”的标准化的安全生产模式，建立和延伸“公司＋科研院所＋专业合作社＋基地＋农户”这一产业链，统一建筑标准、统一营养标准、统一保健标准、统一养殖品种、统一回收鲜蛋。同时，湖北神地农业科贸有限公司还建立完备的检测体系，引进药物残留和重金属检测设备，从养殖源头保证蛋品安全，积极开展“四提供一回收”服务，即提供种苗、饲料、技术、信息服务、回收鸡蛋。在养殖培训、种苗供应、技术服务等方面加强与周边养殖户的服务指导，钱场镇蛋鸡产业在其带动下，迅速发展壮大。

（一）“公司＋科研院所＋专业合作社＋基地＋农户”产业链的建立和延伸

湖北神地农业科贸有限公司作为湖北省龙头企业，通过采用产业链的形式，将农户、基地、科研院所、合作社与公司结成利益相关的共同体，在农户与市场之间架起了桥梁，更有助于产业链上的各个主体规避各种风险，提高农业的整体规模效益。

与传统的农业产业链“公司＋农户”模式或“公司＋专业合作社＋农户”模式不同之处在于，湖北神地农业科贸有限公司将科研院所、合作社和基地也纳入了产业链之中，更加注重技术与新产品的研发与创新，通过与中国农业大学、中国农业科学院、华中农业大学、湖北省农业科学院畜牧兽医研究所建立技术合作关系，实现技术的不断创新，其生产的特低胆固醇、高 n－3PUFA 鸡蛋，是基于人类膳食脂肪酸组成的平衡而设计的，适用于不同人群需要的多种维生素和微量元素的鸡蛋，该产品养殖生产技术处于国际先进水平。其中与中国农业科学院饲料研究所共同研制开发的低胆固醇营养健康蛋的专用饲料、规模化养殖技术及胆固醇含量控制技术经湖北省科技厅组织专家鉴定达到国内领先水平，解除了人们不敢食用鸡蛋黄的疑虑。2008 年 1 月，又与中国农业大学合作研发的高品质溶菌酶及蛋清粉产业化项目通过湖北省科技厅成果鉴定，认定研究成果处于国内领先水平。湖北神地农业科贸有限公司继续依托科技院校的良好资源，与中国农业科学院、中国农业大学、华中农业大学先后签订技术合作协议，保持长期合作关系，聘请了多位业内知名专家作为神地的科技顾问。为了向世界看齐，与国际接轨，湖北神地农业科贸有限公司还走出国门，到国外学习先进管理经验，了解当今世界先进的养殖技术和蛋品深加工技术，不断壮大自己的科研队伍，培植企业发展后劲。

产业链中专业合作社的加入，是由于蛋鸡养殖发展规模的不断扩大，产业链上的主体越来越多，龙头企业与农户之间的摩擦增多，不信任增多，需要第三方介入调节，农户迫切需要自己的维权组织出来维护自己的权益，一些有文化的养殖大户便承担起维护

养殖户利益的责任，并选举能人作为带头人成立养鸡协会。2004 年 12 月，钱场镇第一家新型农民专业合作经济组织——钱场养鸡协会正式挂牌成立，由养殖大户，前白马村党支部书记潘栋梁任协会会长，养鸡协会与华中农业大学建立良好的合作关系，定期邀请专家进行技术培训，在养殖户中开展新老鸡农结队帮扶活动，免费为养殖户提供市场信息。钱场养鸡协会通过开展技术培训、资金协调，建立销售网络，带动了全镇养鸡产业的发展，形成以钱场镇为中心，以新市、雁门口两镇为两翼，逐步向周边乡镇推进的良好态势，实现了从单一、传统家庭养殖业向规模化、科学化、市场化的转变，大步走上公司 + 协会 + 基地连市场的产业化发展道路。在蛋鸡养殖产业链行为主体间的实物流和信息流管理中，每个主体在循环中都处于不可替代的地位。特别是中介组织在循环中发挥着核心桥梁的作用。中介组织在信息流的循环中发挥着重要的作用，消费者、产品市场、要素市场将价格、需求等信息传递给中介组织政府或合作组织，当然这个过程主要需要中介组织主动去搜寻、整理市场信息再传递给农户，实现产前、产中、产后的对接。

基地在产业链中也发挥了重要的作用。湖北神地农业科贸有限公司现已建成示范养殖场基地，推广和应用鸡蛋标准化生产技术，带动当地及周边养鸡业实施标准化生产，保障了鸡蛋的质量安全，为生产质量安全的鸡蛋起到了典范作用，同时提高了养殖户的科学经营观念，也增强了基层农民组织的自治自主能力及适应市场，把握市场的技能水平。公司养殖基基地风景优美，为标准化的畜产品基地建设奠定了基础，更好地带动当地的养殖业高速发展。

（二）企业全面升级，带动了周围相关产业的发展

为了促进产业升级，增强企业发展后劲，2006 年 6 月湖北神地农业科贸有限公司与中国农业大学合作研发高品质溶菌酶及蛋清粉产业化项目通过湖北省科技厅成果鉴定，认定研究成果处于国内领先水平，荣获湖北省重大科技成果。湖北神地农业科贸有限公司以此为契机，在京山经济开发区投资 2.1 亿元征地 153 亩，新建高品质溶菌酶、蛋清粉、蛋黄粉、全蛋粉、全蛋液、蛋黄液、蛋清液、蛋壳粉生产基地，扩展延伸产业链，实行产业升级。该项目投入运营后，可年转化鲜鸡蛋 30 000吨，辐射带动养殖 260 万只，惠及 1 000余农户。湖北神地农业科贸有限公司始终坚持可持续发展的循环经济、生态农业模式，引领现代农业产业化，竭诚为消费者提供高品质鸡蛋，创造高品位生活。

在蛋品深加工方面，湖北神地农业科贸有限公司与中国农业科学院饲料研究所签订了技术合作协议，其研制生产的“咯家果佳”牌系列蛋品分级获“中国食品信用品牌”，产品经中国绿色食品发展中心认定为绿色食品 A 级产品。在种苗供应上，与全国第一大种鸡生产企业河北华裕公司联营，建立了稳固的种蛋供求关系。在蛋鸡养殖管理技术方面，湖北神地农业科贸有限公司承担起了主要任务，协会与华中农业大学共建了教学基地，邀请专家教授驻会进区开展科普讲座、技术指导、现场培训，在养殖户中开

展新老鸡农结对帮扶活动，使一批新的养殖户顺利渡过技术难关。湖北神地农业科贸有限公司经过协会与外界沟通，搜索市场信息，已将一批产蛋率低的鸡种淘汰，镇防检组设立检疫点，负责科学饲养技术培训，组织抓好疫病防治，营造了蛋鸡养殖业所需的技术服务体系。

作为龙头企业，湖北神地农业科贸有限公司的快速发展，带动了为其配套服务的饲料加工、设备制造、设计建筑业、药品添加剂生产、禽蛋产品加工、运销业等的同步发展，促进了基础服务产业和关联产业的形成和发展。一是鸡苗生产的初具规模。京山县的鸡苗孵化产业网已逐步建立起来，覆盖周边天门、十堰等市。二是饲料加工业发展迅速。据统计，仅钱场镇目前就有饲料加工厂 19 家，其中年加工销售 5 000吨以上的饲料加工厂有 7 家，年加工 1 000吨以上的饲料加工厂有 12 家，年加工生产已突破 5 万吨，可基本满足蛋鸡饲养需求。同时，有 10 余家国内知名蛋鸡预混饲料企业，在钱场镇设立业务代理销售点，年销售预混料近 2 000吨。三是兽药经营遍布蛋鸡养殖的各个角落。仅钱场镇就有兽药经营门市部 18 家，遍布全镇 11 个养殖小区，有全国 50 多家兽药生产企业在该镇设立有直销点，年兽药经营额近千万元。四是建立了蛋鸡养殖业合作经营组织，2005 年 5 月成立钱场镇养鸡协会，2006 年 11 月成立了京山县家禽业协会，农村合作经营组织的成立，促进了蛋鸡产品营销队伍不断发展壮大。2005 年 10 月，深圳鹏昌蛋品贸易有限公司在钱场镇茶场蛋鸡养殖小区设立收购点，蛋品销售旺季，可收购调运鲜蛋 2.1 万千克，经公检后出口香港。仅钱镇就有蛋品及淘汰鸡销售专班 10 个，从业经纪人 30 多人，他们常年活跃在蛋鸡养殖区域，先后与武汉、荆州、宜昌、南昌等地客商建立起牢固的供销关系，直接担负着 60% 以上的鲜蛋销售和每年近 200 万只的淘汰鸡销售任务。

四、湖北神地农业科贸有限公司绿色农业发展展望

湖北神地农业科贸有限公司作为湖北省以生产高品质鸡蛋、蛋品深加工为主业的高新技术企业和农业产业化省级重点龙头企业，通过带动和凝聚相关产业，形成产业化发展群体的优势，并通过产业链的延伸和协作空间的扩大，使相关配套产业相得益彰，协调发展。但是，在湖北神地农业科贸有限公司的组织运营过程中也存在一些不足之处。

虽然神地农业科贸公司依靠有着 300 多万只蛋鸡养殖规模的基地，但是和他们签约的仅仅只有 7 户，这远远没有起到龙头企业的作用，也无法使农户销售掉更多的鸡蛋，其产品的组织销售不够有力。在组织之间的协调沟通方面湖北神地农业科贸有限公司也存在一定的不足。据调查了解，许多养殖户对湖北神地农业科贸有限公司的了解很少，缺乏宣传和沟通。湖北神地农业科贸有限公司具有强大的技术实力，特别是在鸡苗孵化方面在与河北华裕种禽有限公司联合后具有很强的实力，但在 2008 年之前与之签协议购买鸡苗的只是极少数。在营销方面，目前，湖北神地农业科贸有限公司虽然建立了“神地”“咯家果佳”等品牌，但还仅仅只是一个简单的商标，没有打出品牌形象，品

牌意识不强，因而在市场上也不具备其核心竞争力，不能充分扩大自己的市场份额。湖北神地农业科贸有限公司主要以销售鲜蛋为主，蛋制品加工业相对较弱，产业链的纵深发展不足，并没有实现产品的完全综合利用。湖北神地农业科贸有限公司要想实现进一步发展，就必须克服以上不足，加强与养殖户之间的组织协调，增强品牌意识，扩大宣传力度，建立先进的营销物流体系，加强产品的深加工，扩展蛋鸡养殖产业链的纵深发展。

加强对鸡蛋的进一步综合开发和利用，扩展蛋鸡养殖产业链的纵深发展。目前，世界发达国家蛋品深加工制品率（主要指蛋粉、冷冻蛋、低温消毒的液态蛋）比中国高出很多，鲜蛋主要由普通消费者日常消费，液蛋、冻蛋和蛋粉主要用于食品加工业、食品服务业，部分还用于工业、制药业的原料和辅助品。近年来，由于蛋品深加工产品具有使用便利、易运输、易储存、营养价值高等特点，发达国家的深加工产品在蛋类消费中所占据的比重已经达到30%以上。发达国家在蛋品深加工的研制和开发方面投入了大量的资金和科技力量。目前已经采用膜分离技术，色谱技术等高新技术方法对鸡蛋进行综合利用和开发，提取鸡蛋产品中高附加值天然活性产物（蛋黄免疫球蛋白、高活性溶菌酶、蛋黄卵磷脂）等，丹麦所研制的深加工蛋品发酵蛋白粉、速溶蛋粉等已经达到60余种产品，日本的加碘蛋、美国的浓缩蛋液等均具有较高市场价值。目前，湖北神地农业科贸有限公司的鸡蛋通过精深加工可生产出8种产品，但在蛋品市场上流通更多的是以消费初级产品——鲜蛋为主，消费结构比较单调。湖北神地农业科贸有限公司在鸡蛋的深加工方面还需要向美国、日本、丹麦等国家学习，实现对鸡蛋的进一步综合开发和利用。

进一步把握市场信息，加强与养殖户、基地、合作社之间的紧密联系，形成利益相关的共同体，面对市场的变化，立即作出调整，实现整体的共同利益。受饲料原料、劳动力成本等多种因素影响，蛋鸡养殖的成本越来越高，而目标市场的需求量同样也受各种因素影响，具有不确定性，因此蛋鸡养殖业需要承受较大的市场风险。湖北神地农业科贸有限公司作为龙头企业，以其规模优势可以抵抗部分的市场风险，但对于市场信息的不灵，仍然会影响整个产业链信息流的管理。另外由于中国小规模、大群体的养殖方式，农民信息闭塞、盲目的从众心理，无法按蛋鸡养殖生物规律和市场供求组织生产。行情好时，一哄而上；行情不好时，纷纷退出，导致鸡蛋市场波峰波谷变化很大，造成行业3年一个周期波动，利润忽高忽低，种鸡、蛋鸡、饲料资源严重浪费，养殖户更迭较快，不能持续性生产。面对蛋鸡行业存在的现状与难题，湖北神地农业科贸有限公司必须发挥龙头企业的带动作用，引导养殖户有计划地生产，实现高产出、高效率和高效益，保持市场供应与需求的相对平衡。湖北神地农业科贸有限公司还要积极地参与到行业协会的运作中，积极推动4A级产品质量标准建设，站在一个领跑者的高度去考虑问题，肩负起龙头企业责任的理想，从利益共存的角度带动农民致富，引领行业健康发展。

作为一家以生产高品质鸡蛋、蛋品深加工为主业的高新技术企业，湖北神地农业科贸有限公司最主要的还是要立足于行业前沿，加强基础性研究和应用技术的开发，坚持用先进适用的技术满足行业的需求，努力把科研成果迅速转化为现实生产力，不断提升企业核心竞争力，通过良种的推广，管理、技术、人才的输出，尽到引领、规范、协调和扶植的产业职责，保证行业健康发展。

荆门市绿色食品发展优势与对策*

蒋　毅

（湖北省荆门市绿色食品管理办公室）

发展绿色食品对保护农业生态环境，推动农业标准化生产，提升农产品质量安全水平，扩大农产品出口、促进农民增收发挥了重要的示范带动作用。荆门市是湖北省最早发展绿色食品的地区之一，虽然有着较好的优势条件，但是在发展绿色食品的过程中也显现出了一些问题。本文就促进荆门市绿色食品的发展，提出了相应的对策。

一、荆门市发展绿色食品的优势条件

（一）地理区位优势明显

荆门市地理区位优势简言之适“中”，宏观层次交通发达，周边经济发展迅猛，具有明显的过渡性区位特征。焦柳、荆沙铁路交会中心城区，207、皂当、荆潜、汉宜等干线公路纵横交错，形成密集的交通网络，为荆门市构建绿色通道和绿色食品发展创造了有利条件。

（二）农业自然资源丰富

荆门市农业生产条件优越，气候适宜，地形多样，土壤深厚肥沃，在亚热带季风气候与荆门独特的地理地貌相互作用下，形成了各地丰富的小气候资源，为荆门发展绿色食品创造了有利条件。像北部山区，污染小，生态环境优良，生物物种资源丰富，是蔬菜、茶叶、食用菌等生产的理想场所；东南部平原丘陵拥有良好的农业耕作传统和基础，适宜粮食、油料、水果等生产；此外，还有一批特有的农业生态小区，如漳河水库柑橘茶叶水产品生态区、京山桥米生态区、大洪山南麓和荆山余脉林果生态区等，这些生态资源为荆门发展绿色食品提供了优越的生态环境条件。

---

* 本文将在《农业科技通讯》2016年第12期发表

（三）形成了一批影响力强的绿色食品品牌

目前，荆门市拥有绿色食品118个，总产量54.88万吨，产值40.24亿元，形成了一批大米、食用菌、茶叶、啤酒等优质绿色农产品。培育出了“国宝桥米”“金龙泉啤酒”获中国名牌产品称号和中国驰名商标称号，“洪森粮油”“凤池大米”“神地鸡蛋”等36个产品获湖北名牌产品或湖北省著名商标称号，在绿色食品品牌效应的影响力下12家绿色食品龙头企业销售产值过亿元，其中有3个企业产值在4亿元以上。在这些优势龙头企业的精品名牌产品的带动下，市场不断拓展，发展层次不断提高，经济辐射力不断增强，一批批企业由原来的政府引导被动申报逐步转变为企业主动申报的良好态势。

（四）产业发展已纳入省、市农业规划中

荆门是湖北生产力总体布局的重点发展区域，商品农业和出口创汇农业都被列入湖北“双八工程”“七大生产基地”规划之中，同时荆门市也将发展绿色食品纳入“十三五”和创建国家级农业示范区的规划中，这些将为荆门绿色食品发展提供新的机遇和动力。

二、制约荆门市绿色食品发展的主要问题

（一）资源优势没得到有效利用

荆门自然环境优越、区位优势明显，是发展绿色食品理想之地，但绿色食品数量、发展规模都比较小。荆门市耕地面积25.8万公顷，水域面积12.13万公顷，垦荒地3.33万公顷，而绿色食品总面积才4.18万公顷，规模还远远不够；绿色食品的产品结构不合理且品种单一，经认证的绿色食品中大米和蔬菜分别占52.85%和27.12%，禽蛋及水产品仅分别占5.93%和2.54%，绿色食品发展不平衡，无法满足人们对绿色食品多样化的需求。

（二）未形成产业化优势

荆门市绿色食品的生产企业中，虽然龙头企业占了一定比重，但仍以中小企业为主，生产规模小，产品加工链短，初级产品较多，深加工产品太少，产品附加价值不高。

（三）政府政策扶持力度不够

目前，荆门市除了东宝区对申报绿色食品有一定政策奖励外，其他各地对开发绿色食品缺乏明确的政策、资金扶持，另外用于绿色食品项目建设的很少。因此，各级政府

应加大扶持力度，鼓励和扶持企业开发绿色食品。

（四）绿色食品社会认知度不强

通过走访调查发现，消费者对绿色食品的认知差异大，大部分消费者都听说过绿色食品，但平时不会去关注绿色食品，更缺乏积极消费的理念。

三、荆门市绿色食品发展对策

（一）强化组织体系建设

发展绿色食品，有利于提高农产品质量和食品安全性，有利于保障人民群众的身体健康，有利于培植农业精品名牌，促进农业结构的战略性调整和外向型农业的发展。首先，统一思想，提高认识。要抓住机遇，把开发绿色食品作为发展特色农业的突破口，把绿色食品产业培植成为农业经济新的增长，创建农业精品名牌，提高农产品的市场竞争力。其次，建立良好的领导机制。为确保绿色食品产业的顺利实施，形成市委市政府统一领导下的各有关部门齐抓共管的新格局，成立以市农业局主要负责人为组长，市及县、市、区绿办主任为组员的领导小组。制定和实施绿色食品产业发展的措施，研究解决绿色食品产业发展中的新情况、新问题。最后，科学规划，合理布局。按照合理布局的要求，从保护绿色食品开发，促其稳步发展来抓紧制定荆门市绿色食品发展规划，确立行之有效的发展措施，切实防止从自身重复建设，盲目发展，造成资源浪费。

（二）充分利用资源优势大力发展绿色食品

充分发挥荆门山的优势，水的优势，粮多、企业多的优势，大力发展山区生态型和平原粮牧企结合型绿色产业。如山区可培育的绿色产品种类很多，可经认证的绿色食品产品只有少数食用菌、柑橘等几个品种。可食用的水产品 20 多个品种，经认证的绿色食品产品仅 3 个。可食用的畜禽产品 10 多种，经认证的绿色食品产品只限于禽蛋制品，大部分畜禽产品为无公害农产品。可食用的种植业产品 30 多种，绿标产品也只限于水稻和少部分蔬菜品种。因此，荆门要按照“打绿色牌，走特色路”的要求，从以下 4 个方面挖掘荆门市资源开发的潜能：一要依托现有香菇、茶叶、柑橘等优势产业，开发香菇、茶叶、柑橘、板栗、甘薯等更多具有本地特色的绿色食品，挖掘山区产品资源的潜力。二要挖掘水产品资源的潜力。要充分利用现有的江河、水库、鱼塘，大力开发水产资源，发展绿色鱼、有机鱼、绿色小龙虾、绿色黄鳝等水产品。三要挖掘平原资源的潜能。要通过山间草地和平原区草原的退耕和保护，进一步发展畜牧业，开发绿色畜禽产品，如屈家岭的梅花鹿、沙洋的肉牛、掇刀的肉鹅、京山的蛇业等。四要挖掘土地资源潜能。要充分利用平原区地多、粮多、企业多的优势，大力发展以粮食、油料、果树、蔬菜等作物的绿色食品，不断开发荆门市绿色食品产品数量。

（三）加大政策扶持力度促进绿色食品产业快速发展

一方面，要制定相关扶持政策，有计划、有步骤地对企业给予政策倾斜，加大资金支持力度，重点扶持一批规模大、有潜力、有优势，具备竞争能力绿色食品生产企业，不断提高生产经营主体和广大农产品生产者发展绿色食品积极性；另一方面，把绿色食品开发与各类农产品经营建设项目有力结合起来，制定相关优惠政策，广泛吸引国内外客商来荆门投资、开发绿色食品产业，并作为考核和评价现代农业示范区、农产品质量安全县、龙头企业、示范合作社、“三园两场”等建设项目的关键指标。

（四）多措并举打响绿色食品品牌认知度

加强品牌培育，将绿色食品作为农业品牌建设重中之重。一是要展开全方位、多层次的宣传培训活动，依托电视、广播、网站、报刊等媒体上开展丰富多彩的宣传活动，宣传绿色食品知识，引导绿色消费。二是企业从自身出发，要学会多条腿走路。通过引进新品种、新技术，延长产品加工链条，从过去的单一初级产品中提炼更多的深加工产品，以此来提升产品附加值，增加企业的经济效益。三是通过开设绿色食品专柜、绿色食品专卖店和网络电商销售平台等多种形式，扩宽市场营销范围。四是组织绿色食品生产企业参加全国以及国际绿色食品、有机食品博览会，扩大和提升荆门市农产品的市场影响力和知名度。

参考文献

李秋洪，袁泳 . 2003. 绿色食品产业与技术［M］. 北京：中国农业科学技术出版社 .

罗昆 . 2002. 湖北绿色食品产业发展的对策和建议［J］. 湖北农业科学（5）：139 - 141.

许筱蕾 . 2005. 论我国绿色农业体系的构建［J］. 安徽农业科学（6）：1 133 - 1 135.

张利国，徐翔 . 2006. 消费者对绿色食品的认知及购买行为分析——基于南京市消费者的调查［J］. 现代经济探讨（4）：50 - 54.

赵排风 . 2009. 我国绿色农业发展面临的主要问题分析［J］. 河南农业，24：19，35.

关于连云港市绿色食品产业发展的思考*

尚庆伟　徐敏权　于　洋　刘晓鹏

（连云港市绿色食品办公室）

随着社会经济的持续快速发展，农产品消费更加注重品质与安全，绿色食品作为一种优质安全的农产品日益受到市民的欢迎。连云港市绿色食品在这一背景下得到长足发展，同时在绿色食品生产与市场需求磨合的过程中也出现了一些矛盾与问题，探讨与关注如何解决此类问题对绿色食品产业化发展有着重要意义。

一、连云港市农产品品牌发展现状

（一）连云港市农业发展现状

连云港市位于苏鲁交界，境内平原、大海、高山齐全，河湖、丘陵、滩涂、湿地、海岛俱备。该市是农业大市，是重要的农产品供应基地，所辖3县均为国家级商品粮基地。是江苏省最大的蔬菜出口基地，出口量占全省一半以上。高效农业、设施农业面积分别达210万亩和85万亩，分别占耕地比重37.5%和15.2%。建设国家级粮食万亩高产示范项目20个，粮食生产连续10年丰产丰收。农业园区化发展快速推进，赣榆海产品工厂化养殖、东海鲜切花、灌云设施蔬菜、灌南食用菌等特色产业呈现规模化集聚效应。

（二）农产品品牌建设情况

“三品一标”是农产品质量建设的重要抓手，在连云港市已然形成一定规模，认证无公害农产品、绿色食品、有机农产品、地理标志农产品达1 600多个，“三品”基地占全市食用农产品面积的90%以上。培育了一批特色农产品，像赣榆的水产品、谢湖大樱桃、东海的大米、黄川草莓、灌云的芦蒿、灌南食用菌、连云港云雾茶等，此类优质农产品生产总量占全市食用农产品生产总量比例达40%。连云港市有效使用绿色食

* 本文原载于《蔬菜》2015年第12期，27－30页

品标志农产品90多个，产品涉及食用盐、大米、紫菜、蛋鸡、风鹅等类别，总体上知名度较低、比例偏小，仅占优质农产品总量的5%左右。认证全国绿色食品原料（小麦、水稻）示范基地近70万亩。获证绿色生资食品添加剂产品8个，在省内食品添加剂行业占半壁江山。绿色食品发展具备较大发展潜力，财政奖补政策针对性较强、绿色品牌美誉度高、产品增效显著，政府将其纳入目标考核范畴，加大政策的助推力量。

二、连云港市发展绿色食品存在的问题

（一）机构不健全，专业人才匮乏

绿色食品相关工作的开展面临的现状是无编制、无人员、无经费、没有相对固定的专职部门，市及所属县区绿色食品认证工作职能均挂靠其他单位办公，人员流动性大、工作连续性差，与认证工作的专业性不对称，导致业务衔接不畅。绿色食品认证工作具有较强的专业性，工作机构的不稳定、工作人员不固定，阻滞专职、专业技术人才的培养，制约工作的开展。

（二）绿色食品总量较小，生产效益不高

绿色食品的品种、规模、生产总量在全市食用农产品中所占的比重都比较低。全市绿色食品产值仅占食品总产值的1.2%，与农业大市的地位、与快速发展的农业经济环境不对等。已取得绿色食品标志使用权的企业，大多是规模比较小、实力不太强、技术含量比较低、产品结构单一、开发层次偏低，以生产初级产品为主的中小型企业，其深加工技术投入欠缺、产业链条偏短，绿色食品效益开发不足，绿色食品的市场效益没有得到充分显现、市场价值没有充分实现、优质优价没有充分体现。

（三）企业自主开发绿色食品的积极性不高

本地企业更多趋于经济效益的最大化，忽视了社会、生态等综合效益，企业主动生产绿色食品的积极性不高，绿色价值观的推广存难度。企业缺乏长远规划，将绿色食品认证作为短期行为，作为兑现奖补政策及项目申报的跳板，形成了一次性产品或一次性证书现象。部分企业在市场需求下被动认证，发展缺乏系统性、计划性、前瞻性等。

（四）监管乏力，组织化程度低

市场上用标、包装不统一，鱼目混珠。甚至出现假冒绿色食品，企业组织化程度低、主管部门监管力量不足、执法不到位、市民识别度低等原因也是造成当前局面的一个因素。连云港云雾茶、海州湾水产品、东海大米等产品在省内外市场形成了一定的影响力，但一直没有能在国际市场、甚至是国内市场上取得较好效益，究其原因，组织化程度弱、产业化程度低、生产规模零散、产销衔接不到位，没有形成产供销合力，弱化

了品牌效应，制约了绿色食品的发展与壮大。

三、绿色食品面临的发展机遇

（一）发展绿色食品适应了人民生活水平不断提高的需求

随着消费心理和消费观念的改变，人们对生态环境质量要求，对农产品质量和安全性要求越来越高。市民对农产品的需求，开始由数量型向质量型转变，即饮食文化更加注重食品的安全性、科学性和经济性。开发绿色食品，可以向社会提供高质、卫生、安全可靠、有营养的食品，满足人们的消费需求，保护人类身体健康。绿色食品出自纯净、良好生态环境，提醒人们要保护环境和防止污染，生产、加工过程中实行“从产地到餐桌”全程质量控制，通过严格监测、控制、防范农药残留、重金属、有害微生物等对食品生产各个环节的污染，符合广大人民群众的消费需求和生活水平不断提高的要求。

（二）发展绿色食品符合农业可持续发展的需要

随着科技的进步和工农业的快速发展，工业“三废”的大量排放和农用化学物资的大量施用，导致农田受污染的情况十分严峻，农产品质量受到影响，环境的污染和生态破坏已成为阻碍经济发展和影响人类健康的重要因素。开发绿色食品，要求产品、产地具有良好的农业环境，让大气、土壤、水体和农业投入品的使用，必须符合限定的标准，在生产、加工、储运、销售等各个环节实行全程控制，最大程度限制化学肥料、化学农药、植物生长调节剂等的使用，减少了农药、化肥等有害物质在农业环境中残留量，从而减少对农业环境的污染和破坏，促进农业的可持续发展。

（三）发展绿色食品是实现农业增效、农民增收的有效途径

农业经济快速发展，农产品市场已由卖方市场转变为买方市场，多数农产品出现阶段性供过于求。质量低劣的农产品价格下跌、市场过剩、增产不增收的问题比较突出，影响了农民的积极性。在这种情况下，适应市场对优质化、营养化、方便化的产品的需求趋势，发展绿色食品有助于农业效益的提高和获利能力的增强。优质优价是市场规律，国内外市场表明，获得绿色食品标志的食品要比一般食品的价格高出 30% 左右，收益增加值可达 20% 左右。在经济全球化的背景下，发挥资源和劳动力的比较优势，大力发展绿色、优质、高效、安全的农产品生产是大幅度提高农业产业的整体经济效益、有效增加农民收入、实现农业现代化的重要途径。

（四）发展绿色食品是促进农业产业化经营的有效途径

农业产业化经营需要市场化和集约化，而发展绿色食品是一个有效途径。开发绿色

食品是集科研、生产、加工、检测、储运、销售于一体，把全程质量控制技术和管理措施贯穿于农业生产的各个环节中去，不断延长农业产业的发展链条，使其形成若干个种养加、产供销一条龙的生产经营体系。绿色食品具有无污染、安全、优质、营养的特征，能提高农产品及其加工品档次，增强市场竞争力，以绿色食品龙头企业为依托，在满足人们日益提高的饮食消费需求的同时，通过企业行为，提高农产品质量和食品工业水平，走农业产业化之路。将千家万户的生产加工与市场销售紧密连接在一起，使分散的农户和企业纳入一体化发展轨道，使分散的产品有组织地进入流通市场，实现农工商、产供销有机结合衔接，提高农业的组织化程度，促进农业产业化的发展。

（五）发展绿色食品是提高农产品国际市场竞争力的现实选择

国际上绿色食品生产和贸易发展十分迅速，市场容量也在逐步扩大，是发展绿色食品的良好机遇。随着中国绿色食品在国际市场上树立精品和名牌形象，有力地促进绿色食品出口创汇。为了国际市场竞争需要，日本、欧盟等一些发达国家防止我国农产品的大量涌入，纷纷提高了进口农产品检测标准，设置了“绿色壁垒”。提高农产品的安全优质性能，发展绿色食品有助于提高农产品和食品工业产品在国际市场竞争力，从而为农产品进入国际市场开辟一条“绿色通道”。

四、发展绿色食品对策与建议

（一）健全机制，完善绿色食品工作体系

从连云港市现有工作进展情况看，政府重视、大力推动是绿色食品快速发展的前提，政府推动力度大，发展的速度就快。政府部门应重视绿色食品生产，根据各县区农业资源优势和农业产业结构现状制订发展规划，建立政策激励机制，从项目支持、资金倾斜、科技投入、价格保护等方面扶植绿色食品发展，使绿色食品生产者的利益得到保障，提高企业生产和发展绿色食品的积极性。绿色食品事业的发展离不开一支机构健全、素质过硬的队伍体系。只有建立完善市—县—乡镇—企业的绿色食品工作体系，保证绿色食品工作体系有编制、有人员、有职能、有经费，才能有效地推进绿色食品工作。

（二）合理布局，“三品”认证合理平衡发展

总体发展方向坚持无公害农产品、绿色食品和有机农产品“三位一体、整体推进”的发展思路，树立品牌形象。无公害农产品作为市场准入的基本条件，应坚持政府推动为主导，全面实现农产品的无公害生产和安全消费。绿色食品作为安全优质精品品牌，应坚持证明商标与质量认证管理并举、政府推动与市场引导并行，以满足高层次消费需求为目标，带动农产品市场竞争力全面提升。有机农产品是扩大农产品出口的有效手

段，应坚持以国际市场需求为导向，因地制宜地发展有机农产品。当前和今后一个时期发展绿色食品，要充分发挥品牌优势，围绕提升产业素质和增强农产品市场竞争力，绿色食品要突出优势农产品、加工农产品和出口农产品，依托优势农产品产业带积极组织引导农业产业化龙头企业以及大型骨干食品加工企业发展绿色食品，迅速扩大绿色食品总量规模，提高市场占有率，通过发展绿色食品提高食品安全水平。

（三）科学规划，抓好绿色食品基地建设

按照生态特点、资源优势和加工水平，确定发展规模和速度，使之与当地的经济水平、市场需求相适应，防止盲目发展和低水平重复建设，避免同一区域结构雷同可能造成的新的不良竞争。依据本地资源优势，围绕云台山的云雾茶、沿海的水产品、赣榆小杂粮、东海的水稻、农场的畜禽及乳制品等为重点，建立一批绿色食品生产基地。实行区域化布局、专业化生产，构建市场竞争的规模优势，建立高标准的绿色食品原料生产基地。在生态资源尚未遭到破坏的丘陵地区划定绿色食品生态保护区，作为天然的AA级绿色食品生产基地，加以持续有效利用。对一般地区，要重点开发A级绿色食品，在种植业基地建设上，要严格按照绿色食品生产标准，多施有机肥和生物肥，以生物防治技术为主防治病虫草害。在养殖业基地建设上，要饲喂无污染饲料和生物添加剂，采取综合措施防止畜禽接触污染源。进而通过基地建设，开发绿色主导产品，形成群体规模，在市场竞争中确立优势地位。

（四）加强合作，壮大区域绿色食品企业市场竞争力

注重绿色企业间的联合与竞争，不仅要加强上下游企业的合作、更要加强同一地区、同行业企业的合作，形成竞争合力，有序进行合作与竞争良性并存。当前我市绿色食品经营企业不仅自身规模小，而且相互之间缺乏联合，使得我市绿色食品在国内、国际市场上均缺乏竞争力，要想改变这一状况，不仅要求企业不断壮大自己，还要求企业内联外争，注重与同类企业进行联合与协作，包括技术交流、产品推荐等。同时通过政府引导与市场竞争实现绿色食品生产的规模化、集团化，实施区域化布局、专业化生产、规模化运作，通过大力推进绿色食品生产企业的联合，组建一批绿色企业集团，壮大企业竞争实力。

（五）树立品牌意识，实现绿色食品产业化经营

在发展绿色食品的过程中要重视产品的质量，质量是绿色食品的生命。通过建立严格的绿色食品的质量检测制度，加强质量管理与保证体系，在生产、加工、销售等多个环节严把质量关，通过严格的质量检测来保证绿色食品的质量，使绿色食品名副其实，让消费者吃到放心的绿色食品。打造品牌同时，努力实现绿色食品经营产业化。按照产业化的要求来组织实施绿色食品的开发，重点抓好生产基地和龙头企业建设。生产基地建设，要立足于区域资源优势和加工优势，着重培植绿色食品支柱产业，根据环境要求

和监测结果，建立连片集中规模种植的绿色食品生产园区，实行生产基地的区域化种植、规模化生产和专业化经营。着力培养适合当地发展、市场容量大、发展潜力大、农民又容易接受的产业作为主导产业，逐步形成区域性、规模性的绿色食品生产基地，为进行产业化经营提供充足的绿色食品资源。遵照绿色食品种植要求和生产操作规程，指导基地内的农户进行生产，对生产基地的原料产品实行从“产地到餐桌”的全程化质量控制，确保绿色食品新品种、新产品，以优化绿色食品产业结构，丰富产品品种，提高绿色食品在市场的竞争力。

（六）加强监管，提高绿色食品品牌公信力

发展绿色食品，要加大宣传力度，形成政府重视、社会关注和老百姓关心农产品质量安全的社会氛围。坚持“数量与质量并重、认证与监管同步”的方针，突出抓好认定产地的投入品使用和获证产品的监督管理。根据《绿色食品标志管理办法》《中华人民共和国农产品质量安全法》等相关法律法规和制度要求，建立健全监督检查制度。要防止重申报认证，轻监督管理的倾向。要用工业产品质量管理的理念，建立绿色食品质量管理的体系。切实加强对绿色食品市场的监管，农业主管部门要与食药局、市场监管等部门联合，依法查处和严厉打击制售假冒绿色食品的行为，推荐让广大消费者放心和市场好的名牌产品和精品。对获证产品和企业要实行年度检查、产品抽检、市场监察、专项检查等制度；对生产过程中投入品的使用、生产记录档案、农户档案、销售记录、产品包装标识、生鲜产品、深加工产品作为重点监管对象。同时，要加快建立健全认证产品信息网上公示、查询、追溯制度。要通过网络信息平台，及时受理认证投诉，适时公布执法监督检查结果，尽快实现绿色食品信息互联互通，资源共享。通过建立绿色食品的质量档案和监管档案，强化农产品生产者的质量安全责任意识，提高绿色食品品牌公信力。

参考文献

李庆江，黄玉萍，郭征 . 2008. 我国无公害农产品发展成效及措施［J］. 农业质量标准（4）：22 – 25.

李瑶，张志奖，付英，等 . 2010. 江西绿色农业产业化发展模式及对策研究［J］. 江西农业学报，22（7）：206 – 209.

刘志明，唐有荣 . 2009. 绿色食品产业发展问题及对策探讨［J］. 四川农业科技（6）：10 – 12.

秦玉川，丁自勉，赵纪文 . 2002. 绿色食品——21 世纪的食品［M］，南京：江苏人民出版社 .

绿色食品生产资料发展问题探讨*

包宗华

（中国绿色食品协会）

绿色食品生产资料（以下简称绿色生资），特指符合绿色食品技术标准和规范要求，适用于绿色食品生产的投入品。为了促进绿色食品产业持续健康发展，落实绿色食品标准化生产，从源头保障绿色食品产品质量，1996 年，中国绿色食品发展中心提出发展绿色生资的战略，启动了绿色生资认定与推介应用工作。为打造绿色生资品牌，2007 年，绿色生资标志作为证明商标在国家商标局正式注册，走上了品牌化发展的道路。

一、绿色生资的基本特征

与普通农业生产资料相比，绿色生资有其鲜明的特征。只有准确把握绿色生资的特征，才能彰显其技术含量，体现其推广应用的价值，扩大品牌的影响力，找准发展的方向和重点。概括起来，绿色生资具有 3 个基本特征。

（一）体现证明商标的显著特征

《中华人民共和国商标法》对证明商标的概念进行了界定。所谓证明商标，是指由对某种商品或者服务具有监督能力的组织所控制，而由该组织之外的单位或者个人使用于其商品或者服务，用以证明该商品或者服务的原产地、原料、制造方法、质量或者其他特定品质的标志。

绿色生资作为证明商标，证明了其具有以下 5 个特性，这也是许可使用绿色生资标志的产品必须符合的基本条件：①合法性。经国家法定部门检验、登记。②安全性。质量符合相关的国家、行业、地方技术标准，符合绿色食品生产资料使用准则，不造成使用对象产生和积累有害物质，不影响人体健康。③有效性。有利于保护和促进使用对象的生长，或有利于保护和提高使用对象的品质。④环保性。生产符合环保要求，在合理

* 本文原载于《农产品质量与安全》2015 年第 5 期，26－29 页

使用的条件下，对生态环境无不良影响。⑤特定性。禁止使用转基因产品和以转基因原料加工的产品。

（二）符合绿色食品标准的基本要求

从质量安全控制过程来看，农业部已陆续发布了13项绿色食品标准，其中，产地环境标准两项，即《绿色食品　产地环境技术条件》《绿色食品　产地环境调查、监测与评价导则》；生产技术标准9项，即《绿色食品　肥料使用准则》《绿色食品　农药使用准则》《绿色食品　畜禽饲料及饲料添加剂使用准则》《绿色食品　兽药使用准则》《绿色食品　畜禽饲养防疫准则》《绿色食品　动物卫生准则》《绿色食品　渔药使用准则》《绿色食品　海洋捕捞水产品生产管理规范》《绿色食品　食品添加剂使用准则》；包装、贮运标准2项，即《绿色食品　包装通用准则》《绿色食品　贮藏运输准则》。上述绿色食品生产技术标准，对绿色生资的使用原则、种类和使用规定做出了具体要求，既在一定程度上体现了绿色生资的先进性和实用性，也确立了绿色生资产品许可的主要范围，即包括肥料、农药、饲料及饲料添加剂、兽药、食品添加剂及其他与绿色食品生产相关的生产投入品。

（三）服务绿色食品产业发展

绿色生资是绿色食品产业体系的重要组成部分，起着重要的技术支撑作用。绿色生资与绿色食品产业发展深度融合，既有利于创造良好的政策条件和市场环境，也有利于准确把握其目标定位，充分发挥功能作用。

从促进绿色食品产业整体发展的角度看，绿色生资在自身发展的过程中要积极发挥3个方面的作用。①从源头保障绿色食品产品质量。绿色食品实施“从土地到餐桌”全程质量控制，通过投入品合理管控和减量化使用，确保生态环境安全和产品质量安全。发展和推广使用安全性较高、品质优良且对生态环境负面影响较小的绿色生资，有利于进一步提升绿色食品产品质量。②落实绿色食品标准化生产。结合各地农业生产实际，将绿色食品各类标准转化为具体的生产技术规程，并指导企业和农户操作使用，是落实绿色食品标准化生产的关键。推广使用绿色生资，有利于落实各类绿色食品生产技术规程，真正提高“科学种田”的水平。③服务绿色食品产业发展主体。农产品生产、食品加工企业和基地农户是绿色食品产业发展的主体，绿色生资的发展必须不断适应绿色食品申报企业和原料标准化生产基地建设的需求，不断增强供给保障能力，形成良性互动发展格局。

二、绿色生资发展的状况

如同绿色食品，绿色生资也是一项开创性工作。目前，从总体上看，绿色生资发展规模不大，品牌影响力也不如农业系统推出的“三品一标”（无公害农产品、绿色食品、有机食品和地理标志农产品）公共品牌的影响力大，但经过10多年的艰苦努力，绿色生资还是取得了显著成效，主要体现在以下4个方面。

（一）绿色生资纳入了绿色食品产业发展的整体布局

作为绿色食品产业重要的物质技术支撑，绿色生资先后纳入各个时期全国和部分地区绿色食品产业发展规划，纳入绿色食品生产技术标准体系。绿色生资作为绿色食品加工产品的原料来源之一，列入了《绿色食品标志许可审查工作规范》。绿色生资使用情况纳入了“全国绿色食品示范企业”评价指标体系，作为评定条件之一。为更加充分地利用社会资源推动绿色生资发展，2010年，中国绿色食品发展中心决定由中国绿色食品协会全面承担绿色生资标志许可、管理和推广应用工作。为在新形势下统筹协调绿色生资与绿色食品发展，2015年5月，中国绿色食品发展中心出台了《关于推动绿色食品生产资料加快发展的意见》，提出了今后一个时期绿色生资发展的指导思想、目标与原则以及推进措施。

（二）绿色生资制度体系已基本构建和完善

绿色生资发展实行证明商标许可使用审查与管理制度，并围绕这个核心制度安排，建立起较为完善且运行规范有效的制度体系。一是依据《中华人民共和国商标法》《中华人民共和国农产品质量安全法》、农业部《绿色食品标志管理办法》，制定了《绿色生资标志管理办法》，以及与之配套的绿色生资肥料、农药、饲料及饲料添加剂、兽药、食品添加剂5个实施细则。二是建立起了以申请使用绿色生资标志的企业及产品原料来源、投入品使用和质量管理体系为重点的现场检查制度；以“省级绿色食品工作机构、协会两级审核+专家评审”的标志许可审核制度；以企业年度检查、产品质量监督抽检、标志使用市场监察为手段的证后监管制度。三是制定了《绿色生资管理员注册管理办法》，依托绿色食品工作机构的专职人员以及大专院校、科研机构、生产资料技术推广服务、生产资料检测机构等单位的有关专家，组建了一支293人的绿色生资管理员队伍。

（三）绿色生资发展已具备了一定的规模和基础

2014年，绿色生资企业已发展到97家、产品243个。2011—2014年，绿色生资企业及其产品年均分别增长11.6%和3.1%。从产品结构来看，在绿色生资获证产品中，肥料99个，占40.7%；饲料及饲料添加剂92个，占37.9%；食品添加剂30个，占12.3%；农药21个，占8.6%。从区域发展来看，绿色生资企业数在6家以上的省市有江苏（10家）、山东（7家）、北京（6家）、四川（6家）和青海（6家）。绿色生资产品数20个以上的省有云南（36个）、江苏（24个），产品数在10~20个的分别是北京（18个）、四川（18个）、山东（14个）、内蒙古（12个）和新疆（12个）、青海（10个），其他省区市的产品数都在10个以下。

（四）绿色生资品牌已有了一定的影响力

近几年，通过宣传发动、扩大产品发展规模、加强推广应用，绿色生资品牌的知名度和影响力得到逐步提升。部分生资企业申报绿色生资并获得预期效益，在农业生产资料相关行业内起到了辐射带动作用。部分绿色生资企业与绿色食品生产加工企业、全国绿色食品原料标准化生产基地成功对接，通过产业链传导了优质优价的市场机制，实现了“两个品牌”的双赢，特别是有效缓解了部分绿色食品畜禽、水产企业的饲料及饲料添加剂供应压力。通过联合举办专业培训、委托开展检测业务，绿色生资也受到部分地区农业生产资料技术推广服务部门、农产品及农业生产资料检测检验单位的关注。通过开展国际交流与合作，绿色生资品牌影响从国内扩大了国外。全球知名企业德国拜尔公司已有 5 个产品获得绿色生资证书，成为首家申报并获得绿色生资证书的境外企业。

三、绿色生资发展的制约因素分析

近几年，绿色生资虽然有了一定的发展，但与绿色食品产业发展需求相比，还难以充分体现技术保障的“身份”。现阶段，绿色生资发展存在的主要问题是总量规模仍然偏小，与绿色食品基地与产品发展规模严重不匹配。截至 2014 年年底，全国有效使用绿色食品标志的企业总数已达 8 700家，产品总数已达 21 153个；全国绿色食品原料标准化生产基地已有 635 个，面积达到 1 066. 67万公顷。制约绿色生资发展的因素主要有以下 3 个方面。

（一）市场层面

主要是品牌影响力不够，不像“三品一标”品牌，终端产品直接面向广大消费者，通过市场需求调动生产企业和农户的积极性。目前，绿色生资的许可审核工作主要依据 6 个《绿色食品使用准则》，产品检测标准主要执行国家标准和行业标准，绿色生资的先进性没有真正体现出来，加上没有与绿色食品企业和基地紧密对接，优越性也未充分体现出来，因而品牌对众多生资企业缺乏吸引力。另外，绿色生资推广应用效果未能充分展现出来，对绿色生资发展缺乏有力的拉动。

（二）制度层面

申请使用绿色生资标志属企业自愿行为，对绿色食品产品生产和基地建设也非强制性要求，只是原则上鼓励绿色食品生产加工企业和基地农户优先使用。在这种制度安排下，必须通过优质优价的双重传导机制，将绿色生资的价值转化为绿色食品产品的市场效益。否则，绿色食品企业用标不增效，绿色生资发展难以为继，必须综合考虑使用绿色生资对绿色食品企业的产量、成本、效益的影响。生资生产和流通区域性较强，绿色生资也不例外。异地采购、长途运输，导致成本增加，也是影响绿色生资企业与绿色食品企业的高效对接的因素之一。

（三）技术层面

绿色生资许可条件之一就是禁止使用转基因和以转基因原料加工的产品，但非转基因产品产量低，数量少，购买成本高，限制了绿色生资部分行业产品的发展。据统计，全国绿色食品豆粕产量仅48万吨，基本上集中在黑龙江省，资源分布严重不均，饲料企业申报绿色生资难度极大。乙氧基喹啉是饲料行业中常用的抗氧化剂，但《绿色食品 畜禽饲料及饲料添加剂使用准则》《绿色食品 渔业饲料及饲料添加剂使用准则》不允许使用，添加其他抗氧化剂，成本高且效果不理想，更是严重制约了绿色食品水产品的发展。2014年，绿色食品畜禽类产品只占产品总数的5.2%，水产类产品只占产品总数的3.3%。

四、推进绿色生资发展的思路与对策

促进农业生产方式转变，加快现代农业建设，一个重要环节是科学合理地使用投入品，这为绿色生资发展创造了广阔空间。与此同时，随着我国绿色食品产业发展规模不断扩大，产业发展水平不断提升，对绿色生资发展也提出了新的要求。当前和今后一个时期，绿色生资发展需适应形势，积极拓展思路，加大创新力度，为绿色生资加快发展创造条件。

（一）充分利用政策环境

一是将绿色生资发展与现代农业、生态文明建设紧密结合，按照“产出高效、产品安全、资源节约、环境友好”的目标，在新时期《全国可持续农业发展规划》（2015—2030年）及《关于加快转变农业发展方式的意见》的指导下，研究制定绿色生资中长期发展规划。通过发展和推广绿色生资，促进农业生产实现节水节肥节药，提高投入品使用效率，同时控制和减少农业面源污染，改善农业生态环境。二是将绿色生资发展与农业标准化、产业化、品牌化等工作紧密结合，在提升农产品质量安全水平的同时，保护农业生态环境，发挥在农业“调结构、转方式”中的积极作用。三是将绿色生资发展与“三品一标”发展紧密结合，在标准建设、基地建设、品牌宣传、政策设计等方面统筹谋划，协同推进。

（二）深入推进品牌建设

公信力和影响力决定了绿色生资品牌的竞争力，是绿色生资品牌建设的核心。提升品牌的公信力，关键是完善标准、规范审核、严格监管，确保绿色生资产品质量。

现阶段，要按照绿色食品质量监管的技术标准和规范要求，从源头上进一步强化绿色生资标准体系建设，积极采用和引进国际先进标准，加快修订绿色生资技术标准和操作规程，尽快实现与国际标准接轨。在标准体系建设中，要密切跟踪国家有关法律法规、技术标准，关注农业生资行业发展动态，并吸收国内知名生资企业参与标准制修订工作。扩大品牌的影响力，关键是开展全方位、多形式的宣传。在将绿色生资与“三品一标”捆绑宣传的同时，采取“走出去”的方式，主动与企业对接，面对面介绍绿色生资的理念，吸引企业走进绿色生资队伍。通过电视、广播、报纸、网站、微信、展会等媒体媒介，积极普及绿色生资知识，宣传绿色生资的形象，引导生资企业申报绿色生资。

（三）着力抓好产品发展

首先，系统组织开展调研，摸清全国生资各行业企业、产品和技术资源，寻找制约绿色生资发展的“瓶颈”，研究分析并提出对策措施。其次，动员整个绿色食品工作系统深入优质企业宣传发动，重点是生资领域各级农业产业化龙头企业，同时扩大与国外知名生资企业的合作。再次，配合绿色食品产业结构的优化调整的目标和方向，共同开展技术研究，攻坚克难，不断满足绿色食品畜禽、水产品发展对绿色生资的迫切需求。最后，加快绿色生资农药、兽药、食品添加剂的发展，逐步调整和优化绿色生资产品发展结构。

（四）扎实做好推广服务

依托全国绿色食品示范企业，探索创建绿色生资推广应用示范企业和基地。示范基地和企业可分行业（种植业、养殖业、加工业）、分品种（肥料、农药、饲料及饲料添加剂、兽药、食品添加剂等）、分区域（东部、中部、西部、东北）逐步创建。同时依托示范基地和企业，围绕环境质量、投入品减量化、产量产能、综合效益等指标，组织开展绿色生资与普通生资使用效果的对比研究。搭建专业贸易平台，促进绿色生资与绿色食品企业和绿色食品原料标准化生产基地对接。

借助全国性、区域性的绿色食品展会平台，增设绿色生资企业展区，举办绿色生资论坛，集中推介绿色生资企业及其产品。运用“互联网＋”思维，加快建设绿色食品产业电子商务平台，面向广大厂商提供大型绿色食品企业、绿色食品标准化基地优质原料、绿色生资产品等信息资源，实现产业信息互动共享。

（五）不断增强工作合力

中国绿色食品协会由全国从事“三品一标”管理、科研、教育、生产、贮运、销售、监测、咨询、技术推广等活动的单位和个人组成，既是推动和服务我国“三品一标”事业发展的全国性、行业性社会组织，也是具体负责绿色生资工作的管理机构。推动绿色生资持续健康发展，必须发挥协会的独特优势和职能作用，合理组织系统内外资源，形成工作合力。协会要以自身为基点，横向积极争取相关部门的支持，努力创造良好的政策环境和条件。扩大专家队伍，增强技术支撑能力，纵向将绿色生资管理员向基层绿色食品工作机构延伸，向整个“三品一标”工作机构延伸，增强业务工作力量。积极发动生资企业加入协会，扩大生资领域会员队伍，并采取有效方式和形式，推动行业交流与合作。

参考文献

陈晓华.2015. 2014 年我国农产品质量安全监管成效及 2015 年重点任务［J］. 农产品质量与安全（1）：3－8.

国务院办公厅.2015. 国务院办公厅关于加快转变农业发展方式的意见（EB/OL）.（2015－08－07）〔2015－08－10〕. http：//www. farmer. com. cn/xwpd/btxw/201508/t20150807_ 1133472. htm.

韩沛新.2012. 我国绿色食品发展现状与发展重点分析［J］. 农产品质量与安全（4）：5－9.

金发忠.2013. 关于严格农产品生产源头安全性评价与管控的思考［J］. 产品质量与安全（3）：5－8.

刘斌斌，余汉新.2012. 绿色食品生产资料的发展现状及对策分析［J］. 农产品质量与安全（4）：10－13.

王运浩.2012. 绿色食品基础理论与技术研究及推进重点［J］. 农产品质量与安全（6）：5－7.

王运浩.2015. 推进我国绿色食品和有机食品品牌发展的思路与对策［J］. 农产品质量与安全（2）：10－13.

袁善奎，王以燕、农向群，等.2015. 我国生物农药发展的新契机［J］. 农药，54（8）：547－550.

张志华，唐伟，陈倩.2015. 绿色食品原料标准化生产基地发展现状与对策研究［J］. 农产品质量与安全（2）：21－24.

中国绿色食品发展中心.2011. 最新中国绿色食品标准（2010 年版）［M］. 北京：中国农业出版社.

中华人民共和国财政部.2015. 关于印发《全国农业可持续发展规划（2015—2030 年）》的通知（EB/OL）.（2015－05－20）〔2015－08－10〕. http：//www. mof. gov. cn/zhengwuxinxi/zhengcefabu/201505/t20150528_ 1242763. htm.

标志许可与质量监督

关于提高我国绿色食品认证有效性的思考*

张　侨

（中国绿色食品发展中心）

近年来，我国绿色食品事业快速发展，总量规模持续扩大，质量管理及品牌建设工作不断加强。目前，我国有效使用绿色食品标志的企业总数已超过6 000家，产品总数近17 000个，其中1 500余家为国家级、省级农业产业化龙头企业，企业把通过绿色食品认证当做一种实力的证明，是安全、优质农产品精品品牌公信力的体现。特别是2012年以来，绿色食品已由相对注重发展数量进入要更加注重发展质量的新时期，由相对树立品牌进入提升品牌的新阶段，绿色食品认证工作肩负着确保农产品质量安全，维护绿色食品精品品牌形象的任务。然而，由于我国农业经济发展不平衡，农业生产水平与先进国家还存在差距，农产品认证体制建立时间不长，认证水平和管理经验不够，绿色食品认证的有效性存在不足。如何进一步提高绿色食品认证的有效性对加强绿色食品认证风险控制，提升绿色食品认证质量和管理水平，维护绿色食品品牌公信力，保障农产品质量安全具有重要意义。

一、绿色食品认证有效性的内涵

根据ISO9000—2000标准，有效性是指：所策划的活动实现程度及其策划结果所达到程度的量度。从这一定义来看，可以将其理解为两个方面的内容，一是策划活动是否能按照要求实施，二是实施效果是否能达到预期。据此，绿色食品认证有效性的内涵既要包括要求和指导企业及农户贯彻落实标准化生产和规范化管理的过程，也要包括建立与完善绿色食品生产标准体系和质量安全保障体系的过程。一方面，促进绿色食品标准和技术法规的制定和完善，实现农业生产和产品检测有标可依；另一方面，促进绿色食品技术标准的贯彻和落实，建立稳定、长效的农产品质量管理制度。绿色食品认证通过对产地环境条件及设施配备、人员能力、生产技术和产品检验等过程实施全程质量控制，对生产过程中出现的质量安全隐患及时发现和纠正，对上市农产品及时追踪和检

* 本文原载于《农产品质量与安全》2013年第1期，23－24页

查，以达到稳定获得安全、优质的产品，从而有效地保证农产品质量安全。

二、制约绿色食品认证有效性的因素

绿色食品事业创立和发展20多年以来，始终按照科学的标准体系、规范的审核程序、严格的监督管理制度，严谨、细致、规范、有序地开展工作，切实把好工作质量关和产品质量关。近几年来，产品抽检合格率始终保持在98%以上，认证有效性总体处于较高水平。然而在发展过程中也发现了一些制约绿色食品有效性的因素。

（一）企业质量管理实施的有效性

近年来在绿色食品发展过程中，部分企业受生产条件所限，产业化水平提升较慢，执行的生产标准相对滞后，特别是个别企业缺少责任意识，在认证初期尚能按照绿色食品认证标准要求，建立并贯彻实施全程质量控制，而一旦通过认证，其积极性、自觉性逐步减弱，对获证后的监督敷衍对付，造成产品质量下降，绿色食品认证流于形式。

（二）绿色食品工作机构及检查员工作的有效性

在绿色食品工作系统中，个别工作机构在认证规范性、服务意识和监督管理等方面还存在着问题，个别检查员欠缺审核经验和对风险控制关键点的准确把握能力，检查走形式，甚至出现没有去认证现场、做假审核记录等违规行为，直接影响认证的有效性，从而使得获证产品的质量出现信任危机，影响了绿色食品事业的形象和信誉。

三、提高绿色食品认证有效性的途径

（一）标准的有效性是提高绿色食品认证有效性的基础

绿色食品标准体系是支撑绿色食品认证有效性最为重要的技术基础。经过20年的探索和实践，形成了以“土地到餐桌”全程质量控制为核心的一套包括产地环境质量标准、生产过程标准、产品质量标准和包装贮运标准的标准体系，为产品认证和管理工作提供了依据，为保证绿色食品产品质量奠定了基础，为促进绿色食品事业持续健康发展发挥了不可替代的作用。然而现有标准体系尚不够健全，配套法规还不够完善，技术标准与发达国家还有差距，这就需要结合我国农业生产和食品加工业的实际，加强认证关键环节的调查研究，建立并及时修订滞后的认证标准，同时加快配套制度建设，不断强化标准体系的符合性和实用性，不仅仅为进一步推进产品认证工作提供依据，保证绿色食品认证的规范性、公正性和有效性，更是为通过标准体系的有效实施和持续的改进，逐步提高产品质量，保持绿色食品的高端市场定位和精品品牌形象。

（二）实施的有效性是提高绿色食品认证有效性的关键

标准的符合性与适宜性确定后，确保实施即体系运行过程的有效性是提高绿色食品认证有效性的关键，因此必须对绿色食品的生产与加工、流通与销售和标志的使用等方面进行规范管理。一要加强对企业的服务和指导。指导企业建立健全绿色食品生产管理制度、生产操作技术规程和生产档案记录，跟踪企业对绿色食品认证制度和认证过程的操作情况，是否有效落实全程质量控制措施，是否规范使用绿色食品标志，提高企业的产品质量安全意识和标准化生产水平。二要强化对获证企业的监督管理。加大产品抽检力度，及时淘汰质量不合格的产品、管理生产和用标不规范的企业，并配合工商、质检等部门及时查处假冒伪劣产品，维护绿色食品品牌的权威性和公信力。三要促进企业的诚信体系建设。促进获证企业的“诚实信用”自律行为的自觉性，建立企业诚信档案，规范企业行为，提升我国绿色食品认证的国际国内信任度。

（三）审核的有效性是提高绿色食品认证有效性的保障

审核主要是指对质量管理体系的符合性、有效性和适宜性进行的检查活动和过程。审核完成后，认证机构要依据审核结果作出通过或不通过的结论。所以，审核过程和结果的有效性，直接影响认证的有效性，是“认证入门关”的有效保障。绿色食品认证要继续按照“坚持标准、规范认证”“从严从紧、宁缺毋滥”的原则，加强认证审核把关，严把产品认证准入门槛，确保认证产品质量。一要强化绿色食品办公室和检查员在认证审核工作中的职责。绿色食品检查员已100%签订《绿色食品认证审核责任书》，对增强检查员责任意识、质量意识和服务意识具有十分重要的意义，是建设绿色食品检查员队伍长效机制的一项重要举措，是确保绿色食品认证工作规范性和有效性的重要手段。二要提高检查员的审核把关能力。加强业务培训和自主学习，提高行业认证审核能力和专业审核水平，把住认证审核环节的关键控制点，提高审核效率。三要规范现场检查工作。现场检查是绿色食品认证风险控制的关键环节，现场检查要落实责任制，检查员要通过“查”和“问”去核实质量安全控制关键点，并注重生产操作规程和生产记录的检查，确保检查结果客观真实。

综上所述，提高绿色食品认证有效性是提升绿色食品品牌公信力的根本，是绿色食品事业持续健康发展的基石，值得我们今后继续深入研究，从而推动绿色食品认证工作质量和农产品安全水平逐步提高，我国的绿色食品事业朝着健康的方向持续稳步推进。

参考文献

罗国英、林修齐 . 2003. 2000 版 ISO9000 族标准质量管理体系教程［M］. 3 版 . 北京：中国经济出版社 .

马爱国．2012. 农业部农产品质量安全监管局局长马爱国在绿色食品 20 周年座谈会上的讲话［R］//绿色食品工作文件汇编（2010—2011）. 中国绿色食品发展中心．

王运浩．2012. 绿色食品基础理论与技术研究现状及推进重点［J］. 农产品质量与安全（6）：5 – 7.

影响绿色食品标志许可审查工作质量的因素及对策*

张　宪　乔春楠　马　卓　张　侨　陈　曦
王宗英　宫凤影　李显军　张逸先

（中国绿色食品发展中心）

绿色食品事业经过20多年的发展，已建立了一套较为完善的标准体系、标志许可体系、监管体系和市场流通体系，打造出了一个具有较高知名度、影响力和公信力的精品品牌。截至2014年上半年，绿色食品企业总数已达到8 316家，产品总数已达到20 586个。但随着绿色食品申请企业的逐年增加，申请产品种类的日益繁多，原有的标志许可审查制度已经不能完全适应绿色食品的发展需要，突出体现在审查工作的时效性、科学性和规范性等方面。本文结合相关数据，全面分析了审查工作中存在的问题和原因，并针对性地提出了对策建议。

一、标志许可审查制度现状

（一）标志许可审查制度发展历程

1. 1992—2002年，是绿色食品事业发展的第一个10年

1992年，农业部成立绿色食品办公室。1993年，农业部颁布《绿色食品标志管理办法》（1993农〔绿〕字第1号）。从此，绿色食品事业步入了规范有序、持续发展的轨道。

2. 2003—2013年，是绿色食品事业全面发展的10年

2003年，中国绿色食品发展中心（以下简称中心）印发了《绿色食品认证制度汇编》和《绿色食品检查员工作手册》，全面调整和完善了绿色食品认证制度，启动了绿色食品检查员队伍建设工作。2012年，农业部修订并颁布了《绿色食品标志管理办法》（农业部令2012第6号）。

---

* 本文原载于《农产品质量与安全》2015年第1期，18－21页

3. 2014年至今，是绿色食品标志许可程序等制度性文件实施全面改革的时期

中心根据最新《绿色食品标志管理办法》重新修订了相关制度，2014年6月1日，发布实施了《绿色食品标志许可审查程序》，其将成为今后一段时间内标志许可审查工作开展的主要依据。

（二）标志许可审查程序

1. 工作环节

标志许可审查主要分为初次申请审查、续展申请审查和境外申请审查三部分。以初次申请审查为例，主要包括受理、文审、现场检查、环境检测、产品检测、初审、审查、专家评审和颁证等9个环节。

2. 责任分工

标志许可审查工作需要省级工作机构、地（市）县级农业行政主管部门所属相关工作机构、环境检测机构、产品检测机构和中心等多个部门共同参与完成。中心负责绿色食品标志使用申请的审查、核准工作；省级工作机构负责本行政区域绿色食品标志使用申请的受理、初审、现场检查工作；地（市）、县级农业行政主管部门所属相关工作机构协助本省省级工作机构完成上述工作；检测机构负责绿色食品产地环境和产品检测工作。

3. 工作时限

按照《绿色食品标志许可审查程序》对各工作环节的时限要求，一个企业从申请到颁证至少需要190个工作日。其中，受理和文审10个工作日，现场检查需要在审查合格后45个工作日完成，撰写现场检查报告10个工作日，环境检测30个工作日，产品检测20个工作日，初审20个工作日，审查30个工作日，审查合格后20个工作日完成专家评审，专家评审合格后5个工作日做出颁证决定。

二、标志许可审查工作存在的问题及影响因素

（一）时效性不强

虽然《绿色食品标志许可审查程序》对每个环节的工作都有明确的时限要求，但实际工作开展过程中，往往不能严格按时限执行，严重影响了审查的进度和效率，主要有以下4方面原因。

1. 工作环节多

依据《绿色食品标志许可审查程序》，一个企业从申请到颁证需要企业、地方各级绿办、环境和产品检测机构、中心等多个部门共同参与，经过9个工作环节，各个部门的工作都将影响整体工作进度，最终影响审查工作的时效性。

比如，从对山东、江苏、山西、新疆、内蒙古、四川6个省区70个企业申报材料的分析情况看，省级工作机构从受理到通知申请人补充材料，有87%符合程序时限要求；从通知企业补充材料到现场检查，有77%集中在10天内，23%集中在2~3个月。企业从收到中心审查意见到报送补充材料，平均时间2个月，最长时间8个月。从数据分析看（表1），多个工作环节的完成时间不符合程序时限要求，甚至存在严重超时现象，直接影响了审查工作的进度。

表1　各工作环节时限分析汇

工作机构名称	环节名称	程序规定时限（工作日）	实际工作时限	
			最短	最长
省级工作机构	材料受理 下发审查意见通知单	10个	5天	7个月
	申请人补充材料	—	8天	15个月
	现场检查	—	3天	3.3个月
检测机构	环境监测 出具环境检测报告	30个	10天	9个月
	产品抽样 出具产品检验报告	20个	3天	13.5个月
中　心	材料受理 下发审查意见通知单	30个	15天	6个月
	第一次收到补充材料	—	15天	8个月
	补充材料审核意见下发	—	6天	2个月
	第二次收到补充材料	—	7天	7.5个月
	补充材料审核意见下发	—	7天	1.5个月
	专家评审	20个	1天	1个月
	转交标志管理处	5个	5天	7天

2. 农产品季节性较强

申请绿色食品的产品主要为农林产品或初加工农林产品，季节性较强，现场检查时间和产品抽样时间相对固定，即不仅要考虑到现场检查工作在作物生长期完成，还要考虑到有适抽产品。比如一个小麦生产企业当年7月提出申请，按照其生长期特点，现场检查最早也要在11月即小麦出苗后开展，产品抽样则需要在第二年的6月即小麦收获后才能完成，再加上产品检测的时间，从企业提出申请到完成产品检测需要12个月时间，这也是延误审查工作的一个重要因素。

3. 检测机构问题

从材料分析看，环境检测平均时间 2.7 个月，最长 9 个月；产品检测平均时间 1.8 个月，最长 13.5 个月。主要有以下 3 个原因，一是检测机构布局不甚合理，目前绿色食品检测机构主要集中在我国东部和中部地区，西部及偏远地区很少，不利于部分地区按时开展检测工作；二是检测机构任务过重，绿色食品检测机构一般除承担绿色食品检测外，还承担其他工作任务，工作量较大，很难将全部工作精力投入绿色食品检测工作中，导致检测不及时或延误检测；三是采样存在实际困难，如天气因素、采样点距离远、交通不便等诸多问题，都会影响检测工作的效率。

4. 工作机构人员不足

随着各级政府对农产品及食品质量安全的重视及“三品一标”的快速发展，绿色食品系统内部原省级检查员已有许多成为无公害农产品、有机食品的兼职检查员，绿色食品专职检查员不多；此外，地市绿色食品办公室大部分挂多个机构的牌子，承担多项职能和工作，其检查员经常身兼数职，而且工作人员流动性大，这种人员力量已经不能满足越来越多的绿色食品标志许可审查工作。

以中心的审核人员结构为例，2007—2013 年，中心审核员始终维持在 7 ~ 8 人，但 2007—2013 年，中心受理的企业数和产品数逐年上升，其中初次申请企业数和产品数从 2007 年的 1 502家企业、3 440个产品上升到 2013 年的 2 125家企业、4 832个产品（图 1、图 2）；续展企业数和产品数从 2007 年的 815 家、2 148个上升到 2013 年的 1 746家、

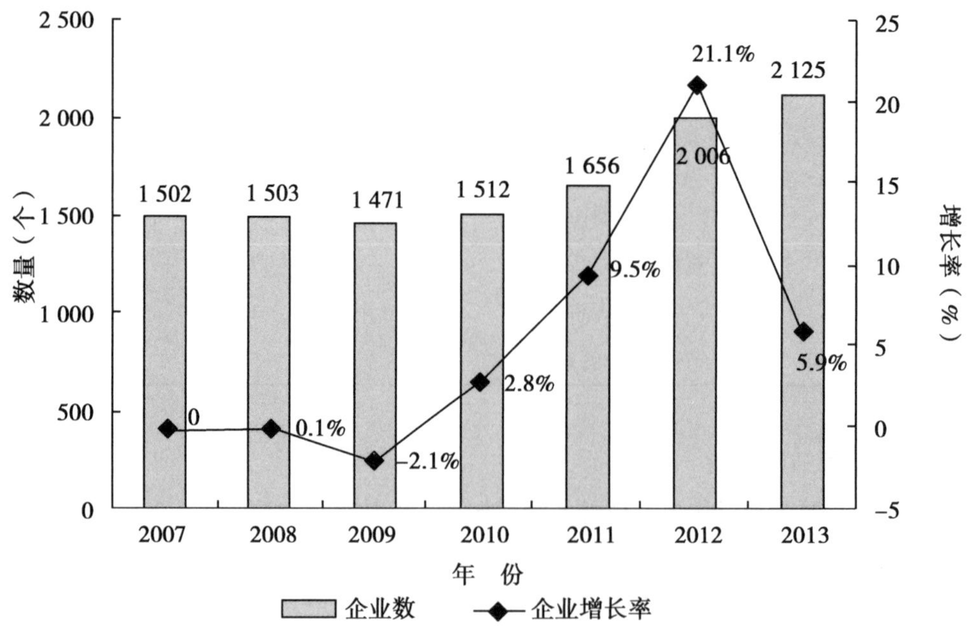

图 1　2007—2013 年初次申请企业数与增长率

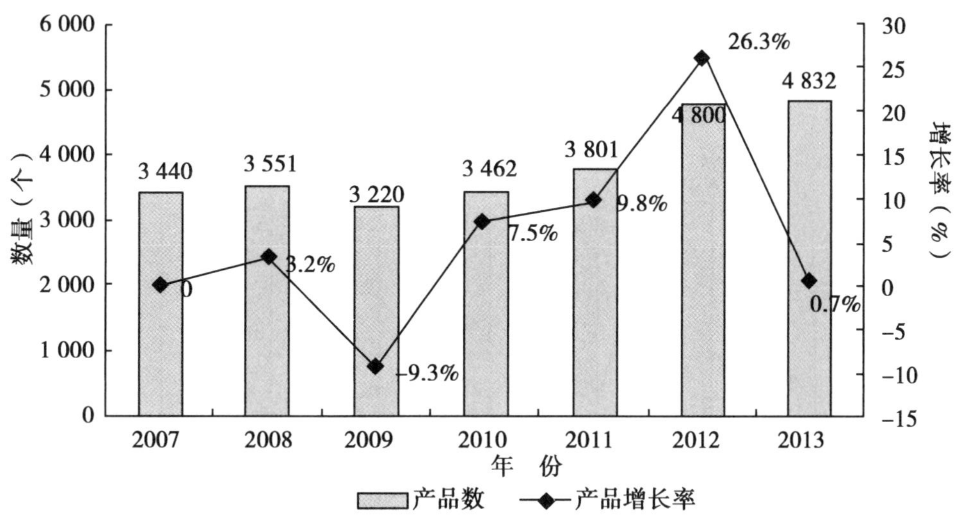

图 2　2007—2013 年初次申请产品数与增长率

4 147个（图 3、图 4），2013 年受理的企业和产品总数分别较 2007 年分别增加了 67. 1% 和 60. 7% 。按每个企业申请材料需 2 名审核员审核的规定，每个审核员的工作量增加了 60% 以上，如 2013 年，每名审核员审核材料达到 1 000多份。此外，审核员还要对补充材料进行 1 次甚至多次审核，据初步统计，目前，一次审核通过率仅为 10% 左右，有近九成的企业都要补充材料才能完成审核。由此推算，每年每位审核员审核材料（包括补充材料）达 2 000多份，按全年 220 个工作日算，每位审核员每天平均审核材料数量均在 10 份以上，工作强度和工作量均超过极限。人员数量严重不足与材料增长的矛盾日益突出，审查工作压力与日俱增。

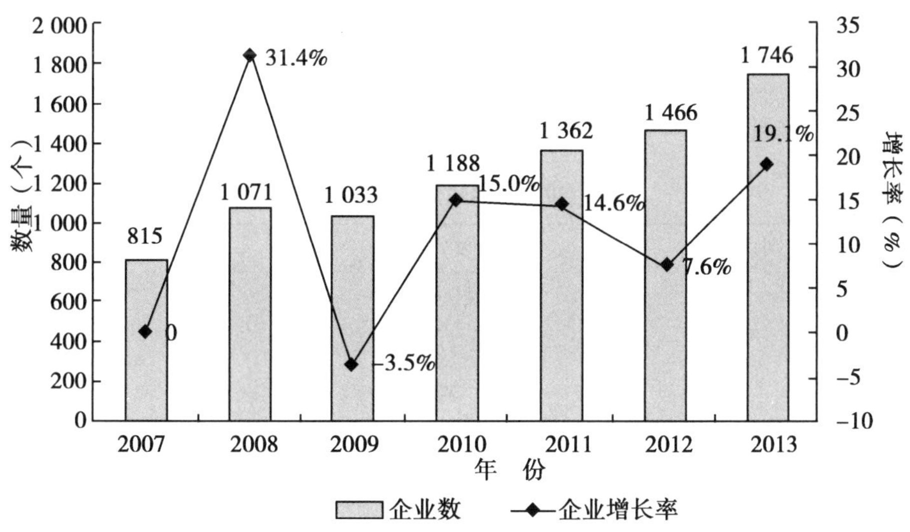

图 3　2007—2013 年续展企业数与增长率

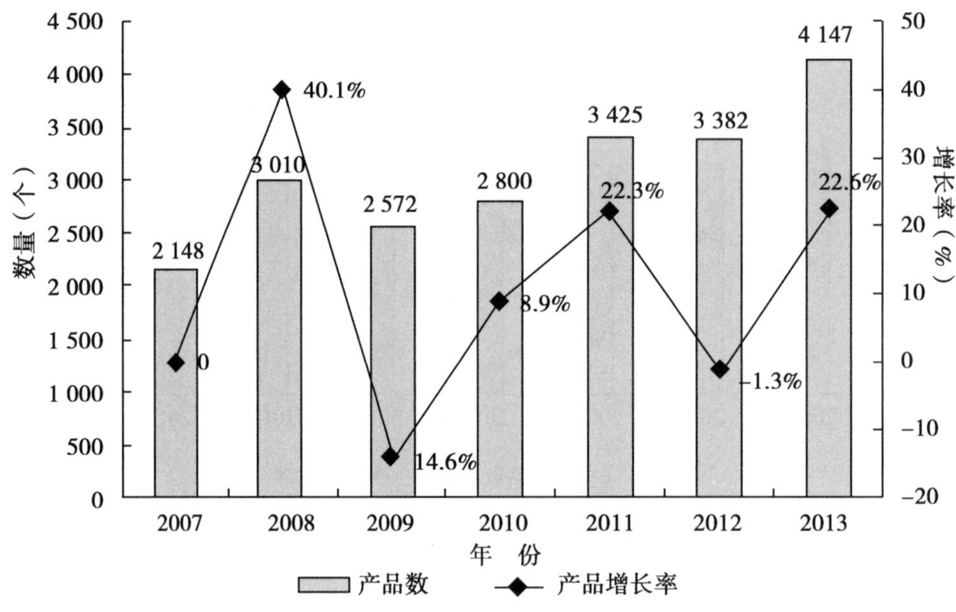

图 4　2007—2013 年续展产品数与增长率

（二）科学性不够

1. 绿色食品产品结构与检查员专业结构不协调

绿色食品包括农林及加工产品、畜禽类产品、水产类产品、饮品类产品及其他产品5 个大类 57 个小类产品，涉及种植、畜禽养殖、水产养殖、食品加工、蜜蜂养殖等多个专业领域。2013 年绿色食品统计年报数据显示（表 2），在有效用标的 19 076个产品中，畜禽类和水产类养殖业产品 1 830个，占 9. 6%；种植业产品 8 388个（小麦 40 个、玉米 57 个、大豆 82 个、蔬菜 5 307个、鲜果类 2 457个、食用菌及山野菜 445 个和其他食用农林产品 116 个等），占 44. 0%；加工业产品 8 858个，占 46. 4%。

表 2　2013 年绿色食品产品结构

产品类别	产品数（个）	比重（%）
农林及加工产品	14 097	73. 9
畜禽类产品	1 170	6. 1
水产类产品	660	3. 5
饮品类产品	1 656	8. 7
其他产品	1 493	7. 8
合　计	19 076	100. 0

种类繁多的产品要求检查员有过硬的专业知识，去完成相关产品的审查工作。但目前全国绿色食品检查员的专业结构远远不能满足申请产品的需要。截至 2014 年 9 月，全国共有绿色食品检查员 2 981名，其中具有农学、园艺等与种植业专业相关的检查员 1 413人，占 47. 4%；具有动物营养、兽医等与养殖业专业相关的检查员 167 人、占 5. 6%；具有食品工程、食物营养等与食品加工专业相关的检查员 83 人，占 2. 8%；其他与上述专业无关的检查员 1 318人、占 44. 2%。

从图 5 可以看出，除种植业检查员能基本满足相关产品申请需要外，养殖业和加工业检查员均不能满足相应专业产品的申请需要，尤其是具有加工业专业背景的检查员仅 83 名，与 8 858个加工业产品相差悬殊。由此可见，检查员专业结构存在严重缺陷，尤其缺少养殖、加工等高风险行业的检查员，这种结构已不适应高强度、高难度的审核把关工作，势必影响审查工作的科学性和专业性。

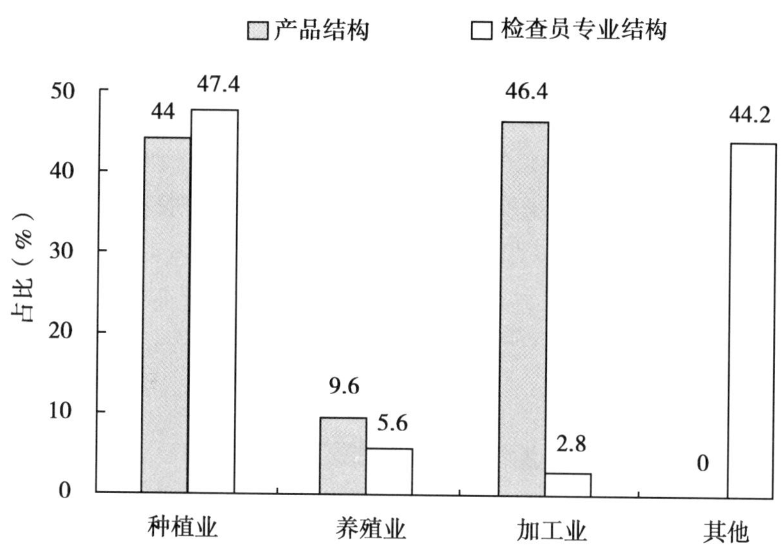

图 5　2013 年绿色食品产品结构与检查员专业结构对比

2. 检查员业务素质有待提高

此处检查员业务素质主要指工作责任心和业务水平。目前，部分检查员工作责任心不强，主要反映是审查、现场检查不能按工作时限完成，不能及时督促企业完成材料补充及整改工作，降低了审查工作效率；此外，部分检查员业务水平不高，主要反映在不熟悉相关业务知识、不及时学习新标准新规范，导致材料审核和现场检查时不能发现问题、不能引导企业按绿色食品标准规范生产、不能有效指导企业完成整改工作。

（三）规范性不强

目前，审查工作的主要依据是 2003 年印发的《绿色食品检查员工作手册》中的文审规范、现场检查程序和方法、现场检查评估项目表等，该规范对指导材料审查和现场检查工作起到了重要的指导性作用。但随着申请企业组织模式的多样化、产品种类的日益更新、新标准新规定的颁布，现有的规范已不能满足审核需要，主要表现在两个方面。

1. 操作性不强

审查规范、现场检查规范的作用是具体指导检查员如何开展材料审核和现场检查工作，即解决审什么、怎么审，检查什么、怎么检查的问题。比如文审规范中，仅包括对申请人提供材料的审核要求，缺少对省级工作机构和检测机构相关材料的审核要求；未对原料自给自足、“公司 + 基地 + 农户”、原料外购等不同生产组织形式的材料提供要求予以区分，缺乏针对性；从现场检查程序看，仅仅明确了首次会议、实地检查、查阅记录、文件、随机访问和总结会等的 5 个环节和简单的工作要求，并未明确指出检查内容和检查方法等。

2. 专业性不强

从大的方面分，绿色食品可初步分为种植类产品、养殖类产品和加工类产品，进一步细分，可分为种植产品、畜禽养殖产品、加工产品、水产品、蜂产品和食用菌产品。不同类别产品无论从生产方式、生产环节还是从质量管理模式、组织管理模式都存在较大差异。但现行的文审规范和现场检查程序，都未从专业角度对检查员的相关工作进行针对性指导，不利于统一审核尺度、规范现场检查工作。

三、对策建议

（一）加强新制度的落实，加快新规范的修订

2014 年 6 月 1 日实施的《绿色食品标志许可审查程序》，将原《绿色食品　认证程序》《绿色食品　续展程序》和《绿色食品　境外认证程序》进行了整合，并按种植产品、畜禽养殖产品、加工产品、水产品、蜂产品和食用菌等 6 个专业分别设计了申请书、调查表及申报材料清单，现在大部分企业已严格按新制度要求填写申报。此外，中心正借鉴 HACCP、GAP 等管理体系的审核和检查经验，加快修订绿色食品材料审查和现场检查工作规范，以进一步规范相关工作，统一审查尺度。

（二）加强检查员队伍建设

检查员业务能力的高低是能否做好绿色食品标志许可工作的关键，中心一直通过培训、交流学习等各种方式不断提高检查员业务水平。2013 年年底，中心印发的《绿色食品检查员工作绩效考评暂行办法》，通过设定申报材料完备率、终审合格数量、终审合格率及申报材料真实性等四项指标，对检查员工作情况进行考核，初步建立了检查员考核激励机制。

（三）创新审查工作制度

一是建立会审制度，即抽调部分绿色食品工作机构检查员来中心进行材料审查。这种工作方式可有效缓解工作压力，统一审核尺度，提高工作效率；二是建立专家评审常态化机制，即中心至少每月组织 1 次专家评审，在申报材料集中时期，每月可组织 2 次评审工作，既有效提高颁证效率，又减少材料积压。

（四）加强信息化建设工作

绿色食品审核与管理系统已运行一年，对提高工作质量和提升各环节工作效率已初见成效。目前，中心将充分利用金农工程二期等信息系统的扩建，不断完善审核信息平台，形成中心对省地市完备畅通的信息管理系统，提高审核与管理过程中信息化水平，进一步推进审查工作质量的提升。

参考文献

宫凤影，谢焱，夏兆刚 . 2014. 绿色食品检查员队伍建设现状分析及对策建议［J］. 农产品质量与安全（4）：22－24.

夏兆刚，谢焱 . 2014. 绿色食品畜禽水产品发展存在的问题及制约因素研究［J］. 农产品质量与安全（3）：25－28.

中国绿色食品发展中心 . 关于印发《绿色食品标志许可审查程序》的通知（EB/OL）.（2014－05－30）［2014－8－12］. http：//www. greenfood. moa. gov. cn/xw/zttz/201405/t20140530_ 3922378. htm.

中国绿色食品发展中心 . 全国绿办主任工作座谈会在西宁市召开（EB/OL）.（2014－07－28）［2014－8－12］. http：//www. greenfood. moa. gov. cn/xw/yw/201407/t20140728_ 3981597. htm.

我国绿色食品标志许可审查机制研究*

张　侨　李显军

（中国绿色食品发展中心）

绿色食品是我国优质安全农产品公共品牌的典型代表，为提升我国农产品质量安全水平、保护生态环境、促进农业转方式、农业增效和农民增收提供了有力支撑。2015年年底，全国绿色食品企业总数达到9 579家，产品总数达到23 386个，产地面积18 000万亩，产品总量10 000万吨，绿色食品产品国内年销售额由2010年末的2 824亿元增长到4 383亿元，年均增长9.2%，年均出口额达到24.9亿美元。据调查，在国内大中城市，绿色食品品牌的认知度超过80%。绿色食品标志许可审查机制是绿色食品标志许可体系的核心，在绿色食品产业健康可持续发展中起到了积极的推动作用。构建完善的绿色食品标志许可审查机制，严把获证审查准入关是完善绿色食品标志许可体系，提升标志许可审查科学性、有效性，保障农产品质量安全的重要手段。

一、绿色食品标志许可审查机制的内涵

绿色食品标志是中国绿色食品发展中心在国家工商行政管理总局商标局注册的我国第一例质量证明标志，我国对绿色食品标志实行许可使用制度。绿色食品标志许可审查机制，是一套以提高绿色食品标志许可有效性为目的，以规范审查行为为核心，以严格防控质量安全风险为主线，依托专业高效的运行体系，综合运用多种审查手段，审查过程及各环节相互配合，相互衔接，确保绿色食品质量风险可控、产品安全优质的机制。绿色食品标志许可审查机制包括绿色食品工作机构对申报主体提交材料的审核、书面审查，对申请主体资质、质量控制体系、生产过程投入品使用、产品质量检验、生产可持续性等方面实地核查，绿色食品定点检验检测机构对产地生态环境、产品质量的检测，行业专家基于风险评估的审查。

绿色食品标志许可审查机制具有以下特征：一是科学性。审查机制建立在国家农产品质量安全相关法律规定的基础上，尊重客观实际，反映审查工作内在规律。二是规范

* 本文原载于《农产品质量与安全》2016年第4期，14－16页

性。审查工作涵盖的每个环节以及环节之间的衔接与关联全部严格按照审查制度规范运行；三是有效性。审查程序、标准公开合法，审查结果客观、公正，审查组织体系运行稳定有效。

二、完善绿色食品标志许可审查机制的必要性

（一）绿色食品标志许可审查机制是推动绿色食品持续健康发展的根本保障

当前，绿色食品已进入巩固成果、补齐短板、全面提升阶段，绿色食品面临的主要任务是要遵循创新、协调、绿色、开放、共享发展理念，进一步突出安全优质和全产业链优势，加快形成产业链条完整、产品优质优价、生态和环境友好的新格局。绿色食品标志许可审查作为绿色食品产业链条的入口，始终坚持“从严把关，防范风险”的工作路线，按照生态环境优先，可持续发展原则，建立以和农药、肥料等投入品“减量化”“规范化”使用为核心的审查制度和全产业链控制的审查机制，引导农业生产方式向绿色、清洁生产模式转型。绿色食品标志许可审查机制的构建是绿色食品践行绿色发展理念、深入实施生态建设战略的一次实践创新，对加快农业“转方式、调结构”，提升农产品质量安全水平，补齐“生态改善、农民增收”的短板发挥了重要的促进作用。

（二）绿色食品标志许可审查机制是着力解决审查科学性、时效性、有效性的迫切需要

审查尺度不统一，风险管控不精准，审批时间冗长是长久以来影响绿色食品标志许可审查有效性的主要因素。要解决这些问题，迫切需要建立并完善绿色食品标志许可审查机制，通过完善各项审查制度，进一步明确审查程序、审查范围、审查标准，统一审查尺度，保证审查的科学性、公正性和权威性。通过严格执行审查程序，落实审查各环节时限要求，保证审查的时效性。通过健全审查保障机制，落实职责分工，实行检查员签字负责制，进一步强化检查员风险意识和责任意识，提升审查的有效性。

（三）绿色食品标志许可审查机制是推进审查工作规范化、现代化、信息化的必然要求

随着，我国全面建成小康社会进入决定性阶段，新一轮改革浪潮正在各领域兴起，服务理念和运作机制不断创新，这要求绿色食品标志许可审查工作不断适应管理规范化、现代化、信息化的趋势，实行全过程质量管理，不断创新审查方式，推进信息化进程，加快审查职能向基层延伸，建立健全风险前瞻、管理科学、规范服务、运转高效的标志许可审查工作长效机制，实现审查运行成本更少、服务质量更高、审查效果最优，不断推进审查工作规范化、现代化、信息化，促进绿色食品事业持续健康发展。

三、绿色食品标志许可审查机制的构建

（一）完善标志许可制度体系

完备的审查许可程序和制度是开展有效审查、防范质量风险的保障。为贯彻落实《绿色食品标志管理办法》，进一步适应新形势、新任务和新要求，中国绿色食品发展中心从2014年起制（修）定了《绿色食品标志许可审查程序》《绿色食品专家评审工作程序》《绿色食品标志许可审查工作规范》《绿色食品现场检查工作规范》《省级绿色食品工作机构续展审查工作实施办法》《绿色食品检查员注册管理办法》等制度文件，基本健全了涵盖初次申请审查、续展审查、专家评审、检查员队伍管理以及能力建设等方面标志许可制度体系，使绿色食品标志许可审查各项工作逐步制度化、规范化。

（二）推行分段审查机制

依据《绿色食品标志许可审查程序》，中国绿色食品发展中心优化再造了审查环节和审查流程，并建立了分段审查工作机制。中国绿食品发展中心充分发挥牵头抓总作用，主抓书面审查及发现问题的现场核查。省级工作机构主要是根据责任分工，承担好受理申请、委派检查员、初审上报工作。市县工作机构协助省级工作机构要做好辖区内的现场检查及其他相关基础性工作。绿色食品定点检测机构做好环境质量监测和产品检测工作。农业、食品工程等专业领域的专家为绿色食品审查提出专业评审意见。分段负责工作机制不仅强化了各级机构的审查把关职能，而且充分发挥了专业技术机构与行业专家的技术优势，保障了绿色食品标志许可审查的有效性。

（三）引入风险评估机制

防范质量安全风险是绿色食品坚守的底线。把质量安全风险评估作为贯穿绿色食品标志许可审查各环节的主线，是有效防范质量安全风险的重要手段，也是严把绿色食品质量关的客观需要。当前，面对复杂多变的农产品生产和市场环境，绿色食品标志许可审查工作始终坚持风险可控原则，一方面通过贯彻落实NY/T 1054—2013《绿色食品产地环境调查、监测与评价规范》，在对生产基地空气、土壤、水等环境影响因素进行持续监测的基础上，严格按照绿色食品产地环境质量评价工作程序对绿色食品产地环境进行科学评估，从源头上保证绿色食品生产基地具备优良生态环境。另一方面着力防范管理松散、质量不高、潜力不大的组织生产模式和高风险行业产品可能带来的不安全、不稳定风险，建立起有效防范质量安全风险的“防护网”和“过滤器”，把好绿色食品质量关口。

（四）推行信息化管理机制

绿色食品信息化是推进绿色食品发展，加快实现绿色食品现代化的有力手段。现阶段，绿色食品依托农业部“金农工程”项目平台，将现代信息技术与先进管理理念相融合，开发并应用“绿色食品网上审核与管理系统”，该系统采用以业务流程为主线的管理方式，通过这条主线衔接各级绿色食品工作机构，支撑和辅助受理、审核、审批、颁证、监管等多个业务的开展，并达到规范化、标准化的要求。推行绿色食品信息化管理机制，进一步提高绿色食品标志许可审查效率和管理水平，实现了绿色食品标志许可审查工作“纸质化”与“电子化”有机衔接。

（五）健全检查员绩效考核体系

稳定、高素质的检查员队伍是绿色食品工作最有力的保障。但限于检查员来源各行各业，专业性不强，检查员队伍存在审查能力不足，管理不够规范，制约绿色食品标志许可审查工作的深入开展。建立并完善检查员绩效考核体系，通过把检查员参与材料审查和现场检查的数量及审查的准确性、时效性纳入检查员绩效考指标体系进行考核，建立激励机制，充分调动检查员工作积极性、主动性，强化检查员责任意识，有效提升了绿色食品标志许可质量和效率。

四、推进绿色食品标志许可审查机制构建的建议

目前，绿色食品标志许可工作制度改革时间不长，还存在审查制度及相关配套落实措施不完善，风险防控机制不完善，审查质量和效率有待进一步加强等情况，影响绿色食品标志许可工作的有效性。

（一）完善制度落实机制

制度是基础，落实是关键。这就需要我们认真研究审查工作规律，梳理总结经验做法，积极研究新情况、新问题，找准推动绿色食品标志许可审查工作的关键点，不断增强制度体系的系统性、科学性。对宏观的审查条款及时制定实施细则，进一步统一审查尺度，提升制度的可操作性。进一步强化检查员责任意识，落实检查员签字负责制。逐步完善检查员绩效考评体系，增强检查员工作评价的科学性和实效性。

（二）强化现场检查机制

现场检查作为一种科学的、前瞻性的管理方式，为推动审查方式转变，全面提升绿色食品标志许可有效性提供了有效途径。应进一步加强现场检查技能培训，提升检查员现场检查水平和把控风险能力。加大现场检查和现场核查力度，严格防控高风险产品可能出现的质量安全风险。通过组织各地交流检查，交流检查经验，促进共同提高。进一

步规范检查程序和检查报告内容，强化检查员检查责任落实，提升绿色食品标志许可的有效性。

（三）建立风险评估指标体系

风险管控能力是绿色食品的主要特征，更是绿色食品必须具备的核心竞争力之一。建立一套科学有效的风险评估指标体系是完善绿色食品质量风险评估机制，提升绿色食品风险管控能力的基础。应在对高风险生产区域、高风险生产组织模式、高风险行业产品可能带来的质量安全风险因素、风险程度进行识别的基础上，从绿色食品产地环境的适宜性、生产过程及投入品使用的规范性、质量管理体系的有效性等方面入手，建立绿色食品标志许可审查风险评估指标体系，对影响绿色食品持续生产能力和全程质量控制能力的风险因素及时开展分类评估，为提高绿色食品标志许可审查有效性提供科学依据。

（四）加快信息化建设

目前，绿色食品信息化还处于起步阶段，“绿色食品审核与管理系统”平台用户范围和业务功能还有待进一步拓展。因此，要充分重视绿色食品信息化建设，把系统平台用户端进一步向基层工作机构、第三方检测机构、生产主体、消费者等用户延伸，加强对各类用户分级管理，加快形成上下联动、部门协调、全社会共同参与的工作机制。要进一步加快绿色食品标准库、专家库、检查员库、审核进展库、证书库等基础数据建设，实现信息资源共享、有效利用及可追溯，为尽快实现绿色食品无纸化审核、信息化管理提供技术支撑。

绿色食品经过25年探索和实践，已在标志许可方面建立行之有效的制度体系和审查机制，对提升绿色食品品牌公信力，促进绿色食品持续健康发展发挥了重要保障作用。但要看到，绿色食品标志许可审查机制的建立与完善是一项绿色食品发展的长期战略任务，应不断完善标志许可制度规范，强化制度的执行力，建立长效的绿色食品标志许可审查机制，推动绿色食品标志许可审查的科学性、规范性、有效性不断提升。

参考文献

常筱磊，赵辉 . 2015. 绿色食品信息化业务平台建设现状及发展思路探讨［J］. 农产品质量与安全（3）：23－25.

陈晓华 . 2016. “十三五”期间我国农产品质量安全监管工作目标任务［J］. 农产品质量与安全（1）：3－7.

宫凤影，谢焱，夏兆刚 . 2014. 绿色食品检查员队伍建设现状分析及对策建议［J］. 农产品质量与安全（4）：22－24.

国务院办公厅 . 2015. 国务院办公厅关于加快转变农业发展方式的意见（EB/OL）.（2015－08－07）［2016－05－23］. http：//www. gov. cn/zhengce/content/2015－08/07/content_ 10057. htm.

马爱国 . 2016. “十三五”期间我国“三品一标”发展目标任务［J］. 农产品质量与安全（2）：3 – 6.

乔春楠，张宪，李显军，等 . 2014. 我国牛羊产业发展绿色食品前景展望［J］. 农产品质量与安全（5）：16 – 18，25.

王多玉，周大森，马卓，等 . 2016. 绿色食品检查员绩效考核体系探讨［J］. 农产品质量与安全（1）：20 – 22，30.

王运浩 . 2015. 推进我国绿色食品和有机食品品牌发展的思路和对策［J］. 农产品质量与安全（2）：5 – 7.

王运浩 . 2016. 我国绿色食品“十三五”主攻方向及推进措施［J］. 农产品质量与安全（2）：11 – 14.

张宪，乔春楠，马卓 . 2015. 影响绿色食品标志许可审查工作质量的因素及对策［J］. 农产品质量与安全（1）：18 – 21.

张志华，余汉新，李显军，等 . 2015. 我国绿色食品产业发展战略研究［J］. 中国农业资源与区划，36（3）：35 – 38.

中华人民共和国农业部 . 2015. 农业部关于推进“三品一标”持续健康发展的意见（EB/OL).（2015 – 05 – 06）［2016 – 05 – 23］. http://www.greenfood.agri.cn/zl/zcfg/201305/t20130503_3450769.htm2016.

中华人民共和国农业部 . 2016. 农业部关于扎实做好 2016 年农业农村经济工作的意见（EB/OL).（2016 – 01 – 18［2016 – 05 – 23］. http://www.moa.gov.cn/zwllm/zcfg/qnhnzc/201601/t20160128_5001675.htm.

中华人民共和国农业部绿色食品管理办公室 . 2015. 农业部绿色食品管理办公室关于印发《全国绿色食品产业发展规划纲要（2016—2020 年）》的通知（EB/OL).（2015 – 04 – 06）［2016 – 05 – 25］. http：//www.greenfood.agri.cn/jg/cssz/kjbzc/gztzkj/201604/t20160428_5110945.htm.

加强绿色食品定点检测机构管理与服务对策研究*

张志华　唐　伟　滕锦程　陈　倩

（中国绿色食品发展中心）

绿色食品定点检测机构是指具备相应的检测条件和能力，依法经过资质认定，并按一定原则择优选定，具体承担绿色食品产地环境质量或产品质量检测工作的技术机构。多年以来绿色食品定点检测机构在标准制定、检测把关等方面发挥了重要的技术支撑作用，有力推动了绿色食品事业持续健康发展。但工作中也存在一些薄弱环节和问题，需要深入研究，持续的加以改进和完善。

一、定点检测机构在推动绿色食品事业发展中的重要作用

（一）是绿色食品标志许可审查质量把关的“二道刚性闸门”

产地环境质量和产品质量是否符合绿色食品标准要求，是绿色食品标志许可审查的两项关键内容。绿色食品定点检测机构按照绿色食品检测操作规范，严格抽样程序，规范质量检测，科学、公正出具检测报告，为绿色食品标志许可质量把关发挥了重要作用。据初步统计，近 10 年绿色食品环境监测机构累计监测产地面积 5 亿亩以上，出具报告 5.63 万份。产品质量定点检测机构累计受理 2.09 万个企业检测申请，出具报告 5.25 万份。

（二）是绿色食品标准制定和理论研究的重要承担部门

标准制定和理论研究是绿色食品产业发展的重要基础。检测机构长期从事环境质量和产品检测工作，积累了大量的质量安全分析数据，在标准制修订工作方面具有独特优势。绿色食品标准的制修订工作，主要依托定点检测机构承担，20 多年来，检测机构已经累计承担了 200 多项绿色食品标准的制修订工作。部分检测机构依托自身技术力

* 本文原载于《农产品质量与安全》2015 年第 4 期，30－31 页，35 页

量，积极开展绿色食品生产技术和理论研究工作，开发了诸如“绿色食品芽苗菜生产技术”“绿色食品水稻生产技术规程”“绿色食品实用生产技术手册”等多项科研成果，为夯实绿色食品理论基础研究做出了积极贡献。

（三）是绿色食品证后监管的重要技术依托

加强证后监管，强化淘汰退出机制是提升绿色食品品牌公信力的重要举措。目前绿色食品建设了一系列行之有效的证后监管制度，其中对已获得绿色食品标志使用权的产品实施监督性抽查检验即产品质量抽检，为证后监管提供了重要的技术依据。仅2014年，绿色食品定点检测机构就完成了各级绿色食品工作机构委托的抽检产品3 940个，检出不合格产品17个。

（四）是绿色食品风险预警的重要信息来源

积极开展质量安全风险评估和预警，有效规避绿色食品行业潜在的质量安全风险，是绿色食品质量管理的重要举措。绿色食品定点检测机构长期工作在一线，熟悉当地绿色食品企业生产实际情况，并掌握当地环境和产品质量监测第一手数据，是绿色食品风险预警的重要信息来源。目前中国绿色食品发展中心依托有关定点检测机构，组建了绿色食品风险预警专家组，并有效开展了对绿色食品畜禽产品企业投放饲料中的转基因成分的预警抽检以及绿色食品蔬菜产品预警抽检等工作，取得了明显成效。

二、绿色食品定点检测机构管理和服务中存在的主要问题

（一）总量不足，布局不尽合理

近年来，绿色食品事业始终保持持续加快发展的良好态势。截至2014年年底，全国有效用标的绿色食品企业总数8 700家，产品总数达到21 153个，绿色食品原料标准化生产基地数量635个。但现有绿色食品定点检测机构总量不足，难以满足事业持续加快发展的要求。目前全国共有67家环境监测机构，65家产品质量检测机构，其中29家机构既是环境监测机构又是产品质量检测机构，平均每个省的环境监测机构和产品质量检测机构分别不到2家。部分省、市地域跨度大，检测机构服务半径大，企业检测成本高。

（二）重资质，轻职责

承担绿色食品检测任务是绿色食品定点检测机构应尽的职责。少数绿色食品定点检测机构获得资质后，工作积极性不高，承担检测任务很少，有的甚至借口推脱不承担绿色食品检测任务。究其原因，主要有3方面：一是少数检测机构承担大量政府及管理部门的产品质量抽检任务，人力物力有限。二是少数检测机构有稳定的财政拨款，没有承

担主管部门任务外业务的积极性。三是绿色食品检测业务分散，单个产品检测项目参数多，检测技术要求高，部分检测机构不愿承担或无能力承担。

（三）服务水平有待提高

少数绿色食品定点检测机构的服务意识不强，工作质量和效率不高，一定程度上影响了绿色食品标志许可审查工作的效率。主要表现在：一是检测报告质量不高。检测报告格式不规范，审核签字制度不完善，判定与报告数据不一致等。二是出具报告超过工作时限。据初步统计，目前环境检测平均时间2.7个月，最长时间9个月；产品检测平均时间1.8个月，最长时间12个月，大大超过了有关规定的工作时限。

三、加强绿色食品定点检测机构管理和服务的对策措施

（一）加快绿色食品定点检测机构布点工作

按照“统筹规划、合理布局、择优委托”的原则，加快选用一批检测能力强、技术水平高、服务意识好的检测机构，不断扩大和壮大绿色食品检测机构队伍，满足绿色食品事业持续健康加快发展的需求。一是优先加快发展绿色食品产品和原料基地重点地区检测机构布点工作，满足企业申报的积极性。二是加快交通不便、地域跨度较大地区的布点工作，减小检测机构服务半径，方便企业检测。三是加快畜牧、水产品、蜂产品等专业检测机构布点，着力提高绿色食品产品质量检测专业化水平。四是加快发展社会资本投资的市场化检测机构布点工作，发挥其在服务意识强、工作效率高、技术能力强等方面的优势，提高市场化检测机构服务绿色食品事业的能力。五是积极支持国际权威的检测机构承担绿色食品检测任务，加快绿色食品国际化发展进程。

（二）强化绿色食品定点检测机构能力建设和管理

一是加强检测机构能力验证工作。不定期组织开展检测机构能力验证，督促检测机构不断完善质量控制体系，加深对检测标准方法的理解和运用，切实提高检测机构的检测能力，确保检测工作质量。二是建立检测机构工作质量综合评估制度，制定检测机构综合评估细则，量化考核指标，对检测工作量、企业服务满意度、检测能力、检测质量、管理水平等多维度指标进行全面考核。三是加强日常监管，确保规范运行。针对检测机构工作中出现的报告不规范、服务不到位等问题及时组织人员进行现场核查，督促检测机构及时整改、规范操作。四是强化绿色食品定点检测机构动态管理。对工作质量不高、服务意识不强的检测机构，强化退出机制。

（三）加强绿色食品定点检测机构的培训和交流

一是加强对检测机构的培训。对绿色食品新标准、新制度、新办法、新措施及时组

织宣贯，确保检测机构及时掌握绿色食品最新信息和要求。二是组建检测机构技术协作组，加强对绿色食品标准、绿色食品生产技术、绿色食品基础理论的联合攻关，不断提升绿色食品标准检测工作的科学性、先进性和实用性，提高绿色食品基础理论研究的先导性和权威性，提升绿色食品工作体系服务企业的能力和水平。三是搭建绿色食品检测机构交流平台，创造相互学习的机会。通过组织开展检测机构检测技术专题研讨会、检测机构专题座谈会及检测机构双向检查等方式，增强检测机构间横向交流，不断提升检测机构的能力和水平，共同推动绿色食品事业持续健康发展。

参考文献

陈倩 . 2010. 我国绿色食品标准体系建设及发展探讨［J］. 农产品质量与安全（2）：23－26.

黄漫宇，等 . 2014. 中国绿色食品产业发展水平的地区差异及影响因素分析［J］. 中国农业科学（23）：4 745－4 750.

李琪 . 2010. 我国绿色食品检测与监测分析［J］. 畜牧与饲料科学（10）：88－89.

王运浩 . 2013. 我国绿色食品与有机食品近期发展成效与推进路径［J］. 农产品质量与安全（2）：9－12.

王运浩 . 2014. 2014 年我国绿色食品和有机食品工作重点［J］. 农产品质量与安全（2）：18－21.

王运浩 . 2015. 推进我国绿色食品和有机食品品牌发展的思路与对策［J］. 农产品质量与安全（2）：10－13.

夏兆刚，等 . 2014. 绿色食品畜禽水产品发展存在问题及制约因素研究［J］. 农产品质量与安全（3）：25－28.

张宪等 . 2015. 影响绿色食品标志许可审查工作质量的因素及对策［J］. 农产品质量与安全（1）：18－21.

中国绿色食品发展中心 . 2015. 绿色食品统计年报（2014 年）［EB/OL］.（2015－04－14）［2015－06－08］. http://www. greenfood. agriHcn/zl/tjnb/2014/.

绿色食品产品结构变化及影响因素研究*

夏兆刚[1]　谢　焱[2]　宫凤影[1]　张　宪[1]

（1. 中国绿色食品发展中心；2. 农业部种子局）

绿色食品作为一项开创性的事业，自1990年启动以来，从小到大，从弱到强，始终保持快速发展态势，已成为国内外具有较强影响力的农产品及食品精品品牌。在诸多因素的影响下，绿色食品产品结构近几年发生了明显变化，这将对绿色食品未来发展及定位产生一定的影响，因此，有必要对近几年绿色食品产品结构变化趋势进行深入分析，研究影响这些变化的主要因素，以便有针对性地采取措施，保证绿色食品事业持续健康发展。

一、绿色食品发展的基本情况

近年来，绿色食品总量规模不断扩大，品牌影响力不断提升，2002—2012年，绿色食品有效用标企业数和产品数年均增长率分别达14.6%和18.8%（图1）。截至2012

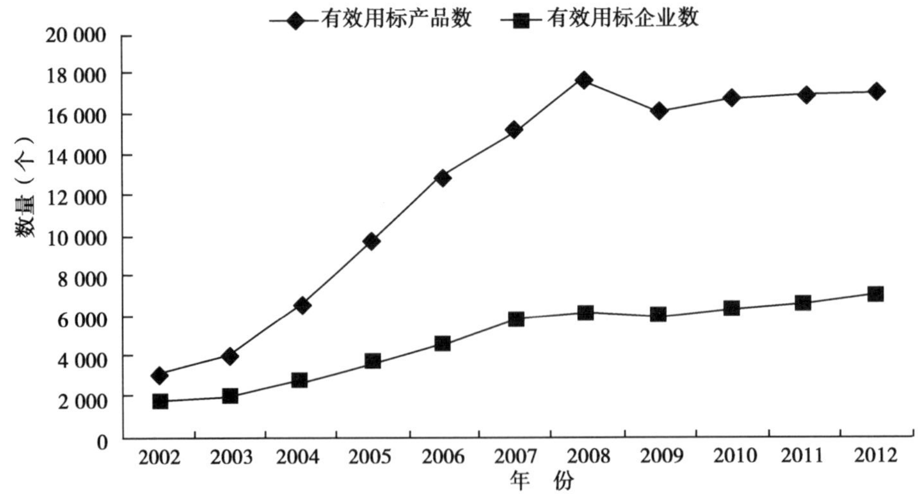

图1　2002—2012年绿色食品企业数和产品数发展总体情况

* 本文原载于《中国食物与营养》2014年第6期，20－23页

年年底，有效使用绿色食品标志的企业总数达6 862家，产品总数达17 125个，国内销售额3 178.3亿人民币，出口额28.4亿美元，环境监测面积达2.4亿亩。绿色食品已成为我国农产品质量安全工作的主要组成部分，在引领现代农业发展，加快农业产业结构调整和促进农业增效、农民增收等工作中发挥了示范引领和带动作用，其生态效益、经济效益和社会效益显著提高。

二、绿色食品产品结构变化情况

（一）产品级别

从图2可以看出，2002—2008年，绿色食品不同级别产品（初级产品、初加工产品和深加工产品）数量均有较快增长，其中初级和初加工产品增加尤为迅速，分别由2002年的805个和959个增加到2008年的6 749个和6 486个，年均增长率分别达42.5%和37.5%。

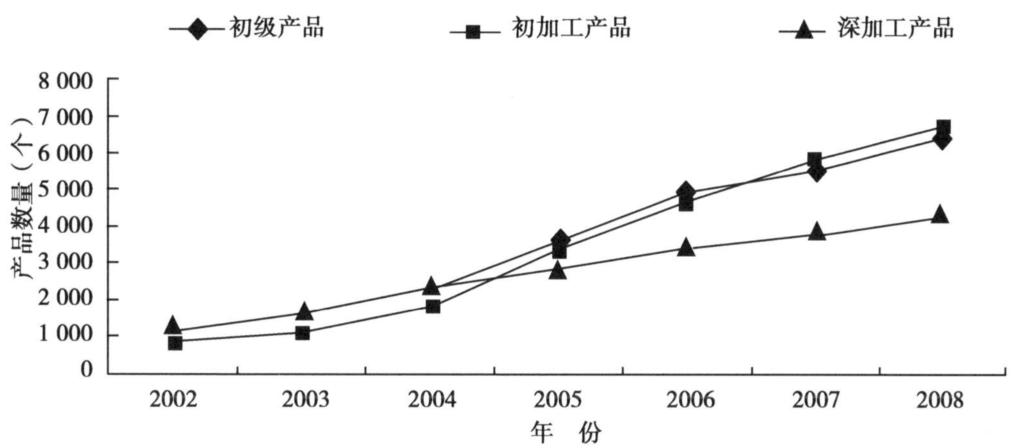

图2　2002—2008年绿色食品不同级别产品发展情况

（二）产品类别

从图3可以看出，2002—2012年，绿色食品不同类别产品（农林产品及其加工品、畜牧类产品、水产类产品、饮品类产品、其他产品）数量均保持快速增长态势。除农林产品及其加工品外，其他几类产品数量均在2008年达到峰值，2009年以后持续减少。不同类别产品中，以农林产品及其加工品数量增加最快，由2002年的1 705个增加至2012年的12 336个，年均增长率达21.9%，其他类别产品数量增加趋势不明显，甚至在2008年后呈现不同程度的下降。

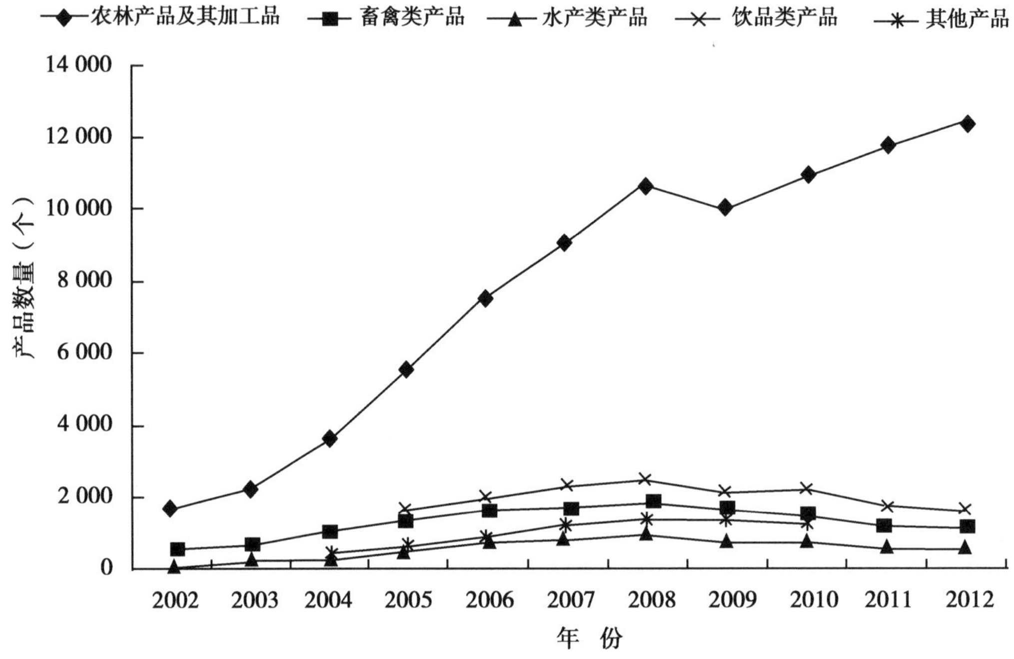

图 3　2002—2012 年绿色食品不同类别产品发展情况

三、绿色食品产品结构存在问题

（一）产品级别结构不尽合理

从不同级别产品近几年发展情况看（图 2），2002—2008 年，不管是初级产品、初加工产品还是深加工产品，有效用标产品数量每年都保持增长态势，但 2004 年以后深加工产品数量增长速度远远低于初级产品和初加工产品数量增长速度。从图 4 中可以更直观地看出，初级产品、初加工产品占绿色食品产品总数的比例自 2002 年以来一直保持较快的增长态势，分别由 2002 年的 31.5% 和 26.4% 增加至 2008 年的 37.0% 和 38.5%，增长了 5.5 个百分点和 12.1 个百分点，但深加工产品所占比例却持续降低且下降幅度较大，从 2002 年的 42.1% 下降到 2008 年的 24.5%，下降了 17.6 个百分点。

（二）产品类别结构失衡

从不同类别产品近几年发展情况看（图 3），2002—2012 年，虽然各类别产品数量基本保持增加态势，但农林产品及其加工品产品数量增长速度最快，由 2002 年的 1 705 个增加至 2012 年的 12 336个，增加 10 631个，增长了 6.24 倍；而其他几类产品数量增长相对较慢，尤其是畜禽类产品增长更为缓慢，由 2002 年的 535 个增加至 2012 年的

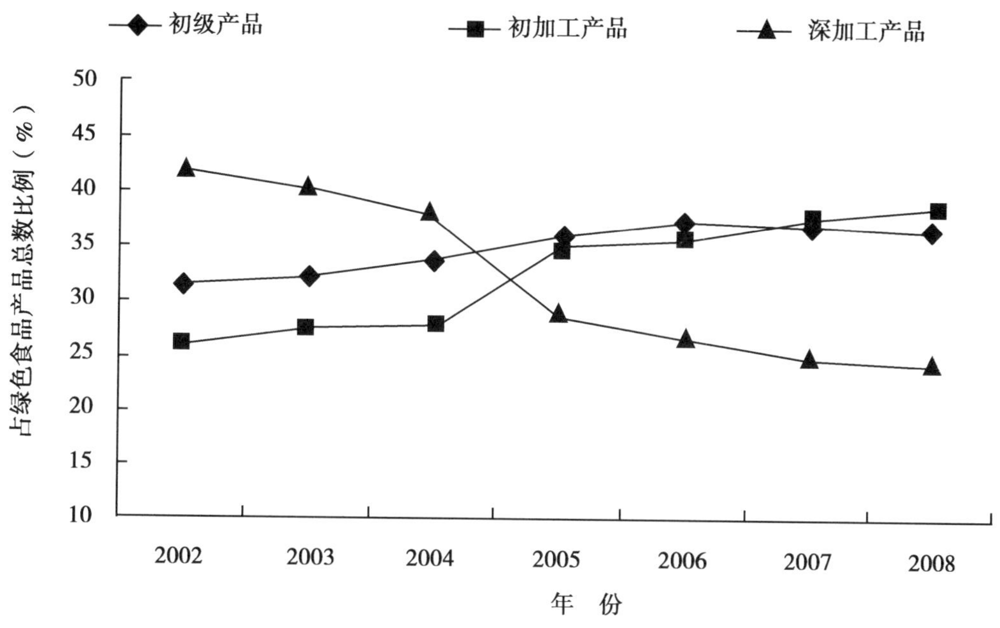

图 4　2002—2008 年绿色食品产品结构比例变化情况

1 150个，仅增加615 个，增长了1. 15 倍。从2002—2012 年各类产品占全部产品比例变化趋势看（图5），农林产品及其加工品所占比例持续快速增长，由2002 年的56. 0% 上升至2012 年的72. 0% ，提高了16 个百分点，而畜禽类产品和饮品类产品占有效用标产品比例则呈现持续下降趋势，尤其是畜禽类产品下降最为明显，由2002 年的17. 6% 降低到2012 年的6. 7% ，下降61. 9% 。

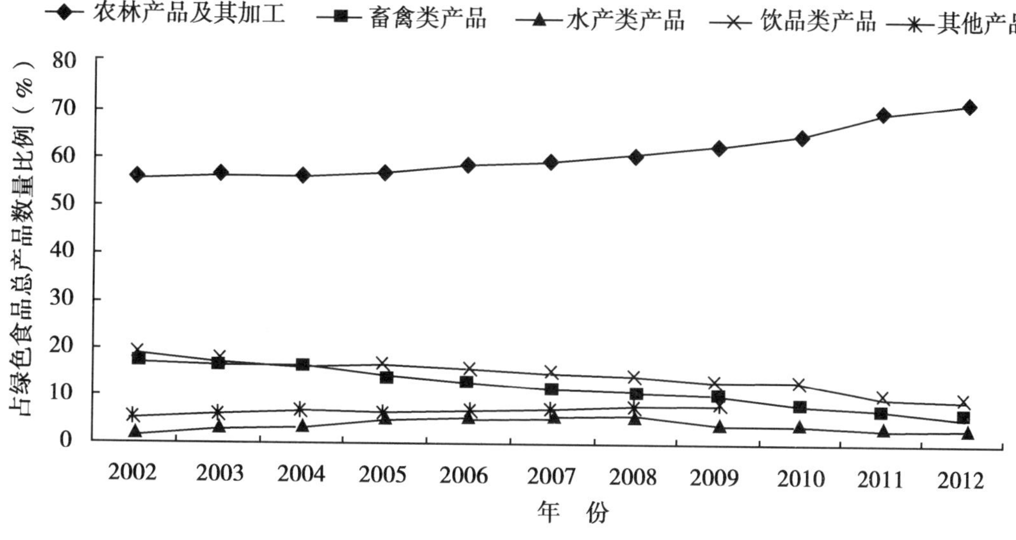

图 5　2002—2012 年绿色食品不同类别产品数量占总产品数比例变化

四、绿色食品产品结构存在问题的原因分析

（一）不同级别和类别产品企业及产品总量规模存在差异

就绿色食品发展的基础——企业及产品数量看，初级产品及初加工产品企业和产品数量要远远多于深加工产品企业数和产品数，导致其认证绿色食品的数量也会较深加产品多。以农民专业合作社为例，其在《农民专业合作社法》实施后，明确具有法人地位，已成为我国农业新的生产组织形式，数量增长非常快。2012 年年底，全国经工商部门注册的农民专业合作社达 68.9 万家（图 6）。其中绝大部分从事初级农产品生产，经营范围包含种植业的占 48.3%，包含养殖业的占 32.1%（图 7），从事深加工的合作社所占比例非常低。农民专业合作社数量的快速增长为绿色食品发展提供了强有力支撑，从近几年绿色食品农民专业合作社数量变化趋势看（图 6），农民专业合作社已成为绿色食品企业的重要组成部分。2012 年，有效使用绿色食品标志的农民专业合作社达 1 183家，产品 2 675个，分别占到有效使用绿色食品标志企业总数和产品总数的 17.2% 和 15.6%。

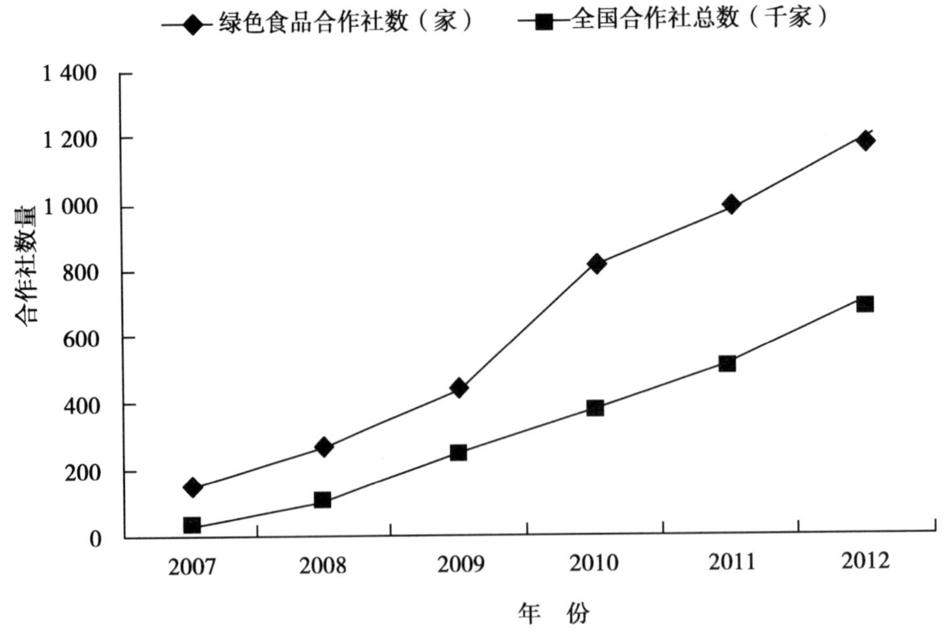

图 6　2007—2012 年全国农民专业合作社与绿色食品农民合作社数量

（二）绿色食品认证属性和制度安排

绿色食品是具有鲜明中国特色的自愿性产品认证，实行质量认证与证明商标管理相

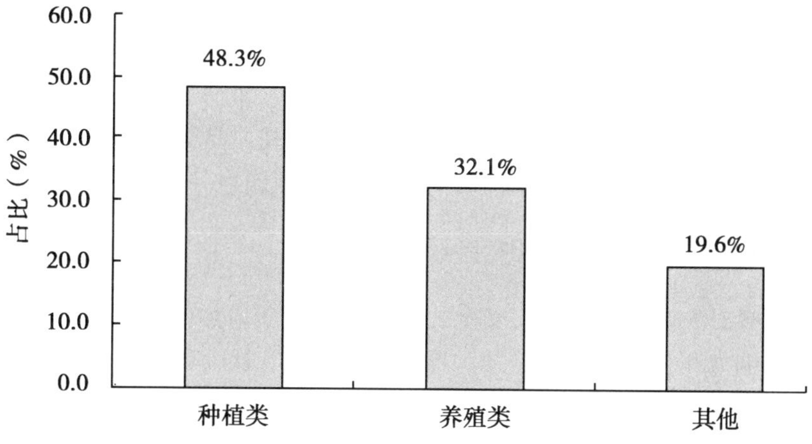

图7　2012年全国不同种类农民专业合作社所占比例情况

结合的发展模式，其目的是在为社会提供更多优质安全农产品（食品）的同时，促进绿色食品生产企业增效、农民增收，实现生态效益、经济效益和社会效益的和谐统一。从绿色食品产品类别看，与人民群众生活息息相关的粮油、蔬菜、鲜果产品数量较多与绿色食品发展理念是一致的，也符合我国农业生产实际。以2012年为例，有效用标产品中单类产品接近或超过1 000个的4类产品（蔬菜、大米、鲜果和小麦粉）均为初级产品或初加工产品，产品总数达10 352个，占有效使用标志产品总数的比例达60.5%。从2008—2012年度上述4类产品发展变化趋势看（图8），大米产品数量呈缓慢下降趋

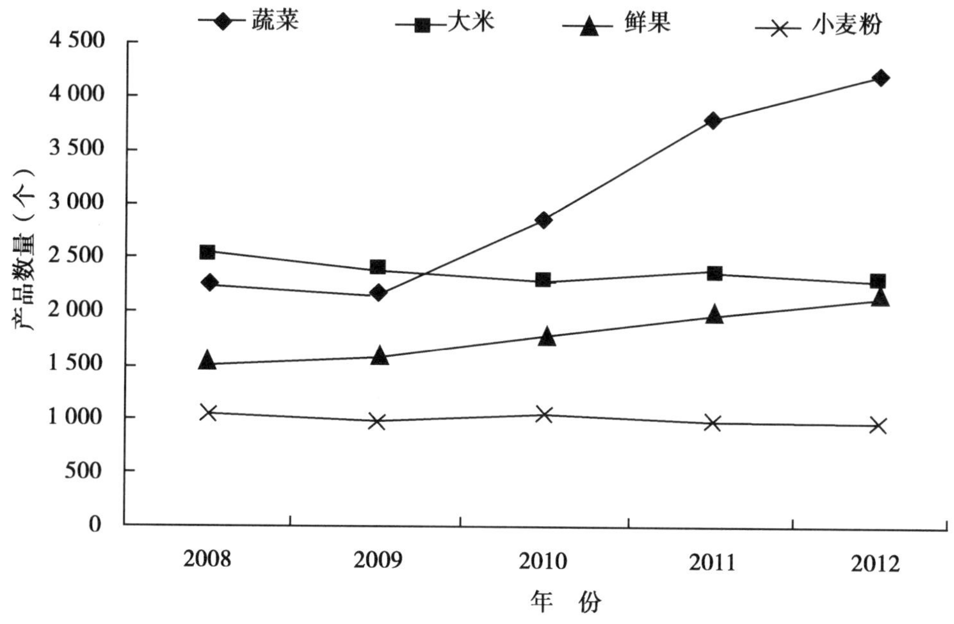

图8　2008—2012年绿色食品4类产品数量发展情况

势，小麦粉产品数量基本稳定在1 000个左右，鲜果类产品数量保持比较温和增长态势，而蔬菜类产品数量快速增长，已从2008年的2 270个增长到2012年的4 213个，增长86%，远远超过绿色食品产品总数平均增速（18.8%）。此外，绿色食品按照“一品一号”开展认证，初级产品及初加工产品涉及种类多，其产品数量也较多，也是造成绿色食品用标产品中初级产品和初加工产品数量较多的原因之一。

（三）绿色食品发展的政策和社会环境发生变化

在社会各界对农产品（食品）安全关注程度的不断增加的大形势下，绿色食品由于其品牌的影响力和公信力不断提升，得到了党中央、社会各界和生产企业的高度重视。中央一号文件连续多年将大力发展绿色食品作为三农工作的重点之一，各级政府也将促进绿色食品发展作为提高农产品（食品）质量安全水平工作的重要抓手，纷纷出台扶持政策和措施，大大降低了利润较低的初级产品及初加工企业开发绿色食品的成本。许多生产企业也纷纷主动将发展绿色食品作为其提高市场竞争力、增强品牌影响力的重要手段，认证积极性不断增加，许多已认证企业纷纷将其生产的其他同类产品增报为绿色食品。

（四）某些级别和类别产品发展绿色食品存在各种制约因素

由于绿色食品要求做到全程质量控制，对申请产品投入品使用、生产工艺、原料来源等均有严格限制，造成许多类别产品开发绿色食品难度较大。以畜禽产品、水产品类产品为例，目前有3个方面因素造成其绿色食品发展数量不会快速增长：一是生产链条长。大多数生产企业能够完全控制的环节主要为养殖和加工，而对饲料原料产地环境、生产过程等无法做到有效掌控；二是标准要求高。绿色食品对养殖过程饲料、兽药的使用，动物的饲养管理等均有严格限制，如作为饲料原料不能含有转基因成分，禁止在饲料中使用药物性添加剂等使得许多企业无法达到，这不但造成初级畜禽水产品生产企业无法发展绿色食品，也进一步影响到以畜禽水产品为原料的深加工企业开展绿色食品认证。以2012年为例，有效用标的初级及初加工畜禽水产品数量为1 758个，仅占有效用标产品总数的10.3%，产量为156.54万吨，仅占绿色食品实物总量的2.1%；三是风险防范意识进一步增强。受三聚氰胺、瘦肉精、红心鸭蛋、孔雀石绿等畜禽水产品质量安全事件的影响，为保证绿色食品产品质量，绿色食品暂停受理“公司＋基地＋农户”生产组织形式企业申请，进一步减少了绿色食品畜禽水产品企业及产品数量，2009年绿色食品畜禽水产品数量较2008年减少549个，下降23.2%。2012年，在其他种类产品均保持稳定增长的形势下，绿色食品畜禽水产品数量较2008年减少1 157个，仅为1 758个。

此外，虽然有的行业如碳酸饮料行业、油炸食品行业、转基因食品为原料和主要原料来自国外的深加工生产企业等，虽然其设备先进、生产标准化、规模化和自动化程度都比较高，但由于投入品使用、工艺、原料来源等造成不符合绿色食品相关标准要求而无法开展认证，一定程度上造成认证绿色食品深加工产品企业及产品数量较少。

（五）绿色食品认证收费标准调整

根据国家发改委相关规定，绿色食品认证及标志使用收费标准自 2004 年起进行了大幅下调，其中认证费平均下降 28%，标志使用费平均下降 89%，其带来的直接影响是认证成本门槛降低，使得原来许多生产过程和产品质量达到绿色食品相关标准要求但由于认证成本过高而无法发展绿色食品的初级及初加工产品生产企业均能够申请绿色食品认证，导致虽然近年来绿色食品深加工产品数量也在增加，但增长速度远远低于初级及初加工产品。从图 4 可以看出，2004 年绿色食品初级及初加工产品占有效用标产品总数的比例比 2003 年增加 2. 2 个百分点，而 2005 年同比 2004 年大增 9 个百分点，达 70. 9%，为历年来增加幅度最大的一年。2006—2010 年，初级及初加工产品占有效用标产品总数的比例均保持在 70% 以上且呈现逐渐增加态势，收费标准的调整应是造成这种趋势的重要因素之一。

参考文献

韩沛新 . 2011. 我国绿色食品发展模式及方向［J］. 农产品质量与安全，3：8 - 10.

王运浩 . 2011. 中国绿色食品发展现状与发展战略［J］. 中国农业资源与区划，32（3）：8 - 13.

中国绿色食品发展中心 . 2002—2012. 绿色食品统计年报（2002—2012 年）［内部资料］.

中国绿色食品发展中心 . 2011. 绿色食品标准汇编（上、下）［M］. 北京：中国农业出版社 .

中华人民共和国农业部农村经济体制与经营管理司，等 . 2011. 中国农民专业合作社发展报告（2006—2010）［M］. 北京：中国农业出版社 .

绿色食品畜禽水产品发展存在问题及制约因素研究*

夏兆刚[1]　谢　焱[2]

（1. 中国绿色食品发展中心；2. 农业部种子局）

一、绿色食品畜禽水产品发展现状

绿色食品事业经过20多年的发展，已形成了适应发展的制度安排，建立了一套较为完整的标准体系、认证体系、监管体系和市场流通体系，打造出了一个具有较高知名度、影响力和公信力的精品品牌。从2003—2012年我国绿色食品统计年报数据显示，虽然绿色食品企业及产品总数保持平稳增长态势，但绿色食品畜禽水产品发展情况不容乐观，主要存在以下几个方面问题。

（一）产品数量持续减少

从图1、图2可以看出，虽然绿色食品畜禽水产品数量在2003—2008年保持增长态

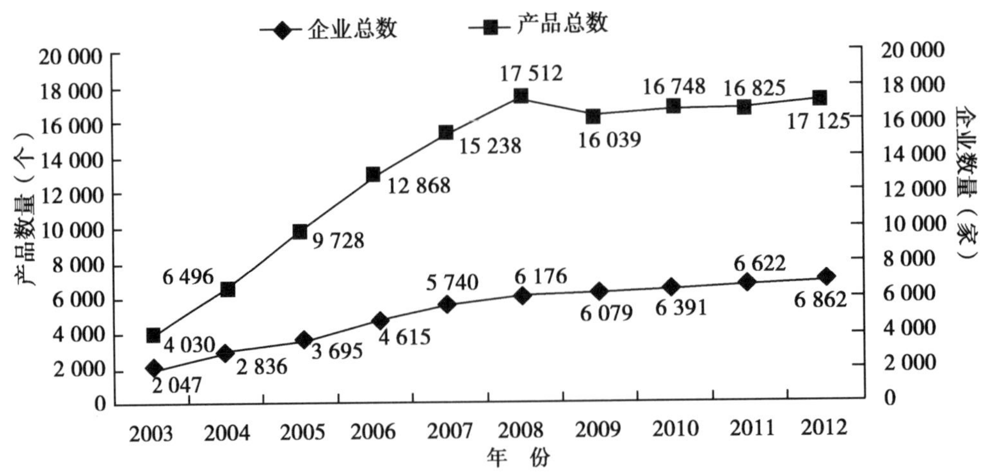

图1　2003—2012年有效用标绿色食品企业总数和产品总数发展情况

* 本文原载于《农产品质量与安全》2014年第3期，25－28页

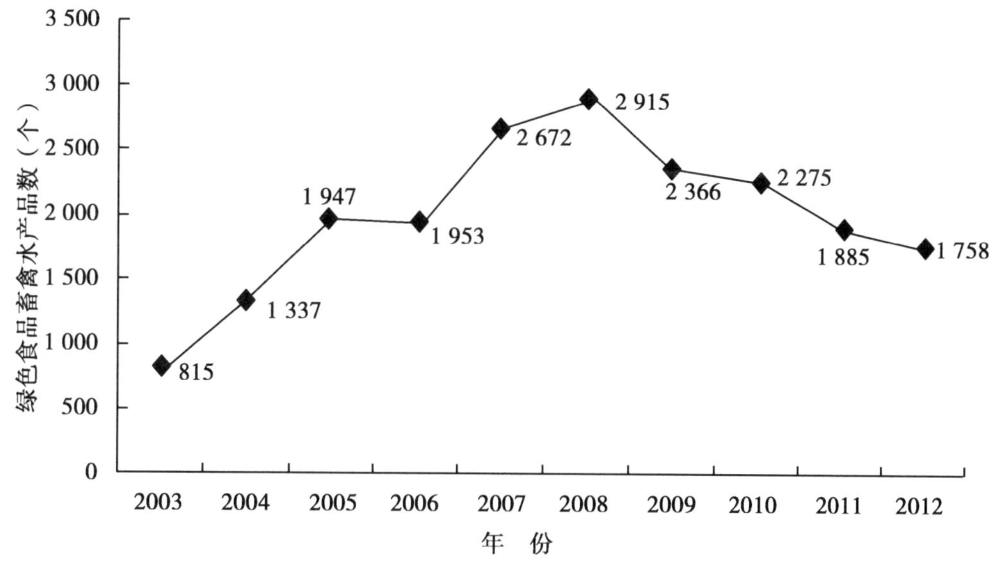

图 2　2003—2012 年绿色食品畜禽水产品数量变化情况

势，但其增速远低于与当年绿色食品产品总数增长速度。2003—2008 年，绿色食品产品总数由 4 030个增加到 17 512个，增长 3. 35 倍，而畜禽水产品数量仅由 815 个增加到 2 915个，只增长 2. 58 倍。2009 年，绿色食品产品总数和绿色食品畜禽水产品数量均较 2008 年有较明显的下降（分别减少 1 473个和 549 个），而绿色食品畜禽水产品数量减少比例更高（分别为 8. 4% 和 20. 4% ）。2010—2012 年，每年绿色食品产品总数较 2009 年均有小幅增加（2010 年为 709 个，2011 年为 786 个，2012 年为 1 086个），但绿色食品畜禽水产品数量却持续减少（分别较 2009 年减少 91 个、481 个和 608 个）。截至 2012 年年底，绿色食品畜禽水产品数量已不足 2 000个，较 2008 年最高峰时减少 1 157个。

（二）绿色食品畜禽水产品数占当年绿色食品产品总数的比例持续下降

从图 3 可以看出，2003—2012 年，不管绿色食品畜禽水产品绝对数量增加还是减少，其占当年绿色食品产品总数的比例基本呈下降态势，已由 2004 年最高的 20. 6% 下降到 2012 年的 10. 3% ，下降了 10. 3 个百分点，降幅达 50% ，其中以 2011 年下降最为明显，同比 2010 年下降了 2. 7 个百分点。

（三）绿色食品畜禽水产品产量及占绿色食品实物总量比例逐渐下降

由图 4 可以看出，绿色食品畜禽水产品实物总量从 2003 年的 212. 4 万吨迅速增加到 2006 年的 388. 3 万吨，并达到峰值，但从 2008 年开始明显下降，其中 2009 年下降最为明显，减少 106. 2 万吨，下降比例达 29. 8% 。在随后的几年中，绿色食品畜禽水产品实物总量持续下降，2012 年（156. 3 万吨）已不足 2006 年的一半。从绿色食品畜

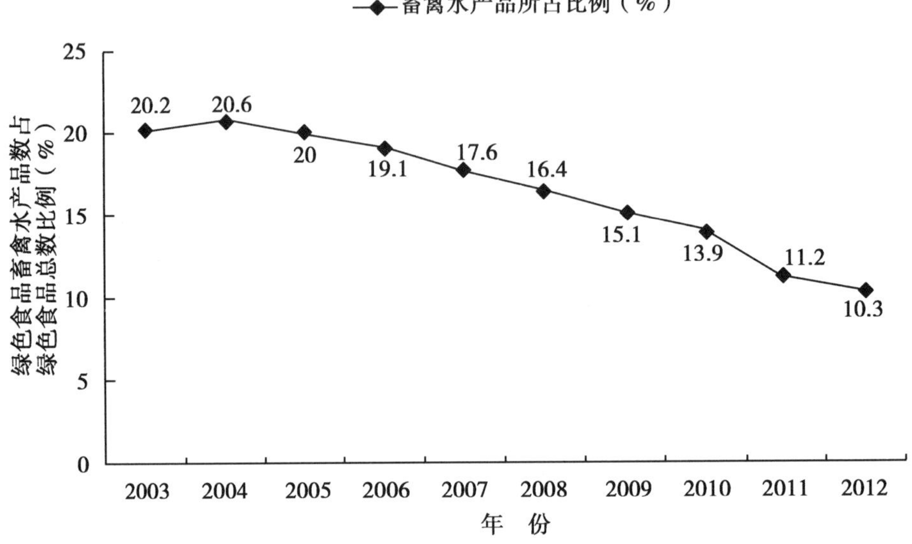

图 3　2003—2012 年绿色食品畜禽水产品数占绿色食品产品总数比例变化情况

禽水产品实物总量占绿色食品实物总量比例变化趋势看，其在 2004 年达到 7% 的峰值后，便呈现持续下降态势，2011 年已降到 2.1%，仅为 2004 年的 30%。

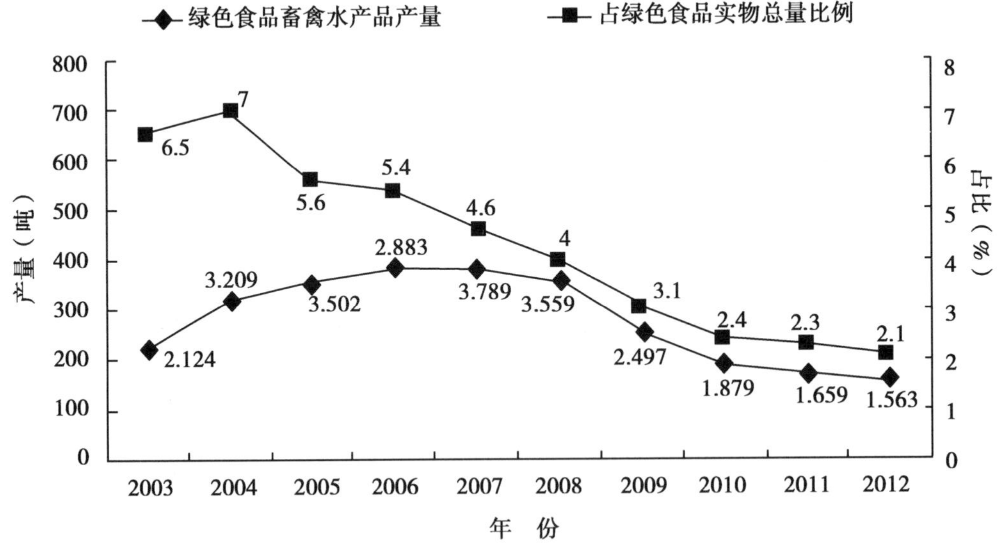

图 4　2003—2012 年绿色食品畜禽水产品实物总量及占绿色食品实物总量比例变化情况

（四）绿色食品畜禽水产品单个产品规模呈现下降趋势

2003—2012 年，绿色食品畜禽水产品单个产品规模呈现下降趋势，已由 2003 年的 2 660吨/个下降到 2012 年的 889 吨/个，降幅达 67% （图 5）。这说明，近年来，不但绿色食品畜禽水产品企业数量和产品数量呈下降态势，而且单个产品规模也在下降，产品分散度增加，大型绿色食品畜禽水产品生产企业减少尤其是2008年“三聚氰胺”事件后乳品生产企业急剧减少应该是造成单个产品规模逐年下滑的主要原因。

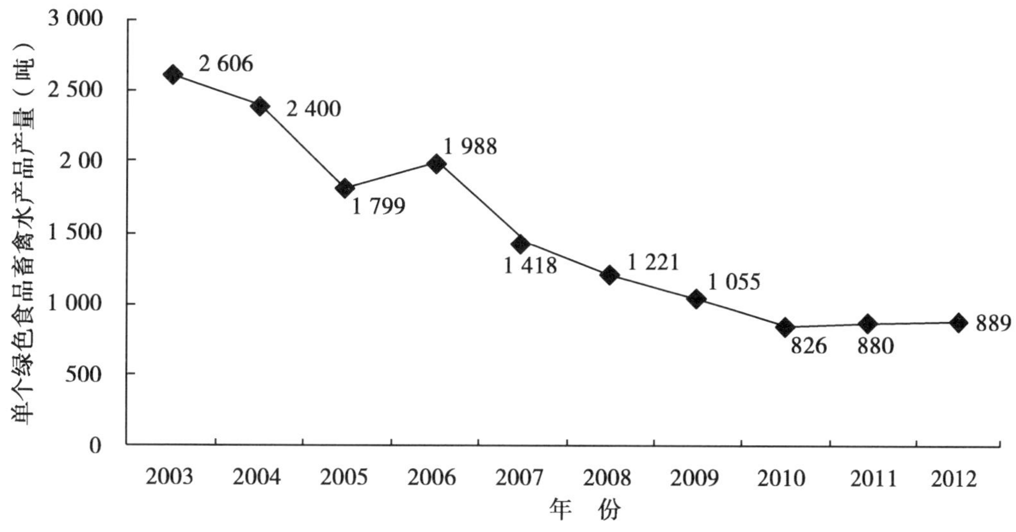

图5 2003—2012年单个绿色食品畜禽水产品规模（产量）情况

（五）绿色食品畜禽水产品出口额占当年绿色食品总出口额比例呈现下降趋势

由图6可以看出，2003—2008年，绿色食品年出口额快速增加，畜禽水产品出口

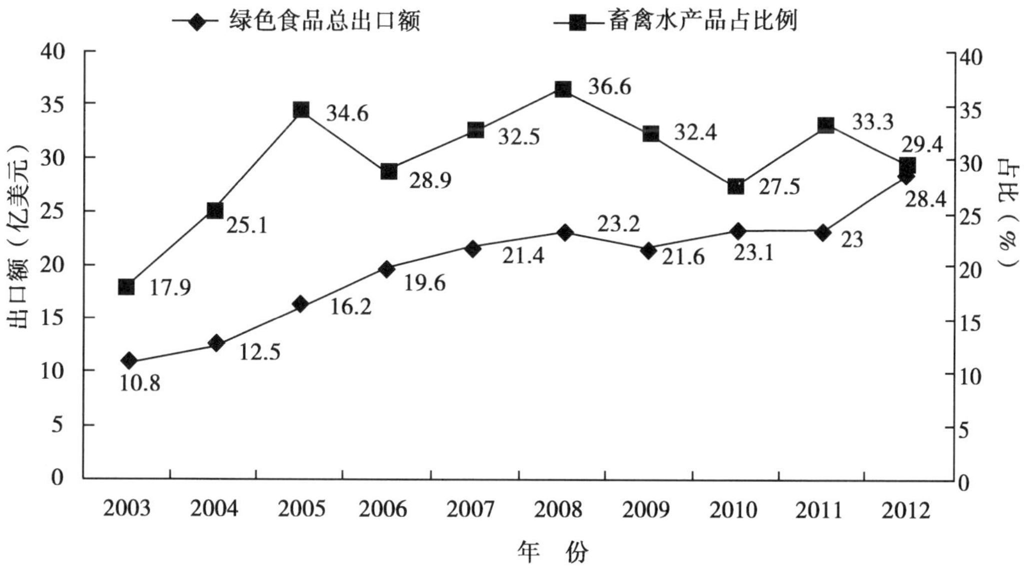

图6 2003—2012年绿色食品出口总额及畜禽水产品所占比例情况

额占出口总额比例也增长较快，并于 2008 年达到峰值（分别为 23.2 亿美元和 36.6%）。2008—2012 年，虽然绿色食品畜禽水产品数量持续减少，但其出口额占绿色食品出口总额的比例却基本维持在 30% 左右。因此，从绿色食品畜禽水产品数占绿色食品产品总数比例和绿色食品畜禽水产品出口额占绿色食品总出口额比例来看，虽然绿色食品畜禽水产品数量只占到绿色食品产品总数的 1/8 ~ 1/5，且产量持续下降（图 4），但其出口额占绿色食品总出口额的比例却基本保持在 1/4 ~ 1/3，充分表明绿色食品畜禽水产品国际竞争力明显高于其他类别产品。

二、制约绿色食品畜禽水产品发展因素分析

（一）畜禽水产品生产企业达到绿色食品全程质量控制要求难度更大

绿色食品的基本要求是实现“从土地到餐桌”的全程质量控制，从目前看，国内大部分畜禽水产品生产企业在这方面明显存在不足。

1. 畜禽水产品生产企业控制力不强

由于畜禽水产品生产过程涉及饲料原料种植、收购、加工，动物饲养管理，疾病防治，屠宰加工，包装、贮存和运输等许多环节，生产链长，国内大多数企业目前仅能控制上述环节中一个或数个，能够完全实现“一条龙”生产的畜禽水产品企业尤其是大型企业并不多，客观上造成许多畜禽水产品生产企业不具备发展绿色食品的基本条件。

2. 分散的生产组织形式使多数畜禽水产品企业质量控制能力较弱

目前国内以“公司 + 基地 + 农户”为主要类型的分散养殖形式使得企业对产品生产过程质量控制能力较弱，导致畜禽水产品质量风险较高。从近年来畜禽水产品所发生的较大质量安全事故看，出现问题的环节主要来自分散的养殖农户。为降低认证风险，在 2008 年三聚氰胺事件后，绿色食品已暂停受理分散养殖模式畜禽水产品生产企业认证，这也是造成 2009 年绿色食品产品总数、畜禽水产品数量下降较快的主要原因之一。

3. 绿色食品畜禽水产品标准定位较高

目前涉及畜禽水产品生产过程的绿色食品准则类标准共有 9 项，产品类标准共有 21 项，基本涵盖了畜禽水产品生产的产前、产中和产后的各个环节。作为安全优质农产品代表，绿色食品标准定位与发达国家食品标准要求相接轨，许多方面要求远远高于国内普通食品要求。如在《绿色食品　畜禽饲料及饲料添加剂使用准则》中规定“不应使用转基因方法生产的饲料原料，不应使用任何药物性饲料添加剂，不应使用许多化学合成抗氧化剂、防腐剂、着色剂、香味剂等”；在《绿色食品　兽药使用准则》中规定“禁止为了促进畜禽生长而使用抗生素、抗寄生虫药、激素或其他生长调节剂，禁止使用以基因工程方法生产的兽药，禁止使用酚类消毒剂等”。上述这些标准和要求，对目前国内大多数畜禽水产品生产企业生产来说，完全贯彻和落实难度较大。

（二）绿色食品畜禽水产品发展存在原料“瓶颈”

饲料、饲料添加剂和兽药等投入品是保证绿色食品畜禽水产品质量的重要基础，目前，绿色食品畜禽水产品发展在这方面还存在“瓶颈”。

1. 绿色食品认证的饲料原料数量太少

目前经绿色食品认证的饲料原料数量远远不能满足畜禽水产品生产企业发展绿色食品需求，尤其是豆粕、菜粕等蛋白质饲料。2012 年，有效用标植物油及其制品产量约为 132 万吨，即使全部为植物油，其副产品粕类每年也只能提供 440 万吨左右（按平均出油率 30% 计）。

2. 非转基因蛋白质饲料原料数量太少

《绿色食品　饲料及饲料添加剂使用准则》中规定“不应使用转基因方法生产的饲料原料”，而目前国内主要蛋白质饲料原料如豆粕、棉粕和菜粕等多为转基因产品加工副产品，以豆粕为例，2012 年中国进口转基因大豆 5 838 万吨，其榨油副产品豆粕主要用作饲料原料；国内非转基因大豆年产量只有 1 300万吨左右，主要用作加工食品原料，很少作为饲料原料。

3. 绿色食品生产资料发展速度缓慢

截至 2012 年年底，有效使用标志的绿色食品推荐生产资料中，饲料及饲料添加剂生产企业 17 家产品 85 个，其中全价饲料和浓缩饲料生产企业只有 16 个产品，不但数量少、产量低，而且种类较少，主要为蛋鸡、肉鸭和特种水产品饲料，远远无法满足以外购全价饲料（浓缩饲料）为主的畜禽水产品生产企业发展绿色食品的需要。

4. 饲料原料生产与需求不匹配

主要存在 3 个方面的问题：一是许多准备发展绿色食品的畜禽生产企业不能及时获得符合要求饲料原料信息；二是目前符合绿色食品标准要求的饲料原料生产企业主要集中在东北地区，与畜禽水产品主要生产地区如山东、广东、四川等省距离较远，客观上影响了畜禽水产品企业发展绿色食品；三是目前经绿色食品认证单个饲料原料产品规模较小，许多大型畜禽水产品企业无法从一家或两家企业购买到符合要求的饲料原料，客观上增加了其发展绿色食品的难度，也是造成目前有效用标大型畜禽水产品生产企业数量较少和单个单品规模不断下降的主要原因之一。

（三）生产企业及绿色食品各级工作机构发展积极性下降

1. 绿色食品优质优价的市场机制没有完全形成

绿色食品畜禽水产品生产企业需要按照绿色食品相关标准要求和全程质量控制体系要求进行生产，其综合成本比普通产品有明显的提升，如果其认证后效益增加不明显，不管是由于企业自身运作不良还是绿色食品品牌公信力不足造成的，都将给企业在续展时是否继续使用绿色食品标志带来一定不利影响，同时也会影响同一区域本行业其他企业发展绿色食品的积极性。

2. 各级工作机构存在畏难情绪

由于历史和体制原因，绿色食品省地县级工作机构所在的各级农业行政主管部门职能中没有涵盖对畜牧水产行业发展的指导和服务，大多数绿色食品工作人员教育背景也多为农学、植保等专业，畜牧水产专业人员较少，对畜牧水产相关专业知识和企业发展绿色食品的许多关键环节把握不准，再加上畜禽水产品发展绿色食品存在的客观困难，造成申请企业通过率较低。因此，在工作成效不易显现和需要完成工作任务或考核目标的双重压力下，许多工作机构主动减少甚至不再开发绿色食品畜禽水产品，而更倾向于开发申请认证难度较小的种植业产品，近几年，种植业产品发展速度远远高于畜禽水产品的发展也间接说明了这个问题。

3. 外界监管压力不断增加

近年来，畜禽水产品不断发生较大甚至重大质量安全事件，使得全社会对畜禽水产品质量安全高度关注，对绿色食品畜禽水产品的发展也带来了一定影响，主要体现在：一是在标准要求不断提高的情况下，某些不能完全达到绿色食品标准要求的畜禽水产品生产企业主动放弃使用绿色食品标志使用权；二是地方绿色食品工作机构为规避认证和监管风险，除了减少甚至停止新开发绿色食品畜禽水产品外，也加强了对已获证产品监管力度，少数获证后不能完全按照绿色食品标准要求进行生产的企业因未通过年检或抽检而被取消绿色食品标志使用权；三是许多职业打假人利用一些绿色食品获证企业自身和相关制度存在的不足和漏洞，恶意夸大绿色食品畜禽水产品存在的某些问题，给获证企业带来较大的压力，被迫退出绿色食品队伍。2008 年三聚氰胺事件和 2010 年瘦肉精事件均对绿色食品畜禽水产品发展产生较大的影响。2012 年绿色食品畜禽水产品数量仅为 1 758个，与最高峰时的 2008 年相比，减少了 1 157个。

目前，虽然绿色食品畜禽水产品发展由于各种因素的影响下呈现下降态势，但只要我们能够有针对性地提出措施，就能在保证不降低质量的前提下实现绿色食品持续健康发展，也是我们下一步工作需要重点攻克的难关之一。

参考文献

郭天宝，郝庆升，于洁 . 2013. 中国大豆进出口贸易失衡的影响因素探析［J］.（11）：27 – 30.

秦贵信 . 2004. 畜牧业生产组织形式和生产管理方式的创新［J］. 吉林畜牧兽医（2）：8 – 10.

中国绿色食品发展中心 . 2002—2012. 绿色食品统计年报（2002—2012 年）［内部资料］.

中国绿色食品发展中心 . 2008. 关于进一步改进和加强绿色食品认证工作的通知（中绿认〔2008〕407 号）.

中国绿色食品发展中心 . 2011. 绿色食品标准汇编（上、下）［M］. 北京：中国农业出版社，2011.

落实绿色食品生产企业质量安全主体责任的对策探讨*

张　宪　乔春楠　王宗英

（中国绿色食品发展中心）

质量安全是绿色食品的核心，企业是绿色食品生产的主体。20多年来，广大绿色食品生产企业能够认真履行职责，严格按照绿色食品标准规范生产，在推进农业标准化生产，提高农产品质量安全水平，促进农业增效农民增收等方面发挥了积极的示范带动作用。但是，也有少数企业存在违规生产、违规用标的现象，个别企业甚至以次充好，假冒伪劣，扰乱市场，给绿色食品品牌公信力造成了一定影响。究其原因，最根本的一点是企业的质量安全主体责任缺失。因此，强化绿色食品生产企业的质量安全主体责任，确保绿色食品产品质量安全，显得尤为迫切和重要。本文结合绿色食品发展实践经验，对目前落实绿色食品生产企业质量主体责任存在问题进行分析，并提出对策建议。

一、落实企业质量安全主体责任的重要性

（一）法律法规的基本要求

《中华人民共和国食品安全法》2009年6月实施，首次从法律高度强化了食品企业质量安全第一责任人的身份，其中第三条明确规定：食品生产者应当依照法律、法规和食品安全标准从事生产经营活动，对社会和公众负责，保证食品安全，接受社会监督，承担社会责任。《国务院关于加强食品等产品安全监督管理的特别规定》第三条规定："生产经营者对其生产、销售的产品安全负责，不得生产、销售不符合法定要求的产品"。农业部2012年第6号部长令《绿色食品标志管理办法》第二十三条规定："标志使用人应当健全和实施产品质量控制体系，对其生产的绿色食品质量和信誉负责"。

（二）确保绿色食品产品质量的必然选择

质量安全是绿色食品的核心，企业是绿色食品经营生产的主体，也是承担产品质量

---

* 本文原载于《农产品质量与安全》第4期，16－18页

安全的主体。落实企业主体责任是确保绿色食品产品质量安全的治本之策。企业只有牢固树立了质量安全主体责任意识，将质量安全作为企业发展的根本点，才能严格按照绿色食品标准和相关规定规范生产，建立健全绿色食品质量控制体系，认真履行质量安全职责，不断提升绿色食品产品质量水平，才能从根本上确保绿色食品产品质量安全、品质优良，放心可靠。这是提升绿色食品品牌公信力的要求，是绿色食品企业依法履行社会责任的要求，更是企业自身发展的内在要求。

（三）坚持以人为本的重要体现

为公众提供安全、优质的农产品及加工食品，不断满足公众对安全食品多元化的社会需求，保障消费者身体健康，是绿色食品事业发展的基本理念，也是科学发展观在绿色食品事业中的具体体现。只有强化企业质量安全主体责任，才能引导企业坚决摒弃急功近利的错误心态，牢固树立“诚信经营，质量第一”的理念；才能引导企业始终把保障公众身体健康作为第一价值取向，勇敢承担起对消费者、对全社会负责的社会责任。

二、现行做法及存在问题

（一）现行做法

绿色食品工作系统高度重视企业质量安全责任的落实工作。经过 20 多年的实践和发展，逐步形成了一套以产品标志许可审查为基础，以质量监管为重点，以企业内检员和诚信示范企业评选为补充的工作模式。

一是产品标志许可审查。企业在申请绿色食品时，需签订“承诺书”，声明企业已充分了解绿色食品的相关标准和技术规范，并保证按标准规范生产。在此基础上，通过实施环境、产品检测和评价、现场检查、材料审查、专家评审等工作，判断申请产品产地环境质量、产品质量、生产过程、投入品使用、质量管理制度等是否符合绿色食品相关标准规范，并对企业承诺的真实性、规范性和有效性做出评价。

二是证后监管。为确保企业获证产品在绿色食品标志使用期内持续符合绿色食品技术标准，建立健全了企业年检、产品抽检、市场监察、风险预警、产品公告等证后监管制度。企业年检，即在生产企业 3 年用标期间，每年进行现场核查，重点核实其是否按绿色食品标准规范生产，合同协议执行落实情况等；产品抽检制度，即对高风险产品及其重点指标进行抽样检测，如对畜禽产品的三聚氰胺指标进行抽检，对鱼类等水产品的孔雀石绿、硝基呋喃指标进行抽检，对韭菜等蔬菜产品的有机磷农药进行抽检等，抽检产品占获标产品的 25%，近几年的抽检合格率均达到 98% 以上。市场监察工作，即每年组织在全国主要大中城市对市场上绿色食品标志使用情况进行监督检查，规范绿色食品标志使用行为，查处假冒绿色食品；产品公告制度，即通过“中国绿色食品网”、

《农民日报》和《中国食品报》等相关主流媒体对获证产品及取消标志使用权产品进行公告。

三是建立企业内检员制度。对获证的绿色食品生产企业，建立内检员制度，提高企业内部管理的规范性，并每年对内检员就绿色食品相关标准规范制度进行培训。目前，共培训了1.2万多名企业内检员。

四是开展诚信示范企业评选。为进一步普及绿色食品标准化生产，增强绿色食品行业诚信意识，强化企业自律，2011年，中国绿色食品协会开展了绿色食品诚信示范企业评选活动。目前，已向200家绿色食品企业颁发了“全国绿色食品诚信示范企业”证书和匾牌。

（二）存在问题

随着绿色食品事业的持续健康发展，绿色食品品牌影响力的不断增强和消费者对绿色食品认知度的日益提升，绿色食品生产企业作为质量安全主体的相关问题也凸显出来，主要表现在以下3个方面。

一是企业重产品标志许可申请轻证后质量监管。绿色食品标志许可申请的主要目的是通过申请标志过程进一步规范企业按标准规范生产，提高企业的生产水平和产品质量。但少数企业受利益驱动，以获得绿色食品标志使用权为手段，以套取地方政府补贴或提高产品价格、打开产品销路为目的，而轻视乃至忽视证后质量监督管理工作，主要表现在获证后，企业不严格执行绿色食品相关标准规范，甚至违规使用绿色食品禁用投入品，擅自扩大绿色食品标志使用范围，给绿色食品品牌整体形象造成了不良影响。

二是质量监管模式单一。绿色食品立足基本国情，遵循国际惯例，建立了一套定位准确、科学管用、富有特色的标准体系和质量监管制度，有力地规范了产品标志许可和质量监管工作。但目前绿色食品质量管理管的重心仍集中在监管部门，整个工作体系的重点仍集中在产品标志许可审查和证后监管两项工作上，管理部门对企业技术培训、生产指导不够，企业自身的积极性并未得到充分发挥，企业质量安全责任主体意识还比较薄弱。

三是全程质量控制体系有待进一步完善。标准化是绿色食品生产的核心，全程质量控制体系是保证标准化生产的关键。绿色食品按照全程质量控制的特点，建立了覆盖产地环境、生产过程、产品质量、包装贮运的质量标准，但对指导企业建立全程质量控制体系的工作重视不够，有关质量控制体系的文件和实施指南缺乏系统性、科学性和可操作性，难以满足企业落实质量安全主体责任的要求，急需采取措施，切实加以改进。

三、对策建议

（一）健全绿色食品质量控制体系，推进企业落实标准化生产

如何将食品安全法律法规及绿色食品技术标准和管理规定落到实处，使企业和管理部门有章可循，保证主体责任落实的一致性、可操作性和便捷性，是落实企业主体责任的关键。落实企业主体责任，标准和技术规范先行。应紧跟国家食品安全标准和国际发达国家食品先进标准发展动态，进一步完善绿色食品技术标准体系，不断提升绿色食品标准的先进性、可操作性和实用性。应按照绿色食品全程质量控制技术路线，加快制定企业落实绿色食品技术标准和管理规范的《质量控制体系实施指南》，包括企业环境管理规范、原料采购规范、生产操作规范、质量检测规范、产品标识规范、市场营销规范、平行生产规范等技术文件，不断完善绿色食品质量控制体系，推进企业落实绿色食品标准化生产。

（二）加大法律法规宣贯培训，强化企业主体责任意识

企业的主体责任意识直接影响企业在确保绿色食品质量安全方面的主观能动性。强化企业质量安全主体责任意识，应从以下几个方面入手：首先，应加大法律法规的培训和宣贯，组织绿色食品企业从业人员（特别是主要负责人）认真学习最新的《中华人民共和国食品安全法》《中华人民共和国农产品质量安全法》《绿色食品标志管理办法》等法律法规，增强企业的法律意识、质量意识和安全意识；其次，组织开展生产技术和标准专题培训，解析标准含义，明确操作规范，讲明利害关系，引导企业增强落实主体责任意识的自觉性；再次，建立“先培训，后申报”制度，帮助企业在申请前系统了解绿色食品发展理念、技术标准及管理规范，引导企业建立健全绿色食品质量控制体系。最后，开展思想教育和警示教育，选择典型案例，在绿色食品行业开展警示教育，进一步增强企业的风险意识，筑牢确保绿色食品质量安全的思想基础。

（三）加强技术支撑，加快建立绿色食品质量安全可追溯体系

伴随着现代信息技术的快速发展，构建质量安全电子化管理系统和平台已成为一种趋势和主流。从国内外的实践看，农产品质量追溯是一种有效管用的监管模式，它能及时发现问题、查明责任，防止不合格产品流入市场。应发挥绿色食品产品包装标识率高、组织化程度高的优势，加快建立基于云计算和互联网技术的绿色食品质量安全可追溯体系，推动绿色食品企业率先实现“生产有记录、过程可控制、上市有标识、责任可追溯”。重点建好 3 个平台：一是企业管理平台，二是质量监督平台，三是消费者查询平台。

（四）创新监管模式，强化企业自律和诚信体系建设

绿色食品监管部门在落实企业质量安全主体责任过程中具有重要作用，要逐步推进管理部门由主动监管向企业自律管理的转变。应在落实企业年检、质量抽检、市场监察、风险预警等常规监管制度的基础上，加快建立企业自查自评制度，引导企业逐步实现自我检查、自我评价、自我纠错、自我承诺的管理。应加强绿色食品诚信体系建设，探索建立企业分类管理制度，着力培育行业诚信文化。应建立诚信企业激励机制，鼓励企业诚实守信，规范生产，合法经营；应加大对失信企业的处罚力度，建立绿色食品企业“黑名单”制度，强化淘汰退出机制，营造绿色食品企业不敢失信、不想失信、不能失信的制度和氛围，共同推动绿色食品事业持续健康发展。

参考文献

陈晓华 . 2014. 2014 年农业部维护“舌尖上的安全”的目标任务及重要举措［J］. 农产品质量与安全（2）：3 –7.

国家食品药品监督管理总局 . 2007. 国务院关于加强食品等产品安全监督管理的特别规定［EB/OL］.（2007 –7 –26）［2014 –5 –21］. http：//www. sda. gov. cn/WS01/CL0056/10785. html.

韩沛新 . 2013. 绿色食品工作指南［M］. 北京：中国农业科学技术出版社 .

中国绿色食品发展中心 . 2010. 最新中国绿色食品标准［M］. 北京：中国农业出版社 .

中华人民共和国农业部 . 2012. 绿色食品标志管理办法［EB/OL］.（2012 –7 –30）［2014 –5 –21］. http：//www. moa. gov. cn/zwllm/tzgg/bl/201208/t20120802_ 2814698. htm.

黑龙江省“三品”质量安全监管机制创新初探*

邓雪霏

（黑龙江省农村社会发展研究所）

如何形成“三品”（绿色食品、有机食品和无公害农产品）质量安全监管的长效机制，是各级各地工作机构长期以来积极探索和努力破解的一个难题。作为全国绿色食品开发最早的省之一，黑龙江省始终坚持一手抓产品开发，一手抓质量监管，通过大力推进制度创新，切实完善了“从土地到餐桌”的质量监管机制，不断巩固和提升了绿色食品大省的地位。特别是在近年食品质量安全事故频发的形势下，黑龙江省“三品”质量安全水平稳步提升，产品抽检合格率一直保持在99%以上，2013 年达到99.3%。本文在分析概括黑龙江省“三品”监管建设成效与模式特点的基础上，就如何进一步发展和完善“三品”质量安全监管工作长效机制提出了一些初探性的意见建议。

一、以六大体系为主体的长效监管机制基本形成

黑龙江省始终把监管机制建设作为保障农产品质量安全，培育和叫响品牌，加快现代农业发展的全局性战略措施，坚持从监管队伍、技术体系、制度建设等方面统筹规划，强力推进，已初步形成了比较完善的长效监管机制。

（一）以各级工作机构为主导的队伍日益壮大

针对分散经营模式下“三品”质量安全监管点多、面广、线长的实际，黑龙江省从解决有人管事、有人干事的问题入手，大力构建纵向到底，横向到边的监管组织网络。经过多年的努力，全省各市（地、局）、县（市、区）都设立了“三品”开发与质量安全管理机构。在全省 16 个市（地、局）中，有 12 个工作机构专职人员达到了 6 人以上；在 64 个县（区）中，有 53 个工作机构专职人员达到 3 人以上，一些县（市）达到 6 人以上。目前，全省各级工作机构专兼职工作人员达到 1 100多人，其中专职人

---

* 本文原载于《农产品质量与安全》2013 年第 6 期，17－21 页

员600多人，确保了“三品”质量安全监管工作层层有人抓，事事有人管。

（二）以生产标准为主体的监管技术体系日趋完备

近年来，黑龙江省专门拿出资金支持制（修）定以“三品”为重点的农业生产技术标准，且年均以近百项的速度递增。截至目前，全省已制定各类技术标准和生产操作规程1 800多项。并由以粮食为主扩展到菜、禽、乳和生产资料等多个领域；由只注重制定技术规程、规范等生产过程标准，扩展到制定产品质量、产地环境、检测方法、检验条件、产品包装、保鲜、贮藏、运输等多个方面，形成了以国家和行业标准为龙头、省级地方标准为骨干、市（地）、县生产技术规程为基础的技术标准体系。

（三）以产品抽检为主要手段的监管措施日益强化

根据“三品”质量安全监管的需要，黑龙江省大力完善企业年检和产品抽检等制度，不断增加产品抽检频率和次数。重点是在节日期间，对各类市场“三品”产品进行集中抽检，坚决杜绝不合格产品流入市场；在日常监管中，各相关部门联合定期或不定期开展“三品”动态抽检，及时发现和解决问题，把部分不安全因素有效控制在初发阶段和萌芽状态。2012年，黑龙江省参加年检企业500多个，抽检产品2 000多个，其中高危产品抽检率达30%以上。同时，利用新闻媒体定期公示不合格成品名单，扩大社会公众对“三品”产品质量安全状况的知情权和参与权，形成了由企业、政府、社会公众共同参与的“三品”质量安全监管互动格局。

（四）以实施“退出”为手段的制约机制日趋成熟

在广泛调查论证的基础上，黑龙江省在多个环节探索建立了“三品”企业和产品“退出”机制。如在标准化基地环节，规定：对经检查验收不合格的基地，给予1年改正期，改正期后仍达不到标准的，就绝不允许其进入标准化基地行列；对批准合格后出现质量安全事故的基地，则坚决一票否决。在产品检测环节，规定：产品抽检和年检不合格、有违规用标等行为的企业，除停止其标识使用外，还禁止其当年申报项目和认证新产品。

（五）以强化企业“自律”为重点的监管渠道日益拓宽

黑龙江省十分注意“软”和“硬”相结合，在不断强化“他律”制约的同时，还切实强化企业在“三品”质量监管中的主体作用。近两年，黑龙江省级工作机构借助各种有效途径，广泛组织企业开展质量承诺活动，使企业认识到产品质量对企业长远发展的重要意义。2012年，在哈尔滨国际经济贸易洽谈会组织企业开展质量诚信宣誓活动，经新华社报道后，全国有500多家网站转载，在全社会引起了热烈反响。

（六）以质量安全水平为标志的评价标准日益完善

围绕不断提升“三品”质量安全水平，黑龙江省从环境检测、基地生产、产品加工，以及市场销售等多个环节，建立了一整套质量标准评价体系。特别是把质量安全评价标准与各地、各级党政部门及工作机构责权利紧密地结合起来，充分调动了各方面抓好“三品”质量安全的责任感。

二、黑龙江省“三品”质量安全监管机制的基本模式

黑龙江省在总结多年经验的基础上，以确保“三品”质量安全为目标，着眼长效机制建设，大胆创新工作思路，培育和打造了“三品”质量安全监管模式，即“政府主导、部门联动、农户参与、多层管控、全面检测”。

（一）政府主导

政府主导就是各级政府对“三品”质量安全负总责，各级农业行政主管部门主要领导是“三品”质量安全工作的第一责任人。从黑龙江省看，政府的主导作用，主要通过3个途径体现。一是通过建立议事机构实施。各地以县（市区）和乡镇为单位，普遍成立了农业及“三品”质量安全监管领导小组，由分管农业的领导牵头，吸收农业、环保、工商、技术监督等部门领导参加，负责农业包括“三品”质量安全监管工作的组织和领导工作。事实证明，建立由政府主导的“三品”质量监管推进机制，不仅有利于组织和协调各个职能部门全方位、多角度参与“三品”监管，而且可以实现了监管效果的最大化。二是通过制定相关法规制度实施。在“三品”基地环节，普遍建立了投入品公告制度，制定了“三品”投入品管理办法，推行了种子、肥料和农药经营许可制度，定期公布并明示基地允许使用、禁用或限用的农业投入品目录；在生产加工和市场销售环节，制定了企业年检、产品抽检、产品公示公告等制度，并以政府文件下发执行。三是通过发挥农业部门的作用实施。主要是由农业部门牵头，联合工商、质监、公安等部门开展“三品”质量安全检查，及时发现和解决“三品”质量监管中存在的问题。这一做法，有效地避免了监管“盲区”，以及“扯皮”“推诿”现象，逐步形成了多部门协调一致，合力开展“三品”监管的良好局面。

（二）部门联动

针对“三品”产业链条长，监管难度大等问题，黑龙江省采取部门联动，分段落实，合力监管的办法，确保了监管的实际效果。一方面是政府各有关部门之间的联动监管。具体表现为职能部门充分履行各自的职责，共同做好监管工作。如工商部门通过开展“红盾行动”，重点打击假冒伪劣和不合格“三品”产品；质检部门则通过“亮盾行动”，对“三品”产品及投入品质量安全状况定期开展检查，防止不合格产品进入市

场。另一方面是农业部门内部各有关单位之间的联动监管。主要是协调和组织农业系统的植保、药检、土肥、农技等单位，重点开展基地阶段的监管，引导农户严格按标准控制化肥、农药的使用量和使用次数。这种统分结合，部门联动的监管模式，切实堵住的监管工作中的漏洞，有力地维护了“三品”产品质量安全。

（三）农户参与

针对现阶段农户分散经营的实际，黑龙江省注意充分调动农户参与“三品”质量安全监管的积极性，实现由“监管我”到“我监管”的转变。重点是在全面推行“五统一”（统一品种、统一投入品、统一栽培方法、统一田间管理、统一技术指导）生产模式的同时，建立健全了以确保“三品”质量安全的“农户联保责任制度”。即在“三品”基地特别是绿色食品标准化基地，以若干农户为单位，建立联保责任制，户与户之间，相互监督，诚信生产，确保每个基地农户都能诚信种植，严格按照标准生产。一些地方还注意从强化农民主动参与“三品”质量监管入手，通过细化和完善《村规民约》，开展“星级文明户”评选等激励和制约手段，引导农户讲诚信、讲道德，牢固树立按照标准生产绿色食品为荣，不按照标准为耻的荣辱观。

（四）多层管控

主要体现“五个管”：即市场监管，采取定期和不定期的方式，对“三品”市场进行监督检查；执法监管，由监管部门对“三品”市场、企业、基地进行全面监管，及时查处问题；技术监管，由技术部门对生产者进行培训，对生产全过程跟踪指导和服务；网络监管，由工作机构对“三品”生产各个环节建立电子档案，实行微机化管理；检测监管，由质量检测机构对基地的生产环境、原料和产品适时监控，确保产品质量安全。同时，推进了质量追溯体系建设，已完成100个县（市、区、局）“三品”质量追溯试点建设，切实提高“三品”监管水平。

（五）全面检测

近几年，围绕扩大“三品”产品检测覆盖面，黑龙江省已投入1亿多元用于检验检测体系建设，增加检测机构，更新设备设施，强化检测手段，形成了以国家级检测检验机构为主，以地方为辅的网络化监测检验体系。全省国家级环境、产品检测检验机构增加到10家，省级环境、产品检验检测机构发展到10家，市、县级发展到46家。大部分市（地）级以上的检测机构都设有色谱实验室，配备先进的仪器设备，具有检测农产品中的农药、兽药残留、有害元素、食品添加剂、微生物等300多个质量安全指标的能力，可以承担粮油、乳制品、蔬菜、水果、食用菌、畜禽产品、水产品等产品检测任务。目前，黑龙江省“三品”产品检测覆盖面已达25%左右，高危产品达30%以上。

三、黑龙江省“三品”监管机制建设的重要启示

黑龙江省“三品”质量监管机制建设，有许多值得认真总结的规律性认识和深刻启示。在这些认识和启示中，有很重要的一点，就是如何兼顾和把握好监管过程中的一些关系。

（一）如何把握好“证前”监管与“证后”监管的关系

所谓“证前”监管是指对认证前的企业或基地，严格进行材料审查与现场核查，提高“准入”门槛；所谓“证后”监管则对“三品”认证后的质量情况进行有效检查与管理。我们既要重视“证前”监管，严格执行“三品”认证的“硬杠”条件，更要强化“证后”监管，“倒逼”企业严格执行生产标准和操作规程，杜绝生产和出售不安全“三品”产品的行为。可以说，“证前”和“证后”监管二者互为条件，互为补充，缺一不可，共同架起了“三品”质量安全的“防护网”。

（二）如何把握好部门监管与社会监管的关系

“三品”产品是一种“准公共产品”，是各级各地政府责无旁贷的责任。强调政府对“三品”的监管，有利于实现监管工作“一盘棋”，提高监管的科学和规范性，增强工作的主动性。众所周知，“三品”产品面对的消费群体是广大普通消费者，离不开社会公众的参与，社会公众对“三品”产品的性能、产地，尤其是质量情况，有知情权和监督评议权。因此，大力推行“三品”社会监管，是“三品”监管中非常重要的一个组成部分，也是政府政务公开的具体表现。更为重要的是，实行社会监管，还切实延长了监管部门的工作手臂，扩大了监管覆盖面，增加了监管的综合效益。

（三）如有何把握好集中“整治”与常态监管的关系

集中整治和常态监管是“三品”质量监管的不同形式。一是从时点上看，集中整治是对某一时点的集中性突击动作，表现为“统”；常态监管则表现为各个时点的常规性动作，表现为“分”。二是从工作出发点看，集中监管主要是突出以检查产品质量为手段，在重要节庆活动期间集中对销售市场进行突击检查；常态监管则突出了“从土地到餐桌各个环节的日常监管。三是从性质看，集中整治比较注重对发现问题的当场处理，而常态监管多以指导性为主。因此，在监管机制中，应注意把两者紧密地结合起来，并正确运用两种监管形式，以此促进质量监管效益的最大化。

（四）如何把握好“源头”监管与过程监管的关系

实践看，“三品”源头监管重点是强化生资销售市场监管，打击假冒伪劣农资，在源头上消除和制止了可能产生的各种安全隐患。如果整个“三品”监管过程是一条

“水渠”的话，那么源头就是水渠“总关口”和“控制阀”，管住、管好这个“总关口”和“控制阀”，可以起到事半功倍的效果。而过程监管则重点在种植（养殖）环节，产品加工过程等环节实施的监管。如通过建立“明白纸”、农户管理手册等，推行企业年检、产品抽检、产品公示公告等监管办法，最大限度地减少了农户和企业在生产中的违规生产行为。可见，源头监管和过程监管二者互为关联，缺一不可，把不住源头的质量关，过程监管做得再好，也难有高质量产品；反之，过程监管忽略了，源头监管也就前功尽弃。

（五）如何把握好“硬件”与“软件”的关系

“硬件”是指用于“三品”质量检测的仪器、生产经营场所、加工设备等；“软件”则是指从事“三品”生产经营者要执行的技术标准，操作规程等。重视“硬件”建设，可以提高科学化、现代化监管手段，适应不断变化的技术要求；注重“软件”建设，可以规范、约束生产者和经营者养成按章办事的习惯，实现“要我做”、到“我要做”。所以，在“三品”质量安全监管中要把“硬件”与“软件”建设有机地结合起来，一方面，要通过大力加强“硬件”建设提高监管水平，另一方面，也要通过加强“软件”建设巩固和扩大监管成果。

四、进一步完善“三品”监管长效机制的主要思路

（一）进一步解决好“由谁来管”的问题

一是进一步理顺部门之间的关系。明确监管各部门的职责和任务，尤其是要注意通过法律、法规和制度建设等机制性措施来明确相关部门的责任分工，切实解决“由谁来管，依据什么管，怎么去管，管到什么程度”的问题，减少推诿、扯皮现象，特别是杜绝监管“盲区”。二是进一步明确农业部门的地位。在“三品”质量监管机制建设中，农业部门具有其他部门不可比拟的业务优势、行政优势，资源优势和工作优势，应最大限度地发挥其在“三品”监管中的优势，组建由农业部门牵头，物价、质监、工商、供销、环保等部门参加的领导机构，通过建立例会或联席制度等方式，统一组织、协调“三品”监理和执法。三是进一步突出基层政府在监管中的作用。以村委会为依托，加强“三品”质量安全宣传，通过制定《村规民约》《村民自治章程》等，把“三品”监管内容纳入其中，作为评选“文明户”“星级户”的硬性条件，用荣誉感激励农户，用责任感去约束农户，充分调动他们按照规定和标准生产“三品”的主动性。

（二）进一步加快标准制订与实施

标准是“三品”监管机制建设的基础。一是进一步强化“三品”标准体系建设。要在总结科技成果和先进生产经验的基础上，积极采用和引进国际先进标准，加快修订

“三品”技术标准和操作规程，尽快实现与国际标准接轨。二是要强化标准科技支撑。采取县（市）和院（校）共建，乡镇和站（所）共建的办法，组织引导大专院校、科研单位的专家和技术人员，大力开展“三品”质量监管各个环节标准的科研工作，不断适应“三品”监管变化的需要。三是要强化标准落实与实施。组织专家、技术人员深入生产一线，开展多层面技术培训，为生产者提供技术指导与服务。通过下发“明白纸”“操作例”等形式，促进各项标准落实；通过严格执行“农户联保责任制度”、《村规民约》等规章制度，形成户与户之间，相互监督，诚信生产，把各项标准落实落靠。

（三）进一步提高“三品”监管信息化水平

以基地农户为基础，以龙头企业为平台，以现代信息技术为手段，构建技术比较先进，功能比较齐全的基地产品追溯体系，做到“产品可追溯、问题产品可召回”。从黑龙江省看，具体可以分作三步走。第一步，巩固好原有的成果。对前期已经建立质量追溯体系试点单位，要搞好“回头看”，总结经验，查找不足，在原有的基础上进一步完善质量追溯体系。第二步，扩大试点范围。把工作机构比较得力，各方面基础比较好的一些追溯体系试点单位，继续积累经验，探索新路。第三步，全面推广铺开。在全面完成前两步试点工作，取得成功经验的基础上，全面推进“三品”质量追溯体系建设。

（四）进一步加大“三品”监管的责任追究

要通过强制认证，市场准入和产品准出，质量追溯体系建设等手段，进一步明确责任主体，强化责任追究，加大违法主体的责任处罚力度，使责任主体在强大的法规面前，诚信经营，安全生产，确保产出、准入农产品的质量安全。要在广泛调查论证的基础上，进一步完善认证产品和企业退出等制度。对不符合标准的“三品”产品认证主体和获证产品，要给予必要的处罚，如5年内之内，不得评优，不得扶持，不受理产品申报；对产品检测不合格、年检不合格、不贴标、不用标等行为的认证主体，当年不受理项目申报，不受理新产品认证。对出现质量安全事故的主体和产品，要坚决实行“一票否决”，清出“三品”认证序列。要通过实行严格的退出制度，不断提升“三品”质量安全水平。

（五）进一步提升“三品”监测与风险预警能力

围绕重点地区、重点产品和突出问题，深入实施专项整治，严厉打击投入品生产、流通、销售等环节违法违规行为，严防违禁投入品流入生产环节。抓好投入品使用管理，大力推行投入品安全使用制度和“三品”生产记录制度。深入开展农资打假专项行动，全面推进“放心农资下乡进村”示范活动。要以“三品”为重点，深化例行监测和质量普查，扩大农兽药残留、水产品药残、饲料及饲料添加剂等监控范围。强化监督抽查，依法查处不合格产品，严厉打击违法违规行为，及时消除风险隐患。要加强风险预警能力建设。打破行政区划界限，在不同区划间实现信息和相关资源共享，对“三品”市场准入方面的相关情况，不同行政区域之间应及时交流信息，反馈情况，牢固树立监管“一盘棋”的理念，建立反应快速、跨区联动的应急机制与处置网络。做到在突发事件面前快速反应，及时、准确发布权威信息，最大限度地减少或消除涉农不良信息造成的负面影响。

（六）进一步强化“三品”监管保障机制

重点解决好有人干事和有钱管事的问题。积极争取党委和政府支持，把一批业务精、懂法律、做法正派的同志充实到“三品”监管系统。要加大培训力度，切实提高基层监管人员的综合素质。要积极推进“下管上联”责任制，工作下管一级，责任上联一级，不断强化各方面的责任意识。各级政府要在农户培训、普及推广生产操作规程，以及生产过程、基地投入品监控等重要环节加大资金支持力度。特别要大力支持影响“三品”监管机制建设的关键性项目，支持各地增加监测机构高端检测设备，提高检测水平；要切实解决市县、加工企业和市场检验监测设备不足的问题。

参考文献

高文 . 2014. 强化监管提升品牌公信力——中国绿色食品发展中心负责人解读《绿色食品标志管理办法》[N]. 农民日报，2012－09－24（2）.

黑龙江省农业委员会 . 2009. 大力加强绿色食吕原料标准化生产基地建设促进农业增效农民增收［EB/OL］.（2009－11－23）［2013－06－20］. http：//www. greenfood. org. cn/Html/2009_11_ 23/2_ 14747_ 2009_ 11_ 23_ 14811. html 2010－06－21.

霍建军 . 2011. 全国绿色食品原料标准化生产基地建设的实践与思考［J］. 黑龙江农业科学（7）：106－109.

金发忠 . 2013. 关于严格农产品生产源头安全性评价与管控的思考［J］. 农产品质量与安全（3）：5－8.

李钢 . 2011. 浅论政府在绿色食品标准化基地建设中的作用［J］. 农产品质量民安全（增刊）：60－62.

王运浩 . 2010. 绿色食品标准化基地建设探索与实践［J］. 北京：中国农业出版社 .

中华人民共和国农业部 . 2011. 农产品质量安全发展“十二五”规划［J］. 农产品质量与安全（5）：5－9.

朱佳宁，邓雪霏，韩玉龙 . 2011. 绿色食品标准化生产基地模式探讨［J］. 农产品质量与安全（增刊）：49－52.

创新“三品一标”质量监管思路 实现“产出来”和“管出来”高度统一*

李　旭

（黑龙江省绿色食品发展中心）

在今年中央农村工作会议上习近平总书记就农产品质量安全工作提出了“产出来”“管出来”的重要论断及“四个最严”的要求，这为我们做好“三品一标”质量监管工作指明了方向，也是今后必须长期坚持的行动纲领。“产出来”与“管出来”是一个有机的整体，“产出来”体现在“三品一标”原料生产和产品加工整个链条，“管出来”则涵盖“三品一标”“从田间到餐桌”的全过程，“产出来”离不开“管出来”，“管出来”体现在“产出来”之中，两者密切联系，须臾不可分割。在具体实施过程中，如何把“产出来”和“管出来”有机地结合起来，在每个过程和环节充分体现“四个最严”，并最终确保“三品一标”产品质量安全，是各级工作机构应大力探索和实践的一个重大课题。根据黑龙江省“三品一标”质量监管工作的实践，我们认为，实现“产出来”和“管出来”的高度统一，应大力创新“三品一标”监管工作的思路，积极推进监管向多方面、多角度和多层面的延伸，变定期监管为常态监管，部门监管为社会共同监管，终端检测为过程控制，努力实现“从土地到餐桌”的全程质量监管，确保“三品一标”不出现质量安全事故。

一、“向前”延伸，牢牢把住质量安全的“源头”

确保“三品一标”产品质量安全，是否管住“源头”至为关键。因此，首先要变“产后”“产中”监管为“产前”监管，积极推进监管工作前移，把“管出来”的各项措施延伸到基地、落实到“产出来”的全过程。从多年工作看，应切实把住“三关”。

（一）牢牢把住生产基地的“环境关”

绿色食品“绿不绿”，关键在“源头”。环境质量不达标或者标准不高，就难以建

* 本文原载于《农产品质量与安全》2014 年第 3 期，21－24 页

设一个高质量和高标准的基地，确保产品质量安全也就可能成为一句空话。因此，要严格执行产地环境标准，坚持对“三品一标”生产基地的土壤、水、空气进行检测和环境评价，对达不到标准的，要禁止建设“三品一标”基地。对已建成的生产基地，也不能放松对环境的要求，要通过建立和完善各项制度，不断强化对基地环境的保护。例如，在生产基地区域划定农田保护区，禁止兴建对基地环境有污染的生产项目。同时，要强化对农村面源污染的治理，采取各种有效措施，对村屯粪便、废水及其他废弃物进行无害化处理，避免和减少对基地环境造成二次污染。坚持治田、治水、治污染源，标本兼治，保护改善基地生态环境，探索建立保护和改善生产基地生态环境可持续发展的长效机制。

（二）牢牢把住基地生产“过程关”

基地生产过程是确保“产出来”质量的关键，也是“管出来”环节的重点和难点。管好、管住这个过程，一是要通过严格标准化生产强化监管。抓好“三品一标”的标准化生产，首先要注意建立健全标准体系。要在现有国家标准、行业标准及地方标准基础上，进一步修订和完善标准体系。目前，黑龙江省已制订“三品一标”标准和生产技术规程100多个，基本涵盖了“三品一标”生产基地的各个领域。在此基础上，要有针对性地开展标准技术培训，做到每户都有懂标准化生产的“明白人”。同时，在整地、播种和水稻大棚育秧等关键环节，还要注意总结推广各级各类典型，发挥示范引导功能，做给农民看，引领农民干，以点带面，确保标准化全面实施。二是要通过严格建设和生产标准强化监管。要在基地生产大力推行“规划科学化、环境优良化、农田方条化、设施配套化、生产标准化、加工系列化、管理规范化、投入多元化”的“八化”建设标准；在产品生产过程中，推行“综合整地标准化、种子优良标准化、生资使用标准化、田间管理标准化、生产操作标准化、收获储运标准化、产品加工标准化、商品包装标准化”的“八化”生产标准，不断提升生产过程的标准化水平。三是要通过完善制度建设强化监管。在抓好、抓实“三品一标”基地生产过程中常规性监管措施的同时，把着力点放到完善机制方面，真正做到靠机制管人，靠制度管事。重点健全和完善《五统一生产管理制度》《基地管理办法》《生资市场管理办法》《环境保护制度》《科技培训制度》等规章制度，并根据“三品一标”生产基地建设的需要，进一步进行细化，不断增强可操作性。加快基地数据库和管理系统建设，做到县级有信息管理系统，乡、村有生产档案，农户有生产手册，并做到定期检查，及时公布结果。

（三）突出管好管住“投入品”

管好“源头”，首先必须管好和管住“投入品”。在实施过程中，应具体做到“五个管”：一是搞好市场监管。积极联合工商行政和质量监管等部门坚持对基地“投入品”市场进行监督检查，全力把好“投入关”，重点是禁止高毒、高残投入品进入基地生资市场。二是搞好执法监管。由各地农业行政执法机构对生资市场、基地农户进行全面检查监管，对违规使用“投入品”问题及时查处。三是搞好技术监管。由乡镇农技推广站对基地农户进行培训，做到每户都能正确使用投入品。四是搞好网络监管。由各地工作机构对基地每个过程的监管尤其是投入品监管建立电子档案，实行微机化管理。五是搞好检测监管。由“三品一标”质量检测机构对基地的生产环境、投入品适时监控。同时，要在“三品一标”生产基地建立投入品专供点，集中区域，统一管理，联合控制，确保生产基地投入品安全。

二、“向下”拓展，充分发挥好农户的主体作用

在当前分户经营的体制下，农户不仅是“三品一标”产品“产出来”的基本单位，也是推进“管出来”的主体力量。只有切实增强基地农户质量安全的自觉意识，才能不断把各项监管措施落到实处，确保“种出来”的产品安全可靠。

（一）大力提升基地农户质量安全生产水平

目前，基地农户的科技文化素质相对还比较低。实现“种出来”安全的目标，首先还要大幅度地提升农户质量安全水平。因此，在推进“产出来”和“管出来”过程中，要注意充分考虑农民的接受能力，做到制定的每项制度，执行的每项标准，推进的每项措施，都让农户能看懂，能学会，能会用，能取得实实在在的成效。近年来，黑龙江省部分地方针对“投入品”管理和使用，按照《“三品一标”生产技术规程》，研究制订了操作性强的“投入品”管理和使用制度，如“明白纸”“操作历”，并与推荐使用、禁止使用的“投入品”清单和绿色食品原料生产技术要点等资料一并下发到基地乡镇、村和农户，做到什么投入品产品可用、什么生资不能用，以及怎么用，用多少，农户一看就清楚、就明白，易懂宜记，方便实用。

（二）要大力提升基地农户的组织化程度

组织化有利于确保用统一标准、技术和模式“种出来”，进而实现产品质量安全。要在“三品一标”生产基地普遍实行“五统一”（统一品种、统一投入品、统一栽培方法、统一田间管理、统一技术指导）制度的基础上，进一步创新经营机制，大力提升农户的组织化程度，不断夯实“种出来”和“管出来”的基础。一是要以合作化强化组织化。农村种养大户、家庭农场、农民专业合作社具有规模较大、集约化程度较高、市场竞争力较强的优势，有利于实施“三品一标”生产标准化，有利于促进各项监管措施的落实。要注意运用政策吸引，效益激励和典型示范等措施，大力引导各类新型经营组织进入“三品一标”生产基地建设。二是要以规模化带动组织化。适度的规模化，不仅有利于提升标准化的实施水平，而且也有利于降低“三品一标”监管工作成本。要在稳定和完善以家庭承包经营的基础上，积极稳妥地推进土地使用权流转，促进耕地向种田能手和标准化生产大户集中，为确保“种出来”环节的质量奠定了坚实的基础。

三是要以农机化提升组织化。要围绕提升“三品一标”质量安全目标，积极引导广大农户组建农机作业合作社，并坚持“六统一分”管理制度（统一整地、统一购进化肥等生产资料、统一耕种、统一田管、统一收获、统一销售、按股分红），不断提高基地农户组织化生产水平。目前，黑龙江省916个现代农机合作社自主经营土地突破1 100万亩，代耕、代服、委托经营面积达4 000多万亩。

（三）要大力发挥基地农户的主体作用

事实证明：基地农户绝不是监管的“对象”，而是实施监管的主要推动力量。一方面，要通过建立责任制发挥作用。近年来，黑龙江省在生产基地中推行“质量联保责任制”，实践表明效果比较突出。具体就是做到“三查三看一联”，即查农户，看是否购买违禁“投入品”；查地块，看农户在生产中是否使用违禁投入品；查档案，看投入品使用量和次数，并与奖罚紧密相连。充分发挥互相监督、互相制约的作用，把“种出来”的安全进一步落到了实处。另一方面，要通过教育引导发挥作用。主要是通过农村文化室、有线广播等多种载体，引导基地农户把个人利益和集体利益、国家利益结合起来，在种养殖生产过程中，自觉讲质量、讲安全，严格按照标准开展生产，杜绝使用违禁“投入品”，并勇于反对周围和身边的各种非诚信行为。

三、“向后”强化，突出产品质量过程监管

“证后”监管是基地监管工作的延续和拓展，通过强化“证后”监管，不仅可以扩大“产出来”环节的质量安全成果，也可以切实增强“管出来”的针对性和有效性。我们要认真贯彻国办文件精神，在巩固“种出来”成果的基础上，进一步强化“证后”监管工作，对过去行之有效的办法要坚持，对新出现的问题要正视解决，继续增加的任务要强化，深化拓展的领域要进一步研究，不断开创“证后”监管工作的新局面。

（一）用最严格的措施夯实“证后”监管基础

要通过切实强化认证制度，确保程序不简化，标准不降低，检测不落项。具体要做到“三个严”：一是认证主体资质审核要严。对申请认证的主体，严格把关资质条件的审核，坚持质量至上，优中选优，对于不具备国家有关规定的主体，坚决不受理其认证申请；特别是对于食品质量安全意识不强、出现过产品质量事故和管理体系不健全的企业，坚决挡在“三品一标”大门之外。二是现场检查程序执行要严。现场检查严格按照检查规范执行，做到生产基地、加工车间、生产记录，每个环节逐一核查，并进行拍照，作为现场检查依据。通过访问农户、走访调查等方式，核实企业的真实情况和诚信度。最后进行认证综合评估，符合的企业才进行认证。三是产品定点检测制度执行要严。要按照“产品抽样准则”的要求，严格依据现场抽样程序进行操作，确保抽检的产品真实、可靠。同时，也要提出明确要求，通过建立健全制度规范其行为，保证检测

结果的公正性和可靠性。总之，在“三品一标”认证上，一定要做到先规范，再发展；绝不允许先发展，后规范。决不因为眼前利益和蝇头小利忽视质量而毁掉“三品一标”的品牌形象。

（二）用最严格的手段落实“四项基本制度”

通过认真落实每一项制度，不断提升“管出来”的水平。一是要坚持产品抽检制度。重点是增加“三品一标”产品抽检密度，按照不同品种确定抽检比例。粮油、山产品等大宗产品抽检比例要达到20%以上，畜产品、水产品和蔬菜等高危产品抽检比例要达到35%以上。二是要严格绿色食品企业年检制度。要采取省、市（地）分级负责，同步推进的方式，年检面要达到100%。三是要建立产品公示公告。对年检企业和抽检产品，要定期在各类媒体上公告，不断增加“三品一标”质量安全的透明度。四是完善企业内检员制度。要在绿色食品企业全部设立绿色食品企业内部检查员，规模以上企业都要设立2~3名内检员。定期开展对内检员培训，不断提高业务素质。建立内部检查员激励机制，切实增强做好产品质量监管的责任感。

（三）用最严格的手段强化市场环节的监管

要引导、扶持绿色食品大型批发市场、配送中心（店）配备必要的检测设备，使“三品一标”产品能“及时检验、及时判定、及时处理”，避免不合格产品流入市场和安全事故发生。积极会同食品安全、工商、质监等部门对绿色食品市场进行检查，重大节假日随时抽查。同时，加大外埠市场“三品一标”产品监管力度，通过增加检查次数，建立监管流动站，实行全程监管，切实保护和提升“三品一标”产品的声誉度。

四、“向上”联动，切实形成监管工作合力

毋庸讳言，现阶段“三品一标”产品质量监管工作面临着许多现实难题。一方面，由于“三品一标”具有链长、点多、面大，以及监管对象多样性、分散化、复杂化的特点，导致监管工作难度大；另一方面，由于实行多部门负责、多渠道监管的机制，易导致条块分割，管理交叉出现管理“错位”“越位”和“缺位”等现象。这些问题的存在，不仅不利于“三品一标”质量安全监管的具体性工作，也不利于监管机制的长远性建设。因此，要注意从整合各种监管资源入手，通过强化责任、部门联动等一系列行之有效的方式和方法，努力构建有权威、有效率、有成效的质量安全监管机制，切实把“种出来”和“管出来”落到实处，最大限度地确保“三品一标”质量安全。

（一）进一步理顺部门之间的关系

分工合理、运行顺畅的机制可以使“三品一标”监管工作事半功倍，反之就会事倍功半。因此，要进一步明确“三品一标”监管各部门的职责和任务，尤其是要注意

通过法律、法规和制度建设等机制性措施来明确相关部门的责任分工，切实解决“由谁来管，依据什么管，怎么去管，管到什么程度”的问题，减少推诿、扯皮现象，特别是杜绝监管“盲区”。在此基础上，要切实加快“三品一标”监管部门的整合步伐，争取做到能合的合，能并的并，力争使监管部门更加集中，监管行为更高效，权威性更高，从而最大限度地形成监管合力，进一步提升“三品一标”监管工作水平。

（二）进一步明确农业部门的主体地位

在“三品一标”质量安全监管机制建设中，农业行政管理部门具有其他部门不可比拟的业务优势、行政优势、资源优势和工作优势，应最大限度地发挥其在监管工作中的作用。但目前在一些地方，由于体制和政策的原因，导致了相关部门没精力管，农业部门没权力管的不正常现象，并在一定程度上制约了监管工作顺利开展。从典型调查的情况看，解决这个问题，当前重点是要注意明确农业主管部门在“三品一标”各个阶段，包括生资市场和基地使用管理中的主体地位。可采取的办法是：组建由农业部门牵头，物价、质监、工商、供销、环保、公安等部门参加的绿色食品生资市场管理领导机构，通过建立例会或联席制度等方式，统一组织、协调各个环节的监督管理和执法检查，不断净化生资销售市场。特别是在基地环节，则更应突出农业行政主管部门及“三品一标”工作机构的作用。主要是由县（市、区）级“三品一标”工作机构牵头，组织协调农业内部的植保、药检等单位积极配合基层政府和村民自治组织等主体，积极做好“三品一标”各个环节的监管和服务等工作，不断巩固“种”和“管”的质量安全成果。

（三）进一步突出基层政府在监管中的作用

基层政府特别是乡镇、村，是与“三品一标”质量安全监管联系最为紧密的主体，相关法律法规和政策需要他们具体落实，监管措施也需要他们组织实施，因此，基层政府在“三品一标”质量安全监管更应发挥主导作用。如乡镇政府应当逐步建立健全“三品一标”质量安全的监管工作机制，并安排开展工作的必要经费，加强对其行政区域“三品一标”监管工作的指导和监督。村民委员会应当做好本村“三品一标”，特别是基地生资质量安全管理工作，加强对生资质量安全生产经营活动的宣传、教育和引导，特别是要注意发挥《村规民约》《村民自治章程》等的作用，把销售、使用绿色食品生资等内容纳入其中，作为评选“文明户”“星级户”的硬性条件，做到用荣誉感激励基地农户，用责任感去约束基地农户，充分调动他们按照标准开展生产，管理和使用“投入品”的积极性和主动性。

五、“向终”追责，积极构建综合性制约机制

“三品一标”质量安全和食品安全问题不仅是经济问题，还是社会问题、民生问题

和政治问题，我们必须全面理解、准确把握中央“四个最严”要求的精神实质，既要在监管过程中体现“最严谨的标准、最严格的监管”，也要突出“最严厉的处罚、最严肃的问责”，从而切实各项责任落实到基地和企业，落实到每个生产者和经营者身上。

从过去的一些经验看，一方面，要积极建立和完善基地和企业退出机制。如对经检查验收不合格的基地，要给予一年的改正期，一年改正期后仍达不到建设标准的，就绝不允许其进入标准化原料生产基地行列，而且两年之内，禁止其重新申报创建基地。对批准合格后出现质量安全事故的基地，要坚决一票否决，清出标准化基地序列。对“用标”不规范的企业，要限期改正；对抽检不合格的产品，要取消用标资格，两年内不受理认证申请；对出现严重质量问题的企业，要禁止其再进入“三品一标”行列。另一方面，要加大违法责任追究。对违规的企业，特别是出现质量问题的企业，要加大违法责任后果，不能仅仅停留在罚款层次、行政处罚层次，而且要给予相关责任人刑事处罚、商誉降级等惩罚。

参考文献

陈晓华. 2014. 2014 年农业部维护“ 舌尖上的安全”的目标任务及重要举措［J］. 农产品质量与安全（2）：3 – 7.

邓雪霏. 2013. 黑龙江省“三品”质量安全监管机制创新初探［J］. 农产品质量与安全（6）：17 – 21.

金发忠. 2013. 关于严格农产品生产源头安全性评价与管控的思考［J］. 农产品质量与安全（3）：5 – 8.

梅星星，郑先荣. 2013. 食用农产品质量安全监管制度创新探讨［J］. 农产品质量与安全（4）：20 – 24.

王运浩. 2010. 绿色食品标准经基地建设探索与实践［M］. 北京：中国农业出版社.

中华人民共和国农业部. 2012. 绿色食品标志管理办法［J］. 农产品质量与安全（5）：5 – 7.

新常态下绿色食品基层监管工作探讨*

张爱东

(宿迁市宿城区农业委员会)

一、绿色食品基层监管工作现状与问题

随着人们物质文化生活水平不断提高，农产品质量安全工作越来越受到关注，当前中共中央国务院将其提升到关乎执政能力的高度。绿色食品监管作为农产品质量安全监管的一个重要内容，在适应经济发展新形势、促进农业结构调整、转型升级、提高人们生活水平等方面，已经起着非常重要的作用。当前绿色食品现已建立并推行了企业年检、产品抽检、市场监察、产品公告4项基本监管制度。通过企业年检检查督促落实绿色食品标准化生产；开展产品抽检发现和处理质量不合格产品；实施市场监察纠正违规违法使用标志行为，查处假冒产品；发布产品公告公开获证和退出产品信息。有效加强了国家、省、市级三级监管体系建设，全面推进了绿色食品监管措施落实，有效保障了绿色食品质量安全，推动了绿色食品产业稳步发展。但是，当前有些基层绿色食品监管责任落实不到位，绿色食品监管责任意识不强，责权不清的问题比较突出，部分县乡存在着重认证轻管理，重年检轻日常监管的现象；监管力度不够，各级绿办在监管方面投入的力量远小于在认证方面的投入；监管信息化进度慢，尚未将相关基层单位纳入信息化体系，尚未实现与外界平台的信息资源共享和交互；生产经营主体自律意识不强，仍然存在一些不规范行为；监管工作相对比较薄弱，与农产品质量安全监管融合不够，与农业部绿色食品管理办公室、中国绿色食品发展中心工作要求，与社会广大消费者希望还存在一定的差距，存在一定的监管薄弱环节与漏洞，亟须进一步完善监管措施、切实提高基层绿色食品监管能力。

二、绿色食品基层监管工作思路探讨

依据“县级以上人民政府农业行政主管部门负责农产品质量安全的监督管理工作；

---

* 本文原载于《安徽农业科学》2015年第28期，293－294页，324页

县级以上人民政府有关部门按照职责分工，负责农产品质量安全的有关工作”等法律条款规定，逐步建立以行政执法为主导，行业自律为基础、属地管理为保障的监管工作体制。督促绿色食品监管员履职尽责，实施企业年检、监督巡查、监督抽检、标志市场监察，做好咨询服务及绿色食品宣传培训工作。通过完善监管体制机制，落实属地原则，明确企业主体责任，逐步建立起“以行政执法监督为主导、工作机构监管为保障、企业自律为基础”的监管体制机制，坚持并完善问题企业和产品退出淘汰机制。

（一）建立健全绿色食品质量安全追溯管理体系

2014 年年底，农业部与国家食品药品监督管理总局联合印发的加强食用农产品质量安全监管工作的意见，也将绿色食品列为市场准入、追溯体系建设的基础。每个获证企业要尽快建立产品质量安全追溯管理体系，及时录入基地准出的每批次绿色食品产品生产信息，详细录入生产日期、产品批量、原料产地、生产管理人员、生产主体、联系方式、质保期限、产品规格及质量标准等准确生产信息，引入二维码产品身份识别与询功能，逐步完善更新维护平台数据，面向消费者进行公开查询方式，接受社会公众监督，维护消费者的知情权与监督权。江苏地区可以按照《食用农产品质量安全追溯管理规范基本要求》地方标准建立绿色食品质量控制与保证体系，通过建立覆盖企业基本信息、投入品采购、生产批次管理、作业管理、上市质检、标志管理与交易等关键环节的全程信息管理，达到对追溯单元的信息追溯要求。同时，借助江苏省农产品质量安全追随管理示范单位项目财政资金支持建立企业内部绿色食品质量追溯管理应用系统，申报主体限“三品”生产企业。

（二）认真做好绿色食品证后年检工作

监管员对辖区内绿色食品标志使用权的企业在一个标志使用年度内的绿色食品生产经营活动，产品质量及标志使用行为实施监督、检查、考核、评定等。依据《江苏省江苏省绿色食品企业年度检查工作规范实施办法》规定开展年检工作，及时发放收取《绿色食品企业年度自查表》，选择适当时期，最好选择在产品集中上市期间开展绿色食品年度监督检查，依据事实填好有关质量控制评价表，采取召开座谈会、查阅工作资料、随机访谈员工以及实地查看各环节等检查方式，重点检查产品生产过程中农业投入品使用与管理、产品包装标志使用、生产操作行为、产品有效质量证明凭证和质量追溯措施等关键环节关键措施落实情况。客观公正地予以评价，依照评价表项目逐条评分，不合格项或需要说明情况予以标明，当场向生产经营主体反馈检查结果，说明有关整改要求或有益建议，充分听取被检查者的情况说明及有关问题的陈辩，双方无异议后，现场履行有关年检检查手续，对于检查合格或者在规定时限完成整改并经检查合格后予以证书盖合格年检章，并将有关年检工作资料整理归档。

（三）扎实开展绿色食品证后监督抽检

配合各级农业主管部门做好绿色食品专项监督抽检工作，原则上在 3 年证书有效期间至少开展 1 次监督抽检，鼓励与督促生产经营主体每年自行开展绿色食品产品自行送检 1 次，同时地方农业行政部门可以主动联合质监部门定期开展初加工绿色食品产品质量监督抽检，在重大节假日期间加大产品抽检力度，严格市场准入把关，保证绿色食品生产源头质量合格，切实提高绿色食品的社会公信力与认可度。对于抽检不合格产品及时通知企业召回有关批次不合格产品，开展问题调查，找出问题根源，指导企业整改，对于问题严重，存在严重的违法违规生产行为的企业坚决予以注销绿色食品证书，坚决让其退出市场。鼓励地方把绿色食品产品纳入日常农产品质量安全例行监测对象、纳入风险监测对象、专项整治对象，定期或不定期开展抽检工作，紧逼绿色食品生产主体自觉按照绿色食品标准加强自身生产管理，始终绷紧质量安全管理这个弦，把绿色食品标准措施落实到位。江苏省每年开展一轮“三品一标”农产品监督抽检工作，地方可以根据实际情况开展绿色食品监督抽检与风险监测抽检。

（四）合力开展绿色食品生产监督巡查

切实把绿色食品监管工作上升到农产品质量安全监管层次，地方可以把绿色食品日常监督管理列为地方农产品质量安全监管监督巡查一项重要内容，组织农产品质量安全监管、农业执法、种植业技术指导、畜牧兽医、动物卫生监督等部门联合开展绿色食品生产专项监督巡查，也可以纳入农产品质量安全监管对象开展综合性监督巡查，力求巡查全年全部覆盖到位，严肃查处违法违规行为，切实规范绿色食品生产行为。同时，大力培训乡镇农产品质量安全监管员与村级协管员，普及绿色食品生产有关法律、法规、技术标准等有关知识，补充扩大绿色食品监管员的候补人员队伍，初步推广绿色食品监管深入到乡村最底层一级监管模式，解决监管“最后一公里”不足问题，切实形成强大的绿色食品监管网，切实保证绿色食品质量稳定、优质营养的公共品牌形象。江苏省乡镇一级可以结合农乡镇产品质量安全监管“三定一考核”网格化监管模式加以落实，就是“定人员、定对象、定任务、年度绩效考核”，确保绿色食品监管对象全覆盖。

（五）广泛宣传绿色食品品牌，倡导绿色食品消费

像抓食品安全宣传一样抓好绿色食品宣传，面向社会广泛宣传绿色食品质量品质与品牌美誉度，引导消费者正确选择绿色食品，正确辨别绿色食品真伪，维护好消费者权益，吸引社会关注绿色食品产业，提高消费绿色食品愿望，积极监督绿色食品生产，主动拿起法律法规武器维护好自身生命健康权，为政府层面绿色食品监管管理建言献策，集社会智慧共同监督管理好绿色食品生产。保证绿色食品公信力，增加绿色食品消费需求，逐步提高绿色食品生产效益，促进绿色食品生产与消费良性发展。积极探索专业流通体系建设，支持专业物流企业及绿色食品协会等社会机构推广绿色食品专业营销网

络，促进厂商合作、产销对接。地方政府可以通过参加或举办各种优质农产品展销会积极推介与宣传地方绿色食品产业，对外扩大绿色食品知名度，如参加全国农产品展销会、江苏省优质农产品国际洽谈会、江苏省优质农产品上海交易会、中国绿色食品博览会等；也可以通过媒体广告宣传、旅游观光推介、网络销售平台等形势推销地产绿色食品，如开办淘宝或京东网店、加盟江苏省放心吃网、设立景区土特产品专卖区等。

（六）严肃查处绿色食品生产经营违法违规行为

认真开展绿色食品市场监察，完善绿色食品标志使用与管理规范，细化假冒标志、造假掺假、以疵冲好、使用违禁药物等行为法律责任，加大惩处力度，提高违法违规成本，切实用制度约束好生产经营行为，全国上下开展一次绿色食品拉网式市场大检查，彻底清除冒牌、劣质、包装不规范的产品，依法依规从严处罚，该整改的及时责令整改，该注销商标坚决注销、该重罚要从高标准处罚，构成违法行为及时移交司法机关处理，同时视情况面向获证企业进行内部通报，警示获证企业以此为戒，自觉放弃尚怀有各种不正当竞争的侥幸心理或自行消除各种违法违规行为。例如，宿迁地区每年 6 月食品安全宣传周期间，农业部门联合工商、食药监管部门开展绿色食品市场联合巡查行动，严厉打击绿色食品冒牌、劣质、一标多用等违法违规行为，有效遏制违法违规行为发生。

（七）及时处理好绿色食品社会性突发事件

当辖区内发生绿色食品突发性事件时候，绿色食品监管员要保持镇静，积极妥善处理好有关事项，要及时向有关领导与上级主管部门报告事件发生情况与态势，未经允许不得随意泄露或传播事件信息，建议地方政府及时采取强制措施封存有关产品，召回有问题产品，控制有关违法行为发生，对组成事件调查小组迅速介入调查，评估事件有关危机风险，研究落实有关事件处理措施，有效控制事件势态发展，及时消除绿色食品生产经营问题，视情况及时发布事件调查处理的进展，消除事件造成的社会信任危机，逐步稳定平息事件的影响，巩固与提高绿色食品的社会公信力。对于辖区外的绿色食品突发事件，监管员应向部门领导报告并提出有关应对措施，摸清辖区内绿色食品生产经营状况，必要时候开展专项监督抽检，掌握事件中产品质量安全状况，依检测法律凭证进行查处，及时排查消除辖区内相应问题，保证辖区内不发生不可控制的类似事件。同时，加强绿色食品风险预警工作开展，加强预警信息员队伍建设，2015 年重点开展稻米产品风险隐患排查，在江苏地区加大绿色食品稻米监测力度，适当增加转基因成分监测项目。

（八）完善基层绿色食品监管信息平台建设

积极推动省、市、县三级农产品质量安全信息化建设，实现监管等信息的纵向和横向串联。借鉴江苏省农产品质量安全监管中建立省级监管信息平台的举措，尝试建立以省级为单元的绿色食品监管信息平台，要求以一个省内的所有监管员工作纳入监管平台进行考核管理，及时上传年检信息、监督检查信息、产品包装使用信息、宣传培训信息、监管对象基本信息等，有条件地方可以推广应用平板电脑终端移动监督方式，第一时间上传监督检查信息，各监管员可以通过监管平台交流学习，上级监管部门可以发布工作通知、最新绿色食品标准、行业动态等，现有的绿色食品标志审核平台（金农工程）可以链接到监管平台之中，实现监管与审核高度信息化，有效提高绿色食品工作效率。宿迁地区目前正在筹建地区农产品质量安全监管信息平台（包括“三品一标”监管内容）。

参考文献

常筱磊，赵辉 . 2015. 绿色食品信息化业务平台建设现状及发展思路探讨［J］. 农产品质量与安全（3）：23 – 25.

陈晓华 . 2015. 2014 年我国农产品质量安全监管成效及 2015 年重点任务［J］. 农产品质量与安全（1）：3 – 8.

王坤，何旭平 . 2013. 食用农产品质量安全追溯管理规范基本要求：DB32/T 2368—2013［S］.

王运浩 . 2014. 2014 年我国绿色食品和有机食品重点［J］. 农产品质量与安全（2）：16.

王运浩 . 2015. 在全国“三品一标”工作会议上讲话［R］.

杨朝晖，赵欣 . 2007. 绿色食品监管现状、问题和对策［J］. 中国食品与营养（8）：62.

中华人民共和国农业部 . 绿色食品标志管理办法［A］.

绿色食品企业要做食品行业诚信自律的领头羊*

郭　珠

（衡水市农业环境与农畜产品质量监督管理站）

民以食为天，是中国老百姓多年来的一个沉重话题，从盘古开天延续至今，人们对吃的文化真可谓是无所不用其极，从茹毛饮血到发现火种，由生变熟让我们的餐桌逐渐丰富起来，这其中包含了千百年来的文化进步、科技发展、饮食习惯的多重因素，已经从简单的吃饱向饮食文化逐步延伸，怎样吃，吃什么越来越成为我们的口头禅，这也就推进了食品的多元化的发展步伐。而随着生活水平的提高和消费观念的转变，以及环境污染和资源破坏问题的日益严峻，有利于人们健康的无污染、安全、优质营养的绿色食品已成为时尚，越来越受到人们的青睐。

绿色食品作为我国政府主导的安全优质农产品公共品牌之一，是优质农产品品牌的高级形式。绿色食品始终坚持“提高食品质量安全水平，增进消费者健康，保护农业生态环境，促进可持续发展”的基本理念，推崇“从土地到餐桌”的全程质量控制，在绿色食品生产、加工、包装、储运过程中，通过严密监测、控制和标准化生产，科学合理地使用农药、肥料、兽药、添加剂等投入品、严格防范有毒、有害物质对农产品及食品加工各个环节的污染，确保环境和产品安全。当前绿色食品越来越受到消费者的重视，正在进入以品牌为主导的发展阶段。然而随着社会的不断发展，部分资源被盲目开发利用，导致我们的生活环境发生了很大的变化，一些不法商人盲目的追求利益，问题产品不断增加，成为有关部门监管和治理的主要难题。当然，监管只是一种手段，更多地要靠生产企业的自律和高度的社会责任感。据报道，在我国香港特别行政区政府新大楼内，香港食物及卫生局局长周一岳受访时表示，香港的肉和菜基本上都是依靠内地来供应，现在内地有许多专门供港的菜场、猪场等，在供港食物方面，国家质检总局、广东省都做了很多工作，现在供港食品的安全率达到了99.999%，这在全世界都是很难得的，如果这方面能应用到国家的内销方面，也可以对内地的食品安全有所帮助。

食品安全问题直接关乎着我们的身心健康，也是困扰各个管理部门的一大难题，企

---

* 本文原收录于“2013 年全国绿色食品诚信体系建设研讨会”论文集

业的高度自律无疑成为本环节的重头话题，企业要想更好的长足发展，绝不是投机取巧，饮鸩止渴，而是从基础环节就开始具备高度的责任心，否则的话，一切都是茫然，著名企业三鹿集团，一个奶业航母，商场巨无霸，就是因为在原材料引进关把控不严谨，管理疏忽，导致企业瞬间崩塌，造成的后果触目惊心，损失无法弥补，一度造成恐慌，给正常的生产生活带来了巨大灾难，也为中国的食品安全敲响了警钟。而绿色食品企业作为食品行业的领头羊，更应该做到诚信自律，只有诚信自律才能促进自身的品牌发展。

诚信自古以来就是中华民族的一种传统美德。孔子曰："人而无信，不知其可也"。多少年来，这句话一直熏陶和启迪着我们。作为一名国家注册绿色食品检查员，笔者认为绿色食品企业要想提升自身的诚信形象，应该做到以下几点。第一，生产信用。不生产假冒伪劣产品，严格按照绿色食品标准化产地认证和产品认证，严格按照绿色食品标准化生产，坚守绿色食品农药、肥料使用准则和食品添加剂使用准则。第二，销售信用。企业应严格按照绿色食品规范用标，在产品的促销过程中，不做虚假、夸大其词的广告，不做虚假、伪劣的销售促进活动。第三，公共信用。企业应具备危机公关的意识，对突发事件有一整套的处理程序来保障企业在发生危机时，能妥善的处理一切事务；保护环境，积极控制环境污染；积极承担其应承担的社会责任。只有这样才能做到真正的可持续发展。

企业的诚信经营不仅仅是企业长久发展的基石，也是承载着社会责任的一个重要使命，"不以善小而不为，不以恶小而为之"承载着千百年文化的至理名言，已经明确告诉我们现代人类应该做什么样的企业，应该生产什么样的产品，每个有良心的企业家都要学会换位思考，把食品安全问题作为重要的话题，做到严谨、高效、恒久长远地延续下去，只有这样的企业才是让人尊敬的企业，只有这样的企业家才是真正的企业家！中华民族千百年来承载的文化使命要靠我们大家携手并肩，不断的传承，诚则久远、信则通达，在食品安全问题上，没有任何理由和借口，只有不断迈向更高的台阶，不安全因素彻底扼杀在萌芽状态，永远不要存有侥幸心理，因为每一个企业家背后都有两个沉重的大字，那就是"良心"。

绿色食品诚信体系建设初探*

修文彦[1,2]　杜海洋[2]　田　岩[2]　王多玉[2]

（1. 中国农业科学院农业资源与区划研究所；2. 中国绿色食品发展中心）

诚实守信是中华民族的传统美德，食品行业建立诚信体系，是实现食品安全的有效保障，也是体现政府公信力的关键所在。绿色食品是遵循可持续发展原则，按照特定的技术规范生产，实行全程质量控制，经专门机构认定，许可使用绿色食品标志的安全、优质、营养类食品。自20世纪90年代推出以来，以年均超过20%的速度发展。截至2012年年底，有效使用绿色食品标志的企业达到6 862家。2012年10月，农业部以部长令的形式颁布了新的《绿色食品标志管理办法》，进一步明确了绿色食品事业的公益性特征，明确了农业行政主管部门的职能职责，为绿色食品实现进一步的发展提供了制度保障，绿色食品进入了依法管理、长足发展的新阶段。

一、建立绿色食品诚信体系的必要性

绿色食品作为中国特色的安全、优质农产品代表品牌，需要建立相应的诚信体系，从保障安全、打造品牌、履行社会责任以及发挥示范带动作用方面实现长远发展。

（一）建立绿色食品诚信体系是保障绿色食品质量水平的需要

绿色食品以质量安全为第一生命线，多年来探索出了一整套质量安全监管的制度体系。近年来，产品合格率保持在95%以上。但是，随着社会公众对食品安全的关注，即使是1%的问题产品，也会给品牌带来毁灭性的打击。绿色食品要严格控制产品质量，除了严格的认证审核程序和有效监管手段，需要建立一套社会评价体系，可以发挥引领示范和监督警示作用，食品安全信用度高的企业很容易得到消费者的认可，信用度不好的企业则不会被消费者接受，最终被消费者淘汰。客观真实的诚信体系评价结果迫使企业加强自律，规范生产、储藏、运输、流通等各个与食品安全相关的环节，完善产品投诉、产品追溯、产品召回制度等食品安全防范措施。诚信体系引导广大绿色食品企

* 本文原载于《农产品质量与安全》2014年第1期，24－27页

业走诚信发展之路，激发企业注重产品质量，获得自觉提升食品安全水平的内在积极性。

（二）诚信体系可以打造优势品牌，体现政府公信力

绿色食品经过20多年的发展，具有了一定的社会影响力，在消费者心目中树立了良好的品牌形象。据统计，绿色食品消费者品牌认知度达到70%以上，不少消费者把绿色食品作为安全优质农产品消费的首选。品牌的打造是一项长期性的工作，过去的20年，绿色食品为社会公众所熟悉、接受到认可，走过了第一个发展阶段，未来的几十年里，绿色食品需要在发展规模和影响力方面实现更进一步的突破。建立诚信体系，向消费者明确企业是否诚信的信息，有利于构建合理有序的市场秩序，有利于维护绿色食品品牌。建立诚信体系不仅可以取信于公众，还能体现政府的公信力，关系到绿色食品事业长远发展。

（三）绿色食品建立诚信体系是企业履行社会责任的需要

农业产业化龙头企业在推进农业产业化、有效地整合产业链、更好地链接农业生产者发挥了关键的作用，是转变农业发展方式，提升农业产业附加值，实现现代农业的重要力量。2012年，绿色食品认证主体中，国家级龙头企业261家，省级龙头企业1 147家，地市级龙头企业1 183家，发展绿色食品成为各级农业产业化龙头企业实现产品更新升级、提高附加值的重要举措。作为社会构成主体之一，同时也是食品提供主体，广大龙头企业兼具社会责任与食品安全责任，建立并进一步完善绿色食品企业诚信体系，将促使企业不断发挥自身优势，以完善自身建设为己任的同时，吸纳农村剩余劳动力，自觉主动地改善生产环境，实现经济效益、生态效益和社会效益同步增长的良性机制，为三农做出更大的贡献。

（四）绿色食品诚信体系是国家食品安全体系的重要组成部分

绿色食品、无公害农产品、有机食品以及农产品地理标志等“三品一标”产品，在打造质量安全农产品方面，发挥了引领、示范、带动作用。目前，绿色食品中，初级农产品比例占到50%，绿色食品质量安全保障模式可以对我国农产品整体质量安全保障起到参考和示范作用。绿色食品在产品质量方面的监督管理、全程监控、体系机制等方面的成果可以放大到我国农产品质量安全监管领域去应用，相应的，绿色食品的诚信体系也将作为国家食品安全体系的重要组成部分，其率先发展的体系模式及其实施效果为国家食品安全体系的进一步完善提供重要参考。

二、绿色食品诚信体系构成

食品企业诚信体系应以真实的食品安全信用信息征集为基础，以科学的信用评价为

保障，以客观的信用信息披露为手段，建立起一整套食品安全信用管理系统。完善的食品安全社会信用制度本身具有内在的奖惩机制，可以在全社会范围内发挥作用。食品企业诚信体系需要政府部门协同推动、行业协会组织实施、食品企业积极参与、诚信责任有效落实。

绿色食品诚信体系存在4方不可或缺的主体：绿色食品企业、行业组织、政府以及消费者。企业是诚信体系信息构成的提供者和体系测评的对象，换句话说，诚信体系约束的是企业的行为。在这个体系中，企业信息作为一种重要的物质媒介进行标准的制定、信息的采集、绩效的评价以及相关信息的披露，必要情况下纳入到奖惩机制中（图1）。

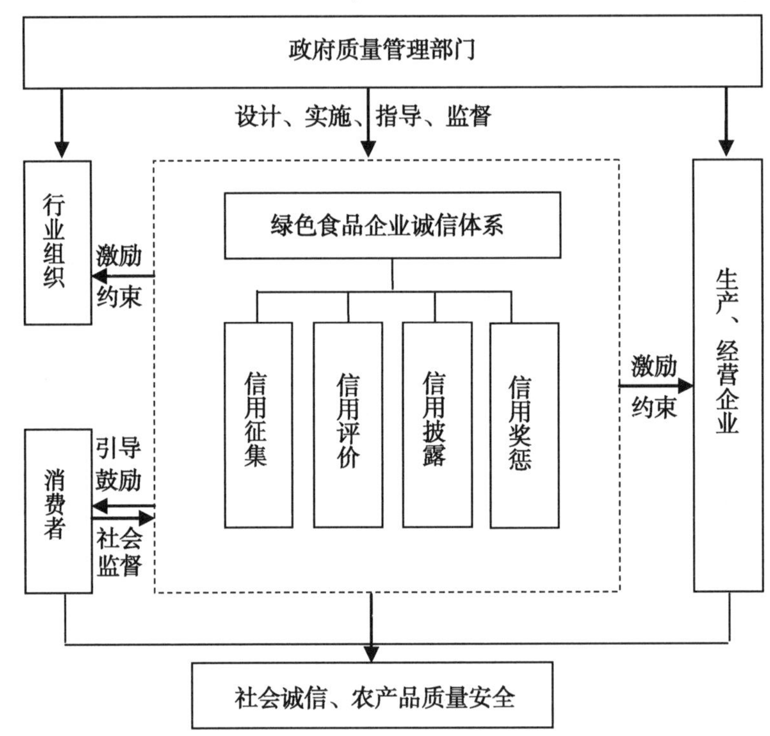

图1　绿色食品、有机食品质量安全诚信机制框架

行业组织、政府管理部门和消费者属于体系的重要相关主体，通过诚信体系运行的状况以及体系的输出值来评价行业状况、政府管理部门绩效，从而影响消费者选择。行业组织的行为受到诚信体系的影响，通过一定的约束和激励机制，迫使行业组织对企业施加压力或是采取正面的引导，以更好地规范行业的发展。前提是行业组织与企业之间是独立的关系，不存在利益相关性，以便更好地加强行业的自我约束。身负监管责任的政府管理者在这个体系中发挥至关重要的作用，一旦体系由于一些体制设计的原因造成失败，就会丧失政府公信力，将会带来更大的社会总福利损失，这要求政府的监管是直接的、明确的。消费者通过诚信体系的运行评判企业的优劣，进而做出购买决定，是诚信体系的纯粹受益者，借助这一体系还可以对食品安全状况进行监督。这不仅要求这套体系是公开透明的，而且还需存在一个接受公众舆评的机制，可以将来自消费的信息进行筛选和反馈，从而作为这个体系信息来源的一部分，形成信息循环流。建立一个整体透明、动态、循环、开放的平衡系统。

（一）信用征集

信用征集作为绿色食品诚信体系运行的基础，其征集的效果直接影响信用信息的评价、披露、和监管。信用信息的征集要客观、公正，以征集反映客观状况的真实信息为目标。信息的来源于政府、行业和社会，政府相关食品安全监管部门的监管、行业的组织和监督管理以及消费者和媒体舆论评价反馈等。信息征集方式包括企业对自身生产信息进行记录，绿色食品企业要保证记录的信息真实可信，并依法进行公开，促进信息资源共享。政府和行业组织者将企业信息进行整合，全面、充分、无偿向社会公开，同时，借助诚信体系公开绿色食品相关政策、法律、标准等公共信息资源。

（二）信用评价

信用评价主体由政府对相关专业机构遴选组织确定，绿色食品诚信体系评价要坚持独立、公正、审慎的原则，依据一定的标准和程序进行。信用评价的具体程序应结合先进的信息管理技术，通过统一的信息平台产生评价结果，评价结果可以通过等级评定的方式体现，激励绿色食品通过努力，实现等级晋升。

（三）信用披露

绿色食品食品质量监管部门、行业组织是信用披露主体，定期披露，供社会公众随时查阅绿色食品企业信用状况，借助网站与媒介，全面展示绿色食品质量安全信用状况。信用信息披露要依法、客观、公正，同时要注意维护国家经济安全，保守商业秘密和个人隐私。

（四）信用奖惩

绿色食品诚信体系的奖惩体现在对诚实守信企业给予宣传、支持和表彰，形成长效的保护与激励机制，对违反绿色食品标志管理办法相关要求，制假售假等严重失信的企业实施淘汰退出机制，对造成食品安全危害带来恶劣影响的相关主体，在采取相应的行政处罚措施的基础上，通过在诚信体系中除名并公告以示惩戒。

三、绿色食品建立诚信体系的基础

（一）认证审核程序和信息自动化系统

绿色食品通过内部的认证审核程序，绿色食品的检查员、监管员分别对产品申报之初以及产品在持证有效期内的状况加以检查和跟踪监督，通过企业申报、绿色食品检查员开展相关检查，可以基本掌握企业的产品质量信息。所有的企业均需经历认证审核流程，将企业的信息统一到一个平台，便于对信息进行分析、处理和输出。同时，依托绿色食品管理信息系统，实现企业申报、颁证、查询、统计等工作的自动化运行。认证审核程序和信息自动化系统构成了绿色食品诚信体系信息征集和评价的现实基础。

（二）产品公告和企业退出机制

新的《绿色食品标志管理办法》中明确规定，绿色食品企业生产环境、产品质量、年度检查不合格、未遵守标志使用合同约定、违反规定使用标志和证书以及用欺骗、贿赂等不正当手段取得标志使用权的，其绿色食品标志使用权将依法被取消，三年内不再受理其申请，情节严重的，永久不再受理其申请。绿色食品结合《农民日报》《中国食品报》和绿色食品网站等媒体，已经建立了公告通报制度，对获证企业、撤销用标以及注销的产品和企业予以明示，形成了明确的淘汰退出机制，为建立绿色食品诚信体系信息披露和奖惩奠定了基础。

（三）内检员制度

为确保企业产品质量的真实可靠，绿色食品建立了企业内检员制度。绿色食品内部检查员是绿色食品企业内部负责绿色食品质量管理和标志使用管理的专业人员。内部检查员负责按照绿色食品标准的要求，协调、指导、检查和监督企业内部绿色食品原料采购、基地建设、投入品使用、产品检验、包装印制、防伪标签、广告宣传，以及绿色食品相关数据及信息的汇总、统计、编制等工作。绿色食品内部检查员是企业自我诚信意识上升到新高度的体现。目前，绿色食品内部检查员已经达到12 000余人，实现了绿色食品企业全覆盖。建立绿色食品诚信体系，内部检查员将在引导企业自律，加强绿色食品品牌维护意识方面发挥关键的作用。

四、建立绿色食品诚信体系的实现路径

（一）严格把控绿色食品质量关

建立绿色食品诚信体系需要从企业内部发掘建立这一体系的动力。在市场导向下，企业的根本目的是盈利，如果仅以披露企业生产信息而被社会公众监督为目的，企业自然没有加入的积极性。质量安全是一种“信用品”，诚信体系必须要求建立在公开透明的制度之下，从而为优质优价传递质量信息提供条件，企业也能在正当竞争的市场环境下获取应得的利益。企业愿意加入到这个体系中来的直接动力是通过如实反映企业质量信息状况为企业市场的经营绩效加分，从客观上来说，只有严格控制好绿色食品的内在品质，树立好绿色食品这一公共品牌，才有利于优质优价合理的市场机制的形成，也就增加了体系的凝聚力。

（二）进一步转变职能，加大信息公开力度

应进一步加大信息公开的力度，为企业淘汰退出机制建立更为细化的质量信息指标，并通过媒介定期向社会公布。这需要政府进一步转变职能，加强对行业组织的指导和服务，进一步加大信息化工作力度，使这一系统足够透明、公开，相关的企业产品质量信息容易为公众所掌握，并通过公众的选择和逐步淘汰，激励企业加强自律，规范生产、储藏、运输、流通等各个与食品安全相关的环节，完善产品投诉、产品追溯、产品召回制度等食品安全防范措施。

（三）加强内检员队伍建设，引导企业诚信自律机制

建立绿色食品诚信体系的长效化运作，当务之急是加强绿色食品企业内检员队伍建设，对内检员资质设置准入门槛，强化内检员职责，相应建立内检员退出机制，引导他们坚持原则、客观公正，使其成为企业加强自律、重视绿色食品品牌的先锋兵，真正发挥好他们的作用，从根本上促进企业诚信自律意识的形成。

（四）引入科学管理，全面规范记录企业信息

诚信体系建立的前提需要全面征集企业信息，现有的认证审核手段基本可以实现这一要求，但对于较为成熟、系统化运作的大型数据库而言，需要积极探索更为科学有效的手段来对企业信息进行记录和采集。因此，有必要引入科学管理，探讨将诚信体系有关的制度建设、信息采集程序、评价指标体系以及奖惩措施纳入一个集成控制的大系统中的可行性。由此全面记录企业信息，使该体系成为政府便于管理、研究部门便于参考、企业便于采纳以及消费者便于应用的实用系统。

一个健全的食品安全社会信用体系除了要有真实可靠的食品安全信息体系作基础外，成熟的信用环境，健全的法律制度以及完善的食品安全信用社会服务体系也是必不可少的。总之，绿色食品诚信体系建设是一项较为复杂的系统工程，它的建成还需要全体社会成员的共同努力。

参考文献

李炳坤 . 2006. 发展现代农业与龙头企业的历史责任［J］. 农业经济问题（9）：4 – 8.

李福龙，等 . 1998. 农业产业化［M］. 太原：山西经济出版社.

李鹏，章力建 . 2013. 绿色食品质量安全预警体系构建研究［J］. 中国农业资源与区划，34（5）：92 – 96.

王辉霞 . 2012. 食品企业诚信机制探析［J］. 生产力研究（3）：88 – 89.

张勇 . 2010. 保障食品安全须加快诚信体系建设［J］. 农村工作通讯（16）：27 – 27.

中国绿色食品发展中心 . 2013. 2012 年绿色食品统计年报［EB/OL］. ［2013 – 12 – 25］. http：//www. greenfood. org. cn/sites/Main Site/List_ 2_ 25126. html.

我国绿色食品种植业产品风险管理初探*

宫凤影　周大森　马　卓

（中国绿色食品发展中心）

种植业产品是绿色食品中所占比重最大、数量最多的一类产品，加强绿色食品种植业产品质量控制研究、强化绿色食品全程质量控制、促进我国绿色农业健康快速发展具有十分重要的意义。

一、绿色食品种植业产品质量风险隐患及要素

（一）绿色食品种植业产品风险隐患

近年来，绿色食品的发展已经进入了一个数量与质量并举、和谐发展健康发展的新时期。然而，绿色食品的发展也面临着一些制约和挑战。一是缺乏宏观的规划和指导，导致不同地区间发展不平衡，产品结构也出现了不尽合理的现象。二是绿色食品生产技术有待突破，一些绿色食品生产过程中的关键问题没有解决，导致违规投入品的风险增加。三是监管体系还不是十分完备，少数生产者在获证后放松了对投入品等的把控，生产出不符合要求的产品。四是由于农产品市场的无序竞争，部分假冒绿色食品出现，导致产品的质量风险增加，加重了食品安全隐患，对绿色食品的公信力也产生了一定影响。五是部分企业绿色食品标志使用不规范。出现错误使用、遗漏使用、扩大使用绿色食品标志等现象。究其原因一方面是企业为了追求经济利益，在未经批准的商品上使用绿色食品标志；另一方面是企业对绿色食品标志使用规范不够了解，导致标志使用中出现差错。

（二）绿色食品种植业产品质量控制的风险要素

绿色食品种植业产品质量风险因素可以归结为以下几个方面。

1. 环境风险因素

由于选择了不恰当的地块，周围存在影响空气、灌溉水、土壤安全的因素而导致产

* 本文原载于《中国食物与营养》2015 年第 1 期，20－22 页

地环境产生质量风险。

2. 投入品风险因素

由于在生产过程中投入了不符合绿色食品生产要求的农药、肥料、苗木等，引起农产品品质发生变化、土壤肥力流失、重金属含量超标以及农药残留严重等。

3. 生产措施不当引起风险

在生产过程中由于生产人员操作不当或者管理工作执行不到位，会引起产品生产过程不可追溯，产品质量降低等风险。

（三）绿色食品种植业产品质量风险产生的危害

绿色食品种植业产品质量控制中存在存在风险，会造成多方面的危害：第一，对于生产者来说，影响其对绿色食品种植业产品生产的信心，不利于形成标准化的产业体系。第二，对于消费者来说，影响消费者对绿色食品的信心，不利于绿色食品的市场销售，不利于绿色食品的商业化发展。第三，对于绿色食品来说，降低了绿色食品的品牌公信力，不利于绿色食品标准化的发展和我国安全优质农产品产业的推进。

二、绿色食品种植业产品质量控制中风险产生的原因

绿色食品种植业产品质量控制风险存在的客观原因，一方面，由于长期追求种植产品产量而导致不合理地过量使用化学农药和肥料，造成农产品生产过程中的农田直接污染和对产地环境的二次污染；另一方面，由于我国农业标准化程度低，我国在农业种植方面的法律法规不健全，生产者对种植产品的食品安全观念薄弱，消费者对于种植产品的安全意识和法制观念不强，再加上我国对农产品监测规则不健全，检测技术不够先进，导致质量控制不能很好地进行。

（一）生产前的风险

生产过程前，容易造成风险的是工业“三废”、生活垃圾堆放、其他地块或者本地块之前所使用的农业投入品的二次污染，导致农田生态系统的间接污染，引起了产地环境变化。又因地块面积较大、企业涉及农户较多又使产生质量风险的隐患增加。

（二）生产中的风险

生产过程中的风险主要是农业投入品的直接污染和绿色食品非绿色食品平行生产的存在而产生的。使用不符合标准的高毒、高残留农药、化学除草剂以及生长调节剂，使用不符合条件的有机肥、生物肥，无机肥料使用过多，超过当地使用氮肥量的一半，使用了转基因的种苗或者从国外购买的无非转基因证明的苗木，均会造成生产中产生质量

风险。

（三）生产后的风险

生产后的风险主要是存在于贮存和包装、运输过程中，绿色食品和非绿色食品交叉堆放、运输、贮存等问题。以及收获后对于田间废弃物的处理导致污染环境降低土壤肥力。在包装过程中使用了绿色食品标准所不允许使用的含有氟氯烃、聚氨酯等的塑料制品。在储存场所中没有恰当的卫生控制措施，使用禁止使用的化学消毒剂、杀鼠剂等防治有害生物。产品包装标签中的绿色食品标志使用不符合规范要求。这些均会对绿色食品的质量控制带来风险。

（四）质量控制体系中存在的风险

质量控制制度不完善或无效；加工基地、种植基地基地图缺失或者标注不明确。生产记录、投入品购买使用记录缺失或不完整，购买票据不全、失实、保存不当等。

三、当前绿色食品种植业产品质量风险控制通行做法

绿色食品种植业产品质量控制风险的应对应该从以下几方面来进行：①生产者在生产中以绿色食品标准严格要求，以阻断绿色食品风险产生的源头；②绿色食品监管部门做好绿色食品审核监督工作，确保质量风险及时发现、严肃处理；③绿色食品工作机构进行培训体系、管理体系、质量控制体系建设，保障风险控制工作顺利进行。

（一）绿色食品种植产品质量控制最关键的生产者

在生产过程中能够按照绿色食品的生产要求选取适宜的生长环境、选取适合当地要求的种苗，进行合理的施肥、有效可行的生物防治，正确的废弃物处理。①产地环境的选取，要按照 NY/T 391—2013《绿色食品　产地环境质量》的要求，选择生态环境良好、无污染的地区。远离工矿区和公路、铁路干线，避开污染源。②在生产过程中，关键要把握好投入品，包括种苗的来源，土壤肥料以及病虫害防治药品的投入，产品收获后的运输贮存等。应努力营造物种丰富、生态系统稳定的环境，以保持绿色食品生产地的稳定发展。③生产技术方面，生产者应当按照绿色食品的要求，选取合适的种苗，尤其要杜绝转基因种苗的使用。农药的使用，应选用 NY/T 393—2013《绿色食品　农药使用准则》中允许使用的农药并与农业措施、物理措施相结合，减少病虫害的发生，建立一个天敌与害虫相制约的平衡生态系统。肥料的施用应当首选有机肥，控制无机氮肥使用量不得高于当季作物需求量的一半，保持土壤在满足作物所需肥力的情况下逐步提高土壤的肥力以及土壤生物活性。④绿色食品种植产品收获以后，要按照绿色食品关于包装储运的要求，选用合适的包装品包装，需要贮存的应该以不使绿色食品发生变化引入污染为前提。贮藏处的消毒以及有害生物防治应遵循绿色食品的相关规定，并与非

绿色食品相隔离以免混杂、污染。

（二）绿色食品工作机构是绿色食品种植产品质量控制的保障

1. 产品及环境检测

对于产地环境监测方面，地方绿色食品办公室会派专门检查员对绿色食品种植产品所在地的周边环境进行检查，确认生产地的生态环境良好。另外，还需要当地的专门检测机构对生产地的土壤环境、灌溉用水、空气以及产品等进行监测，并对检测结果进行评估，以保证绿色食品种植产品符合要求。

2. 证后监管

根据中国绿色食品发展中心的规定，企业在获证后每年都要进行年检，重点审核企业是否按照绿色食品要求进行生产以及合同协议的履行情况。另外中心还会对一些产品的高风险产品和重点指标进行抽检，如对韭菜产品中有机磷农药的抽检等。

3. 评选示范典型企业

为了普及绿色食品标准化生产，增强绿色食品企业的积极性和自律性，从 2011 年开始，中国绿色食品协会开展了绿色食品企业示范典型企业的评选，到目前为止，已经向几百家企业颁发了相关的证书和匾额。

（三）完善的质量管理体系是绿色食品种植产品风险控制的保障

①按照绿色食品规范要求配备专门的内检员。专门负责绿色食品的生产和管理，作为企业内部的质量控制专家。企业对申报的产品也需要有专门的种植规范，以指导生产者进行生产活动，企业在此基础上按照规范进行农事活动，生产符合规范的种植产品。②现行绿色食品标志许可程序中，企业要签署“承诺书”，在正式提出申报前就已经对绿色食品的相关标准和技术规范进行学习了解，承诺按照绿色食品的要求进行生产。③企业应该制定专门针对绿色食品的质量管理制度，保证企业内的生产者可以按照生产规范进行生产，建立第一道质量检查线。在绿色食品的种植生产过程中，应当做好生产记录，保存好农药化肥等投入品的票据以及合同等文件，做好质量追溯工作。

四、绿色食品种植业产品质量风险控制的对策建议

（一）加强过程隐患排查，做好质量控制风险预警

针对绿色食品种植业产品中存在的问题，应该针对我国的国情和不同地区经济、农业发展情况以及不同地区环境条件进行系统检查。对种植农产品整个过程进行系统排查，发现实际生产中存在的问题，不留死角。对全行业展开全国范围内的排查，并辅以

行业抽检、行业年检、风险评估等方式，最大限度地发现种植产品各个生产环节所存在的风险因素。在此基础上进行研讨和分析，掌握风险等级，研究风险控制办法，提出切合实际的控制措施，增强全行业控制风险的能力。同时，行业年检可以保证风险控制可以与时俱进，不断进步。

（二）加强技术支撑，提升风险控制水平

应加强新技术的研发，尤其是在农业投入品方面，开发更安全、有效的病虫害防治办法以及更安全、与环境更和谐的有机无机肥料。可以将科研单位、高等院校等作为技术支撑，通过新技术的开发，使绿色食品生产体系规范化程度提高，质量控制更为容易，大大降低风险发生。

（三）深化技术人员培训，从内而外控制风险

为了控制质量风险，应当深化技术培训，对企业内部全体生产者进行技术方面的培训，在此基础上还要组织企业内部技术人员参加更深层次的理论培训，使其“知其然，更知其所以然”。另外，要加强对一线工作人员工作习惯、工作程序的培训，使其养成良好习惯，做好生产记录、投入品购买使用记录、突发事件记录，切实落实绿色食品技术规程以及产品可追溯体系。

（四）加强标准规范制定，从制度上提高质量控制力

绿色食品标准规范应该在国家《中华人民共和国农产品质量安全法》的基础上依据绿色食品的特点进行编制，同时，由于我国各地区农业生产差异较大，应当统筹考虑我国国情，深入研究绿色食品种植业产品技术规范的制定。同时在国内推行绿色食品标准化基地等措施，树典型、做示范，促进各地绿色食品标准化的推进。

（五）加强监管，将风险控制从证前做到证后

市场监管是防控绿色食品种植业产品风险的关键一步，它可以调动所有消费者的积极性，共同为了食品安全问题而努力。另外对于监督过程中查到的问题，应该严厉查处，对于绿色食品标准执行较好的企业，应该作为典型推广，增强企业严格遵守规范，保持良好经营信誉的自觉性，从外到内做好质量风险控制。

参考文献

韩沛新. 2012. 我国绿色食品发展现状与发展重点分析［J］. 农产品质量与安全（4）：5－10.

李鹏，章力建. 2013. 绿色食品质量安全预警体系构建研究［J］. 中国农业资源与区划，34（5）：92－96.

刘志明，唐有荣. 2009. 绿色食品产业发展问题及对策探讨［J］. 四川农业科技（6）：10－12.

时松凯，王华飞. 2010. 绿色食品质量安全现状分析与对策［J］. 中国食物与营养（10）：8－9.

修文彦，张志华．2012．对绿色食品全程质量控制体系的思考［J］．农业经济（9）：12－14．
张卫星，金连登，许立，等．2013．有机种植农产品质量控制的风险要素与应对策略［J］．农产品质量与安全（5）：23－26．
张宪，乔春楠，王宗英．2014．落实绿色食品生产企业质量安全主体责任的对策探讨［J］．农产品质量与安全（4）：16－18．

绿色食品全程诚信体系建设关键控制点探析*

韩玉龙　李　钢　夏丽梅

（黑龙江省绿色食品发展中心）

绿色食品监管工作的实践充分证明，安全、优质的绿色食品产品，首先是“产出来”的。在“产出来”这一阶段和层面实现质量安全，既需要“硬”的一手，切实强化各项监管措施，运用“他律”确保“真绿”；同时也需要采取“软”的一手，通过切实加强全过程、多层次和系统化的诚信建设来确保“真绿”。处于绿色食品生产各个环节的生产者、经营者，作为“产出来”阶段质量安全监管的主体单位，同时也是整个产业链条诚信体系建设的基本力量。这一群体能否真正做到视质量为生命、讲诚信、讲道德、自觉遵守和严格执行绿色食品标准，对于确保绿色食品“真绿”和“长绿”，意义非常重大。从黑龙江省开展的绿色食品诚信建设实践看，应具体做到4个“把握好”。

一、把握好“源头”，切实强化基地农户在整个生产过程中的诚信意识

在现阶段农产品分户生产的经营体制下，基地农户不仅是绿色食品产品“产出来”的基本单位，也是推进“管出来”的主体力量。只有切实增强基地农户诚信意识，才能把各项监管措施落到实处，首先确保“种出来”的原料“真绿”，进而奠定产品“真绿”的基础。

（一）以提升标准到位率为重点，切实强化基地农户执行标准的诚信意识

绿色食品具有与其他食品相区别的一套“规则”，即在科学、技术和实践经验总结的基础上而构建的标准体系。这也是开展绿色食品诚信建设，强化基地诚信意识的首要

* 本文原载于《农产品质量与安全》2016年第3期，12－14页，26页

条件，如果不遵循标准或者达不到标准，那么，开展诚信建设也就成为一句空话。按照国家绿色食品质量标准要求，围绕打造过硬的绿色食品产品，黑龙江省已制定并由省有关部门颁布实施的绿色食品生产操作规程 70 多项，涉及粮食作物、经济作物、山特产品、水产品、蔬菜等多个领域，切实奠定了绿色食品诚信体系建设的技术基础。为有效解决技术规程推广和使用“最后一公里”，采取“省县联动，多措并举”的形式，直接培训师资和骨干 1 000多人，延伸培训 20 多万人；编写、下发绿色食品“明白纸”“操作历” 10 万多册，做到每户都有标准化生产技术的明白人，确保标准化全面实施。目前，黑龙江省基地标准入户率达到 100%、到位率达到 85% 以上，绿色食品产品质量基础日益牢固。

（二）以确保“源头”质量为目标，切实强化基地农户使用“投入品”的诚信意识

“投入品”控制不好，绿色食品质量基础必然受到损害，就难以打造质量过硬的产品，诚信建设自然也没有了“根基”。多年来尤其是最近几年，黑龙江省通过制定和实施“投入品”管理办法、监督管理责任制，建立农业投入品专供点，以及创新监管机制等一系列具有针对性和操作性比较强的措施和办法，不断强化“投入品”控制，引导经销者和使用者自觉按照绿色食品标准，严格销售和使用“投入品”，在生产源头保证绿色食品质量安全。从 2014 年开始又在多家绿色食品基地建立了质量追溯点，实行严格的监督和控制制度，引导基地规范“投入品”使用，利用科学手段和先进机制提高诚信建设水平，确保绿色食品原料质量。

（三）以实施“质量联保责任制”为方式，切实强化基地农户在生产过程中的诚信意识

绿色食品基地农户绝不是监管的“对象”，而是实施和推进监管的主要推动力量。一方面，要通过建立责任制等办法，切实发挥农户在基地质量监管中的作用。近年来，黑龙江省在生产基地中推行“质量联保责任制”，从各地的经验看，效果都比较突出。具体就是做到“三查三看一联”，即查农户库房，看是否购买违禁“投入品”；查农户地块，看农户在生产中是否使用违禁投入品；查基地档案，看投入品使用量和次数。同时，还将这些措施与奖罚紧密相连，充分发挥农户互相监督、互相制约的作用，把“种出来”阶段的质量安全进一步落到实处，有效地消除了质量安全工作的“死角”和薄弱面。另一方面，要通过教育引导，提高基地农户讲诚信的自觉性，做到主动实施监管。主要是通过农村文化室、有线广播等多种载体，引导基地农户把个人利益和集体利益、国家利益结合起来，在种养殖生产过程中，自觉讲质量、讲安全，严格按照标准开展生产，杜绝使用违禁“投入品”，并勇于反对周围和身边的各种非诚信行为，把绿色食品质量安全措施真正落到了实处。

二、把握好重点，切实强化各类主体在生产经营中诚信的“自律性”

绿色食品诚信建设，重在内心，贵在自觉，各类主体所具有的自律性极为重要，其自律性愈强，诚信建设的成效就愈明显，愈能使诚信最终升华为文化的自觉和行为的自觉，并实现和确保绿色食品“真绿”“长绿”。所谓的“自律”，就是指企业和经营者对诚信行为的自我约束，自我克制，其强调的是内在约束力，具有自发性。各地成功的实践表明，在绿色食品诚信建设过程中，生产企业、基地农户，以及经营者都不是被动的“接受者”。恰恰相反，在诚信建设中，绿色食品生产者、经营者更是直接的实施主体和具体的执行主体。多年来，黑龙江省注意通过多种形式和措施调动诚信建设主体的主动性和自觉性，实现由“让我诚信”到“我要诚信”的质性转变。

（一）引导企业积极参与诚信建设主题活动

黑龙江省各级、各地绿色食品工作机构注意充分利用多有效载体，组织和引导企业、基地农户以及其他绿色食品生产者与经营者参与各种诚信建设活动，通过寓“诚”于“活”，不断增强了其质量意识和诚信意识。把企业诚信建设纳入日程，在黑龙江省绿色食品工作会议进行部署，组织绿色食品诚信建设宣传年，引导各地组织开展评选“十佳诚信绿色食品企业”“消费者信得过绿色食品企业和产品”等一系列活动，把诚信建设不断推向了高潮。特别通过组织各种主题活动，进一步激发了绿色食品负责任人诚信生产、诚信经营的积极性和自觉性，带头讲诚信，践行诚信已形成一种常态。

（二）组织和引导企业向消费者做出承诺

针对个别生产企业存在超时用、标准执行不到位等不够诚信的现象，黑龙江省绿色食品工作机构组织和引导企业参与各种质量承诺活动，通过承诺，制约和激励企业参与诚信建设的积极性。2015 年利用纪念“3·15”活动现场、绿色食品展销中心开业仪式和大型展会开幕等重大活动，组织了 200 多家绿色食品企业负责人公开向消费者做出承诺活动。其中，在中国绿色食品博览会期间，组织百家绿色食品企业负责人举行质量承诺宣誓，并在质量承诺书签字，得到了社会各界群众和各级领导的充分肯定。

（三）强化诚信建设的社会氛围

充分借助电视、广播、报纸和网站等平台，广泛宣传诚信建设的先进典型，既形成了良好的舆论导向，也增强了企业和基地农户参与诚信建设的荣誉感。特别是 2015 年，为做好质量承诺和绿色食品品牌的宣传、推介工作，加强了与中央和省级有关媒体的沟通与合作，策划和组织了一系列大规模的宣传造势活动。先后在各级媒体刊发稿件 130 多篇（条），其中，新华社播发 9 篇（条），黑龙江省电视台播发 12 篇（条）。与《大公报》《黑龙江日报》等媒体合作，连续开辟7个专版，大力宣传质量承诺活动和绿色食品诚信建设典型，取得了良好的社会效果。绿色食品博览会期间举办的百家企业负责人质量承诺宣誓活动经新华社报道后，全国有500多家网站纷纷转载，社会反响十分热烈。

三、把握好关键，积极引导企业在与农户构建新型利益关系中体现诚信

绿色食品是一个十分完整的产业链条，生产、加工和销售相互交叉、相互融合，构建了其基本的产业格局。因此绿色食品企业、基地农户的诚信行为也不仅单纯局地限于某个方面和某个环节，而体现在绿色食品生产、经营和销售的全过程和全产业链。对于绿色食品企业来讲，其诚信行为也就不仅仅体现在市场销售阶段，还表现在对基地和农户这一层次。一般情况下，企业对市场的诚信行为主要可表现为：产品质量好，售后服务好，合同履约好；对基地和农户的诚信行为主要则表现在热忱为农户提供服务，认真履行与农户签订的原料收购合同。从调查的一些情况看，现阶段大多数企业对市场和客户的诚信比较重视，甚至可以摆上事关企业发展和生存的高度给予对待，但有的企业对基地和农户的诚信则重视不够，有的甚至认为可有可无，对企业发展和影响不大。毋庸讳言，目前很多龙头企业与基地都建立了各种类型的利益联结关系，对企业自身发展和维护农户权益起到了一定的促进作用。但是，也有一部分企业只注重自身的经济效益，对基地和农户的利益往往有所忽视了或者关注程度严重不足，特别是在出现“卖粮难”的情况下，常常出现压价收购或者不履行合同的现象，在一定程度上损害了基地和农户的利益。因此，在绿色食品企业诚信建设中，一定要注意引导企业在处理好农户和客户的关系，继续强化市场诚信建设的同时，也应切实重视与基地农户方面的诚信关系。

（一）要以建立完善“利益联结”为手段，切实强化企业和基地在履约过程中的诚信度

针对以往部分企业和农户诚信度低，经常不履行合同等现象，黑龙江省绿色食品工作机构积极引导龙头企业与基地通过契约联结、服务联结、资产联结等多种形式，结成利益共享、风险共担的利益共同体，实现双赢。大力推行“龙头企业+专业合作组织+基地”模式，不断扩大“紧密型”利益联结的范围，提升绿色食品诚信建设水平。目前，黑龙江省链接原料标准化生产基地的龙头企业达到398户，其中产值亿元以上的企业89户，订单达到85%以上。这种紧密的利益“联合体”，免除了农民销售优质、绿色原料的后顾之忧，实现了通过种植绿色原料增收。2015年，黑龙江省基地农户户均增收500元以上，示范户增收1 200元以上。同时，这种利益联合体在给基地农户带来丰厚收入的同时，也使龙头企业建立了稳固的“第一车间”，通过原料提质大幅增效。

（二）要通过强化企业对基地的服务进一步提升诚信度

从黑龙江省一些成功案例看，绿色食品企业对基地农户具体是采取了以“六免”和“七有”为主要内容的服务模式。“六免”是指免费进行科技培训、免费印发标准化生产操作规程、免费咨询、免费进行技术指导、免费进行病虫草害防治、免费协调农机具秧苗和贷款。“七有”是指科学技术有人教、生产资料有人供、种植方案有人发、病虫草害有人防治、日常种管有人指导、生产困难有人帮赊、秋后余粮有人收。这种服务模式，既有产前良种实验培育、产中技术指导等生产种植阶段的服务，也有产品收购、加工及其销售等加工销售阶段的服务，可以说是为基地和农户服务提供的一种涵盖整个绿色食品生产全过程的系列化服务，对于构建企业和基地之间新型的利益关系，进而提升绿色食品诚信建设水平，具有十分积极的借鉴意义。

四、把握好根本，注意通过坚持建立和完善制度机制确保诚信建设成果

绿色食品诚信建设是一个系统工程。搞好绿色食品诚信建设，既需要企业和基地实行“自律”，也需要通过完善制度机制实行“他律”。对严重失信者，不能仅仅停留在罚款层次、行政处罚层次，而要给予相关责任人刑事处罚，能力处罚（禁止其从事绿色食品生产经营的资格），对违法企业的信誉给予降级惩罚，使其在巨大经济、法律、社会舆论的压力下克制机会主义行为。

（一）建立和完善诚信建设的激励机制

通过制定出台优惠政策，鼓励和引导绿色食品生产企业和基地农户诚信生产、诚信经营，打造消费者信赖的产品。对此，黑龙江省明确规定，对年检、抽检合格，无不良诚信记录的绿色食品企业，所需原料基地优先建设，产品认证优先办理，项目申请优先立项。同时，每年召开一次绿色食品原料基地与企业产销对接会，帮助讲诚信的企业与地方政府开展“对接”，加快所需的绿色原料生产基地建设；帮助诚信生产企业协调政府有关部门在铁路、交通运输等方面支持其开辟“绿色通道”，保证其所生产的绿色食品产品运输畅通。在基地层面，把诚信建设纳入“村规民约”，与农村文明户、“星级户”评选紧密结合起来，让荣誉感激励农户诚实守信，生产合格的绿色食品原料。

（二）建立和完善诚信建设的约束机制

对绿色食品企业存在各种非诚信行为，黑龙江省则采取了一系列制约措施，如不得评优，不得扶持，不受理大型基地申报；对产品检测不合格、年检不合格和有违规用标等行为的企业，当年不受理项目申报，不受理新产品认证；对被撤销绿色食品标志使用权的企业3年内不受理认证申报。

（三）建立和完善诚信建设的监督机制

一方面，强化企业和基地农户自我监督。总结推广了龙江县绿色食品原料生产基地农户“联保责任制”的经验，引导农户相互监督，相互制约，确保每个基地农户都诚信种植，严格按照标准生产。另一方面，强化第三方监督。根据绿色食品品牌诚信建设的需要，黑龙江省去年年检企业300多个，抽检产品800多个，其中高危产品抽检率达到30%以上，并在新闻媒体定期公示抽检结果，不仅把部分非诚信行为有效控制在初发阶段和萌芽状态，更重要的是通过不断强化绿色食品生产者经营者和基地农户的诚信意识，在黑龙江省营造了诚实守信，追求质量和品质的良好氛围。

（四）建立健全诚信监管队伍建设

事实证明，搞好企业和基地诚信建设，必须搞好工作机构和队伍建设，确保这项工作在各个企业、各个基地和各个层面，都有人抓，有人管，有人推进落实。近年来，根据企业和基地诚信建设的需要，黑龙江省切实强化工作机构和队伍建设，省级工作机构成立了质量监督管理科，负责“三品一标”质量监管工作，并把诚信建设列入重要工作内容。市（地）和县（市）工作机构也有具体人员负责。目前，黑龙江省负责质量监管和诚信建设的工作人员达到1 300多人，其中专职的600多人，初步形成了纵向到底，横向到边的质量监管和诚信建设组织工作网络。

参考文献

高文.2012. 强化监管提升品牌公信力［N］. 农民日报，2012-09-24（02）.

关蓉辉.2005. 简论诚信文化［N］. 光明日报，2005-01-11.

韩沛新.2013. 绿色食品工作指南［M］. 北京：中国农业科学技术出版社.

韩玉龙.2012. 绿色食品文化与品牌培育的探讨［J］. 农产品质量与安全（4）：14-17.

韩玉龙.2013. 关于发展多功能绿色食品问题的探讨［J］. 农产品质量与安全（3）：5-8.

金发忠.2013. 关于严格农产品生产源头安全性评价与管控的思考［J］. 农产品质量与安全（3）：5-8.

马爱国.2015. 新时期我国“三品一标”的发展形势和任务［J］. 农产品质量与安全，5（2）：3-5.

王建平.2011. 农民专业合作社绿色食品发展分析与对策［J］. 农产品质量与安全（4）：5-8.

王运浩.2010. 绿色食品标准经基地建设探索与实践［M］. 北京：中国农业出版社.

王运浩.2014. 2014年我国绿色食品和有机食品工作重点［J］. 农产品质量与安全（2）：14-16.

新华网.2013. 全国内资企业生存时间分析报告［EB/OL］.（2013-09-02）［2015-12-28］. http：//news. xinhuanet. com/politics/2013-09/02/c_ 125297431. htm.

闫书仁.2011. 绿色食品企业文化建设的经验与启示［J］. 农产品质量与安全（6）：26-28.

绿色食品防伪标签管理现状及对策研究*

张晓云　白永群　孙跃丽

(中国绿色食品发展中心)

绿色食品经过20多年的发展，成为安全优质农产品及加工食品的精品品牌，在保护生态环境，保障食品质量安全，提高企业效益和促进农民增收等方面都发挥了重要的作用。随着绿色食品事业的不断发展，绿色食品在国内外的知名度日益提高，市场上假冒绿色食品的现象时有发生，遇到这样的问题，一般由工商部门反馈到绿色食品工作机构，进而开展相应的协助调查工作，中间耗时较长。同时，消费者不具有专业知识，没有分辨的能力，不了解绿色食品的标志管理的相关制度，无法辨别产品的真伪。建立良好的质量信号传递机制，有助于将经验品和信任品特性转变为搜寻品特性，从而促进质量信息在买方和卖方之间、在生产者和消费者之间的双向交流，最终使食品市场上的商品质量不断提高，消费者可以放心地吃到安全、健康的食品。绿色食品防伪标签通过身份防伪功能的实现，有效地提供了产品真伪的信号，为消费者自主分辨提供了便利，有效维护了消费者的知情权，同时，也维护了绿色食品生产企业的利益，因此受到多数企业和消费者的欢迎。

一、绿色食品防伪标签的产生及发展

(一) 绿色食品防伪标签产生的背景

1990年，农业部正式向全社会推出绿色食品，绿色食品作为安全优质的农产品，获得了广大消费者的青睐。不少不法商贩利用消费者追求健康的心理，冒充绿色食品，谋取不法利益，对绿色食品的形象造成了很大的负面影响，引发消费者对绿色食品品牌的信任危机，给绿色食品生产企业带来了巨大的经济损失。

为维护绿色食品品牌形象，保护绿色食品企业和消费者的合法权益，应广大绿色食品企业和广大消费者的要求，1995年，中国绿色食品发展中心正式启用了绿色食品防

* 本文原载于《农产品质量与安全》2014年第5期，13－15页

伪标签。绿色食品防伪标签采用“一品一签”制度，即在每枚标签上印有使用该标签产品的绿色食品编号，不同产品由于其绿色食品编号不同，不能混用，从而使其具有唯一性，起到保护和监督作用。既可以防止企业非法使用绿色食品标志，也便于消费者识别，利用防伪标签先进的防伪功能，避免市场中假冒现象的发生。绿色食品防伪标签的推广、使用和管理，在一定程度上起到了净化绿色食品产品市场、保护消费者权益、维护生产者利益和加强对绿色食品企业产销管理的作用。

（二）绿色食品防伪标签的含义及发展

防伪标签是加贴在产品或产品包装上为证明其真实性的一种附属标签，它的作用和可信程度取决于推广单位的权威性和品牌本身的公信力。绿色食品经过5年的探索开发与市场实践，结合当时市场需求，由国务院授权唯一负责绿色食品开发与管理的单位——中国绿色食品发展中心推出了绿色食品防伪标签，其权威性和可信度毋庸置疑。中国绿色食品发展中心充分考虑防伪技术的先进性及企业的承受力，制定了《绿色食品防伪标签管理暂行办法》。绿色食品防伪标签采用了以造币技术为核心的综合防伪技术，以此技术为核心生产的纸质不干胶标签，可兼作部分产品包装的封口签。标签表面以绿色食品指定颜色，印有标志及产品编号，背景为各国货币通用的细密实线条纹图案，在紫外灯下可见中心创始人刘连馥手写签名的荧光影像。为满足企业不同产品包装的需要，防伪标签有两种规格，一种是圆形，直径分别为15毫米、20毫米、25毫米、30毫米不等；另一种是长方形，54毫米×126毫米规格。

绿色食品防伪标签是在绿色食品产品上加贴的为证明其“绿色食品”身份的真实性的一种识别标志。它是帮助消费者识别和选择的一种附属标签，它的存在是以商品本身就是绿色食品为前提的，加贴绿色食品防伪标签的产品一定是真正的绿色食品。

为了适应绿色食品事业发展的需要，完善和加强绿色食品防伪标签服务推广工作，2010年，中国绿色食品发展中心研究制定了《绿色食品防伪技术产品管理办法》。办法明确规定，绿色食品防伪技术产品只能使用于中国绿色食品发展中心认定合格的、且在标志有效期内的绿色食品产品。中国绿色食品发展中心是标签推广主体，中心采取自愿而非强制的原则，对使用绿色食品标志的企业提倡使用绿色食品防伪标签，对标签的使用收取一定的制作成本费，并为企业提供全方位的安全定制及储运服务。绿色食品防伪标签从生产到储运实行全方面质量管理，在生产过程中严把质量关、安全关和技术关。

二、绿色食品防伪标签管理中存在的问题

防伪标签贴标率与绿色食品的发展速度、产品总量规模等不成正比，与绿色食品品牌的影响力及其市场定位不相匹配。以2013年为例，当年有效用标的绿色食品企业共有3 229家，产品7 696个，订制绿色食品防伪标签的只有475家企业，690个产品，仅分别占当年全国绿色食品企业和产品数的14.7%和9.0%。按照绿色食品产品分类，即

农林加工产品、畜禽类产品、水产品类产品、饮品类产品、其他产品等 5 个大类、57 个小类统计，在 2013 年贴标的产品中，农林及加工产品所占比重最多，其中大米类 65 个，蔬菜类 198 个，鲜果类 163 个，占总贴标数的 61.7%；有些类别产品如液体乳、乳制品、蛋制品类产品订制量几乎为零。从目前防伪标签的使用效果看，没有达到中国绿色食品发展中心当初设计的预期值。

（一）企业对绿色食品防伪标签了解不充分

目前贴标的企业中，大部分的企业是为了保护绿色食品精品品牌区别于假冒产品而自愿订制使用的，少数的企业不排除是从众心理，作为市场竞争的手段，才选择订购标签；没有订购防伪标签的企业中，有的认为其产品在市场上没有假冒产品，不需要进行防伪；有的认为产品包装本身就印制了绿色食品标志及企业信息码，无需再加贴标签；也有的企业对防伪标签是否具有唯一性、是否能够被仿制，以及标签背面的胶质是否安全持有疑虑。

（二）消费者对绿色食品防伪标签的认识不到位

当前食品的消费出现了向更安全、更健康、更营养、更方便等多元化的需求倾向，消费者自身也需要获得更多有关安全、优质、营养食品的知识。但是，由于对绿色食品防伪标签的功能和作用乃至于绿色食品的概念、含义、理念和宗旨等知识不了解，导致消费者不认可绿色食品，或者盲目相信任何带有绿色食品标志或字样的产品，而没有去考虑是否是真正意义上的绿色食品，绿色食品防伪标签辨识真伪的作用也没有得到发挥。

（三）防伪标签管理有赖于市场监管机制的加强

长期以来，食品分别由多部门分段管理，监管工作存在一些漏洞。加之我国农产品市场流通渠道的多元化，造成了对绿色食品的市场监管不严。部分企业为了自身的利益在取得绿色食品认证后，放松了管理，导致产品质量降低；有的企业使用过期的绿色食品标志；有的企业多个产品混贴一种标签，等等，这些行为都严重影响了绿色食品的声誉，扰乱了市场秩序，损害了绿色食品企业的信誉。另外，农产品监管由于在市场上很少见到标识，监管只能通过检测获知相关产品的质量安全信息，大量的检测工作不仅影响执法工作开展，也不利于市场准入工作的深入。

（四）防伪标签的制作成本和数量要求影响企业订制标签

由于绿色食品防伪标签采用的是“一品一标”制，每个产品的标签都需要单独制版印刷，制作方从防伪标签印制成本等自身利益出发，对标签的起印数量有一定要求，一般最低要达到 10 万枚，对于小型用标企业来说，用标产品的产量相对较少，可能 3 年都无法用完。加之订制防伪标签需要支付一定的制作成本费，增大了企业的资金压力，因而不愿订制。对于大型企业来说，认证产品数量较多，全部贴标资金量要求较高，大部分企业选择只在 1 ~2 个产品上使用，以减小资金紧张的压力。

（五）防伪标签的使用还受某些客观条件制约

1. 对季节性强，且生产、销售周期短的农产品不适用

按照规定，绿色食品的防伪标签不能在证书批准之前提前订制，一些初级农产品如蔬菜、水果等，在企业拿到证书后订制标签的过程中，产品的销售已基本完成，这部分企业往往只能选择放弃。

2. 对鲜活产品及大宗包装储运零散销售的农产品不适用

目前使用的防伪标签式样对生鲜产品、编织袋装产品、散装产品等不适合，因为产品多数为大宗包装，进入商超以后零散销售，无法加贴防伪标签。

3. 对自动化程度高的加工产品不适用

目前选用的防伪标签是靠人工方式加贴在产品或产品包装上使用的，不能实现机贴的用标方式，对于高速生产线上的加工产品，如啤酒饮料类产品，则需研发加贴标签的自动化设施，这不单是增加了企业的生产成本，而且在技术上难以实现。

4. 标签品种的局限性

在标签式样的选择上，由于一些农产品的附加值较低，产品本身的市场价格不高，所以在标签式样的选择上既要考虑企业或农民合作社的生产成本，又要考虑消费者的承受能力，尽量压低标签的附加成本，以致可选择的标签式样少，具有一定的局限性。

三、进一步强化绿色食品防伪标签管理的建议

（一）加强引导，逐步提高企业订制绿色食品防伪标签的积极性

绿色食品防伪标签可以帮助消费者大体识别产品真伪，降低执法监督成本，有效保护消费者合法权益；还可以增强消费者的防范意识，引导消费者主动参与，使假冒行为无机可乘。通过政策引导、政府推动、资金扶持等手段，以重点企业引领带动规范用标，充分发挥龙头企业的市场影响力和主导作用，逐步提高企业用标积极性。

（二）加大宣传，努力提升绿色食品品牌的社会认知度

绿色食品彰显了绿色文化，不仅是代表无污染、安全、优质的农产品或食品，更是弘扬了一种爱护环境、崇尚自然，促进人类社会持续发展的理念。要采取切实有效的措施，通过各级政府部门多种绿色食品宣传活动的开展，利用电子平台的传播效应，对消费者进行绿色食品和人类健康的知识教育，使消费者对绿色食品的健康性、安全性以及如何通过防伪标签识别绿色食品都有更深入的了解，推动绿色食品消费市场发展。

（三）深化管理，切实保证绿色食品防伪标签规范使用

目前，我国正处于从传统农业向现代农业转轨的重要时期，生产经营者法律意识和诚信自律意识还不够强，引导企业加强行业自律，规范有序参与市场竞争，是提高绿色食品品牌公信力的必然要求。新的《绿色食品标志管理办法》已于2012年10月开始实施，可以根据新的管理办法进一步修订和完善绿色食品防伪标签管理制度，将其纳入绿色食品工作制度体系。例如，可以将绿色食品防伪标签的订购加入绿色食品管理与审核办公自动化系统，让防伪标签参与到更多市场销售的产品中，发挥好甄别假冒产品的作用。

（四）依法监管，严厉打击市场假冒绿色食品行为的出现

社会上假冒绿色食品的案件频发，这样不仅破坏了绿色食品的声誉，更是对消费者的欺诈。因此要依托各级农业行政主管部门、工商部门加强对绿色食品的行政监管，同时，中国绿色食品发展中心质量监督管理部门也要加强对市场上绿色食品标志使用情况的监督检查，规范绿色食品防伪标签使用行为，查处假冒绿色食品，严厉打击违法犯罪行为，切实做到对消费者、对绿色食品生产企业以及对社会负责。通过各级联动，各级政府各施其责，共同做好各项基础工作，才能从根本上维护人民群众“舌尖上的安全”。

（五）积极探索，不断拓展防伪标签的可应用性

在现有基础上，从技术层面和操作层面进行创新和调整。第一，研究探索标志加贴与印制包装相结合的可行性，采取“合二为一”的使用模式，既提高防伪标签加贴的快速便捷性，又节省了企业的支出成本；第二，加大改革力度，增加标签的多样性，选择多种形式，分别适用于不同类型的产品；第三，积极拓展标签内涵，探索绿色食品质量安全可追溯管理，进一步明确绿色食品产品的质量信息，以标志为载体、以信息化为手段，逐步实现“生产有记录、产品有标志、信息可查询、流向可追踪、责任可追究”的目标，为安全、优质、营养的绿色食品产品质量提供证明。

参考文献

陈晓华.2014. 绿色食品协会的发展现状及方向［J］. 农产品质量与安全（1）：9－11.

高国文.2011. 农产品包装标识制度的作用及推进对策探讨［J］. 农产品质量与安全（1）：53－55.

罗斌.2011. 无公害农产品标志推广与监管示范县创建成效及发展举措［J］. 农产品质量与安全（1）：20－23.

王秀清，孙云峰.2002. 我国食品市场上的质量信号问题［J］. 中国农村经济（5）：27－28.

如何更好地发挥绿色食品企业内部检查员的作用*

张金凤　姜福旭

（吉林省绿色食品办公室）

绿色食品企业内部检查员（以下简称内检员），是指绿色食品企业内部负责绿色食品质量管理和标志使用管理的专业人员。中国绿色食品发展中心自2010年开始在全国推行绿色食品企业内检员制度，颁布实施了《绿色食品企业内部检查员管理办法》，明确规定："企业应建立内检员制度，并赋予内检员与其职责相对应的管理权限。"同时，明确了内检员的职责、应具备的资格条件以及申请注册流程等。

经过几年的发展，内检员已成为绿色食品证后监督管理的裁判员、绿色食品生产与管理制度宣传贯彻的教练员、绿色食品相关标准实施的运动员。内检员制度的建立，有效地促进了绿色食品企业内部质量管理和标志使用管理，保障了绿色食品产品质量和品牌信誉，提升了绿色食品品牌的认知度和公信度。

但在实际工作中我们发现，个别企业内检员的作用没能很好地发挥出来，有些内检员不清楚自己在企业中应尽的责任和义务，且企业工作人员流动性很大，给企业内部管理带来一定程度的困扰。那么，如何更好地发挥企业内检员的作用？笔者认为应从以下几个方面考虑。

一、加大培训力度，提高对质量监管工作重要性的认识

内检员在企业中起着重要的作用，企业要重视内检员工作，加强对获证产品质量的监督管理，做到规范使用标志，建立健全各项规章制度。各级绿色食品管理部门更要加大对内检员的培训力度，让他们更好地掌握绿色食品认证、续展、标志使用等相关知识，提高对在产前、产中、产后等环节监管工作重要性的认识，有效地发挥"千条线一根针"的作用，使内检员成为各级绿色食品工作机构的好帮手，熟知企业业务的当家人。

* 本文原载于《吉林农业》2014年第7期，1页

二、加强业务学习，提高企业内检员业务素质

部分企业内检员身兼多职，造成工作无主次，繁忙的业务无法让内检员专心工作。推行内检员制度，标志着绿色食品证后监管体系的进一步完善，也标志着绿色食品工作队伍的不断发展壮大。企业要专门设立内检员岗位，注重内检员个人文化素质的培养，鼓励并支持内检员加强学习，学习绿色食品业务知识及相关法律法规，不断提升内检员的自身业务素质，更好地为企业服务。

三、增强责任意识，认真履行监督检查职责

内检员应增强责任意识，积极参与到企业的全程质量监管，从绿色食品基地环境保护、投入品使用、生产加工过程、标志使用等整个环节都要严格把关。企业应充分发挥内检员的监督检查职能，强化企业自律机制，切实提高企业质量安全管理水平。同时企业要重视内检员工作岗位的设立，应为内检员履职提供良好的工作条件，提高内检员在企业中的话语权，提升内检员在企业中的重要地位，确保内检员发挥好企业产品质量第一守门员的职责。

四、加强沟通与协调，发挥桥梁纽带作用

在企业年检、产品抽检、续展等工作中，很多时候都是绿色食品管理部门第一时间告知，而很少有企业内检员主动联系工作，甚至在管理部门已经告知的情况下，仍有个别企业出现年检、续展工作不及时等现象，影响了工作效率。企业内检员是企业与各级绿色食品管理部门及企业与中国绿色食品发展中心联系的纽带，内检员要加强与各级绿色食品管理部门之间的沟通与协调工作，认真听取管理部门提出的意见和建议，充分发挥桥梁纽带作用，保证各项工作稳定有序地开展。

五、注重培养新人，做好传帮带的作用

企业工作人员流动性大，人才的流失给企业的发展带来了巨大的负面影响，经常是刚刚熟悉相关工作，就有工作调动或离职等现象发生，有的甚至一走了之，不作任何交代，工作无法衔接。高素质的员工队伍是企业稳定持续健康发展的根本所在，这就要求企业能够给员工提供一个良好的发展空间，大型绿色食品企业可设置 2 名内检员岗位，要求现职内检员要对企业内部员工开展有关绿色食品相关知识的培训，保持企业内检员的稳定性、连续性，做好传帮带的作用。

绿色食品现已发展成为中国特色的优质农产品，内检员制度的建立是绿色食品产业

发展的需要，是做好绿色食品质量监督管理工作的关键环节和重要抓手，内检员已成为各级绿色食品管理机构的好帮手。建设一支业务精、能力强、素质高的内检员队伍，有效地发挥内检员在企业中的积极作用，是绿色食品企业抓好源头质量管理的关键，更是绿色食品事业持续健康发展的有力保障。

参考文献

韩沛新. 2012. 绿色食品质量安全监管成效及近期工作重点［J］. 农产品质量与安全（3）：11－14.

韩沛新. 2012. 我国绿色食品发展现状与发展重点分析［J］. 农产品质量与安全（4）：5－9.

刘斌斌. 2012. 我国绿色食品发展现状与对策思考［J］. 农产品质量与安全（6）：18－20.

王运浩. 2012. 新时期我国绿色食品工作重点［J］. 农产品质量与安全（5）：15－16.

张侨. 2013. 关于提高我国绿色食品认证有效性的思考［J］. 农产品质量与安全（1）：23－24.

张玉香. 2012.《绿色食品标志管理办法》指要及贯彻落实举措［J］. 农产品质量与安全（5）：11－14.

绿色食品检查员队伍建设现状分析及对策建议*

宫凤影　谢　焱　夏兆刚

（中国绿色食品发展中心）

绿色食品是保障千家万户食品安全、促进农业可持续发展的基础工程。绿色食品事业健康发展的关键是质量有保证、安全有保障。绿色食品检查员作为绿色食品的检查者、鉴定者，在绿色食品事业发展中担当着基础把关角色，是绿色食品事业持续发展的基础和重要保障。本文依据中国绿色食品发展中心的材料，剖析了绿色食品检查员队伍发展现状及存在的问题，并提出了若干对策建议。

一、绿色食品检查员管理规定

中国绿色食品发展中心于2003年根据国家认证认可条例有关要求，颁布了《绿色食品检查员注册管理办法》，并于2009年进行了系统修订。修订后的管理办法规定：绿色食品检查员是指经中国绿色食品发展中心核准注册的从事绿色食品认证审核和现场检查的人员。检查员分为两个注册级别，即检查员和高级检查员；可注册3个专业，即种植业、养殖业和加工业。按照规定，检查员可来自各级绿色食品管理机构的专职工作人员、大专院校、科研机构、行业协会的专家和学者，不得来自生产企业。申请注册的检查员需具备一定的个人素质、具有一定的教育和工作经历及相关专业知识，必须完成有关检查员课程的培训，并取得"绿色食品检查员培训合格证书"。检查员在注册时还要求具有相应专业认证企业认证审核和现场检查经历。

检查员的责职是：对申请企业的材料、信息进行审核，实施现场检查，科学评定企业的生产过程和质量控制体系，综合评估现场检查情况；对申请使用标志产品产地环境质量现状进行调查，并做出调查结论；对申请使用标志产品实施抽样，并送相关检测机构进行检验；以及其他相关工作。

* 本文原载于《农产品质量与安全》2014年第4期，22－24页

二、绿色食品检查员队伍建设现状

（一）全国检查员总体情况

根据最近调查统计，目前全国从事绿色食品审核和现场检查工作的注册检查员有2 697名，平均每省（区、市）约有74人，但每个省（区、市）之间注册检查员数量差别极大，其中，农业大省的绿色食品检查相对较多，如排在前三名的是江苏、浙江和甘肃，分别有233名、165名和161名，而农业相对不发达的边远省区或直辖市的绿色食品检查员较少，如最少的是天津、海南、西藏和宁夏，分别有4名、7名、2名和9名。注册检查员主要来源于各农业管理部门，其中以省级部门来源最多。从平均工作任务量上看，检查员队伍数量基本能够满足绿色食品发展需要。以2013年为例，当年全国新认证绿色食品企业2 526家，产品6 437个，平均每人每年认证企业1.8家，产品4.6个。

（二）绿色食品检查员教育程度

从教育背景看，全国注册的2 697名检查员中，具有研究生学历的为218名，占检查员总数的8.1%；大学本科学历的为1 914名，占检查员总数的71.0%，大专（含大专）以下学历423名，占检查员总数15.7%。大多数检查员均受过高等教育，具有绿色食品认证审核及现场检查的经验基础，也经过了中国绿色食品发展中心的专门培训和严格考核，并持有“绿色食品注册检查员证书”。

（三）绿色食品检查员专业分布

《绿色食品检查员注册管理办法》第八条规定：检查员可以同时注册多个专业，因此，部分检查员可以同时获批3个注册专业，即同时注册种植业类、养殖业类和加工业类。目前经注册具备种植业产品检查能力的人员最多，有2 551名；其次是加工业产品检查能力人员，有1 837名；再次是具备养殖业产品检查能力的人员，有493名。2012年有效使用绿色食品标志的产品中，初级农林产品7 143个，占产品总数41.7%；畜禽水产品1 758个，占产品总数10.3%；加工产品8 224个，占产品总数48%。从注册专业人数与产品数量的对应上来看，存在一定的不协调性，种植业注册人员多而产品少，加工类注册人员少而产品多。

（四）检查员工作任务量分析

山东省、浙江省、江苏省、黑龙江省、河北省、安徽省、湖北省、辽宁省、福建省、广东省企业数量位居全国前十名。这10个省2012年企业总和为1 853家，占2012年全国企业总数的70.9%，而10个省检查员总数为1 331名，占据全国检查员总数的

49.3%。陕西、甘肃、宁夏、青海、新疆西部5省区2012年企业数177家，占2012年全国企业数的6.7%，5省共有检查员323名，占全国检查员总数的11.9%。从检查员数量和认证企业数量比较看，二者比例基本相匹配，任务量总体协调。

三、检查员工作存在的问题

（一）绿色食品检查员稳定性较差

经过调查分析，发现绿色食品检查在稳定性上有3个问题：一是绿色食品检查员流动性大。根据近期调查结果显示，真正从事绿色食品工作的人员占实际注册人数的63.5%。从黑龙江、河南、云南、重庆、甘肃、广州、广西、大连、江西、海南、宁夏、天津、北京、吉林14个省级绿色食品工作机构的调查情况看，有注册检查员578名。其中，可以从事绿色食品检查的人员有323名，占55.88%；不再从事绿色食品相关工作的255名，包括交流到其他部门工作的245人，退休人员9人，去世1人，占检查员总数的44.1%。二是地县级检查员流动较快。从省级及地县级机构检查员工作状态看，在仍从事绿色食品工作的323名检查员中，省级检查员99名，市县级检查员224名；不再从事绿色食品认证工作的245名检查员中，省级检查员23人，地县级检查员232名。由于绿色食品是专业性较强的工作且其开展工作主要依靠经培训注册的检查员，因此需要相关人员具有稳定性和连续性。人员不稳定势必会对绿色食品的检查工作带来影响，进而影响到本区域内绿色食品的发展。此外，从这些年发展经验看，省级工作机构主要负责人（如江西省、辽宁省、黑龙江省）发生较大变化，均会在一定时期内对其区域范围内绿色食品发展产生一定不利影响。

（二）绿色食品检查专职性和素质有待提高

随着各级政府对农产品及食品质量安全的重视及“三品一标”（绿色食品、有机食品、无公害农产品和地理标志认证）的快速发展，绿色食品系统内部原省级检查员已有许多已成为无公害农产品、有机食品的兼职检查员。在近期调查的323名检查员中，只有47人专职从事绿色食品认证工作，仅占经注册检查员总数的14.6%，276人从事“三品一标”兼职工作，占总数的85.4%。这对绿色食品工作力量产生了一定影响，尤其在地县级机构中最为明显。2004年起，经中国绿色食品发展中心注册的地县级检查员占到检查员总数的69%，在实际工作中，虽然地县级检查员均参与，但是多数地县级绿色食品检查员还不能独立承担文件审核、现场检查任务，主要依靠省级检查员，尤其是在材料认证审核把关上，全部由省级检查员完成。这也使得大多数地县级检查员不能在实际工作中得到很好的锻炼，对相关业务工作不熟悉。

（三）检查员任务量不均衡

从现有的实际工作情况看，一是省级检查员工作量重，省级检查员认证审核与现场检查企业数量远远超过其工作承受范围。从近几年申请情况看，除山东省、浙江省、辽宁省、云南省外，其他省份的每个绿色食品企业认证均需省级机构检查员参与，2 697名检查员中有518 名为省级检查员，2 179名为市县级检查员。以2010 年为例，除山东省、浙江省、辽宁省、云南省外，256 名省级检查员承担 1 730家企业绿色食品工作，每名省级检查员承担6. 8 家企业的绿色食品工作任务。在山东省和黑龙江省，省级专职从事绿色食品文件审核、现场工作人员均为 3 人，2010 年，山东省 348 家绿色食品企业 861 个产品，黑龙江省 118 家企业 267 个产品。上述两省平均每人每年需分别负责 116 家企业（287 个产品）和39. 3 家企业（89 个产品）的相关工作，工作量极大。此外，由于农产品认证具有较强的季节性，大部分企业需在每年 5—11 月进行检查和材料审核上报，进一步加大省级检查员工作强度。二是省级检查员需要承担大量的沟通协调工作，占用大量时间和精力。从近 3 年一审通过率看，全国受理申报企业有近 87% 的申请认证企业需补充材料，按现行制度安排，最终审核意见和企业补充材料均需通过省级转交，进一步加重省级检查员工作量。某些省（区、市）如重庆、河南虽然培训、注册人员较多，但相关检查工作还是主要靠省级检查员完成。三是各省级检查员还承担其他工作。各省级绿色食品办公室工作人员数量较少，许多检查员需要同时承担其他业务处室布置的工作，每人经常身兼数职，对口多个处室，工作任务繁重。

四、加强绿色食品检查员队伍建设的对策建议

（一）拓展检查员来源渠道，增强检查员队伍稳定性

针对目前绿色食品检查员队伍来源比较集中的现状，要努力丰富检查员来源，大力拓展渠道，充分挖掘大专院校、科研机构、行业协会等相关单位的潜力，广泛吸收这些单位的农业相关人员进入绿色食品检查员队伍。要完善绿色食品检查员规范与章程，加强检查员队伍的年检和审核，增强制度约束和规章限制，保持检查队伍的纯洁性和严肃性。及时扩充绿色食品队伍，加快吸收高素质、高学历、潜力人员，鼓励省级绿色食品机构扩大人员编制。加强绿色食品法律法规的宣传和引导，促进各级政府高度重视农产品质量安全，增加对绿色食品工作的重视程度和支持力度，增进基层检查员队伍的专业性和稳定性。

（二）加强检查员职业培训，提升业务技能和素质

要加强职业培训部门联动，建立以中国绿色食品发展中心为核心，省级中心、地县级中心为一体化的检查员培训网络，形成层级分明、横向拓展的培训架构。建立检查员

队伍分层培训、分层带动的工作机制，实现国家级、省级、地县级层层培训带动。结合农产品质量安全发展态势，定期举办各类专业培训班，加强绿色食品理念、检查程序、报表填写、职业素质等内容的专业培训，提升检查员队伍的专业知识和整体素质。要加强基础培训投入，购置先进设备，配套专业器材，建立稳定的专业培训场地，打造长期稳定的培训场所。

（三）完善绿色食品检查工作机制，促进检查员任务均衡化

要进一步完善绿色食品检查员任务分配机制，实行任务层级分解，任务细分，实现检查任务重心向地县级转移，调动基层检查员、一线检查员的力量，减轻或分担省级绿色食品检查的工作任务。要改进工作机制和方法，采用先进仪器和远程操作技术，减少人工和手动操作，减少检查环节和不必要的程序，提高检查水平和工作效率。要合理配置检查员队伍工作比例，扩大基层队伍任务数量，形成金字塔任务结构。

（四）建立激励机制，充分调查检查员工作积极性

继续完善绿色食品检查员考核管理办法，探索建立健全检查员激励机制，鼓励地方各级政府部门加大对绿色食品优秀检查员的表彰力度、奖励力度和宣传力度，充分调动地方绿色食品检查员的工作积极性。要严格落实检查员责任制，不定期抽查检查员工作内容和质量，对工作中存在重大失误的检查员，按照相应规定进行批评，加强处罚，甚至淘汰出队伍。同时，上级绿色食品机构要拿出一定比例的资金，对下一级先进检查员进行物质奖励，并配合宣传报道，加强精神鼓励。

绿色食品检查员绩效考核体系探讨*

王多玉　周大森　马　卓　李显军

（中国绿色食品发展中心）

食品安全问题一直以来就是我国政府十分重视的问题。20 世纪 90 年代以来，我国城乡人民在解决温饱问题后，对食品安全提出了新的要求。我国农业发展也开始了战略转型，向高产、优质、高效发展。绿色食品以其科学的标准体系、特色的制度安排、安全优质的品牌形象，赢得了各级政府、企业和消费者的信赖。绿色食品检查员的绩效考核体系对于规范绿色食品检查员管理，提高绿色食品审核工作质量和效率具有至关重要的意义，直接影响到绿色食品现场检查和文审的质量，进而影响到绿色食品事业的健康、持续、稳定发展。因此有必要对绿色食品检查员进行全面、客观、公开、公正的绩效考核，并将考核结果及时公布，反馈给绿色食品检查员，以激发绿色食品检查员的工作积极性，进而不断提高绿色食品检查员的现场检查能力和材料文审能力，推进绿色食品事业的不断发展。

一、绿色食品检查员的权责

绿色食品检查员是指经中国绿色食品发展中心核准注册的从事绿色食品标志使用许可审核和现场检查的人员。绿色食品检查员分为检查员和高级检查员两个注册级别，均需要有相应的专业知识和绿色食品工作经历，并参加中国绿色食品发展中心举办的培训并考试合格。截至 2015 年 5 月，全国有效期内检查员共 6 476人，其中高级检查员 558 人，占检查员总数的 8.6%。绿色食品检查员负责对绿色食品申请许可企业进行材料审核、现场检查、环境调查。通过对受检企业的检查提出检查意见并要求企业对不当之处进行整改。绿色食品检查员是绿色食品检查工作的主要责任人，是联系绿色食品工作机构和申请企业的纽带，是申请企业对绿色食品的最直观感受。这就要求绿色食品检查员在工作中要增强绿色食品检查员的责任意识、服务意识，全心全意做好绿色食品检查工作，为绿色食品事业的发展作出应有的贡献。

---

* 本文原载于《农产品质量与安全》2016 年第 1 期，20－22 页

检查员在检查工作前签订《绿色食品检查员责任书》，检查中应当按规定履行检查员职责。主要包括5个方面。

（一）秉持敬业精神

检查员应当恪守客观公正、诚实守信的职业操守，反对弄虚作假；遵纪守法，廉洁自律，拒绝接受企业酬劳；树立认真严谨、深入扎实的作风，从严从紧把关，力戒敷衍塞责；强化事业心和使命感，努力促进绿色食品事业持续健康发展。

（二）严格标志许可审查

应当认真细致检查申请人材料，确保申报材料完备、真实、有效；规范深入地开展现场检查，确保关键控制点符合管理要求；如实记录和报告审查中发现的问题，确保审查结论客观公正准确。

（三）做好服务工作

检查员是绿色食品机构的代表，在检查中要注重工作效率，保证在规定时限内完成标志许可审查各个环节的工作；指导申请人完善标准化生产体系和管理制度，提高产品质量保证能力；加强业务知识学习，增强为申请人服务的意识和能力。

（四）维护申请人权益

严格遵守保密协议，妥善保管标志许可档案，不泄露申请人商业秘密；公开工作规则和审查进程，自觉接受申请人和社会的监督。

（五）强化责任追究

检查员违反上述责任条款，相关绿色食品工作机构对其诫勉谈话，或根据《绿色食品检查员注册管理办法》等有关规定予以处理。

二、绿色食品检查员绩效考核体系

相对于绿色食品检查员队伍的建设，绿色食品检查员工作绩效考评体系的建设起步较晚。2013年9月中国绿色食品发展中心发布了《绿色食品检查员工作绩效考评暂行办法》（以下简称暂行办法），对绿色食品检查员的考核和评价进行了完整科学的制度规范。检查员的工作档案信息运行以“绿色食品审核与管理系统”（简称金农系统）为技术支撑，相关信息必须在金农系统中运作，检查员也可以在金农系统中查看自己的工作成绩，从而形成一个公平、公开的信息工作平台。绩效考核遵循工作数量与工作质量相统一，更加注重工作质量的基本原则。暂行办法对检查员的绩效考核包括4项指标。

（一）申报材料完备率

考核申报材料不需补报的一次完备性。申报材料完备率体现了检查员对绿色食品材料审核规范的掌握程度，也是对检查员工作是否规范、负责的一项考察。

（二）终审合格数量

考核材料审核和现场检查工作的有效量。终审合格数量是在保证质量的基础上对检查员工作量的考察，包括对产品数量和产品质量的考察。

（三）终审合格率

考核材料审核和现场检查工作的有效性。终审合格率以产品为单位进行评分，是对检查员连接企业和绿色食品工作机构、掌握绿色食品审查规范、积极认真对待工作等的全面考核。

（四）申报材料真实性

考核材料审核和现场检查工作真实程度。申报材料真实性要求检查员对工作诚实守信，对自己负责、对企业负责、对绿色食品工作机构负责、对绿色食品事业负责。

中国绿色食品发展中心在每年年底向各省绿色食品办公室通报检查员本年度及年度累计绩效考评分，对评定出的优秀检查员给予表彰和奖励。2014 年，依据《绿色食品检查员工作绩效考评暂行办法》，中国绿色食品发展中心评出 100 名优秀绿色食品检查员进行了表彰，表彰人数约占 2014 年注册检查员的 8%。

三、现行绿色食品检查员绩效考核体系的特点

绿色食品检查员绩效考核体系对强化和规范绿色食品检查员工作绩效考核评价的管理，促进检查员工作质量和效率的不断提高起到了重要作用。考核体系一方面调动了检查员工作的积极性，另一方面使检查员更清楚地了解所从事检查工作的性质、内容、职责及标准、权力等，使其能更好地开展工作，另外也为检查员培训和检查员的自我提升指明了方向。暂行办法的出台为检查员绩效考核体系的建立提供了强有力的制度支撑，使检查员考核体系逐步完善。从考核体系分析，有以下几个特点。

（一）考核内容完整性

绩效考核办法依据绿色食品检查员的工作职能，确立了完整的考核内容。对申报材料的完整性、终审合格数量、终审合格率、申报材料真实性等 4 个指标进行考核，分别对材料的数量和质量进行考核。检查员也可以通过对考核内容的学习，更好地理解自己在绿色食品事业中所担任的职责，明确自己的努力方向，更好地为绿色食品事业的发展

贡献力量。

（二）评分方法科学性

为了减少绩效考评过程中凭直觉、印象、主观经验进行的判断，提高绩效考评准确性，绿色食品检查员绩效考核评分采取了定性量化的方法。对申报材料完备率、终审合格数量、终审合格率、申报材料真实性等指标，科学分析评价指标的可能取值空间。关于权重设计，一方面根据任务完成的难易度，针对不同指标计以不同权重，比如申报材料完备率与终审合格率的比重为4：3；另一方面，根据工作量的大小，计以不同的权重值。另外，对材料真实性有严格要求，出现虚假证明、记录等情况可导致当年绩效考评为零分，检查员的绩效成绩通过得分的方式进行累加，大大增加了考核的准确性。

（三）评分过程公开性

评分主要通过金农系统进行计算并在网络实时公开，各检查员可以在金农系统中查看自己以及其他检查员的当前绩效考核评分，若对绩效考核评分有疑问，也可进一步查询相关工作的详细记录。在每年年终，中国绿色食品发展中心会以金农系统中的数据为主要依据，评选出当年工作最为优秀的检查员100名，向其颁发证书并给予物质上的奖励。相关纸质文件也会发送给全国各地工作机构。

四、绿色食品检查员绩效考核体系存在的问题

绿色食品检查员绩效考核体系才刚刚起步，虽然已经取得了一些效果，但是在考核评分设置、考核效果评价反馈以及加强广大检查员对考核体系的认识等方面尚有待完善和提高。

（一）考核评分缺乏针对性

绿色食品体系在全国各地发展并不均衡。据统计，2013年山东省申报绿色食品企业459家，而海南、贵州、西藏等省（区）申报企业数仅仅为个位数，数量相差极大。而现行绩效考核评分办法仅仅针对工作量进行评分，未考虑地区差异，在执行中必然导致发达地区优秀人员较多，而不发达地区常年无优秀人员的情况。另外，考核办法未对不同类别产品进行区分，检查养殖企业与检查种植企业所获成绩相同，而实际上，养殖企业材料申报难度比种植企业高得多，申报完备率也较低。

（二）绩效考核评价反馈不及时或者无反馈

暂行办法未对绩效考核办法的反馈进行明确规定，也未发行与反馈相关文件予以补充。在实际执行过程中，反馈结果通常以文件形式发放，检查员不能及时了解绩效考核情况，导致绩效考核评价反馈不及时甚至无反馈。

（三）绩效考核体系尚未深入人心

作为一项新制度，绿色食品检查员工作绩效考评暂行办法并未被广大检查员深入了解。很多人甚至认为考核只是流于形式，不管绩效高低，优秀检查员的结果都是一样的。这样导致绩效考核办法失去了其实际意义，不利于检查员工作积极性的提高，也不利于检查员提高自身工作能力。

五、提高绿色食品检查员绩效考核效果的建议

（一）建立科学完善有针对性的绩效考核方法

针对不同地区、不同行业绿色食品发展程度不同的现状，按地区、行业制定不同的考核标准和考核方法，根据工作的难易程度分级分类别进行考核，实现分地区、分行业考核，以提高考核的公平性和可操作性。

（二）加强绩效考核办法的宣传和培训

使检查员充分认识绩效考核的公平性与公开性，正确认识绩效考核的重要性和必要性。树立正确的绩效考核观念，让绩效考核更具实质性，用绩效考核来督促检查员的工作，促进绿色食品事业的稳步发展。

（三）建立绩效考核评价反馈机制

绩效考核评价结束之后及时将评价结果反馈到检查员，使优秀检查员更好地了解自己工作的成绩，提高工作信心，在以后的工作中更上一层楼；对绩效成绩不好的检查员，告知他们工作中存在不足，在以后工作中要更加努力。只有这样，才能提高检查员的工作绩效成绩，进而提高检查员队伍的工作能力。

总之，只有绿色食品工作机构和绿色食品检查员共同努力，制定科学、合理、完善、有针对性的检查员绩效考核体系，正确对待考核结果，及时反馈考核评价，才能使绿色食品检查员绩效考核真正起到应有的作用，促进绿色食品检查员的业务能力的提高，进而促进绿色食品事业的稳步发展。

参考文献

程晓军 . 2007. 我国高校辅导员绩效考核指标体系研究［D］. 苏州：苏州大学 .

高宏巍，何三鹏，李瑞红，等 . 2015. 无公害农产品与绿色食品从业人员培训效果评价与分析——以上海市为例［J］. 农产品质量与安全（3）：20－22.

高岩 . 2010. 我国社会工作人才队伍建设研究［D］. 大连：大连海事大学 .

宫凤影，谢焱，夏兆刚 . 2014. 绿色食品检查员队伍建设现状分析及对策建议［J］. 农产品质量

与安全（4）：22－24.

韩沛新. 2012. 我国绿色食品发展现状与发展重点分析［J］. 农产品质量与安全（4）：5－9.

韩沛新. 2013. 绿色食品工作指南［M］. 北京：中国农业科学技术出版社.

胡昌弟，李苹，胡菁. 2012. 农产品质量检测实验室质量体系管理评审工作探讨［J］. 农产品质量与安全（3）：38－40.

金发忠. 2014. 我国农产品质量安全风险评估的体系构建及运行管理［J］. 农产品质量与安全（3）：3－11.

刘斌斌. 2012. 我国绿色食品发展现状与对策思考［J］. 农产品质量与安全（6）：18－20.

马爱国. 2015. 新时期我国“三品一标”的发展形势和任务［J］. 农产品质量与安全（2）：3－5.

王骚. 2011. 公务员绩效考核中的问题及对策分析［J］. 山东大学学报：哲学社会科学版（1）：25－31.

王运浩. 2013. 我国绿色食品与有机食品近期发展成效与推进路径［J］. 农产品质量与安全（2）：9－12.

修文彦，杜海洋，田岩，等. 2014. 绿色食品诚信体系建设探讨［J］. 农产品质量与安全（1）：24－27.

张侨. 2013. 关于提高我国绿色食品认证有效性的思考［J］. 农产品质量与安全（1）：23－24.

张星联，张慧媛，许彦阳，等. 2015. 专业人员对农产品质量安全风险交流的认知及诉求分析［J］. 农产品质量与安全（3）：54－57.

品牌建设与市场发展

绿色食品信息化业务平台建设现状及发展思路*

常筱磊　赵　辉

（中国绿色食品发展中心）

近年来，我国信息化进程突飞猛进，信息化水平日益提高，在工业、商业、民用等方面大放异彩，得到了社会各界的密切关注和国家领导的高度重视。推动信息化工作已列入国家“十二五”规划，势必成为各领域促进行业改革、推动事业发展的重要举措，也是全社会所共同面临的一项新任务和新课题。在新的形势下，我国农业信息化发展面临新的机遇和挑战，必须抓住农业发展的先机，大力推进农业信息化的跨越发展，使现代农业在信息化快速发展过程中提质增效。

一、绿色食品信息化业务平台建设现状及成效

绿色食品以业务数据和工作流程的电子化、网络化、自动化处理为基础，通过业务平台搭建和功能扩充延伸，逐步实现事业的信息化。按照农业部信息化建设整体规划，绿色食品依托“金农工程（一期）农产品和生产资料市场监管信息系统”项目建成了“绿色食品网上审核与管理系统”，用于支撑和辅助绿色食品各项业务的开展。

“绿色食品网上审核与管理系统”采用了工作流设计思路，为各岗位分别设置了流程环节或工作模块，内容涵盖受理、审核、颁证、监管、财务、检查员、监管员管理等多项业务工作，包括审核许可、证书管理、财务管理、监督检查、基础信息管理、综合查询和统计分析等七大模块共42个子模块。系统于2013年8月启动上线，截止到2014年12月底，累计创建用户660余个，办理业务4 700余件。

“绿色食品网上审核与管理系统”通过打造部省级用户平台，实现了核心业务向信息化工作方式的转变，一定程度上提高了整体办事效率和管理水平，降低了工作难度，节省了人员和材料成本，初步满足了中心与各省级工作机构之间信息交互和协同办公的工作需要，拓宽了中心面向地方的信息传递渠道，对各省工作机构履职能力、管理手段

* 本文原载于《农产品质量与安全》2015年第3期，23－25页

和服务水平的提升，起到了一定的支撑和促进作用，也为日后事业信息化长远建设和深化工作改革奠定了基础。

二、信息化工作存在的问题

绿色食品信息化处在起步建设阶段，取得了初步应用成效，也存在一些问题需要跟进解决。

（一）尚未将相关基层单位纳入信息化体系

绿色食品地市、区县级基层工作部门和管理机构在事业结构上发挥着重要的底层支撑作用，而当前只将部省两级工作机构纳入了信息化平台，未对下级和周边用户群体进行全面覆盖。相关用户角色的缺失，使绿色食品缺少数据有效采集和自动化处理的基础前提，只能依靠纸质文档收发和人工识别进行材料受理和标准比对工作，未能摆脱传统工作方式的局限性，需付出大量时间、人力和财力成本弥补信息采集、传递、处理、存储方面的能力缺失。

（二）尚未实现对已有绿色食品数据的有效利用

绿色食品业务信息具备类别层级多、地域分布广、时间跨度大的特点，数据复杂多样，包含巨大的统计处理工作和潜在利用价值。受建设进度所限，当前系统数据仍以表单等文本展示为主，未建立起良好的分析模型和视图展示功能。

（三）尚未实现与外界平台的信息资源共享和交互

绿色食品的服务性、公众性和品牌性，决定了事业与外界进行信息交互的必要性。当前大部分绿色食品功能服务和数据资源只能在系统内部应用，尚未与其他系统平台对接，不能充分满足中心向外部共享和发布数据的需要，也不利于中心及时有效地获取外部资源和反馈信息。

（四）尚未实现绿色食品可追溯功能

可追溯是保证食品安全的重要监管手段，对于督查违法用标，维护市场秩序，建立信誉体系有着积极推动作用。目前绿色食品尚未建设起成体系模型的追溯功能，造成监管难度高、工作量大等难题无法有效解决。

三、绿色食品信息化发展思路

绿色食品信息化的总体发展思路是，前期以各方用户供求关系为模型基础，以专业服务和权威数据为核心资源，通过信息化技术手段实现工作方式转变和服务能力提升，建立可融合多方用户群体的集约开放式信息平台框架。后期通过平台功能的持续丰富和不断改进，逐步形成拥有海量用户和高品质服务的大型办事服务平台，支撑环链式产业运作模式，打造良好产业生态环境。建设重点主要在以下几个方面。

（一）拓宽用户覆盖，提升服务水平

随着业务挖掘和建设深入，逐步将系统平台向全国各级工作机构和周边用户群体延伸。积极推动省、市、县三级农产品质量安全信息化建设，实现监管等信息的纵向和横向串联。

1. 将平台向全国各级工作机构延伸

全国市县级绿色食品工作机构是中心铺设在全国的一线工作机构，直接与申报企业、当地检测机构开展相关工作，是中心获取可靠信息资料的主要力量和重要保障。实现基层部门的入网办公，是稳步开展信息化建设的重要先行条件。

后续将分别以省、地市、区县三级分支机构用户为主体，各级协同工作方式为需求，建设三级业务子系统，并根据各地方工作条件逐步向下级延伸。通过职责分摊和权力下放，对证前材料审核和现场检查工作继续加强规范，统一审查尺度；使证后年检、抽检等相关监管制度执行能够进一步切合实际、保障落实。为检查员建立平台终端，通过系统完善任务分配机制，对任务层级分解和明确细分，把检查任务重心向地县级转移，实现对各级检查员工作的科学分摊和统筹管理。

2. 将平台向外部用户群体延伸

外部用户群体是保障事业顺利开展的核心主体，用户群体种类的覆盖完整度直接决定平台的扩展基础和资源价值。

申报及获证企业是绿色食品重点管理和服务对象，涉及受理、颁证、监管、财务等多项核心业务，加强企业的参与程度将大幅减少办事成本、提升全局管理能力；定点检测机构是协助中心进行产地环境、产品质量把关和生产过程管控的重要第三方合作机构，出具的检测报告是中心进行审核评判的重要依据，实现其数据的完整性、有效性、真实性和及时性传输，可以帮助中心正确评审出具结论和按时流转颁证；市场营销机构是保障获证产品流通的重要推手，给予其一定的信息支撑，可以激活市场潜力、调动潜在资本，同时中心所收集掌握的供求信息，作为持续推进市场流通体系建设的客观依据；公众消费者选择产品主要依靠对企业品质的信任程度，包括对企业的善意信任和能力信任，通过信息平台向消费者提供信用记录和评审情况，可以打通企业与消费者之间的沟通桥梁，有利于维护个体公平交易和营造整体良好市场环境。

后续将分别为以上用户群体建立平台终端，通过信息交互共享充分保障用户的知情权、选择权以及咨询、申请、反馈、举报等行为诉求，并从用户设计角度提高功能专业化、实用性和友好度，贯彻自助式操作理念并不断改进，充分调动用户群体主观积极性，使平台得到充分利用和良性推广。

（二）扩大业务边界、深化工作改革

扩展平台建设内容，逐步将绿色食品相关业务全部纳入建设范畴，如标准库的全文存储、原料标准化基地以及绿色食品生产资料的审核管理等。进一步解放各部门生产力，释放事业内部活力，为下阶段转变工作方式做好空间储备。

以无纸化为方向，探索进行信息化工作改革。利用电子审批（电子签章、电子签名）、电子档案管理等技术，实现工作档案的无纸化管理、跨平台数据共享和智能检索等功能，彻底转变现有办公模式，继续提高工作质量和效率。

（三）开辟媒介渠道，发挥资源价值

1. 引入多元信息载体

一是为企业自主获取信息开辟新渠道，如建立自助式电话语音查询、移动平台应用、电子邮件、系统推送短信和网站定制服务等媒介方式。降低中心咨询电话的接入数量。二是为中心主动推送通知消息提供支持，如对证前审核、证后监管等信息通过短信、邮箱、网站定制消息等方式进行精准投递，实现进度信息与企业的及时共享，减少工作积压，提升整体办事效率。

2. 加入视图媒体技术

将平台数据加工为直观实时的坐标图和体系图，融合动画技术、电子地图等媒体展示功能。最终形成完整独立的图文统计分析报告，用于反映产业现状，预警市场风险，辅助对外宣传等工作。通过加强数据的展示和利用，提高绿色食品信息化平台的专业价值，为日后实现事业模式化管理和大数据分析做好前期铺垫。

（四）整合社会性资源，建立共享交换机制

发挥平台的支撑和整合优势，通过系统外部接口建设，探索与电子商务平台、网络支付平台、快递平台、政府部门等外界第三方平台的合作对接，提升平台的综合办事和服务能力。通过与外部资源的引入，开辟绿色食品公众服务和形象展示的新渠道，发现提升审核和监管能力的新手段。

一是建立与监管、电商平台交互的获证数据交换接口。以绿色食品获证和交易信息为核心交换内容，向电子商务平台交换最及时、权威的绿色食品获证信息，收集绿色食品企业的贸易信息。既用以防范虚假信息流入市场，扩大品牌市场认知度及社会认可度，也可以及时掌握销售行情，辅助中心在质量监管和市场宣传等方面进行工作部署。二是建立与快递、支付、政府平台的交互接口。使文件物流、汇款到账、企业工商注册信息等数据可以被及时抓取，实现对周边信息的验证、跟踪、汇总和发布。延伸系统的信息整合边界，扩大对外界资源的采集利用。三是建立与相关标准制定机构的数据更新接口。对绿色食品标准与基础通用标准交叉重复的部分内容，后台实现自动互传更新，

改变产品标准只能滞后修订的被动局面，保证绿色食品标准的及时正确同步。

（五）尝试建立可追溯体系

借助系统延伸后各用户群体所提供的信息资源，从统一标识编码和规范信息采集入手，探索建立绿色食品追溯体系。如通过加印产品包装二维码与后台数据对接，终端扫描呈现产品的生产流通、获证过程、核准用标、检查经历、信誉评价等可追溯信息。

参考文献

陈倩，张志华，唐伟，等．2014. CAC 及我国食品安全标准体系框架对绿色食品标准体系构建的借鉴．农产品质量与安全（5）：26－29.

陈晓华．2015. 2014 年我国农产品质量安全监管成效及 2015 年重点任务．农产品质量与安全，（1）：3－8.

宫凤影，谢焱，夏兆刚．2014. 绿色食品检查员队伍建设现状分析及对策建议．农产品质量与安全（4）：22－24.

罗斌．2014. 我国农产品质量安全追溯体系建设现状和展望．农产品质量与安全（4）：3－6.

人民网．2015. 现代农业需要加快推进农业信息化建设［EB/OL］.（2015－03－24）［2015－04－09］. http：//www. moa. gov. cn/fwllm/xxhjs/dtyw/201503/t20150324_ 4456217. htm.

王二朋．2013. 消费者食品安全信任研究．农产品质量与安全（4）：66－70.

王二朋．2015. 消费者食品安全信任度指数研究．农产品质量与安全（1）：61－64.

王运浩．2015. 推进我国绿色食品和有机食品品牌发展的思路与对策［J］. 农产品质量与安全（4）：22－24.

张宪，乔春楠，马卓，等．2015. 影响绿色食品标志许可审查工作质量的因素及对策．农产品质量与安全（1）：18－21.

中国绿色食品发展中心．2013. “金农工程一期绿色食品审核与管理系统升级完善项目”通过验收［EB/OL］.（2013－12－04）［2015－04－09］. http：//www. greenfood. moa. gov. cn/xw/yw/201312/t20131204_ 3697170. htm.

中国绿色食品发展中心．2013. 农业部信息中心李伟克副主任率金农工程应用设计组实地调查“三品”设计需求［EB/OL］.（2015－12－04）［2015－04－09］. http: //www. greenfood. moa. gov. cn/jg/zyld/wyh/zyhdw/200704/t20070411_ 2305385. htm.

中国政府网．2012. 国家发展改革委关于印发“十二五”国家政务信息化工程建设规划的通知［EB/OL］.（2012－05－05）［2015－04－09］. http: //www. gov. cn/gongbao/content/2012/content_ 2210096. htm.

“互联网+”助力绿色食品产业发展*

唐　伟　张志华

（中国绿色食品发展中心）

2015年国务院提出“‘互联网+’行动计划”，目的是通过新一代信息技术与传统产业的跨界融合，培育和催生经济社会发展的新动力。“互联网+”将促进产业结构调整，经济发展方式转变和国民经济提质增效升级。随着“互联网+”向各行各业不断渗透，通过移动互联网、大数据、云计算、物联网等新一代信息技术与绿色食品的跨界融合，“互联网+”也将赋予绿色食品的新机遇。

一、绿色食品产业发展存在的问题分析

绿色食品是我国农产品质量安全工作的重要抓手，是安全优质品牌农产品建设的重要方向。发展绿色食品，对于推进农业发展方式转变、提高农产品质量安全水平、保护农业生态环境、促进农业增效和农民增收具有重要作用。20多年来，绿色食品产业保持了稳步健康发展的态势，取得了显著的经济、社会和生态效益。但是绿色食品产业发展还存在一些薄弱环节，有很大的提升空间，主要表现在以下方面。

（一）标准化生产水平有待提高

绿色食品产品结构以初级农产品为主，农户在绿色食品肥料、农药等投入品使用准则框架内，制定适合本企业的生产操作规程，此规程体现申报材料中，三年用标期内有效。但是农业生产是一个动态过程，随着温度、降水、病虫害传播等外界条件的变化，需要及时调整投入品使用方法，因此申报材料中规定的生产操作规程只能把握大方向，不能实现对种植过程动态、精准的标准化管理。

（二）标志许可审核服务水平有待提高

一是标志许可审核时间长，企业申报绿色食品需要付出较大的时间成本。从《绿

* 本文原载于《农产品质量与安全》2015年第6期，7－10页

色食品标志许可审查程序》对各工作环节的时限要求看，一个企业从申请到颁证至少需要 190 个工作日。审核时间长的主要原因是标志许可审查工作链条长、农产品季节性较强、工作体系内部信息沟通不畅以及工作机构人员力量不足。二是标志许可审核科学性和规范性有待提高。主要原因是产品生产链条长、环节多，标志许可审查环节多、检查员专业水平差距大。

（三）证后监管水平有待提高

一是绿色食品标志市场监察范围有限。对于个别企业用标不规范或违规用标行为，标志市场监察主要依靠各级工作机构从大型超市及农产品市场购买绿色食品产品，查询比对后查找不合格用标产品。但是我国农产品流通渠道众多，渠道及其源头难以溯及，特别是很多农产品无包装或不用标销售，给绿色食品标志监察工作造成很大困难。二是质量安全监管难度大。农产品生产环节多、链条长、生产周期长，绿色食品企业年检只能通过绿色食品监管员在一个固定的时间点上对企业生产过程加以考核，难以做到对企业生产过程的实时动态监管，给产品质量安全带来风险和隐患。

（四）优质优价市场机制未得到充分发挥

绿色食品品牌认知度低，消费者普遍听说过绿色食品，但是对于绿色食品的实际价值很模糊，品牌对消费者购买的驱动力较弱。主要原因，一是整个绿色食品工作系统面向国内外市场的品牌深度宣传与推广不足。二是绿色食品专业营销渠道建设和市场营销支持力度不够。绿色食品品牌认知度低，使得绿色食品优质优价市场机制未得到充分发挥，从而进一步削弱了企业主动发展绿色食品和进行标准化生产的动力。

二、"互联网 +"可助力绿色食品产业升级

运用互联网、物联网、大数据等先进技术，"互联网 +"将有助于解决绿色食品产业发展中的问题，助力绿色食品迈向新的发展阶段。

（一）"互联网 +"助力绿色食品全程质量控制全面落实

绿色食品质量控制遵循"从土地到餐桌"的全程质量控制技术路线，产地环境质量、投入品使用、标准化生产、产品质检、包装储运等全部生产过程都要符合绿色食品技术标准要求。物联网、大数据、移动互联网等信息技术可以助力绿色食品全程质量控制全面落实。

1. 产地环境质量监测

利用物联网、信息融合传输、大数据和互联网技术，构建农业生态环境动态监测网络，可以通过感知大气、土壤、水等环境因素，保证产地环境质量实时符合绿色食品标

准要求。

2. 生产过程管理

生产管理过程实行全程自动控制以及智能化管理，可保证企业按照绿色食品技术标准组织生产。利用从环境和生命体智能感知的信息，结合农业生产大数据，可以实现农业生产中的智能节水灌溉、农机定位耕种、测土配方施肥、智能病虫害预警、智能分析决策等精准化种植作业。

3. 产品质量监测

将生产中的快速检测、申报产品检测等数据与农产品质量安全大数据相结合，可使绿色食品管理机构动态、实时发现质量风险。

4. 包装贮运

在包装贮运过程中，通过物联网、二维码、无线射频识别等信息技术，可保证绿色食品产品与普通产品区分管理，保证整个过程安全、可追溯。

（二）“互联网＋”助力绿色食品标志许可服务水平提升

绿色食品标志许可审核，是各级绿色食品管理机构对企业申报的绿色食品申报材料进行审核、为审核合格企业发证的过程，是绿色食品管理工作的关键。如何提高绿色食品管理机构对企业和农民的服务水平，是影响绿色食品品牌形象和公信力的关键因素，也是转变政府职能的重要体现。加快构建“互联网＋”服务平台，为提升工作效率、简化环节、提高审核公正性和规范性提供可能。

1. 审核管理平台

互联网技术具有实时性、智能化的优点。在审核管理过程中，使用互联网和移动互联网技术，可以大大缩短各环节时间，例如，从企业申报经过市县、省绿色食品办公室到国家中心的申报材料传递过程，通过快递传递纸质材料累计费时较长，通过电子化申报，可减少传递时间。审核过程中产品检测报告等一些重复性的数据比对工作，也可以通过平台实现自动审核。

2. 企业信息管理平台

通过互联网和移动互联网技术搭建服务平台，可以为申报及获证企业提供受理、颁证、监管、财务等多项业务信息服务，加强企业的参与程度，减少办事成本；为企业及时提供政策法规、标准规范、市场信息、质量信息、操作规程服务，提高服务水平。

（三）“互联网＋”助力绿色食品证后监管水平提高

绿色食品标志使用有效期为 3 年，3 年期间绿色食品管理机构要对用标企业进行持续监管。确保企业生产和用标持续合规是监管的关键，是绿色食品产品质量和品牌信誉的重要保障。通过物联网、大数据、移动信息等技术收集和处理信息，可以从企业年检、标志市场监察、质量安全预警等多方面提升绿色食品证后监管水平。

1. 建立可追溯体系，提高监管有效性

利用移动互联网、物联网、二维码、无线射频识别等信息技术，建立绿色食品从生产、加工、储运到销售的可追溯体系，通过信息采集、数据传输和信息查询等功能，提供可追溯产品标志信息和企业质量安全信息检索，可以实现绿色食品的来源查证、去向追溯与责任定位，提高绿色食品企业年检和标志市场监察的效率，提升标志和质量安全监管水平。

2. 建立社会化合作平台，提高打假时效性

利用移动通信等信息技术，采集和汇总绿色食品标志使用数据，充分发挥社会监督的保障力量；同时与工商、质量监督等部门进行数据对接，通过大数据、云计算等技术，可以及时发现绿色食品违规用标及假冒产品，联合有关部门及时打假，提高绿色食品标志监督管理时效性。

3. 建立风险预警网络，提高风险可控性

利用大数据、云计算、移动通信等信息技术，采集和汇总质量安全数据，包括内检员信息传递、专家系统信息传递、检测数据信息传递等，同时通过与农业、环境等部门甚至亚太地区农产品质量安全合作信息服务系统的数据对接，通过实时监测监控，动态预测预警，可以及时发现潜在的产品质量风险，及时应对。

4. 建立诚信数据网络，提高获证企业自律性

通过绿色食品行业信用信息记录和采集、与工商等部门采集的企业诚信信息大数据对接，按照绿色食品行业诚信标准，建立绿色食品企业诚信信息公共服务平台，可以开展绿色食品企业诚信评价，加强诚信宣传与诚信文化建设。

（四）“互联网+”助力绿色食品的品牌价值提升

绿色食品品牌价值体现在通过向消费者宣传绿色食品安全、优质和促进可持续发展的品牌内涵，实现绿色食品的优质优价。互联网技术拉近了生产企业和全球消费者之间的距离，改变了双方的沟通方式，拓宽了营销渠道，将促进绿色食品品牌价值提升，推动绿色食品进入“以品牌引导消费、以消费拉动市场、以市场促进生产”的持续健康发展轨道。

1. 强化品牌深度宣传

随着互联网的发展和社交网络的兴起，品牌宣传方式已经从以往电视、报纸、户外广告等媒介传播，转变到依靠情景、体验、口碑的互动式传播。互动式传播，使得消费者可以通过绿色食品可追溯体系、网上互动交流、口碑传播及“O2O”销售体验等多种方式，深入了解绿色食品的核心价值，从而不断提升品牌的社会知名度和市场影响力，增强品牌价值，放大品牌效应。

2. 加快市场营销服务体系建设

通过为绿色食品企业搭建绿色食品电子商务平台，能够方便消费者购买到真正的、品种丰富的绿色食品产品；使绿色食品的形象以优质产品为依托显现出来；促进销售，使生产企业提高利润，拉动企业自觉按照绿色食品要求生产。

3. 促进境外合作

运用互联网技术，通过建立国际交流平台，跟踪国际标准动态，宣传绿色食品品牌形象，促进出口贸易，可以进一步推进绿色食品国际化发展战略。

三、落实“互联网+”绿色食品的对策建议

面对“互联网+”给绿色食品发展带来的历史性的机遇，绿色食品管理机构应该及时行动起来，着手制定和落实绿色食品的“互联网+”行动计划，推进绿色食品产业发展。绿色食品全面发展“互联网+”尚需发展大环境配合，笔者认为当前可以从以下几个方面入手。

（一）落实绿色食品标准化生产的“互联网+”

在“互联网+”初期阶段，要求这些以初级种植业产品为主的绿色食品企业全面实现“互联网+”有较大难度，可以从全国绿色食品原料标准化生产基地入手，成熟后推广到企业，逐步施行“互联网+”行动计划。目前全国已创建635个绿色食品原料标准化生产基地，基地种植面积1.6亿亩，基地为绿色食品申报企业提供了大量的加工原料和畜禽饲料。基地申报主体为县级人民政府，与单个企业相比，政府落实“互联网+”在资金、技术、基础建设等各方面都具有较强的优势，可以先行推广。现阶段平均每省（区、市）每年只有1～2个基地创建指标，可以将“互联网+”作为基地申报的准入条件，要求新创建的基地能够利用物联网、信息融合传输、大数据和互联网技术等技术，构建农业生态环境动态监测网络，实现农业生产中的智能节水灌溉、农机定位耕种、测土配方施肥、智能病虫害预警、智能分析决策等精准化种植作业。

（二）落实绿色食品证后监管的“互联网+”

绿色食品证后监管的“互联网+”建设应以可追溯系统为核心基础。建设初期要求所有申报企业建立起从生产到营销的全程质量安全追溯体系难度较大，需要各企业投入大量的资金。可以利用互联网和移动互联网技术，先由国家中心建立一个从生产、加工、储运到销售的绿色食品企业可追溯信息服务管理平台。要求申报企业将环境管理、生产管理、投入品使用、产品质量管理、包装管理、市场营销管理的相关数据，通过绿色食品可追溯手机APP填写并上至服务平台。通过此平台，企业可使用上传的管理数据辅助生产管理；消费者通过包装上的绿色食品产品编码，查询到企业基本生产管理情况；绿色食品管理机构可以对企业生产过程全面监管，也可以在流通渠道通过手持设备迅速掌握企业的用标合规情况。在此平台基础上，开发以绿色食品防伪标签为载体的可

追溯系统，要求使用绿色食品防伪标签的企业必须对各批次产品建立单独的识别码，对每批产品都做到过程信息可查询，并将信息与绿色食品防伪标签一同贴在商品上。

（三）落实绿色食品标志许可服务的"互联网+"

应以"金农工程"建设为契机，加大资金投入，加快信息化建设步伐。一是加快完善绿色食品工作审核管理信息系统。利用互联网和移动互联网技术，构建从企业申报、环境监测、产品检测、现场检查、质量审核、专家评审、证书颁发到信息发布一体化的审核管理服务平台。在此平台上，企业进行电子化申报，管理机构进行电子化审批，实现工作档案的无纸化管理；检查员在检查现场通过监管手机APP实时录入检查数据，通过综合前述可追溯信息服务管理平台数据将投入品使用情况与标准自动比对审核；通过与检测机构跨平台数据共享自动比对检测报告。通过自动化管理，进一步提高绿色食品审核管理的公正性、公开性、规范性、有效性和时效性。二是开发企业绿色食品申报管理平台，作为企业端绿色食品可追溯系统和审核管理系统的统一入口。在此平台上企业可以得到申报进程，生产管理情况汇总，以及最新政策法规、绿色食品标准规范、市场信息、质量信息等信息服务。

（四）落实绿色食品品牌建设的"互联网+"

一是与京东等成熟电商合作，加快搭建绿色食品电子商务平台。电子商务的核心在于产品和物流，通过与成熟电商合作，可以尽快推进绿色食品电子商务平台建设。同时将"中国绿色食品博览会"等绿色食品专业展会、绿色食品专卖店与电子商务平台共同合作推广，让消费者可以线下品尝和了解产品，实现"O2O"销售模式。平台建成后，通过大量的销售数据，结合电商合作伙伴的大数据，根据产品热销程度，对销售做出分析和预期，指导绿色食品企业产品开发和营销，开发订单销售模式。二是突破传统媒介，全面使用新的宣传方式。建立微信等手机互动平台的公众服务号，组织线上互动活动和互动话题，潜移默化向消费者深度讲解绿色食品的生产过程，可追溯体系，通过口碑相传，强化宣传绿色食品品牌。

随着各行各业未来"互联网+"的不断深入推进，绿色食品的"互联网+"也将有更深入的推进，例如与其他行业的大数据整合，将为生产、监管和营销决策提供更丰富的支持。同时，随着物联网、云计算、移动互联网、智能机器人等技术的不断发展，"互联网+绿色食品"也必须及时把新技术的因素考虑进去，并清楚意识到这些技术的未来发展可能带给绿色食品产业发展的新机遇和新挑战。

参考文献

常筱磊. 2015. 绿色食品信息化业务平台建设现状及发展思路［J］. 农产品质量与安全（3），23-25.

韩沛新. 2012. 我国绿色食品发展现状与发展重点分析［J］. 农产品质量与安全（4）：5-9.

胡文静.2015. 大数据时代下的传统农业营销创新研究［J］. 湖北农业科学（7）：1 770 – 1 774.

金志广，等.2015. 鹤壁“互联网 +”农业实践探索［J］. 农村工作通讯（15）：13 – 14.

路辉，等.2015. “互联网 +”在现代农业中的应用现状及发展对策［J］. 现代农业科技，2015，15：333 – 335.

漆晨曦.2015. 连接营销—“互联网 +”企业战略目标实现的关键［J］. 通信企业管理（8）：53 – 55.

沙宗磊.2015. 读懂 O2O 才能谈“互联网 +”［J］. 中国市场评论（8），61 – 63.

施建军.2015. 简政放权背景下的市场监管模式创新［J］. 中国工商管理研究（6）：23 – 27.

唐丹，等.2015. “互联网 +”视角下的农产品质量安全监管模式研究［J］. 农产品质量与安全（5）：6 – 9.

许世卫.2014. 农业大数据与农产品监测预警［J］. 中国农业科技导报，16（5）：14 – 20.

张浩然，等.2014. 农业大数据综述［J］. 计算机科学（41）：387 – 392.

张侨.2015. 绿色食品产业机构存在的问题与调整对策研究［J］. 农产品质量与安全（5）：19 – 21.

张宪，等.2015. 影响绿色食品标志许可审查工作质量的因素及对策［J］. 农产品质量安全与安全（1）：18 – 21.

章力建，等.2015. “互联网 +”助力我国农产品质量安全提升［EB/OL］.（2015 – 08 – 04）［2015 – 08 – 04］. http：//www. caas. net. cn/ysxw/zjgd/259227. shtml.

中国政府网.2015. 国务院关于积极推进“互联网 +”行动的指导意见［EB/OL］.（2015 – 07 – 01）［2015 – 07 – 04］. http：//www. gov. cn/zhengce/content/2015 – 07/04/content_ 10002. htm.

新时期推进绿色食品宣传工作的思考*

王　敏

（中国绿色食品发展中心）

绿色食品宣传工作是绿色食品事业发展的重要推动力，是绿色食品工作的一个重要组成。无论在打造绿色食品品牌、增强市场竞争力，还是在绿色食品核心价值观构建，夯实全系统团结奋斗等方面，都起到了统一思想、凝聚合力、激励斗志的重要作用。自2009年“全国绿色食品宣传工作座谈会”的召开及《关于进一步加强绿色食品宣传工作的意见》（中绿〔2009〕152号）文件出台以来，全国各地绿色食品工作机构齐心协力，开创了宣传工作的新局面。绿色食品事业进一步融入农业和农村经济，成为农产品质量安全工作的重要抓手和现代农业建设的有效途径。在新形势下，笔者根据工作实践，对绿色食品宣传工作提出几点体会。

一、绿色食品宣传工作当前任务

（一）按照“五个围绕”，确保宣传工作有的放矢

当前，加强农产品质量安全监管，努力确保不发生重大农产品质量安全事件，是各级政府和农业部门的重要职责。绿色食品工作系统坚决贯彻党中央、国务院的决策部署，紧紧围绕农业部农产品质量安全监管的工作重点，按照新修订的《绿色食品标志管理办法》，扎实开展标志许可、证后监管、基地建设、品牌宣传等工作。2014年，全国绿色食品宣传工作以推动绿色食品持续健康发展为总目标，统筹安排、创新形式，按照“五个围绕”开展工作，一是围绕重点工作部署，宣传绿色食品工作形势和任务、重点工作的措施和成效；二是围绕农业部监管年活动，大力宣传绿色食品监管工作的措施办法、绿色食品企业加强监管工作的先进典型；三是围绕诚信体系建设，大力宣传绿色食品发展模式、先进的管理模式和诚信企业典型；四是围绕持续健康发展，大力宣传绿色食品品牌效应。宣传绿色食品基础知识和基本理念、绿色食品对我国农业品牌建设

---

* 本文原载于《农产品质量与安全》2014年第4期，19－21页

的促进作用；五是围绕推动学习交流，大力宣传各地促进绿色食品发展的好政策与好做法。宣传各地党和政府关心支持绿色食品发展的新部署、新要求、新政策、新举措，促进相互学习，提升绿色食品工作的地位，扩大社会影响。

（二）准确把握公众新期待，增强品牌公信力

准确把握社会公众对绿色食品新期待，使公众对绿色食品生产、加工条件，原料基地建设，质量管理水平和承担责任能力增强信心。通过宣传对绿色食品企业生产过程、产品质量以及对绿色食品商标的正确使用的监督检查，向公众呈现绿色食品监管体系的严密性，构筑起绿色食品的安全“防火墙”，解除公众的焦虑。向社会公众提供相应的市场动态信息服务，利用互联网和信息技术帮助公众及时获取绿色食品产品信息，使公众能够通过权威部门获取绿色食品市场的动态。

二、工作推进的几个问题

（一）工作体系不健全，宣传力度不够

从工作体系来看，根据2013年绿色食品统计年报和2009—2013年全国绿色食品宣传工作汇总统计数据，全国省级绿色食品工作机构36个，工作队伍人数总计6 000余人，宣传工作队伍人数计302名，宣传工作队伍人数仅占总量的5%，工作分配基本上“主做业务，兼做宣传”；从开拓宣传渠道情况来看，各省工作机构基本上均有较稳定的合作媒体并设有专门网站，常年合作的媒体有国家级、省（自治区）、市级主流媒体及行业专业媒体，覆盖率97%，有的省级工作机构还有自办或合办的绿色食品刊物，构建了以报刊、电视、广播、网站等多种方式的立体宣传网络；从新闻报道情况来看，发表在国家级、省市级报刊的文章1 903篇，电视广播类1 112个，网络宣传7 119篇（不包括转载），在中国绿色食品网发布新闻712篇，举办活动数量423次。

（二）区域发展不平衡和宣传质量的问题

从总体上看，宣传工作存在区域发展不平衡问题，工作差距较大。有的地区年年有活动、月月有声音，业务工作和宣传工作两手抓两促进。成绩突出的省份包括黑龙江、江苏、浙江、福建、吉林、甘肃、四川等。这些省份的宣传工作突出具体表现在：宣传经费投入大、宣传报道篇幅数量多、活动举办活跃；有的地区却是“无热点、无新闻”，存在宣传工作“与本职工作无关”“宣传工作是虚功”的潜在思想。

从新闻宣传报送内容来看，呈现“五多五少”现象，一是以本单位事务性工作为主的多，以大局为主少；二是零碎反映的多，综合报送的少；三是会议培训的多，反映一线工作的少；四是动态类信息多，深度分析的少；五是绿办工作报道多，绿色食品企业报道少。

（三）宣传工作成效评估

当前绿色食品宣传工作成效评价体系缺乏，需要建立一套科学、实用，与当前绿色食品事业发展要求相适应的成效评估体系。面对新形势和新任务，绿色食品宣传工作如何结合实际，坚持与时俱进，不断增强吸引力，提高工作质量是绿色食品宣传工作的核心诉求。绿色食品宣传工作要提高质量，提升科学化水平，建立一个系统、科学、高效的评价体系是关键。因此，构建绿色食品宣传工作质量评价体系要有新思维、新思路、要兼顾定性与定量的有机统一，科学合理设置评价指标是保证评价体系有效运行的基础。

三、几点建议

（一）提高认识，建立“一岗双责”工作制度

所谓“一岗双责”，即业务工作与宣传工作相互促进，共同提高，努力形成“人人关心宣传、人人支持宣传、人人参与宣传”的格局，充分认识新形势下做好宣传工作的重要性。大力营造“崇尚绿色　铸造精品　求实创新　和谐奉献”的浓厚氛围，激发全国工作体系队伍专业严谨、激情奉献的工作热情。第一，要协调机制，继续要求各地把宣传工作纳入工作全局统筹安排，确保宣传工作有序运作、高效开展。制定每年汇报机制，同时组织做好各类宣传资料的收集、归档工作。第二，强化宣传管理。加强对宣传业务的学习，把握宣传工作的特点和规律，提高宣传工作的质量和水平；第三，完善激励制度。落实“一岗双责”考核措施，把宣传工作开展情况作为年度考核的内容之一，对于成绩突出的单位和个人予以表彰奖励。第四，加大经费投入。用于构筑宣传平台、改善宣传条件和培训宣传人员等。

（二）紧贴审核监管第一线，加大企业宣传力度

宣传工作最重要的项目之一是新闻宣传报道。只有贴近审核监管工作第一线，才能增强吸引力。一是要重点宣传工作典型经验。宣传绿色食品在审核程序、标志使用规范、证后监管等方面的工作力度，宣传绿色食品监管工作在监管机制、内容和手段方面的工作进展。如江苏省以“提高效率、优化程序、规范审核”为目标，认证审核工作始终保持高质量、高标准。黑龙江以“狠抓标准化建设，突出‘投入品’监管”为抓手，严抓绿色食品产品质量。吉林省以超市和农贸市场为检查网点，采集省内绿色食品产品样品，严格规范用标。二是要注意挖掘身边典型代表。将绿色食品工作机构、监测机构、企业检查员的优秀工作业绩和经验交流通过媒体或在举办的活动中进行展示，用绿色食品工作系统身边鲜活的人和事来反映绿色食品事业发展。

绿色食品企业是事业发展的主体。增强企业发展绿色食品的信念，引导企业对事业

理念和品牌价值的认同是宣传工作的重要任务之一。宣传绿色食品企业加强监管工作的先进典型，组织各地绿色食品企业开展交流，推出在履行监管检查职责、遵循监督检查制度等方面突出的典型，总结经验和工作亮点；宣传绿色食品企业在从事生产经营活动中严保产品质量的好制度好做法。通过宣传引导，发挥典型示范作用，使诚信经营成为行业理念和文化，成为核心价值观，促进全行业加强自律，诚信经营，共同维护品牌信誉，提高品牌公信力。

（三）制定宣传工作成效的评估指标

宣传工作成效属于意识形态范畴，完全的评估指标的量化有一定的难度。因此，必须从绿色食品宣传工作的性质和特点出发，定性与定量相结合，对于单项工作内容及效果可以量化的，宜单项合理量化，目的在于推动工作，促进目标实现。宣传工作成效评价体系要涵盖领导方式、内容体系、工作方法、组织管理、体制机制、宣传效果等方面。

量的效果评价有多种模型，包括大卫·艾克的“品牌资产”十要素模型（1981），舒尔茨的“整合品牌传播”（IBC，1999）、“ROI”效果评估体系（1997），“21世纪品牌传播系统”（1997）等，成为指导品牌战略的建设者、传播者和管理者实务操作的重要的理论体系。笔者利用2009—2013全国绿色食品宣传工作汇总情况数据，通过设定的变量来计算出各地宣传工作的成效，包括是否年度宣传计划、宣传队伍人数、是否有失实报道、是否有合作媒体、网站宣传、经费投入、报刊发表数量（国家级、省市级）、电视和广播播报数量（国家级、省市级）、网络信息发布数量（国家级、省市级）、上报中国绿色食品网数量、举办活动数量等进行分析。针对“是否”类变量，设定的分值为“是=1，否=0”；针对在各级媒体刊发和刊播的变量，按权重分配分值，其中，报刊国家级分值为0篇=0分、1~5篇=1分、6~10篇=2分、10~20篇=3分、20篇以上=4分，国家级媒体发布的数量高于地市级发布的数量，获得的分值高，变量“举办活动”被视为投入大，精力多，工作强度大，设置的分值最高，活动举办次数分值为0次=0分、1~5次=5分、6~10次=10分、11~20=15分、21次以上=20分。各项目得分相加，算出总值，由此得出了全国各工作机构的排名顺序，可以作为评定宣传工作成效的参考数据。笔者建议以3年为单位，保持同样的变量，经过数年的数据总汇，计算出差异性结果后，为宣传工作成效评估提供数据参考。

（四）创新宣传方式，提高宣传水平

深入研究绿色食品工作特点，积极寻求有效的方法和措施，构建与公众期待、中央要求相适应的宣传工作方式和做法，为绿色食品事业发展服务。在宣传形式上，切实地联系实际、联系群众，使宣传内容深入人心，在宣传目的和效果上，要切实解决公众追求安全、健康、营养的热切需求。

新闻宣传在方式上实现“三转变三提升”：一是从报送动态新闻向反映有情况、有

分析、有建议的高层次新闻信息转变，实现由收集信息向综合加工的提升。利用自创或合作的媒体，针对绿色食品当前的新形势、新情况，关注基层绿色食品机构、企业和社会公众的新需求，以新闻综述、专栏专访、特写等体裁方式深度挖掘绿色食品的发展情况，掌握正确引导社会舆论，发出主导声音的主动权。二是从反映事物的现象、现状向揭示事物本质及发展趋势转变，实现新闻宣传由阶段服务向全局服务的提升，要针对热点、敏感问题，首先要做到及时回应，主动解疑释惑，其次要做到密切跟踪，根据事态的变化及时调整，加大引导力度，防止负面发酵。三是注重工作实效，从主要报送比较熟悉的领域向多层面、宽领域、全方位转变，实现新闻工作由主要反映情况向既反映情况又解决问题提升。这要求宣传工作要有前瞻性，全局感，能够对整体的趋势进行充分预测。

参考文献

陈晓华.2014.2014 年农业部维护“舌尖上的安全”的目标任务及重要举措［J］. 农产品质量与安全（2）：3－7.

高钢.2010. 新闻写作精要［M］. 北京：首都经济贸易大学出版社.

胡晓云.2007. 品牌传播效果评估指标［M］. 北京：中国传媒大学出版社.

凯文·莱恩·凯勒.2009. 战略品牌管理［M］. 卢泰宏，吴水龙，译. 北京：中国人民大学出版社.

王运浩.2014.2014 年我国绿色食品和有机食品工作重点［J］. 农产品质量与安全（2）：14－16.

中国绿色食品发展中心.2009. 关于进一步加强绿色食品宣传工作的意见［EB/OL］.（2009－09－08）. http：//www.greenfood.org.cn/Html/2009_09_08/2_1971_2009_09_08_13956.html.

中国绿色食品发展中心.2012. 开拓进取扎实工作努力开创绿色食品宣传工作新局面——王运浩在全国绿色食品宣传工作座谈会上的讲话［EB/OL］. http：//www.greenfood.moa.gov.cn/zl/zyjh/201202/t20120202_2473912.htm.

绿色食品产品构成与营销渠道建设探讨*

张逸先

（中国绿色食品发展中心）

高质量、标准化的绿色食品产品是绿色食品营销渠道的物质基础。绿色食品产品在品质质量上与一般食品产品有本质差别，但是大部分产品的使用功能可以被一般食品产品所替代。2012 年我国绿色食品企业数量为 6 862家，接近当年全国食品行业规模以上企业数量 6 929家的水平，当中既有农业企业、食品加工企业，也有农村合作组织，85%左右是数量众多的、分散的中小型企业和组织；绿色食品市场具有垄断竞争市场的一些特征，但是绿色食品行业进入门槛高，企业存量比较稳定。绿色食品产品市场自身的特点，将对搭建绿色食品营销渠道的商品流、物流、信息流、资金流等产生影响。

绿色食品产品是产自优良环境，按照规定的技术规范生产，实行全程质量控制，无污染、安全、优质并使用专用标志的食用农产品及加工品。“从土地到餐桌”全程质量控制在绿色食品生产、加工、包装、储运过程中的作用日益显现，通过严密监测、控制和标准化生产，科学合理地使用农药、肥料、兽药、添加剂等投入品、严格防范有毒、有害物质对农产品及食品加工各个环节的污染，确保环境和产品安全。

绿色食品作为我国安全优质农产品的精品品牌和政府主导的公共品牌影响不断扩大，随着绿色食品产品数量和产量不断增长，绿色食品消费意识和需求逐渐提高，围绕“以品牌引领消费，以消费拉动生产”的思路，积极研究国内国际两个市场，正确把握绿色食品市场运营规律，探索建立适合绿色食品发展的市场营销渠道成为紧迫的课题。本文就绿色食品产品的类别、品种、产量、销售额、出口额（量）等具体指标的构成及其对营销渠道的影响进行分析，探讨并提出建设绿色食品营销渠道的建议。

一、绿色食品产品构成分析

（一）绿色食品产品数量和销售情况分析

2011 年，我国及澳大利亚、加拿大、芬兰等国家的绿色食品产品总数为 16 825个，

* 本文原载于《中国食物与营养》2013 年第 9 期，46 - 50 页

比上年增长7.3%；年产量7 305.1万吨；年销售额3 135亿元，比上年增长10%；出口额226 479万美元。1997—2011年，绿色食品产品数量由892个发展到16 825个，增长了18.8倍，年销售额由240亿元增长到3 135亿元，增长了13倍（图1）。绿色食品产品数量增长幅度比年销售额增长幅度快，与产品数量多，初级产品多，单个产品产量相对较低的产品构成有一定关系。

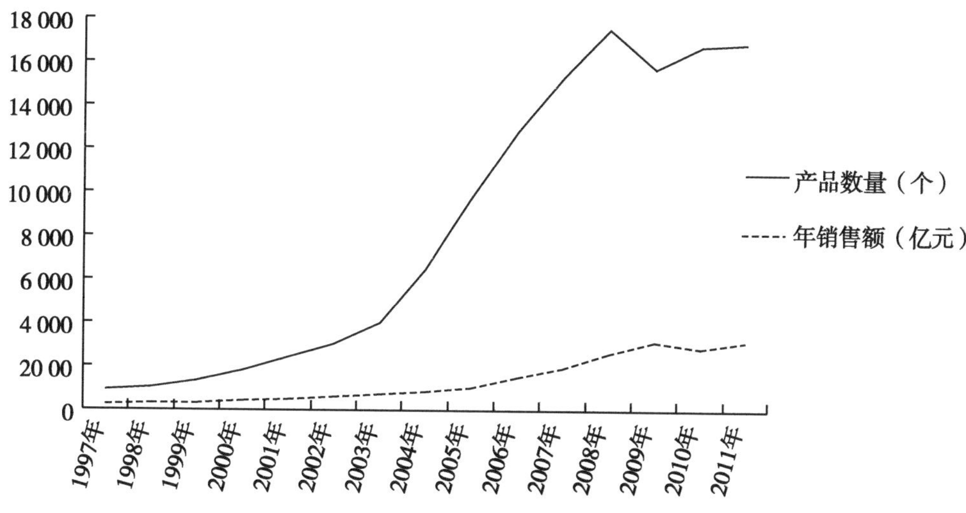

图1　1997—2011年绿色食品产品数量和销售额变化趋势

2011年绿色食品产品年产量1 000万吨以上的产品有四种，分别为大米1 194万吨、蔬菜1 424万吨、鲜果1 040万吨、食盐1 035万吨，上述产品的年产量占全部绿色食品产品年产量的64.1%；年产量400万～1 000万吨的产品空缺；年产量100万～400万吨的产品有6种，分别为机制糖389万吨、小麦粉369万吨、啤酒289万吨、食用植物油及其制品132万吨、淀粉103万吨、瓶装饮用水131万吨，上述产品的年产量占全部绿色食品产品年产量的19.3%；年产量50万～100万吨的产品有6种，分别为杂粮86万吨、调味品85万吨、玉米78万吨、大豆加工品73万吨、小麦61万吨、大豆55万吨，上述产品的年产量占全部绿色食品产品年产量的5.9%。

以上16种产品产量占绿色食品年产量的89.3%，产品数量11 726个，占绿色食品产品数量的69.7%。年产量在50万吨以下的产品共计5 099个，占绿色食品产品数量的30.3%，年产量只占绿色食品年产量的10.7%。产量较低的产品数量占绿色食品产品数量的1/3，不同产品年产量的差距比较大（图2）。

（二）绿色食品产品类别情况分析

2011年绿色食品产品按照5个大类统计，农林产品及其加工产品数量11 773个、产量5 378.15万吨；畜禽类产品数量1 225个、产量133.98万吨；水产类产品数量660个、产量31.9万吨；饮料类产品数量1 711个、产量483.04万吨；其他产品数量1 456个、产量1 278.03万吨，涵盖农产品和加工产品一千多种。农林产品及其加工产品数量

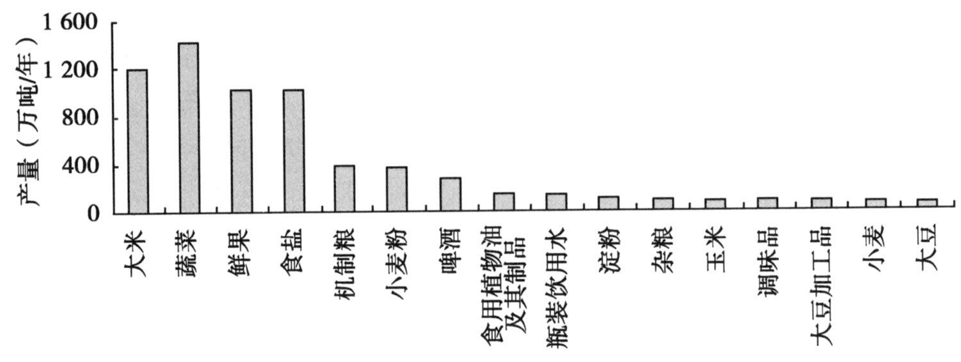

图 2　2011 年绿色食品主要产品品种与年产量

和产量均占绿色食品产品的 70% 以上，绿色食品产品主要来自于种植业（图 3）。

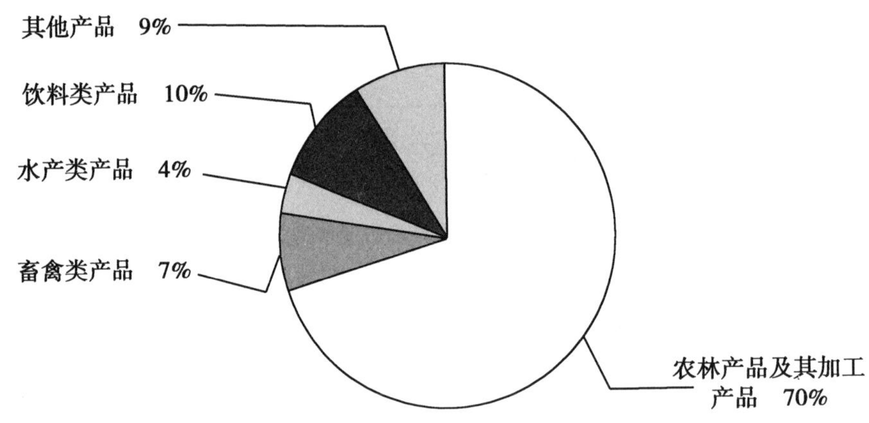

图 3　2011 年绿色食品产品数量类别分析

绿色食品产品中加工产品的数量和产量占比分别为 28.8% 和 29%，均占总量的将近 1/3。但是 5 个大类产品产量中加工产品占比均比较低，畜禽类产品中加工产品占比最小，农林产品及其加工产品类中加工产品占比次之，水产类产品中加工产品占比 1/3，饮料类产品、其他类产品等两类产品，因为统计口径原因虽然全部为加工产品（表 1），但饮料类产品中仅啤酒 1 个产品产量就占本类产品产量的 57%，瓶装饮用水产量占本类产品产量的 27%；其他类产品中仅食盐 1 个产品产量就占本类产品产量的 81%。

表 1　2011 年绿色食品加工产品比重分析

产品类别	加工产品数量（个）	在本类产品中占比（%）	加工产品产量（万吨）	在本类产品中占比（%）
农林产品及其加工产品	1 250	10.6	364.23	7
畜禽类产品	223	18.2	6.8	5

（续表）

产品类别	加工产品数量（个）	在本类产品中占比（%）	加工产品产量（万吨）	在本类产品中占比（%）
水产类产品	206	31	7.78	32
饮料类产品	1 711	100	483.04	100
其他产品	1 456	100	1 278.03	100
合　计	4 846	—	2 139.88	—

（三）绿色食品产品产量情况分析

2011 年，我国的农产品生产全面增长。全年粮食总产量 57 121万吨，比上年增长 4.5%；油料产量 3 279万吨，比上年增长 1.5%；糖料产量 12 520万吨，比上年增长 4.3%；肉类、禽蛋、牛奶、水产品均增长了 0.4% ~4.2%。以农产品为主的绿色食品产品产量同样实现增长，但是在总产量中占比相对较低。绿色食品大米占全国大米总产量的 13.51%，绿色食品水果占全国水果产量的 7.43%，绿色食品面粉占全国面粉产量的 3.15%，绿色食品蔬菜占全国蔬菜产量的 2.1%，绿色食品牛奶、禽蛋、水产品、猪肉等均占全国产量的 2% 以下（表2），只有绿色食品食盐的产量，超过 800 万吨的全国食盐年销售量，达到 1 035万吨。

表 2　2011 年部分绿色食品产品年产量与产品年总产量分析

产　品	大　米	蔬　菜	水　果	面　粉	猪　肉	禽　蛋	牛　奶	水产品
产品年总产量（万吨）	8 840	67 700	14 000	11 700	5 053	2 811	3 656	5 600
绿色食品产品年总产量（万吨）	1 194	1 424	1 040	369	20	14	44	24
绿色食品产品产量占比（%）	13.51	2.1	7.43	3.15	0.4	0.5	1.2	0.43

（四）绿色食品产品出口情况分析

2011 年，我国的谷物、棉花、食用油籽、食用植物油、食糖、蔬菜、水果坚果、茶叶、畜产品、水产品 10 类农产品的出口额占农产品出口总额的 75.1%，蔬菜、水产品、水果坚果、茶叶 4 类产品为净出口，涵盖了绿色食品主要出口产品。绿色食品主要出口产品（出口额超过 1 000万美元）出口量为 1 058.26万吨，占绿色食品产品总产量的 14.5%、出口额 22.6 亿美元，占我国农产品全年出口额的 3.7%，绿色食品出口产品在我国净出口农产品中均占有一席之地。

我国农产品出口额前五位的水产品、蔬菜、水果坚果、畜产品和食用油籽中，绿色食品蔬菜占蔬菜出口量80%以上，绿色食品水果占水果坚果（鲜果）出口量的20%以上，绿色食品畜产品（禽肉、牛肉、羊肉）占畜产品（同口径）出口量的18%以上，绿色食品食用油籽占食用油籽出口量的8%（表3），绿色食品水产品占水产品出口量的5%，上述5类绿色食品产品出口量占绿色食品主要出口产品（出口额超过1 000万美元）出口总量的90.9%，其他绿色食品出口产品出口量仅占不足10%。

与上年相比，2011年绿色食品产品出口量增长44.5%，其中绿色食品蔬菜、食盐、水产品、禽肉等产品出口量分别比上年增长132%、341%、66%、51%，增幅最大的是绿色食品调味品，出口量是上年的33倍。出口量下降比较大的绿色食品大米、牛肉等，出口量分别是上年的13.7%、5.9%。

表3　2011年部分绿色食品产品年出口量占产品年出口量分析

产　品	水产品	蔬　菜	鲜　果	禽　肉	食用油籽	茶　叶	大　米	食用油及制品
产品出口量（万吨）	381.2	973.4	295.4	48.4	91.2	32.9	51.6	18.8
绿色食品产品出口量（万吨）	19.4	815.6	71.9	8	7.3	11.9	2.7	4.5
绿色食品产品出口量占比（%）	5.09	83.79	24.34	16.53	8	36.17	5.23	23.94

二、建设绿色食品营销渠道的建议

分析绿色食品产品构成、数量、产量、销售额等指标，可以看到经过20多年的发展，绿色食品产品已经在农产品、加工产品的总产量、出口额等指标中占有一席之地，并且有稳定上升的势头，初步具备了建立全国绿色食品营销渠道的条件。

绿色食品产品在产品总产量中占比还比较低，产品类别、加工产品占比还不平衡，绿色食品产品优势还没有充分反映在营销渠道当中。“从土地到餐桌”三个环节中间的“到”，即营销渠道的建设还处于起步和探索阶段，多年来各地通过不懈努力已经积累了有益的经验，培育了一些不同层次的营销实体，但是没有形成有效的营销渠道和盈利模式，需要针对绿色食品产品构成，研究绿色食品营销渠道中的渠道成员、渠道结构、渠道控制等基本要素。

（一）提高绿色食品营销渠道成员的组织化程度

我国农业生产组织化程度低，生产者人数众多，农户数多，农业生产规模小，产品质量无法追溯，价格暴涨暴跌，农产品小生产与大市场不相适应。为了保证绿色食品产品安全和优质，实现全程质量控制的目标，按照《绿色食品标志管理办法》要求，具备能够独立承担民事责任、具有绿色食品生产的环境条件和生产技术、具有完善的质量管理和质量保证体系、具有与生产规模相适应的生产技术人员和质量控制人员、具有稳定的生产基地、申请前三年内无质量安全事故和不良诚信记录等条件的生产单位才可以申请使用绿色食品标志，目前绿色食品产品生产企业全部是企业法人、农民专业合作社、个体工商户等组织，作为营销渠道的成员具备组织化程度高的先天优势。

2011 年绿色食品产品生产企业总数为 6 622个。其中一般企业 4 175个，产品 10 248个，占产品总数的 60. 9%；国家级龙头企业 270 个，产品 1 256个，占产品总数的7. 4%；省级龙头企业 1 194个，产品 3 389个，占产品总数的 20. 1%；农民专业合作社 983 个，产品 1 932个，占产品总数的 11. 5%。绿色食品产品生产企业中龙头企业数占比 16%，生产了 27. 5% 的产品，体现出组织化程度高，生产能力强的特点（图 4）。

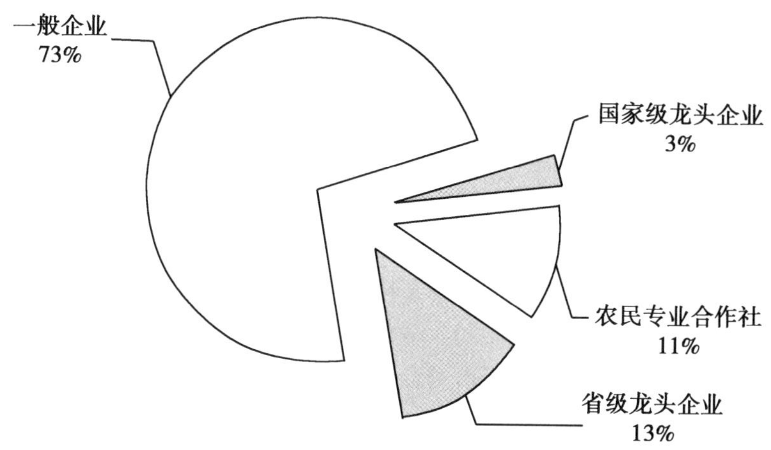

图 4　2011 年绿色食品产品生产企业构成分析

我国农产品市场大部分由社会投入建设，以营利为目的，“谁投资、谁管理、谁受益”，各类市场之间无序竞争，客户作为营销渠道成员没有实现组织化。绿色食品营销企业也深受影响，一直处于分散建设，各自为战，组织化程度低的状况，无力成为绿色食品产品在国内国际市场营销渠道的主力军。2012 年十一届人大五次会议提出关于制订《公益性农产品市场法》的议案，为使国家能够通过市场对农产品价格进行有效调控，建议明确公益性农产品市场的性质、并对其开办形式、规划布局、功能以及政府责任等方面做出规定。建议绿色食品产品尤其是产量占比较高的产品，可以从品牌化营销的角度，进入公益性农产品市场，争取在立法时载入绿色食品产品准入的条款，使绿色食品生产企业及其产品与市场中同类竞争者及其产品相区别，购买者可依据绿色食品商标直接识别产品质量的高低，提高市场的购买效率，形成固定客户群，培育绿色食品产品消费组织，实现“以品牌引领消费”的目标。

（二）搭建多渠道结构的绿色食品营销渠道

绿色食品产品包括农林产品，畜禽产品，水产品及三类产品的加工品、饮品类产品、食盐，淀粉等其他类产品共5个大类57个小类，覆盖农产品、加工食品的1 000多个品种，丰富的产品结构决定了绿色食品产品营销渠道的长度、宽度、广度结构等渠道变量的多样性。绿色食品产品可以使用的营销渠道有农产品批发市场（包括经销商分销）、直供超市、专卖店及合作店（柜）、电子商务、机关团体采购（组织市场）、期货市场等。

绿色食品营销渠道的搭建受到绿色食品产品结构不平衡影响。从长度结构上，主要营销渠道以经销商分销和直供超市为主，食盐、机制糖、淀粉等原料加工产品处于零级渠道，大米、蔬菜、鲜果等生鲜产品处于一级渠道；从宽度结构上以独家分销渠道为主，除啤酒、白酒等一些加工产品外，尚未形成密集、选择型分销渠道；从广度结构上，由于绿色食品产品大部分是初级产品，不具备实现多元化渠道组合的条件，没有形成混合渠道。

绿色食品产品产量占比相对低，品种、地域比较分散，缺少二级、三级渠道中的批发商、专业经销商等成员的成长条件，无法形成大规模营销渠道，制约了绿色食品产品的销售量、销售额、品牌影响力的提升。绿色食品营销渠道建设要符合商业资本的运作规律，绿色食品产品结构目前还不足以支撑全国营销渠道运行，建议要以适合本地区经济发展水平和消费习惯，绿色食品和非绿色食品兼营，以分销、地区或行业特产专营店为主，批发市场、农超对接、组织市场合同订购等互为补充，逐步培育多层次，多渠道的绿色食品营销渠道。

（三）支持引导优势绿色食品出口产品

2010年我国农产品出口总额522亿美元，在世界农产品出口中排在欧盟、美国、巴西、加拿大之后，居第五位（表4）。2011年绿色食品产品出口达22.6亿美元，绿色食品主要出口产品（出口额超过1 000万美元）以出口额排序，前十位分别是禽肉51 283万美元、蔬菜44 331.7万美元、蔬菜加工品20 937.3万美元、水产加工品11 643.1万美元、果类加工品10 969.1万美元、鲜果9 885.3万美元、油料作物产品9 165万美元、精制茶7 162.7万美元、白酒6 923.8万美元、冷冻保鲜蔬菜6 035.6万美元。绿色食品产品已经进入世界农产品出口额前七位的产品行列中。

表4　我国农产品贸易在世界农产品贸易中的位次及其变化

产品类别	2009年出口额位次	2010年出口额位次
全部农产品	5	5
水产品	1	1

（续表）

产品类别	2009 年出口额位次	2010 年出口额位次
蔬　菜	3	1
干　豆	2	3
茶　叶	3	3
水　果	3	3
坚　果	4	4
食用油籽	5	6
稻　米	6	7
禽及制品	8	7

建议制定鼓励企业在绿色食品出口产品上使用绿色食品标志及企业信息码、加贴绿色食品防伪标签的措施。对绿色食品产品出口企业在出口产品上使用的绿色食品防伪标签，可以给予适当的价格补贴，利用现有国际贸易营销渠道，在绿色食品产品出口市场中培育绿色食品品牌影响力（表5）。

表5　2011 年我国农产品主要出口市场

国家（地区）	出口额（亿美元）	占我国农产品出口额比重（%）
日　本	110.2	18.1
东　盟	98.9	16.3
欧　盟	81.7	13.4
美　国	67.9	11.2
中国香港	59.2	9.7
韩　国	41.8	6.9
俄罗斯	19.6	3.2
中国台湾	15.1	2.5
前八位合计	494.4	81.3

（四）拓展市场服务的渠道控制功能

渠道控制是营销渠道管理的核心内容，贯穿于营销渠道运行始终。绿色食品产品是使用专用标志的食用农产品及加工品，绿色食品标志作为证明商标，标示产品产自优良环境，按照规定的技术规范生产，实行全程质量控制，无污染、安全、优质，具备与一般产品不同的鲜明的差异性，绿色食品产品具有品牌化营销的先天优势。建议对绿色食品产品区分梳理，对产品中仅作为加工产品原料的、只能在季节性生产消费的、仅在一定地域范围内营销的、仅供应特定消费人群的、业已拥有稳定营销渠道的、适合在全国范围流通的各类不同产品，编制绿色食品产品营销目录，并定期修订发布，将绿色食品产品差异性转化为市场竞争优势，按照无差异市场、集中市场、差异市场、直接营销等不同营销理念，采取不同的渠道控制措施，将我国高层次的展会、电子商务纳入营销渠道当中。

从1990年北京亚运会期间，举办“中国绿色食品1990北京宣传展销会”，首次向社会公开展示绿色食品开始，中国绿色食品博览会已举办了13届。2012年参加“中国绿色食品2012上海博览会”的国内外参展企业1 000多家，展出绿色食品产品2 282个，从参展产品结构看，“三品一标”产品中初级产品有794个，占24.5%，加工产品有2 447个，占75.5%，该展会签约额39.7亿元，意向交易额38.6亿元，已成为重要的农业综合性展会。建议利用中国绿色食品博览会每年召开一次的安排，设立常设机构负责展后阶段的跟踪服务，并与下一届展会相衔接，引导参展企业的交易行为，改变展会只是市场推广手段的习惯思维，变临时交易平台为绿色食品营销渠道。

中国农业网上展厅是国家农业部开办的，免费为用户提供农产品供求交易信息服务的网站，其中的绿色食品展厅已经展示了涵盖农林产品及其加工产品等5个大类的1 329个绿色食品产品，占绿色食品产品总数的7.8%。展厅展示绿色食品产品详细信息、生产企业信息，并且提供企业名片、商务留言、三维展示、视频展示等栏目作为商务平台，同时开设了中国农产品促销平台、一站通商机服务等电子商务平台，初步形成国家级绿色食品营销渠道的雏形。建议尝试将绿色食品认证管理网络系统与中国农业网上展厅结合起来，引导绿色食品生产企业将绿色食品产品认证作为进入绿色食品营销渠道的起点。

参考文献

农业部农产品贸易办公室，农业部农业贸易促进中心.2012. 中国农产品贸易发展报告2012［M］. 北京：中国农业出版社.

王运浩.2012. 绿色食品基础理论与技术研究现状及推进重点［J］. 农产品质量与安全（6）：5-7.

张喜才，张利庠.2012. 中国农产品流通体系建设研究［J］. 中国食物与营养，18（9）：5-9.

中华人民共和国国家统计局.2012. 中国统计年鉴［M］. 北京：中国统计出版社.

中华人民共和国商务部.2013. 商务部牵头农产品批发市场管理正在立法［EB/OL］. http：//scjss.mofcom.gov.cn/article/ncplt/ncpltzh/201302/20130200027827.shtml.

朱绪荣，邓宛竹，施政.2012. 产业链视角下我国绿色农业发展现状及对策［J］. 中国食物与营养，18（9）：23-25.

工商资本投资绿色食品的研究*

蒋秀玉

（中国绿色食品协会）

党的十八大和十八届三中全会提出要“以工促农，以城带乡”，工商资本投资绿色食品是以工促农、以城带乡的重要战略措施，工商资本进入绿色农产品领域是其中积极的途径和手段。绿色食品是现代农业的精品和示范，作为现代农业的重要力量，绿色食品的发展对推进现代农业发展有着积极的推动作用。同时，发展绿色食品是提升农产品质量安全水平、保障广大人民健康消费的有效途径，也是推动现代农业建设的战略选择。工商资本进入绿色食品领域，将会增加产业内企业数量，总体供给量将增加，价格将会随之下降，扩大市场规模，从而使更多中低收入消费者享受绿色食品带来和好处。

一、工商资本投资绿色食品分析

近年来，农产品价格大幅上涨，农产品已成为投资的热点领域，其中绿色食品更是投资的热点领域之一。从食品消费方面来看，我国城乡居民的消费水平已接近世界平均水平，公众对食品的要求已从数量型转向质量型，并开始重视食品的安全保障问题。绿色食品是无污染的安全优质营养食品，绿色食品的生产开发有巨大的市场潜力。绿色食品投资项目盈利潜力很大，工商资本有能力投资于绿色食品，工商资流入到绿色农产品领域，是绿色农产品市场需求潜力巨大带来的投资报酬的结果。工商资本进入农业领域，主要带来以下几方面的积极效应。

（一）工商企业加入绿色食品会使绿色食品价格下降

工商企业的进入，会由于产业内部企业的增加，使总体供给量增加。根据供求定理，当行业内供给增加时，价格就会随之下降，绿色食品价格的下降，会给消费者带来更多福利，增加消费者效益。

---

* 本文原载于《农产品市场周刊》2015 年第 26 期，36－38 页

（二）工商企业进入绿色食品领域，会带来急需的资金

某些绿色农产品领域属于资本富集型产业，仅依靠政府的力量远远不够，需要依靠外部资本推动才能扩大规模，满足绿色食品的市场需求。这些绿色食品领域在生产加工等产业链环节，需要投入环境成本、资源成本等，需要较高的资本投入。一些绿色食品企业受资金限制，往往因资金周转不灵而面临停产，而工商企业有较为雄厚的资本力量，发展绿色农产品具有资本优势。

（三）促进绿色食品产业链的发展

绿色食品产业链是指与绿色食品初级产品密切相关的产业群的供给和需求关联构成的网络结构，包括为绿色食品生产做准备的科研、农资等前期产业部门，农作物种植、畜禽养殖等中间产业部门，以及以绿色农产品为原料的加工、储存、运输、销售等后期产业部门。绿色食品的一个重要的特点就是实现种养加、产供销、贸工农一体化生产，使绿色食品产业链得到拓宽和延伸，绿色食品产业链通过拓宽，使得农工商的结合更加紧密。

（四）弥补绿色食品供需不平衡的领域

在绿色食品领域有很多农业龙头企业，通过规模化经营，降低绿色食品生产成本和市场价格，扩大了市场占有率，但是在畜禽类水产类的绿色农产品，市场供给远远不足，加之这些领域的中小企业，由于资本欠缺等因素不能规模化生产和种养，而工商资本的进入正好能够弥补这些领域供给不足的空缺。

二、工商资本投资绿色食品存在的问题

工商资本进入绿色食品领域是一个长期趋势。工商资本的进入和发力将为绿色食品的发展将会注入新的活力，但也存在着不少问题。

（一）缺乏金融支持

一些绿色食品的生产加工等环节，需要减少使用造成污染的原料，使用新的绿色原料、辅料、引进环保设备等会增加资源成本费用、环境成本费用、研制费用等，由于以上诸多因素，工商企业投资绿色食品有时会由于缺乏金融支持而面临产业链断裂，甚至会面临停产或停业。

（二）信息不对称影响工商资本进入

在消费市场，绿色食品原料的质量很难辨别。由于市场上绿色食品假冒伪劣现象较为突出，使消费者很难辨别哪些是真正的绿色食品。即使能辨别出真正的绿色食品，也

很难品尝出绿色食品与其他食品的区别。对于绿色食品的生产企业，即使能够判断出合格的绿色生产资料，由于有些绿色食品的生产资料成本过高，有些厂商出于利润最大化选择，在生产过程中有可能会在合格绿色食品生产资料中掺杂一些不合格农资原料。由于存在信息不对称、市场失灵，导致绿色食品在市场销售过程中，很多消费者认为有没有绿色食品都一样，对绿色食品是否货真价实很质疑。因此，工商资本进入绿色食品领域面临着开拓市场的困境，绿色食品产业链缺陷影响工商资本进入绿色食品的积极性。

（三）缺乏管理经验和产品创新的动力

绿色食品需要按照标准生产、实行全程质量控制，标准化高，技术含量高，而一些工商企业投资绿色食品，缺乏绿色食品生产加工等方面的经验，实行全程质量控制的过程中可能会遇到难度，而懂技术的专门人才有时很难引进，或有时只能模仿原有的绿色食品进行生产，缺乏对原有绿色食品进行产品创新的动力。

（四）开拓市场缺乏持久战准备

一些工商企业在进入绿色食品领域之后，由于前期没有充分的市场调研等问题，没有稳固的销售渠道，有了产出后有时会遇到产品难以销售的问题。一些工商企业缺乏打持久战的心理准备，在遇到经营和销售问题时就想着及时退出。

（五）一些工商资本投资绿色农产品流通领域进行市场炒作

一般农产品在生产和加工过程中使用农药、肥料、兽药、添加剂等投入品，增加了一般农产品的成本，因此除了某些需要研发和环境投入的绿色食品，通常绿色食品的成本理应低于一般农产品，但是由于在流通领域中间商哄抬物价，反而导致有些绿色食品价格高于一般农产品价格，损害消费者利益，影响绿色食品的市场形象。一些工商资本在绿色食品流通领域有可能会进行市场炒作，哄抬物价。

三、工商资本投资绿色食品的对策建议

鼓励工商资本进入绿色食品领域，不仅可以给绿色食品领域带来亟须的资本，还可以带来规模经济效应，增加绿色食品产业的供给总量，改变供需不平衡的现状，使某些领域绿色农产品价格下降，促进绿色农产品开拓市场。但是由于存在一些不利因素，缺乏金融支持、管理经验等限制着工商资本的进入。如果不能有效引入工商资本进入绿色食品领域，绿色食品产业内企业规模得不到扩大，总体供给量不能得到大量的增加，供需不平衡现状得不到扭转，将会影响消费，阻碍绿色食品的市场发育，进而阻碍现代农业的发展。

（一）引导工商资本进入畜禽类水产类绿色食品领域，弥补资金不足困境，而且有较大发展空间

工商资本虽然具有资本优势，但是进入某些需要投入环境成本和研发成本的绿色食品领域，资本投入较大。某些绿色食品的生产加工等环节，需要减少使用造成污染的原料，使用新的绿色原料、辅料、引进环保设备等会增加资源成本费用、环境成本费用、研制费用。

为了支持工商资本在绿色食品领域的发展，一方面，在工商企业进入初期给予一定的税收优惠和政策扶持，解决工商企业投资绿色农产品贷款难问题。如制定绿色食品贷款担保、保险等系列扶持政策、通过招商引资，借助外来资本解决融资难问题。通过提供税收优惠和金融政策支持，能够吸引更多的工商企业进入，加快绿色食品产业的发育成熟，为现代农业提温加速。另一方面，引导工商资本进入畜禽类水产类绿色食品领域。

（二）与绿色农产品企业合作，建立绿色食品产业链

一些绿色食品领域标准化高，技术含量高，而一些工商企业在进入初期没有绿色食品生产加工方面的经验，对于这类工商企业应采取与绿色企业合股、合作等方式，建立企业集团。工商资本与绿色食品企业建立合作关系，联合起来能够形成规模化生产。规模化生产会产生规模经济，规模经济是由于生产规模扩大而引起的厂商产量增加或收益增加。在长期经营中，企业投入的各种生产要素可以同时增加，使生产规模扩大，从而得到各种益处，使同样产品的单位成本比原来生产规模较小时降低。当厂商生产规模扩大时，可以实现有利于技术提高的精细分工，充分发挥管理人员的效率，使用更加先进的机器设备，对副产品进行综合利用，以更加有利的价格、渠道等采购原材料和推销产品等。

工商企业通过与绿色食品企业合作，能够使种养加、产供销、农工商一体化经营，将绿色食品再生产过程的产前、产中、产后诸环节联结为一个完整的产业系统，使生产、加工、销售成为一个有机的整体，做到每个环节的专业化与产业一体化协同相结合，提高绿色农产品产业链整体效益，使整个产业链的资源得到充分利用，从而降低生产成本，降低绿色食品市场价格，扩大市场占有率，满足中低收入群体对绿色食品的消费需求。此外，积极为工商资本投资绿色食品的项目提供人才技术服务，要有专业的技术人才和管理人才储备，加强人才引进和培训。工商资本通过与绿色食品企业合作、人才引进等措施，解决工商资本投资绿色食品遇到的管理经验缺乏的难题。

（三）进行绿色食品的产品创新

模仿原有的绿色食品，难以有自己独特的创新之处，在市场上很难被消费者接受。因此，工商资本投资绿色食品要有长期作战的充分准备，对产品进行创新。在现有产品

的基础上提高产品质量，改进产品的形象，生产出质量更优良、性能更稳定可靠、价格更低廉的改进型新产品。

工商资本通过采用一种新的产品设计、新的原材料、新的生产工艺、新的广告创意、新的产品包装、新的品牌商标、新的营销渠道、新的促销方式、新的组织形式、新的管理制度或其他新的市场要素，便可以改变现有产品的市场特性及其销售状况，从而形成自己产品的独特创新之处，在开拓市场时吸引消费者注意，形成稳定的消费群体。

（四）充分的市场调研，进行市场创新，做好打持久战准备

工商资本进入绿色食品领域，前期一定要进行充分的市场调研，为开拓市场做好必要的准备，不可盲目投资。绿色食品项目是长期投资项目，如果遇到经营和销售问题就退出，很可能难以收到投资成本，遇到这种情况须改进经营策略和改变营销技巧，进行市场创新，长期坚持才能赢利。

工商资本进行市场创新需立足于市场需求，市场要求是企业进行市场创新的根本出发点，顾客是企业最重要一种市场资源。需求创新域是直接面向用户，根据不同类型顾客的不同需求进行市场创新，以满意各种顾客的实际需要。①选择适当的顾客群作为目标市场创新域，针对中低收入的顾客采取价格相对低廉和高收入顾客采取质量优良的市场策略，通过优质优价赢得目标顾客。②不同的企业具有各不相同的市场创新优势，包括产品技术优势、产品品牌优势、产品包装优势、产品成本优势、企业形象优势、资金优势、市场渠道优势、市场促销优势等，所以工商企业应该选择相应的市场创新域，提高产品的市场适应性，增加新的市场用途，开辟新的市场领域，以充分发挥本企业的市场创新优势。

（五）支持与严管并举，加大宣传力度

市场上假冒伪劣的绿色食品现象较突出，而一些消费者很难辨认出真假绿色食品，影响绿色食品的公信力，应加大宣传力度，让一些消费者能够更好的识别真假绿色食品，从而赢得消费者对绿色食品的信任，为工商资本开拓市场奠定基础。另外，某些工商企业进入绿色食品流通领域出于追求利润最大化，过高地提高绿色食品的价格，有些工商企业或中间商进行市场炒作，哄抬物价，导致有些绿色食品价格远高于一般农产品价格，影响消费，损害消费者利益，影响绿色食品的市场发育。因此，应该在某些绿色食品领域设立价格限制，防止中间商过高地抬高价格。

此外，对工商企业发展绿色农产品的应该支持与严管并举，一方面积极引导工商资本进入绿色食品领域，另一方面强化动态监管，建立绿色食品可追溯机制，强化防伪标志，并实行企业年检，建立严格的惩罚和问责机制，防范假冒伪劣产品充滥绿色食品市场，避免工商企业进行市场炒作等，扰乱绿色食品的市场秩序。

绿色农产品　优质不一定高价*

蒋秀玉

（中国绿色食品协会）

绿色农产品价格问题是绿色农业经济的核心问题，是推动绿色经济发展的重要一环，而一些绿色农产品在定价时比一般农产品多考虑了资源成本和环境成本，与一般农产品价格相比，价格相对较高，使广大消费者“望而却步”。在我国，富裕起来的人们对绿色农产品的需求在不断增加，开发绿色农产品是社会发展的必然趋势。正确处理好绿色农产品与一般农产品的比价关系是绿色农产品顺利销售的重要因素。只有正确处理好两者的比价关系，才能扩大绿色农产品的市场占有率，促进绿色农产品的市场发育。

一、绿色农产品和一般农产品的比价关系概述

绿色食品是产自优良环境，按照规定的技术规范生产，无污染、安全、优质并使用专用标志的食用农产品及加工品，在无污染的条件下种植、养殖，施有机肥料，不用高毒性、高残留农药，在标准环境、生产技术、卫生标准下加工生产，经专门机构认定并使用专门标识的安全、优质、营养类食品。开发绿色食品需要从保护和改善农业生态环境入手，在种植、养殖、加工过程中执行规定的技术标准和操作规程，实施“从农产品到餐桌”全过程质量控制。

绿色农产品与一般绿色农产品价格相比有3类，第一类是绿色农产品价格低于一般农产品价格。这类绿色农产品主要是受益于规模化生产带来的低成本低价格。例如，燕京啤酒于2003年申请成为绿色食品，由于燕京啤酒规模化生产带来的经济效益，市场价格相对低于其他啤酒。另外，与一般农产品相比，绿色食品是在无污染的条件下种植、养殖，不用高毒性、高残留农药，不使用有毒、有害物质，而一些一般农产品在生产和加工过程中使用农药、肥料、兽药、添加剂等投入品，增加了一般农产品的成本，因此除了某些需要研发和环境投入的绿色食品，一般绿色食品的成本实际上是低于一般农产品，从而市场价格低于一般农产品价格。第二类是与一般农产品价格大约相等的绿

* 本文原载于《农产品市场周刊》2015年第26期，50－52页

色农产品。此类绿色食品一般而言投入的研发成本或环保成本较少，在无污染的条件下种植、养殖的纯天然食品等。第三类是绿色农产品价格高于一般农产品价格。此类绿色农产品主要是由于生产过程中需要投入环保成本和研发成本等，市场价格高于一般农产品价格。此外，流通领域有些企业为追求高额利润盲目提高价格和中间商哄抬物价，导致有些绿色食品价格高于一般农产品价格。

二、绿色农产品价格存在的问题

与一般农产品相比，绿色农产品是在无污染的条件下种植、养殖，不用高毒性、高残留农药，不使用有毒、有害物质。一般农产品在生产和加工过程中使用农药、肥料、兽药、添加剂等投入品，增加了一般农产品的成本，因此除了某些需要研发和环境投入的绿色食品，一般绿食品的成本理应低于一般农产品，但是由于在流通领域有些企业为追求高额利润盲目提高价格或中间商哄抬物价，反而导致有些绿色农产品价格高于一般农产品价格，影响消费，损害消费者利益，影响绿色食品的市场发育。

此外，第三类绿色农产品定价时要考虑资源成本、研制费用和环境成本，包括使用绿色原料、辅料、改善和引进环保设备、减少污染物排放增加的成本等。在供销环节，绿色食品企业的运输成本也高于一般农产品几倍。由于对产地环境的特殊要求，绿色农产品产地主要分布在辽阔的农村、经济落后、交通闭塞的边远地区，而绿色食品的消费群体主要集中在大中城市和经济发达地区，生产者和消费者的空间距离增加了绿色食品供货难度，进一步增加绿色食品企业运输成本。因而与一般农产品价格相比，一些绿色农产品价格高出几倍。

这些绿色食品较高的价格影响着消费。在消费者的消费意愿上来看，北京和上海等大城市80%以上的消费者希望购买绿色食品，但是由于这些绿色食品过高的价格限制一些中低收入群体的购买能力，虽然绿色食品受众多消费者青睐，一些绿色食品过高价格使很多消费者望而却步，只能选择购买一般农产品。

第三类绿色食品价格高，一方面是由于绿色农产品生产成本较高，或在流通领域有些企业为追求高额利润盲目提高价格和中间商哄抬物价，导致有些绿色食品价格高于一般农产品价格。另一方面，与一般农产品价格相对较低有很大的关系。虽然近年来，市场上部分农产品价格大起大落，特别是蔬菜零售价格及批发价格近几年一路飙升，但是与绿色农产品价格仍存在很大差距。如果第三类绿色农产品价格与一般农产品价格的差距继续存在，将会继续限制绿色农产品市场的扩张，进而阻碍现代农业的发展。

使第三类绿色农产品保持合理价位，才能使广大消费者有能力消费绿色食品带来的益处，加快现代农业发展的步伐。要使绿色农产品价位合理，一方面需要缩小绿色农产品与一般农产品价格差距，另一方面需要降低绿色农产品成本和政策环境上为绿色企业创造有利的环境。

三、绿色农产品价格调整策略

绿色农产品有很大的市场空间和发展潜力，应该把绿色农产品发展作为农产品品牌建设的重点，给予大力支持，实行优质优价，激励绿色食品的发展。

（一）规模化生产

作为绿色食品本身，要从小生产转到规模化生产，联合起来进行规模化生产，减少改善环保功能支付的研制成本，降低保护自然生态环境和减少污染物排放的环境成本以及一些资源成本等。绿色农产品生产经营规模的扩大，有利于采用先进的农业科学技术，降低生产成本，为绿色农产品的批量生产、加工、销售奠定条件，避免或减少某种生产要素的不足或浪费，为绿色农产品产业化经营的高效运作奠定基础。通过规模化生产提高科学技术水平、产品质量和性能。当绿色食品企业生产规模扩大时，可以实现有利于提高的精细分工，充分发挥管理人员的效果，使用更加先进的机器设备，对副产品进行综合利用，以更有利的价格、渠道等采购原材料和推销产品等。绿色食品企业会由于生产规模的扩大而引起产量的增加或收益的增加，使同样产品的单位成本比原来生产规模较小时降低。

（二）建立绿色食品产业链，降低成本

绿色农产品企业产业链一般较长，从养殖到餐桌涉及育种、养殖服务、饲料加工、屠宰、流通、食品等各种产业环节。

绿色食品企业为了规避产业风险、市场风险和社会风险，必须以产业链为中心，时刻关注市场的实际需求状况，快速识别市场需求，及时满足市场需求。绿色食品通过实行种养加、产供销、农工商一体化经营，将绿色农产品再生产过程的产前、产中、产后诸环节联结为一个完整的产业系统，做到每个环节的专业化与产业一体化协同相结合，通过多种形式的联合与合作，形成市场牵龙头、龙头带基地、基地连农户的贸工农一体化经营体制，使外部经济内部化，从而降低交易成本，满足中低收入群体对绿色食品的消费需求。此外，一些绿色食品产地分布在交通闭塞的边远地区，消费群体集中在大中城市，供货困难容易造成供销脱节。通过服务社会化，使绿色食品生产者只从事一项或多项绿色食品生产作业，而其他工作均有综合体提供的服务来完成，将产前、产中和产后各环节统一起来，有利于拓展供销渠道，改变绿色食品供销脱节的不利状况，降低运输成本，形成综合生产经营服务体系。

（三）制定绿色农产品保护价格

一些绿色食品价格较高不仅是由于其成本高，与一些绿色食品企业追求高额利润有很大的关系。有些企业为追求高额利润盲目提高价格，造成供求价格不平衡，影响消

费。此外，某些中间商在绿色食品流通领域会进行市场炒作，扰乱绿色食品的市场秩序，对绿色食品生产和城乡居民的消费带来负面影响。因此，要限制不合理的过高价，制定绿色农产品保护价格。

根据经济学原理分析，制定绿色农产品价格上限，价格上限又称限制价格，指可以出售一种物品的法定最高价格，是某种物品法定的最高限。价格上限一定低于均衡价格。市场机制的一个重要方面是供求均衡机制，即通过价格杠杆或价格的调整实现供给和需求的均衡。但是在某些情况下，为了抑制某些绿色食品价格的上涨，可以采取某些限制价格调整的措施，即实行价格管制，主要包括最高限价和最低限价，对于某些过高价格的绿色食品可以采取最高限价政策，通常可对某种绿色农产品规定一个低于市场均衡价格的最高价格。为了保护城镇中低收入居民对绿色农产品的需求，对一些绿色农产品的过高价格制定最高限价，有利于满足消费者对绿色食品的需求。

（四）立足于市场需求来进行市场创新

市场创新平台是维持企业生存、促进企业发展的活力源泉。绿色食品企业要扩大现有市场规模，须降低产品的价格，不断提高现有新产品的质量，改进产品的形象，提高产品的市场适应性，增加新的市场用途，开辟新的市场领域。一些规模型的绿色农产品企业生产出质量更优良、性能更稳定可靠、价格更低廉的改进型新产品，从而具有较大的市场竞争优势，获取更大的市场份额。

（五）引导工商资本进入，改变供需不平衡状态

绿色农产品的市场潜力巨大，目前我国绿色农产品远远不能满足市场的需求。由于工商企业具有雄厚的资金和管理等方面的优势，应引导工商企业进入，不仅能扩大绿色农产品的市场规模，满足市场需求，而且能给绿色农产品发展带来急需的资金。工商企业的进入，会由于产业内部企业的增加，使总体供给量增加。根据供求定理，当行业内供给增加时，价格就会随之下降，绿色食品价格的下降，会给消费者带来更多福利，增加消费者效益。随着价格的下降，占大部分消费群体的中低收入者会有支付能力购买绿色食品，需求量将增加，市场占有率会扩大。价格的下降将会使更多的消费者乐于食用绿色食品，享受绿色食品带来的好处。

（六）严格标准和监管，不能以次充好影响品牌公信力

在消费市场，绿色农产品原料的质量很难辨别。植物类或动物类产品，其共同的特点就是质量的隐蔽性，这种隐蔽性使一些农产品生产者缺乏生产高质量产品的激励。由于市场上绿色食品假冒伪劣现象较为突出，使消费者很难辨别哪些是真正的绿色食品。因此，要做好动态监管，对市场上绿色食品标志使用情况进行监督检查，在当地大中城市选取有代表性的超市、便利店、专卖店、批发市场、农贸市场等作为监察点；在标志保护与防伪打假上，实施绿色食品防伪标签的印制，运用法律手段开展绿色食品打假活

动，防范中间商市场炒作等，避免对绿色食品生产和城乡居民的消费带来负面影响；实行企业年检，建立严格的惩罚和问责机制；此外，不能只依靠政府力量，还要吸收广泛的社会监督。

（七）制定优惠政策，在信贷税收等方面支持绿色食品企业的发展

由于部分绿色农产品成本高，产量低，对一些绿色农产品企业给予一定的补贴。在绿色食品企业发展初期给予一定的税收优惠和政策扶持，解决绿色农产品企业贷款难问题。制定绿色食品贷款担保、保险等系列扶持政策，加强金融信贷支持，建立绿色食品企业信用评级和项目数据库，促进绿色食品企业、项目与金融机构对接，扩大有效担保物范围，从用地规划、立项审批、税费减免等方面为绿色食品企业给予支持。

绿色农产品是现代农业的精品，是现代农业的重要力量，传统农业向现代农业转型，必须促进绿色农产品的发展，而绿色农产品的市场发展是绿色农产品最终成果的体现。要促进绿色农产品的市场发育成熟，必须实行优质优价策略，使广大消费者享受绿色农产品带来的好处，必须缩小与一般农产品的价格差距，才能为绿色农产品的市场发育成熟奠定基础，促进绿色农产品的发展，进而加快传统农业向现代农业转型，为现代农业提温加速。

加快绿色食品产业转型升级适应农业供给侧改革要求*

王　琦

（吉林省绿色食品办公室）

1990 年 5 月 15 日，我国正式推出绿色食品品牌以来，绿色食品以产自优良生态环境、按照绿色食品标准生产、实行全程质量控制、获得绿色食品标志使用权为主要特征，从诞生伊始就受到人民群众的欢迎。与此同时，绿色食品产业也取得了快速发展。以吉林省为例，截至 2015 年年底，全省有效使用“三品一标”产品 1 093个，环境监测面积达到 4 960万亩，产品产量达到 2 936万吨，实现产值 880 亿元。

近一个时期以来，随着绿色食品产业快速发展，在发展中积累的一些主要问题逐渐显现，与农业和农村经济建设面临的突出矛盾交织在一起，已经成为制约绿色食品产业做大做强的关键性瓶颈因素。特别是目前一些绿色食品企业也不同程度地出现了产品卖难、优质不优价等“供需”矛盾问题。因此，在推进农业供给侧改革的大背景下，绿色食品产业加快转型升级势在必行。

一、绿色食品产业发展面临的主要问题

（一）产业定位问题

客观上讲，绿色食品产业从诞生之日起，就缺乏一个准确的产业定位，特别是至今仍未解决。一是绿色食品公益性和市场性属性定位问题；二是绿色食品消费需求定位问题；三是绿色食品产业内涵和外延定位问题；四是绿色食品产业在整个农业农村经济发展中定位问题，等等。以绿色食品公益性和市场性属性定位问题为例，如果绿色食品定位为满足中高端人群消费需求，那么它就不具备公益属性，它的利润空间就应该通过市场方式加以解决；如果绿色食品定位为满足大多数人群消费需求，短期看，那么它就不具备安全属性，从一定意义上讲，这也不符合经济发展规律和我国基本国情。因此，绿

* 本文原载于《吉林农业》2016 年第 17 期，52－53 页

色食品不同于一般意义上的农产品，也不具备普通农产品满足大多数消费者消费需求的一般属性，这是由绿色食品本身特有属性决定的。

（二）发展指标问题

目前，绿色食品产业通用的统计指标包括有效使用“三品一标”产品个数、环境监测面积、产品产量、产业产值等。就整个农业农村经济发展而言，绿色食品产业除了“三品一标”产品个数外，环境监测面积、产品产量、产业产值均未被统计在农业农村经济统计数据之中，而且有些发展指标与农产品加工、农产品质量安全、中小企业、园艺特产等行业发展指标还存在严重的统计交叉。换句话说，绿色食品产业对整个农业农村经济发展的贡献率，缺乏具体可操作性的衡量指标。

（三）工作思路问题

目前，各地绿色食品管理机构均以标识认证为主要工作内容，重数量扩张、轻质量管理，重标识认证、轻产地建设，重产品推介、轻科技研发，重企业自律、轻资本引入，重生产标准、轻风险防控，重培育市场、轻政府推动。这一系列问题，如不能在工作思路层面上加以解决，势必影响绿色食品产业做大做强和持续健康发展。

（四）政策措施问题

从基层工作实际看，绿色食品产业特别是产品认证、产业基地、市场监管、机构建设等，都缺乏与之配套的法律法规、发展规划、项目资金、监管手段、干部队伍等政策，特别是缺乏推进产业发展的强大合力。

二、绿色食品产业发展的基本思路

当前和今后一个时期，发展绿色食品产业，应紧紧围绕生产和提供优质安全营养农产品为目标，以探索建立运转高效的体制和机制为重点，坚持“两轮”发展战略，坚持了“两条腿”走路，坚持“两手抓、两不误”，不断扩大供给范围，不断提高供给质量，不断提高对整个农业农村经济发展的贡献率。

（一）从根本上解决产业定位问题

一方面，紧紧围绕生产和提供优质安全营养农产品为目标，不忘初心。绿色食品是出自纯净、良好生态环境的安全、无污染食品，能给人们带来蓬勃的生命力；绿色食品标志提醒人们要保护环境和防止污染，通过改善人与环境的关系，创造自然界新的和谐；绿色食品人要牢牢把握这一重要历史使命，勇往直前，矢志不渝。另一方面，探索建立运转高效的体制和机制，在工作中善于用改革的方法，破除制约绿色食品产业发展的各种矛盾和问题，探索建立适应新形势新要求的体制和机制，为绿色食品产业发展保驾护航。

（二）从根本上解决工作思路问题

一是坚持“两轮”发展战略。注重绿色食品品牌的差异化，以控制总量、提高供给质量为目标，通过市场运行方式，抓好面向中高端人群的有机食品和绿色食品生产；以确保质量、扩大供给范围为目标，通过行政推动方式，抓好面向普通人群的无公害农产品生产。二是坚持“两条腿”走路。一方面，通过政策扶持，加快企业发展和基地建设，不断扩大绿色食品产业发展规模；另一方面，通过引入资本，培育新产品和新业态，不断提高绿色食品产业发展质量。

（三）从根本上解决政策措施问题

坚持“两手抓、两不误”。一手抓法律法规、产业规划、生产标准编制，另一手抓行政执法、市场监管、队伍建设。

（四）从根本上解决发展指标问题

就是在不断扩大供给范围，不断提高供给质量，不断提高对整个农业农村经济发展的贡献率中，重新探索确立绿色食品产业发展新的指标体系，进而确立在农业农村经济发展的应有位置。

三、意见建议

（一）抓紧编制完成绿色食品产业发展规划

规划应立足未来 10～20 年，以生产和提供优质安全营养农产品，不断扩大供给范围，不断提高供给质量为目标，围绕绿色食品完整产业链条，区分不同区域、不同行业、不同群体、不同需求，在充分调研论证基础上，研究提出相应政策措施，抓紧编制印发。

（二）在法律法规或政策意见方面力争有所突破

缺乏法律法规或政策意见依据，是目前推动绿色食品产业加快发展的最大障碍，从国家层面上应加以突破。具体讲，在编制绿色食品产业发展规划的基础上，围绕产业发展的突出问题，有针对性地提出政策措施，力争在产业定位、工作思路、目标任务、资金项目、基地建设、科技研发、市场监管、队伍建设等方面有所突破。这样不仅能够从根本上解决绿色食品产业公益属性问题，也为地方加强绿色食品工作提供有力依据，真正做到全程质量监控。

（三）强化对绿色食品产业扶持力度

从国家层面，应加大对地方发展绿色食品产业发展的支持力度和反哺力度，抓紧着手设立绿色食品产业项目，重点对产品研发、基地建设、标准体系、检验监测、市场监管、信息预警等方面给予资金政策扶持。加强与各职能部门的沟通协调和工作统筹，充分借助其他部门、其他行业的项目资金，力争在企业发展、基地建设等方面有所突破。同时，积极引进战略资本，加大对新产品、新业态的研发力度，培育壮大绿色食品产业集群，实现绿色食品产业发展“质”的跨越。

（四）加大对绿色食品“僵尸”企业淘汰力度

针对目前一些绿色食品企业随意扩大标识使用规模、忽视对取得绿色食品标识后的产品监管、绿色食品优质不优价、弄虚作假等突出问题，从国家层面应建立“黑名单”制度，加强与各职能部门的联合执法，加大对这类“僵尸”企业的淘汰力度，宁缺毋滥，拒不姑息，形成震慑，坚决维护绿色食品企业合法利益，坚决维护绿色食品品牌形象和影响力。

（五）创新绿色食品宣传推介方式

随着“互联网+”等新型业态的兴起，绿色食品宣传推介方式也应与时俱进。从国家层面应着手打造“互联网+绿色食品”的新型办展模式，组建中国绿色食品信息发布、产品推介、网络销售的“航空母舰”，使之成为永不落幕的绿色食品展会。

（六）强化基层干部队伍建设

好事业总是靠有本事的人干出来的。从国家层面，当前应加强对基层机构和干部队伍建设的指导力度，努力解决机构不健全、人员力量薄弱、经费保障不足，特别是监管缺位、制约工作开展等突出问题，确保干部队伍长期稳定。

湖北省绿色农产品品牌建设的问题与对策研究*

陈永芳　周　莉

（湖北省绿色食品管理办公室）

绿色农产品是指按照特定方式生产的生态、安全、优质、高产、高效的农产品，是具有中国特色的概念，目前包括无公害农产品、绿色食品、有机食品这3类经过专门机构认证、具有绿色标志或环境标志的认证农产品和食品，简称“三品”，这3类农产品和食品像一个金字塔，越往上要求越严格。品牌是消费者识别农产品品质的最重要标志，是绿色农产品在市场上吸引消费者的名片。随着消费者对绿色农产品认识的提高以及健康的绿色消费观念的增强，绿色品牌农产品以鲜明的形象和安全的品质越来越受到消费者的欢迎。然而，尽管湖北省气候条件较好、生物资源丰富、生态环境优越，已有良好的绿色农业产业基础。但是，目前还不具有品牌优势。因此，加快湖北省绿色农产品品牌建设对于实现湖北省绿色农产品走向全国、融入世界具有十分重要的意义。

一、湖北省绿色农产品品牌建设的现状

湖北省是全国闻名的鱼米之乡。在古代就有“湖广熟、天下足”的说法。新中国成立后，湖北省的农业得到了较大发展，一直被人们称为“粮棉大省”。湖北省的农产品产量高、品种多。主要农产品包括粮、棉、油、猪、禽、蛋、菜、果、茶等。作为全国重要的农产品生产基地，湖北省为保障国家粮食安全和农产品供给作出了突出贡献。

（一）独特的自然条件

湖北省地处中国南北过渡地带，属亚热带季风气候、水、光、热等资源充足，气候温和。南北过渡的地理位置与平原、山区、丘陵及湖区的多类地貌，孕育了丰富的生物物种资源，在长期的发育中，产生了许多质量优异的名特优农产品。武汉中粮肉食品有限公司的系列产品是中南地区首家获得绿色食品认证的产品；湖北省不少产茶区的绿茶

* 本文原载于《湖北绿色农业发展研究报告（2014）》，湖北人民出版社出版，2016年

与国内其他地方的绿茶相比，品质也算是卓越的；湖北天种畜牧股份有限公司的杜洛克、大约克种公猪多年前就在全国处于领先地位，市场几乎覆盖了半个中国；各地的香菇、木耳、茶叶、蜂蜜、水产品等优质农产品也为湖北省农产品出口创汇做出了巨大贡献。

（二）有机产品、绿色食品和无污染农产品发展规模迅速扩大

绿色食品、无公害农产品、有机产品是社会公认的安全优质农产品品牌，深受社会推崇。由于生产经营者和消费者品牌意识的逐步增强，湖北省正在加大力度建设农产品品牌。有机产品、绿色食品和无公害农产品发展规模迅速扩大，2005 年，湖北省的这三类产品品牌已达 1 200多种，有机产品的品牌持有数量在全国排名居第二，绿色食品数量则在全国排名第三。到 2006 上半年，湖北省这三类产品总数迅速增长，已接近 1 400个。其中湖北省农产品品牌中有 900 多个使用了绿色食品标记，绿色食品品牌技术推广面积为 602 万亩，产品的总价值共达 273 亿元，比上年同期增加 59%；另有 139 家企业的 213 个品牌也有无公害产品原产地证书，使用无公害农产品标识的有效品牌共有 350 个，总产量达到 170 万吨，销售总额为 128 亿元，相比去年同期增长较大；通过有机食品认证的有 13 家企业，有效利用有机食品标记的共有 76 家企业，产品总数共为 106 个，有机食品的技术推广面积有 17. 8 亩。截至 2013 年，湖北绿色食品、无公害农产品或有机食品“三品”品牌数达 3 100多个，总产量达 700 多万吨，其中绿色食品、有机产品品牌数居全国第二位。湖北优质农产品品牌化生产经历了从无到有，从一般品牌发展到全国知名品牌的过程。近几年，湖北省国宝牌桥米、福娃牌大米、荆楚牌种子等 11 个农产品获“中国名牌产品”称号。

（三）绿色品牌意识在逐步增强

消费者认品牌购商品的意识能力越来越强，一般会在大型超市购买自己喜好的品牌农产品，这是因为他们对品牌的信任与依赖。湖北省开始加强对绿色食品的品牌建设，这只是一个开始，这意味着湖北省的品牌建设发展之路将越来越广阔。目前来说，湖北省的农产品品牌建设获得了一定的成果：政府集结其相关下属机构，正大力推广绿色食品的生产技术，积极发展无公害产品，在政府的推动下，农民种植绿色食品、无公害农产品的积极性进一步提高；目前大多数企业对产品和标签认证的积极性不断增加，湖北省农产品现有注册商标多达 7 000个。这积极调动了农户们参与品牌建设活动的热情，营造了一个积极建设的大氛围，从而扩大了绿色食品和有机食品的生产规模。这充分反映了湖北省的农业和农产品意识越来越强烈。

二、湖北省绿色农产品品牌建设存在的问题

湖北省绿色农产品品牌建设虽然已经取得了一定的成绩，品牌竞争的趋势日益凸

显，但是绿色农产品品牌建设的现状并不十分理想，首先是因为绿色农产品品牌的特殊性在一定程度上造成农产品品牌建设的复杂性。此外，绿色农产品品牌规模弱小，无法发挥品牌效应；科技含量低，生产落后；绿色农产品品牌宣传创新不足；绿色产品品牌意识淡薄，品牌力弱等也是农产品品牌建设不足的重要原因。

（一）规模弱小，无法发挥品牌效应

湖北省许多县、市的农产品消费市场呈现“混战”的局面，这也是目前农业市场的一个缩影。品牌太多、太复杂，是非常不理想、不稳定的现状。不少生产商和经销商，是假借品牌之名来进行竞争，实行价格战，恶性竞争扰乱市场秩序；根本对产品质量服务不关心，不是靠品牌自身实力来发展，而是靠价格战掠夺市场。这直接导致了过去的质量优势与价格优势现如今不复存在，他们原先可以维系的各自的利益，也受到了较大的伤害，市场一直逐步在完成大鱼吃小鱼的进程。与此同时，在某些地方知名的农业产品品牌竞争中，农业品牌在从“无牌”，到“争取发牌”再到“发牌”的努力过程中，未能形成合力。如果在这些竞争中，没有品牌的统一号召，将会导致市场恶性竞争很严重，宣传传播缺位，品牌合力不能体现；另外品牌建设处于自发状态，也将致使产品本身缺失竞争力，综合市场占有率也将出现快速下滑。在高端市场上湖北的农产品和加工产品占有率很低，各大综合超市由于其良好的购物环境，较高的准入门槛，齐全的商品种类以及较高的销售量称为高端市场。进驻高端市场，对品牌的办大有重要意义。

（二）科技含量低，生产落后

湖北省深加工农产品品牌少，初级农产品的产业链较短，大多扮演原材料的角色，科技含量比较低；此外，湖北省远离沿海地区，交通相对闭塞，农产品生产设备不先进，技术落后，缺乏与外面大企业、大集团沟通交流的机会，从而对整个农业发展的带动作用小。

（三）绿色农产品品牌宣传创新不足

品牌知名度和美誉度的提高是品牌价值得以实现的必要前提，而知名度和美誉度的提高离不开对品牌的宣传。品牌宣传、品牌包装、品牌推介等方面在较大媒体很少露脸，知名度和美誉度欠佳。湖北省绝大多数绿色农产品企业用于产品宣传开发的经费不足。宣传内容过于单一，仅限于推销绿色农产品；品牌宣传的技术和手段严重落后，仅限于散发绿色农产品品种简介资料；宣传范围窄，仅限于有关农业部门的相关人员；不重视品牌的推广宣传，尚未形成有意识地利用媒体广告、公关宣传等手段来全方位塑造品牌形象。湖北省绿色农产品品牌宣传创新不足，更谈不上树立名牌优秀企业形象和利用名牌获取丰厚的利益回报。

（四）绿色产品品牌意识淡薄，品牌力弱

消费者在选择绿色农产品时，品牌意识淡薄，没有高的品牌要求。湖北省绿色农产品生产经营者依旧缺乏主动性和创造性，经营理念和经营行为在一定程度上与高速发展的市场经济不适应。无论是在自由市场还是超级市场，顾客只注意蔬菜、水果等产品的新鲜度，很少去对品牌有什么特殊的注意；而对一些农产品的再加工、深加工品却表现出强烈的品牌意识，如饮料、烧烤食品、肉类制品、乳制品等。绿色农产品生产经营者经营产品多，运作品牌的少，普遍缺乏品牌运营观念，不把品牌看做是影响自身长期竞争力的无形资产，认为商标、标志是形式上的无关大局的东西，不懂得品牌是企业和产品通往市场的通行证。

品牌建设的根基是优质的产品质量，享有良好声誉的品牌首先应该代表的是过硬的产品综合质量。这里所说的综合质量包含绿色农产品的安全性、营养性、风味性以及对绿色农产品加工制品所要求的符合国际标准的深度加工技术含量，需要从绿色农产品生产的产前、产中和产后加以控制。湖北省绿色农产品的综合质量不过硬，从根本上延缓了品牌建设的步伐。

三、建立湖北省绿色农产品品牌的对策建议

湖北省创建绿色农产品品牌要从湖北省农村发展的实际出发，从品牌定位、设计、命名、保护和延伸等方面着手，整合其自身优势资源，瞄准细分市场，提高消费者的忠诚度和美誉度；依靠高水平的良好质量的农产品来占领市场，整合品牌管理的方式方法，提高生产技术和农产品质量，赋予农产品品牌更广泛的意义。因而，要建立湖北省绿色农产品品牌，就要从以下几个方面展开。

（一）搞好品牌规划，做好龙头企业的品牌管理

品牌是一种无形资产，它的形成往往要经过一个较长的时期，要根据湖北省绿色农产品的实际情况、市场行情、企业发展目标来定位，成立品牌部门、设立品牌经理专门负责品牌建设；起一个好的品牌名称、设立一个醒目易记的品牌标识；搞好品牌的形象推广工作，提高品牌知名度和美誉度，培养消费者的忠诚度；建立品牌资产体系，随时对品牌资产进行监测、诊断与评估，确保品牌资产的保值、增值；对品牌进行商标注册，使之受到法律保护，如果遇到有侵害本企业品牌的行为时，要坚决利用法律武器进行维权；在走向国际市场时，也应积极利用国际法与国际惯例，来维护品牌不受侵害；以龙头企业或以行业协会为主申请地理标志，将我国有市场影响的特色农产品尽可能申请地理标志，从而使农产品可以受到地理标志证明商标和自身商标的双重保护。

湖北省以绿色农业产业化龙头企业、高标准绿色农业板块基地和现代绿色农业示范区为重点，新培育和发展10个以上在全国有较高知名度的绿色农产品加工产业品牌；

全面实施“一县一标”品牌培育工程（每个县至少申请注册 1 件地理标志），鼓励具有地方特色的农产品，申请注册地理标志证明商标或集体商标、申报农业“三品”认证，争创农产品区域公用品牌全国“百强”。

（二）推进科技创新，不断提升绿色农产品的科技含量

以农业企业为依托，加大科技投入，加强与科研院所的合作，积极主动对接农业高新科技项目成果，建立集科研、推广、应用为一体的科技服务体系。开发高科技含量新产品，培育名特优绿色农产品新品种，引进精深加工新技术，保持品牌绿色农产品的名优品质和市场活力。一是要开展品种资源的改良，加快绿色食品生产栽培技术的配套和推广；二是开展绿色食品生产施肥技术的推广与应用；三是加强预测、预报，开展以农业防治、物理防治、生物防治等为重点的病虫害综合防治技术的推广；四是开展绿色食品加工工艺的引进和推广；五是要抓紧制定绿色食品标准，重点要抓紧制定绿色食品生产技术规程、绿色食品的加工技术规程、绿色食品的贮藏运输技术规程等。

（三）积极以绿色营销观念进行广告宣传活动

随着消费者对绿色产品认识的提高以及健康消费观念的增强，绿色品牌农产品以鲜明的形象和安全的品质越来越受到国内外市场的欢迎。湖北省在进行绿色农产品品牌宣传时，一是要增加对品牌产品的宣传投入力度，塑造品牌形象。二是要善于利用各种媒体、展销会、招商会、博览会等多种促销手段，进行绿色农产品品牌的整合宣传，提升社会大众对品牌形象的认知度、美誉度和忠诚度，做大做强绿色农产品品牌。三是要用绿色营销的观念来统筹安排各项传播活动。在绿色农产品的包装设计上，要突出绿色理念，包装物本身要符合“可再循环”“可生物分解”的要求。在绿色农产品的促销活动中，应将产品信息传递与绿色教育融为一体。既要有无污染、无公害的绿色信息，又要有节省资源、保护环境的绿色知识。

（四）树立品牌意识，强化绿色农产品品牌建设人才的培养与引进

湖北省绿色农产品品牌建设首要解决的是克服品牌经营者主观上的心理障碍，要让他们主动产生绿色农产品品牌建设的意识并且认同其建设的必要性，愿意主动学习品牌建设的知识理论，同时积极实践探索出适合自身企业的绿色农产品品牌建设之路。首先，可以鼓励农户和企业参观绿色农产品品牌建设状况较好的农产品企业，请企业品牌经营者讲解品牌建设的心路历程，让事实触动没有品牌建设意识的参观者萌生品牌建设想法。其次，政府也应当更倾向于鼓励、嘉奖和扶持好的绿色农产品品牌发展，形成良性的诱导循环。最后，数据公开会使得品牌建设的成果更有说服力，如有可能，政府和品牌建设较好的企业应当把品牌建设的状况与产值和利润等数据结合起来，在公告、媒体、网络等渠道以文件和新闻等形式公开，以活生生的数据激励农产品经营者加强绿色农产品品牌建设。

湖北省各政府和绿色农产品企业可以利用优惠政策、增设补助等方式吸引人才向绿色农产品企业流动，也可以是鼓励双聘、合作、挂靠等兼职方式吸引人才与绿色农产品企业达成合作，还可以是对品牌营销这类公司与农产品企业的合作进行引导、嘉奖和补助，强化人才与农业的接触与交流。另外，在一些农业为特色学科的高等院校增设品牌营销等相关专业也是非常必要的，能有效地解决行业发展造成的长期人才缺口。

湖北省绿色农产品品牌建设的必要性、现状和对策思考*

胡军安　周古月

（湖北省绿色食品管理办公室）

农业品牌化是现代农业的重要标志，当前，我国经济发展进入新常态，随着人们生活水平的提高，农业经济增长方式由数量型向质量效益型转变已成必然趋势，消费者对于消费品的需求已经由最初功能上的需求上升到了对安全、生态、健康、优质的需求，绿色农产品的质量与品牌日益成为提升市场竞争力的重要内容。湖北省是我国的农业大省，湖北省绿色农产品品牌需要顺应全球化绿色农产品贸易发展的新趋势和新格局，做好迎接与国际农产品竞争的准备，形成具有国际竞争力的绿色农产品品牌，才能保证湖北省绿色农产品在国际贸易中处于有利地位。

一、湖北省绿色农产品品牌建设的背景

2014 年，中共中央、国务院《关于全面深化农村改革加快推进农业现代化的若干意见》提出抓紧构建新形势下的国家粮食安全战略，把粮食安全视作重中之重的地位。2015 年中共中央、国务院《关于加大改革创新力度加快农业现代化建设的若干意见》提出走产出高效、产品安全、资源节约、环境友好的现代农业发展之路。食品安全的源头在农产品，对农产品从注重数量转为数量与质量并重，以可持续的方式确保数量、质量双安全，中央一号文件传递出发展绿色农产品品牌战略的明确信号。

自中国加入 WTO 后，我国经济中的农业生产逐步与国际接轨，面对国外农产品大量进入我国市场，湖北省绿色农产品品牌需要顺应全球化绿色农产品贸易发展的新趋势和新格局，做好迎接与国际农产品竞争的准备，形成具有国际竞争力的绿色农产品品牌，才能保证湖北省绿色农产品在国际贸易中处于有利地位。

湖北省是我国的农业大省，截至 2012 年，湖北省农业人口占总人口的 46.5%。同时湖北省也是重要的粮、油、棉、水产品生产基地，农业资源丰富，尤其是作为千湖之

* 本文原载于《湖北绿色农业发展研究报告（2014）》，湖北人民出版社出版，2016 年

省，淡水鱼产量多年蝉联全国第一。2012 年湖北省第一产业增加值为 2 848. 77亿元，是2002 年的 302. 9%，增幅显著。通过多年的努力，湖北省已逐渐形成“以市场需求为导向，标志品牌为纽带，龙头企业为主体，基地建设为依托，农户参与为基础”的农产品品牌产业化发展格局，但是其中仍然存在一些问题，诸如品牌意识不强、品牌价值不足等，立足湖北省情，推动建设绿色农产品品牌建设势在必行。

二、湖北省绿色农产品品牌建设的必要性

（一）实现湖北省农业现代化、发展绿色农业的需要

加强农产品品牌建设，通过现代工业化的生产过程，提高生产运作的管理能力、科技发展能力和农村的人力素质；通过整合农村自身资源，实现湖北省农产品品牌管理水平的提高，积极采取先进的生产技术，有利于湖北省农村整体事业的进步；通过采取集约化生产方式，既可以改善和保护资源，又可以通过品牌规划，开发绿色农产品品牌，走集约化现代化农业之路，避免生态污染，实现环境和谐。改革生产传统农产品的方法，合理利用农业资源保护环境不受污染，实现我国农业健康良性的发展，促使湖北省农业从传统分散型向集约型现代化农业方向迈步。

（二）推进湖北省农业产业化经营、农产品区域品牌发展的需要

湖北省平原、山区、丘陵与湖区的多类地貌，孕育了丰富的生物物种资源，多年以来湖北的主要农产品数量均居全国前列，获得“鱼米之乡”“果蔬之乡”“药茶之乡”“畜牧之乡”等众多美誉。湖北省农产品品种多并且有特色，产品区域品牌管理过程中，区域内企业可以共享品牌收益，带动地方产业发展。然而多年来一直优而无势，市场占有率不高，竞争力不强。推进农业产业化经营，打造农产品区域品牌核心是要有一批龙头企业，以加快龙头企业的品牌建设发展作为湖北农业强省战略的突破口，才能从根本上推动湖北省绿色农产品“大而不强”现实和矛盾的解决。

（三）提高湖北省农产品竞争力、实施农产品“走出去”战略的需要

绿色农产品品牌的建设可以增加湖北省地方企业市场竞争力，绿色农产品品牌作为一种无形资产可以帮助企业推陈出新、拓展市场，最终寻求更高的效益。良好的品牌形象促使企业和初级农产品供应者建立良好地合作关系、提高效率的同时，还能节省流动资金，降低物流、营销、加工等成本。另外，发达国家对国际农产品市场控制和全球农业资源的争夺进一步加剧，充分利用国际国内两个市场、两种资源，优化资源配置，构建或重塑优秀的农产品品牌形象对我国农产品立足国内市场、走向国际市场，保障粮食等主要农产品供给安全，打破发达国家对全球农业产业的垄断控制格局，赢得农业资源全球化配置的自主权和话语权具有重大战略意义。

（四）促进湖北省产业结构调整、改善三农问题、增加农民收入需要

随着湖北省农业的发展，湖北省农业科技水平不断提高，农业生产连年丰收，农产品产量大幅增长，农产品商品化程度显著提高，绝大多数农产品已经从品种、数量短缺转为区域性和结构性过剩，呈现出农产品数量上的温饱有余，质量上的小康短缺。随着生活水平的提高，人们不但要求吃饱吃好，更要求吃得安全、无污染、优质营养。2013年，湖北省政府印发的《湖北省现代农业发展规划（2013—2017）》提出了“加快形成农村第一、第二、第三产业深度融合，种养业全面协调发展，生产基地化、布局区域化、种养标准化、产加销一体化、产品品牌化”的指导思想，建设绿色农产品品牌，既有利于提高农产品质量和安全，满足人们消费层次的提高，又能优化农业产业结构，合理配置农业资源，提高农业生产率，还能拓宽农民增收渠道，增加农民收入，改善三农问题，推动湖北农业可持续发展。

三、湖北省绿色农产品品牌建设现状

（一）湖北省绿色农产品品牌建设的成效

1. 绿色农产品品牌数量持续增长

2001 年底湖北省绿色品牌数量仅有 84 家，而到了 2013 年，湖北省拥有绿色食品企业数 395 家、绿色食品产品数 1 331件，其中当年获证企业 186 家、产品数 526 件；2014 年，湖北省绿色食品企业数增加到 445 家、绿色食品产品数增加到 1 419件，其中当年获证企业 192 家、产品数 602 件。湖北省“绿色食品”品牌企业数平均每年以110% 的速度增长，数量是 2001 年的 17 倍左右，湖北省发挥农业大省的优势，绿色农产品特别是绿色食品品牌发展速度快、效果显著，在全国绿色食品品牌排名已由原来的第二十多位提升到 2014 年的第六位。2010 年 11 月底，全省有效使用绿色食品标志产品总数达到 1 291个，总产量达到 707. 9 万吨，总产值达 256. 6 亿元，绿色食品出口额达 4 672. 6万美元，出口额约占全省农产品出口额的 10% 以上，绿色食品技术推广面积达到 63. 73 万平方千米。在优质优价市场机制的作用下，绿色农产品生产企业的积极性空前高涨，由最初的各级绿色食品办公室督促企业申报变为目前企业积极主动申报。绿色农产品品牌国际知名度在不断提高，绿色农产品出口贸易稳步增长。

2. 绿色农产品安全水平稳步提高

根据农业部“三品”工作的总体部署，2010 年湖北省组织全省工作机构对当地超市开展“三品”标志市场的专项检查，随机抽查了绿色食品标志及包装情况，产品涉及食用油、大米、蛋制品、酒、饮料、奶制品等，抽检产品 1 981个，湖北省绿色食品办公室结合绿色食品年度抽检，对全省 2008 年、2009 年绿色食品 85% 以上生产企业进

行了跟踪产品抽检。一是对武汉的商超的绿色食品进行市场监督，涉及省内外126家企业139个产品，主要对用标产品包装使用是否规范，是否超期用标及是否一标多用进行监察，其中有外省的1个产品超期用标，其他产品均用标规范。二是对全省的有效期内绿色食品进行抽检，农业部稻米及制品检测中心（杭州）等部级检测中心分别对湖北省32个大米产品，12个茶叶产品、8个水产品、155个加工食品进行抽样检测。抽检结果显示，合格率达99.5%。在全省各市州进行的绿色食品年度检查中，95%以上的产品和企业能积极执行绿色食品标准和技术规范。从质量监察检测结果表明，湖北省绿色食品质量是安全可靠的。

3. 绿色农产品区域品牌的带动效果明显

湖北省绿色农产品区域品牌的发展带动了当地产业的发展，促进了当地经济的发展，提高了农民收入水平，有利于“三农”问题的解决。例如，英山茶叶是中国十大名茶之一，总产量居湖北之首，是湖北也是全国重点产茶县之一。英山茶叶成为农产品区域品牌之后，全县茶园发展到1.2万公顷，产量2 200万吨，系列产值8.2亿元，占农业产值的30%以上。全县11个乡镇，有10个乡镇成为茶叶专业乡镇，种茶农户7.8万户，占农业总户数的87.8%，农民人均纯收入的60%、财税收入的20%来自于茶叶。开发建设乌云山的茶叶公园，成为大别山区重点生态旅游线路，为游客提供一条龙的采茶、制茶、品茶服务，进茶馆、撰茶联、吟茶诗、唱茶戏、跳茶舞渐成新宠，促进了该县旅游经济发展。

（二）湖北省绿色农产品品牌建设中存在的问题

1. 品牌价值不足，市场竞争力较弱

在绿色农产品品牌数量方面湖北省具有一定的优势，但是在湖北省这些农产品品牌中，具有很高知名度和信誉度的品牌并不多，并没有形成自身强有力的特色。调查显示，孝感麻糖米酒在本地7个县市（区）的知名度达100%，在省内其他县市的知名度达81%，而在湖南省长沙市，普通市民只有不到一半的人听说过孝感麻糖米酒，极少数人知道孝感麻糖米酒是“中华老字号”之一。很多品牌生产规模小、产品种类单一，加工业滞后，整体意识不强，大多企业都徘徊在中低档水平，在全国的竞争能力十分有限。

在世界品牌实验室公布的2013年中国500个最具价值品牌中，共计有75个农产品品牌入选，其中来自北京的有11个、四川的有9个、山东的有8个品牌，而湖北省的仅有稻花香集团、枝江酒业、劲牌3个酒类品牌入选，在全国只能算是中等水平，品牌价值明显不足。以茶叶为例，2012年湖北省的茶叶年产值超过80亿元，产量超过20亿吨，在全国前列，规模效益为中部地区第一，但其品牌价值却普遍极低。浙江大学农业品牌研究中心2013年报告调查了茶叶区域公共品牌价值前20位的茶叶品牌，只有武当道茶一个湖北省品牌。

2. 品牌意识不强、自主创新能力差

湖北省内多数中小企业普遍规模小、档次低，自主创新能力较差，有相当部分企业经营理念落后，商标管理机构形同虚设，影响了企业实施商标品牌战略。以孝感麻糖、孝感米酒为例，全市30家麻糖米酒生产企业规模都不大，平均资产约300万元，企业不仅规模小，而且技术研发力量严重不足，设有专门研发机构的企业只有3家，且基本没有发挥作用。

由于农产品所特有的价格易于量化、附加值低的特性，农产品品牌建设又是一个长期的过程，所以，品牌建设虽然不可或缺，但其短期之内又难以带来超值的利润，甚至是难以维持品牌营销的成本。这使得一些企业无法产生投资品牌建设的动机，固守传统的经营观念不愿变通；而对于区域化品牌，因其为公共所有，品牌的拥有者过多，更加难以形成创立品牌的决心和动力，这些企业往往更倾向于搭知名品牌的“便车”，而不愿意在品牌建设方面投入更多的资源，造成对已有知名品牌形象的伤害。

3. 缺乏标准化生产和规范有效的监管机制

虽然湖北省绿色农产品品牌数量、产量均居全国前列，但绿色农产品标准化生产基地数量少、产量低，因为资金、设备、观念等方面的原因，目前在绿色农产品的日常栽培管理、病虫害防治、产品采收以及深加工等方面都没有固定的、切实可行的一套操作流程，还没有真正形成标准化。截至2014年年底，湖北省有绿色食品基地18个，面积242.9万亩，产量233.2万吨，而同期黑龙江省现有绿色食品原料标准化生产基地157个，面积6 594.3万亩，产量2 090.9万吨，相比之下，显示出较大差距。

长期以来，湖北省绿色农产品分别由农业、工商、环保、质检、食品和药品等部门分段管理，监管工作存在一些漏洞。一些企业为了自身的利益违法违规经营，如有的企业在取得绿色食品认证后放松了管理或追逐利润，导致产品质量下降，使产品不再符合标准。这些不合格的产品往往没有及时退出市场，仍带着绿色食品的标志在市场上出售；有的生产企业使用过期的商标；还有一些企业用不合格的食品来假冒绿色食品。这些行为严重地影响了湖北省绿色农产品的声誉，损害了绿色农产品生产者的利益，扰乱了市场秩序。

四、湖北省绿色农产品品牌建设的对策建议

（一）完善政府职能，加大对绿色农产品产业的投入

湖北省绿色农产品品牌的发展离不开良好的区域环境，因此，政府一方面要加大投资力度，通过税收优惠和财政补贴以及金融支持，建立起切实的优惠体系，并且还要积极探索增加绿色农业投入的新模式，比如通过有效的贴息方式增加绿色农产品企业政策性信贷资金投入，完善配套基础设施建设，为区域内各种经济活动的顺利开展提供保

障。另一方面要加大对省内企业自身特色的深化与挖掘，树立区域品牌与众不同的个性，并协调产业整体发展之间的关系，建立良性竞争局面。

（二）建立行业标准和质量监管体系，规范市场

对绿色农产品品牌而言，独特的产品品质是其根本的内涵。要保证绿色品牌的声誉，产品品质必须纯正、地道，这就需要制订行业标准，实施严格的质量控制。因此，由行业协会和龙头企业牵头组织、制订包括产品原材料、制作工艺、产品资质要求、包装规模等一整套标准，并通过质量认证来严格执行，从而建立良好的行业发展秩序。同时农业主管部门要积极与工商、技术监督等部门联合认真落实全程质量监控措施，依法查处制造、出售假冒绿色食品的行为，严厉打击假冒伪劣产品，推荐让广大消费者放心的名牌产品和精品，切实保护绿色农产品企业和广大消费者的合法利益。

（三）发挥龙头企业的带头作用，培育品牌主导力量

增强湖北省绿色农产品品牌的内在活力，关键在于龙头企业的带头作用，要积极发挥龙头企业在技术、资金、销售渠道和配套设施完善等优点，充分利用湖北省内龙头企业资源带动农户和基地协调共同发展，促使绿色农业产业化链条均衡；鼓励龙头企业与科研院所加强合作，发展技术创新合作体，积极应用新技术，加快产品更新换代步伐，开发精深产品，增加产品科技含量，保持产品的持续生命力。推进农产品加工企业向园区聚集，建设一批在全省有影响、有实力、发展快的绿色农产品加工园区。

（四）加大研发和推广力度，依靠技术树立品牌

绿色农产品的生产技术决定了产品品牌生产的质量和规模。绿色农产品企业要树立科技创新的观念，加大人、财、物、力的投入，不仅进行自主研发，还可以为高等院校或科研机构提供资金、设备、市场信息，获得高等院校或科研机构的人才、技术、知识、科研成果的支持，在这些支持的作用下生产新的绿色产品，在农业生产产前、产中、产后都运用科学技术，产品不断更新升级不仅满足消费者需要，又将科研开发与生产实践结合起来，提高了农产品生产高附加值，实现了绿色农产品高产高效高利润。

基于产业集群的湖北省绿色农产品加工企业品牌建设研究*

廖显珍　阮馨叶

（湖北省绿色食品管理办公室）

随着市场经济的发展，人们的消费观念发生了很大的变化，如今的消费者已经从生存型需求逐步转向为享受型需求，因此对品牌的认识已经不仅仅体现在对产品的辨识功能上，而是通过品牌来体现自己的身份、地位、财富等。于是，各行各业的企业都开始注重品牌的建设，绿色农产品加工业也开始注意品牌在消费者及市场中的影响。目前大多绿色农产品加工企业规模小、名牌精品少，产品科技含量低，这就使得绿色农产品的品牌建设不仅要着重抓种养质量，还需要延伸产业链，构建价值增值模式，加大区域产业集群的发展。

一、湖北省绿色农产品加工产业集群现状

（一）湖北省绿色农产品加工业快速发展

近年来，湖北省高度重视农产品加工业的发展。政府机构的大力支持，政策环境日益宽松，绿色农产品的原料逐渐丰富，湖北省绿色农产品加工业得到了快速的发展。如今湖北省农产品加工业已成万亿产业强劲崛起，成为名副其实的"三农"发展"火车头"，全国排名从第十位跃升到第五位，其中食品工业在全国的位次由第九位上升至第三位，粮油加工业产值位居全国第二位。2014 年，湖北省农产品加工业主营业务收入达到 11 901.6亿元，比 2009 年主营业务收 3 442.5亿元增长 2.46 倍。湖北省农产品加工业实现了超常规的跨越式发展，实现了"第一次腾飞"。从 2009 年开始，湖北省省委、省政府大力实施农产品加工业"四个一批"工程，5 年来全省农产品加工业实现了超常规、突破性、跨越式发展。2013 年，湖北省农产品加工业主营业务收入达到 10 573亿元，由全国第十位跃升到第五位；食品工业主营业务收入达到 5 869亿元，超

* 本文原载于《湖北绿色农业发展研究报告（2014）》，湖北人民出版社出版，2016 年

过汽车制造业成为湖北省第一支柱产业，由全国第九位跃升到第三位；农产品加工业产值与农业产值之比由2008年的0.98：1提升到2014年的2.2：1，超过全国平均水平；规模以上加工企业达到4 538家，占全省规模以上工业的29.5%，其中主营业务收入超过100亿元的有2家，过50亿元的11家；实现利润609.6亿元、税金640.5亿元，分别占规模以上工业的29.3%和38.1%；从业人员102.8万人，占规模以上工业的31.5%。统计数据表明，农产品加工业已成为全省县域经济最具活力、最具发展潜力的支柱产业和增长点。在湖北省17个市州中，有9个市的农产品加工业成为第一支柱产业，占一半以上。2012年度湖北省县域经济20强中，有14个是农产品加工强县（市、区），占70%；在县域经济中规模以上农产品加工业实现增加值占规模以上工业增加值的比重达到60%左右。汉川市、宜昌市夷陵区、枝江市的农产品加工业2013年实现税金和利润均占当地规模以上工业的50%左右。

（二）绿色农产品加工产业集群发展潜力巨大

湖北省农业综合生产能力强，资源条件优越，当前的农产品加工产业集群规模远远没有达到相应的水平。例如，湖北省恩施土家族苗族自治州拥有世界上最富集的硒资源，得天独厚。"世界唯一探明的独立硒矿床"和"全球最大的天然富硒生物圈"两大世界级资源都在恩施。2011年9月，恩施土家族苗族自治州（以下简称恩施）被国际人与动物微量元素学术委员会授予"世界硒都"称号。境内由富硒岩石、富硒土壤、富硒矿泉水、富硒动植物资源聚集形成了天然富硒地质环境与富硒生物圈，硒含量是国内低硒地区的几十倍至几千倍。境内70%富硒环境适宜各类动植物生长，生物有机硒含量是其他含硒地区的几十倍，生产出来的农特产品大都富含有机硒，丰富而独特的富硒生物资源为硒产业发展提供了无可比拟的优势。再比如，湖北省襄阳市的"有机谷"建设，汉水流域独特的生态环境，为湖北省襄阳市打造有机农业生态圈提供了天然条件。"中国有机谷"的建设在产业发展上以有机为灵魂，以无公害和绿色农产品为主导，形成多品种、多层次的生态农业产业体系，可涵盖种植、养殖、加工、旅游等几大领域。因产业集群发展，所以为之"谷"，目前"有机谷"的建设正处于先行先试阶段。

二、湖北省绿色农产品加工企业品牌发展现状

（一）湖北省绿色农产品加工企业品牌建设成果逐渐丰富

随着湖北省绿色农产品加工产业集群的快速发展，湖北省绿色农产品加工企业品牌建设步伐也随之加快。目前，湖北省除了传统的大米、茶叶、板栗以外，还有一些绿色农产品加工产业发展较快。湖北省典型绿色农产品加工产业集群及相关企业品牌见表1。

表1 湖北省典型绿色农产品加工产业集群及相关企业品牌

地 区	集群类型	主要行业	典型企业	主要品牌
宜昌龙泉	循环型	白酒	稻花香集团	稻花香
荆门京山	资源型	大米	国宝桥米	国宝
黄冈罗田	资源型	板栗	绿润食品	绿润
恩施宣恩	资源型	茶叶	伍家台富硒贡茶	伍家台贡茶
随州曾都	贸易型	食用菌	三友食品	三友
荆州监利	企业园型	大米	福娃集团	福娃

以湖北省恩施为例，恩施州政府坚持“特色开发、绿色繁荣、可持续发展”。像“珍硒”“唯硒”“硒多多”“亲硒源”“硒特”优等含硒字的品牌和企业如雨后春笋般涌现。“恩施硒茶”“大山鼎”富硒蔬菜、“思乐”畜牧产品、“清江源”富硒烟叶、“尚灵”硒虫草、“野三河”富硒冷水鱼等一大批知名品牌走俏全国。恩施充分利用“世界硒都”的金字招牌，加大硒资源开发利用与“六大产业链建设”的紧密融合。在茶叶产业链建设中，建立了以“恩施硒茶”州域公共品牌为“母”品牌，整合各县市1～2个子品牌，采取“母子商标、双牌经营”的品牌运作模式，取得了良好的社会反响。“恩施富硒茶”荣获“中国十大富硒品牌”，其品牌价值达到7亿元，其交易额稳居淘宝网店湖北省绿茶之首。

（二）湖北省绿色农产品加工企业品牌交流与营销平台建设发展顺利

近年来，湖北省通过各种展销、展览的模式促进农产品加工企业品牌交流，加强各个品牌之间的相互合作，使得产品品牌推广的范围增加至全国乃至全球，从而为湖北省绿色农产品品牌搭建优质的沟通与交流平台。自我国加入世贸组织以来，湖北省加大了在国际绿色农产品市场的销售推广，通过不断的努力，近年来先后促成了与美国、德国、日本、澳大利亚等欧美亚澳发达国家之间的合作与商业往来。2014年，湖北省38种优质有机食品亮相第八届中国国际有机食品博览会，赢得满堂喝彩，湖北展团并以丰富的产品、良好的宣传和优异的整体形象，被大会评为最佳组织奖。武汉市桂子米业有限公司、恩施馨源生态茶叶有限公司、湖北仙之灵食品有限公司等14家企业的茶叶、大米、蔬菜、葛粉、茶油、山野菜等38个品牌的有机产品组团参展。展会期间，咸丰、宣恩2个有机农产品示范基地集中展示了建设成果以及带来的生态、经济和社会效益。咸丰县委、县政府分管领导亲自带队参展，主动宣传有机农业示范基地建设成效。除了线下平台的建设，湖北省还大力引导新型主体与电商企业对接，促进线上线下融合发展，提升营销能力，以宜昌誉福天下农牧科技开发有限公司为例，该公司专注于线上部分的绿色农产品推广，目前公司在淘宝、天猫、1号店、京东、苏宁易购、拍拍等平台上均拥有自己的店铺。从2012年8月开始进军生鲜电商领域，短短的一年半时间，已成长为类目的TOP 10。2014年第一季度，仅淘宝和天猫店脐橙的成交金额达132万元。同时脐橙和土鸡蛋销量稳居淘宝搜索排名第一，秭归血橙打破淘宝血橙的销售纪录。

三、湖北省绿色农产品加工产业集群与企业品牌的互动关系

（一）农业产业集群是绿色农产品加工企业品牌形成的基础

丰富的农业资源和悠久的人文历史等要素是农业产业集群形成的必要条件和物质基础。因此，可以认为，农业产业集群是由基于特色资源优势的特定农产品发展而来的。农业产业集群具有高度集聚性和嵌入性两个特征，高度集聚性即在某一特定地域内有大量相互关联的农产品生产基地、企业、农户和科研院所等机构聚集在一起。嵌入性是指以本区域内大量中小企业为依托，形成地域性的产业结构和要素集聚，并在专业化分工协作基础上结成本地化网络，通过竞争和合作，相互协作和补充，形成学习和创新机制，共同推动区域的发展和企业的持续创新，从而使得农业产业集群具有一定的营销优势。农业产业集群的独特个性逐渐被人们所认识、认可和接受，进而促成了农产品区域品牌的形成。这也就意味着，农业产业集群本身具有的地理集中性已隐含着农产品区域品牌的内涵和要素，从而使许多具有区域品牌潜质的准农产品区域品牌得以发展，经过长期的积累凝结为区域经济象征性符号，因而农业产业集群是构建农产品区域品牌的支撑条件和基础。

（二）农业产业集群是保护和发展绿色农产品加工企业品牌的重要载体

绿色农产品品牌作为区域的无形资产，其自身的发展及其作用的发挥要依靠其所依托的有形资产来实现。国内外农业产业集群发展的实践表明，农业产业集群是农产品品牌的最佳载体。由此作为有形资产的农业产集群才拥有了能够获得额外收益的能力。虽然农产品品牌在一定地域范围内树立了区域农业的形象、地位，影响了外部市场对区域农业的认识，但这并不意味着农产品品牌能脱离农业产业集群而独立存在。农业产业集群一旦形成不仅能够产生强大的聚集效应，而且会致使信息流、资金流、产品流、人力流、知识流在空间的碰撞，这种碰撞不但可以为农产品品牌的形成奠定物质基础，而且还可以推进农产品品牌的加速传播。同时，农业产业集群的形成总是伴随着管理机构的产生，这些管理机构总会制定一套有效的规则制度来惩治机会主义行为，从而最大限度维护农产品品牌的形象和声誉；另外，产业集群内部企业、农户和各种机构之间在利益上的相互依存和业务往来，能够有效避免搭便车现象的发生，所以农业产业集群具有得天独厚的优势来维护品牌的发展。因此，农业产业集群的发展直接制约着农产品品牌的发展及其作用的发挥，从而农业产业集群也成为发展绿色农产品加工企业品牌的重要载体。

（三）绿色农产品加工产业集群发展提高企业品牌竞争力

湖北省很多绿色农产品加工产业集群的形成都是依靠地域的自然资源优势，地域的自然资源对于产业集群的形成起着决定性作用，如恩施的富硒茶产业集群就是典型的例子。但是随着经济的发展、科技的进步，以及生产要素流动性的增加，使自然资源对于产业集群发展的影响力在逐渐减弱。市场逐步开放、制度逐步完善、经济逐步发展，这些因素逐渐代替自然资源促进着产业集群的进一步发展。一方面，农业产业集群所产生的聚集效应强化了绿色农产品加工业企业品牌的价值，并使得品牌价值能够以较快速度转移到产品上去，进而提升品牌的竞争力。另一方面，发达的农业产业集群具有一些明显的竞争优势，如规模经济带来的成本节约、专业化产业支撑体系构建难以模仿的竞争力、发达的专业市场体系、专业化的运输服务体系以及高效的知识扩散系统和合作创新的网络等，这些竞争优势最终会成为品牌竞争优势的来源，集中体现为绿色农产品加工业企业品牌的竞争优势。

四、基于农业产业集群的湖北省绿色农产品加工企业品牌建设提升策略

（一）发挥政府和企业的协同作用

近些年来，地方政府对于绿色农产品加工产业集群投入了极大的关注和扶持力度。绿色农产品加工产业集群要与政府共同制定统一的产业政策，力争在资源利用、中介服务、基础设施建设等方面取得政府的支持，从而减少成本，达到营造良好市场氛围，完善市场管理的目的，这是绿色农产品加工产业集群创建品牌的基础。以随州三里岗香菇产业集群为例，三友食品有限公司作为产业集群中出口的重点企业，政府相关部门给予了大力地支持和帮助。检疫部门工作人员经常到公司现场走访，了解最新的出口情况，针对性地讲解相关国际法规，为企业建立食品安全生产制度、消防制度等起到了很大的帮助作用。同时采用最新的远程监控网络技术，实现政企同步检测，将质量管理落实到生产一线。这为提高企业产品质量，降低质量监管成本，提高产品出口通关率都起到了很大的积极作用。

（二）提高企业创新能力，实现资源共享

在科技快速发展的今天，企业要想拥有核心竞争力，建立有竞争力的品牌就必须在产品差异性上下工夫，而实现产品差异化的唯一途径就是技术创新。通过技术创新，提高产品质量，突出产品特点，形成品牌效应。另外，利用产业集群内企业之间既竞争又合作的特性，龙头企业将前沿科技信息在集群内共享，带领集群整体发展，积极寻求高校与科研机构的合作与帮助，共同进行技术开发，是实现产业集群品牌的有效途径。长

期的生产经营中，恩施伍家台富硒贡茶有限责任公司以市场为导向，将传统制茶技术与现代工艺相结合，不断进行科技创新。近年来，公司和高效合作培养长期从事茶叶加工的熟练技术人员63人，公司研发生产了“伍家台绿针”“贡芽”“富硒绿茶”等名优及优质炒青茶系列产品。公司还坚持走“可持续”发展之路，现已形成“公司+基地+农户”的有机结合体，自有茶园面积8 200亩，其中有机茶园1 152亩，借国家开展“天保工程”及农村生态能源建设之机，带动广大茶农大力发展“畜—沼—茶”生态农业模式，利用沼液喷施茶树，有效控制了茶叶农药残留，为无公害茶、有机茶生产提供了可靠的保证。

（三）加大企业合作，实现品牌建设跨越发展

目前的绿色农产品加工企业经营规模普遍偏小，生产的产品相似度高。如果在市场上各自为营，只可能通过打激烈的价格战来参与竞争。但这样一来，结果只能是使各企业的利益都受到损失。但是企业如果通过合作，齐心协力创建统一的品牌，其结果就会大相径庭了。企业联合起来创建的品牌不仅代表了生产者、消费者的共同利益，更是代表了所处区域的绿色农产品加工产业集群的整体形象。而良好的产业集群形象，又有利于打造名牌产品，名牌产品又能使企业获得经济利益、打开市场，使绿色产业集群升级，从而提高产业集群竞争力，达到扩大市场的效果。品牌创造利益和扩大市场份额的良性循环最终能够使合作的各个企业都得到相应的经济效益。三友食品有限公司其实包含了上海华河工贸、湖北银兆食品公司和湖北三岗食品有限公司3家公司的精诚合作和深厚友谊。2005年11月，位于菇乡三里岗镇的湖北银兆、湖北三岗两家企业与上海华河工贸合并重组为三友公司。重组前，3家公司平均销售收入约6 000万元，经营规模小，抵御市场风险能力比较差。此次重组合并不是简单的数字相加，关键是企业的真正融合。公司推行股份制管理，股东负责经营，董事负责投资，明确职责分工，工作效率明显提高。从2007年建成投产，短短3年的时间就实现了“三年三大步”的跨越式发展：2008年实现年出口创汇5 150万美元；2009年公司在全球金融危机的环境下，仍然实现超过5 000万美元的出口创汇量；2010年上半年，就已经出口创汇4 638万美元。同时，公司采取了“企超合作”，产品不经过批发商，直接进入国内外大型超市，并将原有的大包装改为小包装，深受消费者欢迎。可见认准产品市场，积极利用产业集群间信息资源共享等有利条件，实行合作经营模式，不仅能克服农产品加工业技术含量低、企业规模小的固有模式，形成规模经济，还能凭借产业集群整体品牌效应打开国内甚至国际的市场。

（四）注重绿色农产品品质，打造国际品牌

农产品品质的好坏，决定着消费者对该产品的评价高低，从而决定着消费者是否愿意将这种购买体验分享与周围的人。如果产品品质优良，那么消费者会愿意将这一经验分享给别人，从而使该产品形成良好的口碑，这对产品销售和企业品牌形象的提升都具

有积极的推动作用。企业早已意识到，好的产品质量，是企业赖以生存的依据。而对于品牌来说，只有当产品的品质累积到一定程度和高度，才会形成品牌，这是一个量变达到质变的过程与结果。没有品质，就不可能有品牌。以三友食品有限公司的食用菌产业为例，在发展初期也不可避免的遭遇了中国农产品出口产业初加工、粗放型、科技含量低等普遍问题。最初的食用菌产业只是作坊式的加工，大多数经营者只顾眼前利益，抢占市场，相互争夺资源，这导致了食用菌产业的产品品种、数量、价格、外贸出口、品牌等很难得到保证。三友食品有限公司作为行业龙头，实现全新经营模式，专攻农产品的精细加工，加大科研力度，开发高附加值的产品。高起点、高标准的企业经营模式下，三友创造性的实行“公司＋基地＋农户”的“捆绑式”经营，在三里岗、洪山等7个乡镇，建成标准化无公害食用菌种植基地69个。同时在产品生产上注重细节，严格按照国家质量标准组织生产，以优良品质奠定了企业品牌基础。

浅析湖北省绿色农产品品牌化经营*

徐园园　梅怡明

（湖北省绿色食品管理办公室）

农产品品牌化经营是指农产品生产经营者在品牌定位系统支持下的经营活动。品牌的市场影响力越大，即知名度和美誉度越高，越能够提高产品的竞争力与附加值，创造更大的利润，既利于农民和农业企业，又利于农业和农村经济。具体而言，体现在以下几个方面。在策略选择上，除政府组织实施农产品质量认证等措施外，农产品实施品牌化经营是实现以上目标的有效手段。加快湖北省农产品品牌发展进程符合现实农业经济的发展需要。湖北省是农业大省，自然资源禀赋为创建农产品品牌提供了优质的基础条件。随着农产品买方市场的逐步形成，农业领域的竞争日趋激烈。走农业品牌化道路、实施农产品品牌化战略已成为湖北发展现代农业、提高农业产业竞争力的必然选择。

一、湖北省绿色农产品品牌化经营的重要性

湖北拥有丰富的绿色资源，绿色农产品的生产经营规模越来越大，产业化经营已成雏形，在当今农产品市场竞争不断加剧的环境下，“品牌农产品”更突显其重要性。绿色农产品品牌化经营可以增强龙头企业的带动作用，还能吸引农户，有利于稳定农户与龙头企业的合作关系，有利于农业产业化经营。农业产业化经营的实质就是农产品营销合作。所以，湖北绿色农产品品牌化经营也有利于农户与其他营销主体合作进入市场。此外，绿色农产品品牌化经营对企业、消费者、农户也具有重要的作用，具体体现在以下几方面。

（一）绿色农产品品牌经营对企业的重要作用

1. 农产品品牌化经营可降低农业企业产品推介成本

农业企业为生存、发展，必须考虑降低推介成本，提高推介效率。由于市场上农产品的品种繁多，竞争激烈，消费者被纷繁的信息所困扰，农业企业在市场上采取逐一介

* 本文原载于《湖北绿色农业发展研究报告（2014）》，湖北人民出版社出版，2016 年

绍农产品的功能、特点、质量的做法不容易引起消费者的信任和注意。消费者陷入信息的爆炸式增长，对新信息有排斥情绪，给企业的产品推介带来困难；推介没有品牌的产品会使消费者难以信任或记忆凌乱的信息。但农业企业如果采取品牌策略，用品牌将农业企业和产品信息打包呈现给消费者，就能达到事半功倍的效果，达到降低农业企业推介成本、增加销售的目的。

2. 绿色农产品品牌化经营可促进农业企业利润增长

绿色农产品品牌可以克服农产品市场的逆选择现象，有利于促进农业企业利润的增长。随着经济发展和收入水平的提高，消费者对优质农产品的需求旺盛，只是苦于不能分辨农产品质量的优劣，而不敢购买生产者自己宣传优质的农产品。如果有一个制度保证农产品生产者供给的是优质农产品，消费者将会毫不犹豫地购买此产品。品牌作为一个制度被长期受益的生产者所遵守，消费者就可以放心购买那些自己信得过的品牌农产品。由于绿色品牌农产品受到育种、栽培、养殖等农业技术水平及生产土壤、水质等自然条件的限制，绿色品牌农产品的种植面积、养殖数量都不能够满足所有消费者对品牌农产品的需求，绿色品牌农产品长期处于供不应求的状态。供不应求状态越明显，企业利润越大。因此，绿色品牌在解决农产品市场逆选择的同时，将直接增加消费者的有效需求，促进企业利润的增长。

3. 绿色农产品品牌化经营促进农业企业可持续增长

农业企业建设品牌的目的就是希望通过建设绿色品牌，发挥绿色品牌价值的功能，使农业企业可持续增长。绿色品牌建设成功与否决定企业增长是否永续。绿色品牌决定消费者选择行为，消费者选择行为的依据是产品的利益点。产品的利益点是通过品牌体现出来的。在品牌建设者遵循品牌承诺的情况下，消费者自然愿意在信息搜寻和选择成本最小化的同时，忠诚于自己所信任的品牌。这种忠诚导致消费者的重复购买，重复购买的结果就是可持续，可持续的购买实现了农业企业的增长。品牌建设成功的农业企业在凝聚了一部分忠诚的消费者外，又不断地吸引新的消费者。越来越多的消费者带来越来越多的销售收入及利润的增加。实践充分证明，绿色农业品牌的成功建设必然带来企业的可持续增长。

4. 绿色农产品品牌化经营有利于保障企业合法权益与规范企业经营行为

品牌经注册后获得商标专用权，其他任何未经许可的企业和个人都不得仿冒侵权，从而为保护品牌所有者的合法权益奠定了客观基础。品牌是一把双刃剑，一方面，因容易为消费者所认知、记忆而有利于促进产品销售，注册品牌有利于保护其自身利益；另一方面，品牌也对品牌使用者的市场行为起到约束作用，督促企业着眼于企业长远利益、消费者利益和社会利益，规范自己的营销行为。

（二）绿色农产品品牌经营给消费者带来的益处

绿色农产品品牌经营便于消费者辨认、识别所需商品，有助于消费者选购商品。随着科学技术的发展，商品的科技含量日益提高，对消费者来说，同种类商品间的差别越来越难以辨别。由于不同的品牌代表着不同的商品品质、不同的利益，所以，有了品牌，消费者即可借助品牌辨别、选择所需商品或服务。

绿色农产品品牌经营有利于维护消费者利益。有了品牌，企业以品牌作为促销基础，消费者认品牌购物。企业为了维护自己品牌的形象和信誉，都会恪守自己给予消费者的承诺和利益，并注重同一品牌的产品质量水平同一化。如此，消费者可以在厂商维护自身品牌形象的同时获得稳定的购买利益。

（三）绿色农产品品牌经营增加农户收入

随着农产品的日益丰裕和人们收入的提高及农产品市场发育程度的上升，数量型农业模式已不适应人们消费需求的变化，导致农业生产结构和产品结构严重偏离消费结构，从而不断引发农产品周期性“卖难”危机和农民增产不增收的矛盾。分析农民收入增幅不大的一个主要原因是农业产业结构不合理，低档、无特色农产品占据市场主导地位，消费者的支付预期不高，尤其农产品的逆选择现象长期影响市场，使消费者追求高质量农产品的愿望难以实现，农产品市场长期处于买者、卖者均不满意的尴尬局面，农户收入水平长期增幅低于城市居民的收入增幅。农户之所以长期生产普通农产品或劣质农产品是因为农产品市场的逆选择现象和选择成本过高导致消费者不敢购买优质农产品，致使有利于农民也有利于消费者的优质农产品的生产供应得不到实现，市场充斥着劣质和普通农产品。农产品品牌能够起到降低消费者，解决农产品市场上逆选择现象的作用，使制约农民生产供应优质农产品的逆选择现象和选择成本过高现象不复存在，农户的生产对象自然转向利润高的优质产品上面来，农民也将获得比生产普通或劣质农产品获得更多的收入，农产品品牌也就起到增加农民收入的作用。

二、湖北省绿色农产品品牌化经营存在的问题

（一）湖北省绿色农产品品牌质量不稳定

尽管湖北省各地区都在积极推广农业产业化，各种方式联合的生产组织逐步发展起来，但是农产品小规模生产方式仍然是主流，农产品生产的标准化程度低，这就造成农产品品质不稳定，农产品品牌建设难度大。由于农产品本身的特殊性，即其具有较强的生物属性，农产品品种退化较快。部分农产品生产经营者质量意识淡薄，存在短期行为，农产品生产过程中大量施用化肥、农药和其他药剂，使农产品的食用性、安全性受到影响。特别是生产者往往重视农产品的内在品质，而忽视农产品的形状大小和色泽的分拣，重视产品实体质量，忽视产品营销服务质量，重视终端产品质量，忽视生产过程的控制，因此导致市场上的湖北省农产品质量不稳定。

（二）湖北省绿色农产品的经营管理水平不足

由于农业产业化生产组织体系不完善，湖北省大部分农产品品牌管理还停留在传统的较低层次的管理上，主要表现是：第一，不少农产品生产者只重视商标和专利权的管理，很少涉及专门的品牌管理，没有设置专门的品牌管理机构，导致管理缺位。第二，忽视品牌系统的建设。湖北省品牌系统建设缺乏表现为品牌管理环节缺损与品牌管理体系不健全。第三，农产品品牌管理缺乏整体长远规划。农产品不重视包装，存在外形简单、不方便产品贮存和运输等问题，使得湖北省农产品品牌影响力弱，知名品牌、国际品牌很少。

（三）湖北省农业生产经营者的品牌观念有待提高

湖北省绿色农业经营者自身品牌意识不强。目前，消费者对于农产品的需要已经不再局限于数量，而转向了质量、品牌。然而，很多生产经营者的观念却没有转变过来，不注重品牌建设，这使得很多优质农产品的知名度很低，一样也“卖难”。湖北省是个经济欠发达省份，农民的市场经济观念还有待提升，对于品牌的保护意识更是淡薄，有些农产品虽然制定了品牌名称、品牌标志，却没有进行商标注册。这样，当该品牌农产品有了一定的市场知名度以后，势必导致仿冒产品横行，甚至可能被竞争对手抢先注册商标，使自己的权益蒙受损失。同时，购买者也会因此质疑产品质量。

（四）湖北本土农产品品牌发育不良

湖北本土绿色农产品品牌受重视程度不够，缺乏全国性的大品牌。一方面，一些地方政府尚未把发展品牌农业提升到战略的高度来认识，只热衷于引进外地名牌来实现短期效益，忽视对具有自主知识产权的本土农产品品牌的培植；另一方面，一些企业品牌意识淡薄，缺乏品牌创想。出口农产品有不少以“贴牌”形式外销。例如，洪湖咸蛋借用港商品牌外销，利润大头被别人赚走。总体来看，湖北省的农产品缺少在全国具有影响力的品牌，尤其是缺乏像河南“双汇”、江苏“雨润”那样覆盖面广、知名度高、带动能力强的大型龙头企业。

（五）湖北省品牌农业发展结构性矛盾突出

湖北省品牌农业发展的结构性矛盾主要体现在3个方面：一是绿色农产品生产规模不足。湖北绝大多数农产品是以农户为单位进行分散经营的，很难形成规模优势，绿色农产品的生产规模就更加小，许多绿色农产品都是“珍品”“贡品”。小企业多、技术水平落后，生产规模过于分散和细小，生产集约化程度低下，品牌影响力低，品牌质量稳定性差，产品难上档次，创品牌更困难。二是各地绿色农产品发展不平衡，以武汉市为中心的江汉平原地区发展较快、水平较高，鄂西南山区发展缓慢。三是相关产业之间的发展不够协调。与农产品加工业相关的农产品生产、营销、物流配送及服务业之间的产业链条连接不紧密，影响整体系统的运转效率。

三、湖北省绿色农产品品牌化经营的对策

（一）重视绿色农产品质量

农产品质量的好坏，直接影响到其品牌的生存和发展。质量是品牌的生命，是品牌的形象。重视特色农产品质量，树立特色农产品区域品牌形象应从两个方面入手。一方面，要提高特色农产品内在质量。第一，要建立绿色农产品品牌质量标准体系，确保产品质量的一致性，确保品牌形象；第二，必须充分利用科技进步，避免农产品在品种方面的退化和老化，不断培育出新的品种，促进产品的更新换代；第三，建立健全农产品技术服务支持体系和质量监控体系，加强绿色农产品的耕作技术的改进和质量监控，让广大绿色农产品生产者熟练掌握相关技术，确保绿色农产品的质量。另一方面，要塑造品牌外在形象。品牌的外在形象主要体现在品牌名称、品牌标志、品牌包装上。品牌名称给人在听觉和视觉上的感受要亲切动听且便于记忆和突出特色。品牌标志的设计要清晰醒目、新颖美观并富有时代气息。包装是品牌形象的具体化，便于消费者识别品牌产品、展示品牌个性、促进产品销售。所以，应通过包装造型、图案色彩、规格、包装材料的设计和选用，来突出产品的个性、提高品牌的魅力。

（二）提升绿色农业经营管理水平

首先，设立专业管理部门。在农产品生产者或销售企业设立影响面较大的农产品品牌经理，全面负责农产品品牌管理的有关事项，制定绿色农业品牌发展规划，协调职能部门的品牌管理工作。在管理方式上，应制定农产品品牌管理的办法，对使用品牌的内部单位应进行规范和考核，保证品牌质量。其次，完善品牌系统建设。增强信息沟通，搞好产需对接，搭建信息平台，开展网上展示和网上洽谈，广泛运用现代配送体系、电子商务等方式，以品牌的有效运作不断提升品牌价值，扩大知名度。最后，制定长远规划。把握品牌远景，进一步挖掘品牌文化内涵，提高品牌联想度和品牌美誉度。

（三）树立绿色农业经营品牌意识

湖北省绿色农产品的品牌建设，首先要树立农业生产经营者的品牌意识。要认识到品牌经营是建立现代化市场农业的必由之路，是现代农业发展的必然趋势，是农产品流通方式变革的必然要求。其次，引入品牌经营的理念，创新品牌发展方式来推进品牌农业发展。必须围绕核心品牌，建立健全品牌体系，增强对消费者的吸引力，其主要的措施就是通过品牌延伸、组合等方式来拓展品牌范围，向消费者提供同一品牌多种不同功用和形象的产品。最后，铭记绿色农产品核心价值。借助其他产业的品牌经营思想，将保持品牌核心价值和个性的一致性作为品牌经营的关键，凸显农产品的绿色功能、消费

功能和安全功能。

（四）培育本土特色农产品品牌

大力发掘特色资源，实施特色农产品品牌带动战略湖北农业资源类型多样，凭借良好的环境条件和丰富的物种资源，天然成就了许多特色性的农产品。如武汉的洪山菜苔、蔡甸的莲藕、京山的桥米、孝感的太子米、远安的鸣凤米、三峡的脐橙、邓村的绿茶、洪湖的野鸭等，均是在优越的生态环境条件下所形成的特色产品并具有品牌效应。因此，要深入调查、充分研究、认真规划、科学评估和深层发掘湖北省的各类特色农业资源，选择一些发展潜力明显、生产数量较大的特色农产品进行重点培育，通过各种措施，使之快速成长为名牌产品，进而通过品牌产品的市场带动战略，将湖北的品牌农业推上健康发展的快车道。

（五）充分发挥政府职能

品牌农业的发展离不开政府行政手段的推动。一是切实做好发展品牌农业的组织实施工作。在专门机构的组织下，认真制定发展规划和实施计划，为品牌农业的创立、发展和壮大创造良好条件。二是要做好公共服务项目的提供和资金援助工作。除了相关的信息服务外，对品牌的认证、注册、科研、广告等有关费用，财政给予一定的扶持和资助。三是广泛开展技术培训，提高广大生产者的科技文化素质，增强质量保证能力。四是要通过法律法规宣传、典型示范引路、具体指导等方式，提高农民及农村经济组织的商标法律意识，激发农民和农村经济组织注册商标和使用商标的积极性，增强农产品商标的显著性和商标注册的成功率。

湖北绿色农产品品牌建设路径研究*
——以湖北采花茶业有限公司为例

张　源[1]　麦瑜翔[1]　刘　颖[2]

（1. 中南财经政法大学；2. 湖北省绿色食品管理办公室）

面对现代市场的激烈竞争，品牌作为企业的灵魂，是推动企业前进的重要无形力量，品牌建设更是企业发展过程中不可缺少的重要环节。湖北采花茶业有限公司在绿色农产品品牌建设的过程中，在政府的带动下，整合优势资源扩大生产规模，自主创新严抓产品质量，终使“采花毛尖”冲出湖北，成为中国名牌农产品。本文以湖北采花茶业有限公司为例，对湖北省绿色农产品的品牌建设路径进行研究。对湖北采花茶业有限公司的发展现状简单介绍后，分析了公司品牌建设过程，最后归纳总结了出采花茶业集团在品牌建设中扩大生产规模，树立品牌意识；依靠科技创新，保障产品质量的做法；以及公司拓宽宣传渠道，注重品牌推广和政府积极引导，助力企业发展等四点品牌建设经验，以期为湖北省绿色农产品的品牌建设提供参考和借鉴。

一、湖北采花茶业有限公司发展现状

湖北采花茶业有限公司位于湖北省宜昌市五峰土家族自治县（以下简称五峰县），总部设在有200多年历史的“英商宝顺合茶庄”旧址。是集科研、生产、加工、销售及茶树种苗繁育为一体的农业产业化国家重点龙头企业和中国茶业行业百强企业。公司在对茶叶质量的把控方面制订并实施了严格的质量技术标准和操作规程，通过了ISO9001与ISO2000质量认证、ISO14001国际环境体系认证，取得了有机茶生产许可证、绿色食品标志使用证、无公害产品使用证、保健食品GMP证书，产品品质达到国内领先水平。公司核心品牌“采花毛尖”先后获得“中国名牌农产品”“湖北名茶第一品牌”“钓鱼台国宾馆指定产品”等称号，连续5届蝉联“中国农博会金奖”。一线品牌“天麻剑毫”是全国绿茶行业中唯一获中华人民共和国国家卫生和计划生育委员会批准的保健食品。2009年4月，公司采花商标荣膺中国驰名商标殊荣。

* 本文原载于《湖北绿色农业发展研究报告（2014）》，湖北人民出版社出版，2016年

二、湖北“采花”茶品牌建设现状分析

（一）政府扶持促进企业品牌培育

企业的生存和发展离不开政府的扶持，品牌的培育和建设也需要政府的关注与统筹协调。2005 年，湖北省农业厅出于对茶业困境的考虑，决定转变思路，从鼓励茶产业遍地开花，全面发展变为重点打造一种品牌，扶持其进入全国十大名茶之列，以品牌效应带动整个湖北省茶产业的发展。被评为“湖北名茶第一品牌”的采花毛尖在培育之初，各级政府和领导都从不同层面给予极大的关注与支持。时任省委书记俞正声和省长罗清泉都曾亲自过问，十分关注品牌建设。时任湖北省农业厅厅长的陈柏槐在倡导整合茶叶品牌过程中，也曾前往五峰专门调研。同时，省政府把采花茶业有限公司作为湖北省重点支持的 30 家农业产业化龙头之一，在资金、项目培育等方面向其倾斜。五峰县县委县政府也高度重视，号令全县培植采花毛尖品牌。并通过引进宜昌最具实力的企业进五峰，帮助开展采花毛尖品牌的建设，号召全县上下只推介和培植采花毛尖这一品牌，帮助采花毛尖进行品牌打造与推广，扶持其成为中国驰名商标，享誉全国各地。

（二）强强联合提升企业实力

在政府宣布将重点打造覆盖全国的精品茶品牌后，竹溪、鹤峰、五峰、英山等茶叶主产区开始了激烈竞争，通过举办茶叶节、举行采茶仪式、举办品茶大会等多种形式对自家茶叶进行宣传，为争夺“湖北名茶第一品牌”铆足了劲。五峰暑天天麻剑毫茶叶公司和五峰绿珠采花毛尖茶叶有限公司是当时五峰县内最大的两家茶叶生产企业，为五峰能取得“湖北名茶第一品牌”的称号，竞争多年的两家企业经过慎重考虑后，决定握手言和，整合资源，壮大实力，共同为五峰茶叶的发展奋斗。2005 年年底，五峰绿珠采花毛尖茶叶有限公司、五峰暑天天麻剑毫茶叶公司、五峰向师傅茶叶公司、五峰民族茶厂和五峰茶叶科研所 5 家单位实现强强联合，组建了湖北采花茶业有限公司，年生产力达到 3 400吨，产值 2.3 亿元，为五峰茶叶发展翻开新的篇章。重组后的湖北采花茶业有限公司，不论是在经济实力、科研实力还是在市场竞争力上都大幅增强。使得采花毛尖和天麻剑豪茶叶在市场上取得骄人成绩，单采花毛尖一项的销售收入就突破 4 000万元，当年上缴国家税款达到 163 万元。经过专家组的评审和论证，2005 年，采花毛尖被授予“湖北名茶第一品牌”。

（三）自主创新，注重产品质量

自主创新是企业提高核心竞争力的必然要求，是企业扩大规模，集聚资源，在未来竞争中掌握主动权所必不可少的，对企业的发展具有十分重要的意义。为满足市场需求，采花茶业有限公司与中国农业科学院茶叶研究所、湖北省农业科学院、湖北省农业

厅经济作物站等科研单位建立了长期合作关系，开发研制了 40 多种茶业产品，拥有 17 项国家专利，大大提高了茶产品的科技含量。

质量是企业的生命，产品质量的好坏是企业核心竞争力的体现，更是企业能否占领市场，获得利润的重要标准。采花茶业有限公司自重组之初就始终坚持“以创新谋发展、以品质赢市场、以服务赢顾客”的经营理念。在原料筛选上，通过制定不同产品系列确定鲜叶选购的不同标准。如顶级精品的宝顺合茶系列，要求每根树枝仅采最顶部的两片嫩芽，其他部位均不要，一棵茶树照此标准只能采摘数十片，以保证茶叶的高品质。在产品加工上，为保障茶叶加工质量水平，公司投资千万建设现代化厂房，引进先进生产线。在生产技术上，从原料的挑选到全程无公害生产，采用了生物防治、生态防治等多种新型防虫技术。在制度规范上，为严把质量关，公司建立了完善的质量管理体系，通过了国家食品卫生标准和 ISO9001 质量管理体系要求，并获得保健食品 GMP 认证和中国绿色食品认证。公司将产品质量视作立足根基，组织修订了《“采花毛尖”省级地方标准》，形成了科学的质量规范，进一步将保障产品质量上升到制度层面。

（四）挖掘品牌文化，树立品牌形象

品牌形象是消费者对品牌的评价与认知，决定着品牌在消费者心目中的位置。在品牌形象的背后，如果说有形资产是产品的质量、服务、员工素质等，那么无形资产就一定是公司始终坚守的品牌核心价值，品牌文化。人们常说，做品牌就是做文化。一个品牌能走多远，关键在于是否有强大生命力的文化。

湖北采花茶业有限公司将“茶醇正，心纯粹”作为品牌的核心价值，品牌打造围绕着这一品牌价值展开。首先，公司围绕产地五峰土家族自治县，挖掘土家族特有的土家特色茶文化，加工工艺技术精细，历史悠久，茶道也别具一格，分为“亲亲热热”“香香喷喷”“甜甜蜜蜜”3 道工序，保证了茶的纯、香、正。其次，通过在五峰县和武汉市举办茶旅游节、京城联谊会等活动，为品牌宣传和推广打造平台，提供机会。最后，公司曾多次组织参与扶病济贫、抗灾救灾、捐资助学等公益活动。全方位、立体式的宣传使“采花”品牌的知名度、影响力和在消费者心目中的形象、地位快速上升，为企业带来了无限商机。

三、湖北采花茶业品牌建设经验及启示

能够在众多茶叶企业中脱颖而出，一跃成为资产破亿，拿到“湖北名茶第一品牌”的企业，湖北采花茶业有限公司和采花品牌的发展得益于政府的支持，更与企业坚持质量第一，注重品牌打造的发展路径是分不开的，其成功的经验与启示值得更多的绿色农业企业的参考和借鉴。

（一）扩大生产规模，树立品牌意识

湖北虽然有几百家农业企业在进行绿色农产品的生产，但从规模上看，只有采花茶叶集团、武昌鱼集团、精武鸭脖集团等少数几个规模较大，实力雄厚的企业。而大多数都是小型农产品生产商，有着各自的品牌，导致湖北绿色农产品品牌数量多而杂，且小企业大多没有品牌意识，不重视品牌建设，使得绿色农产品消费市场发展混乱，真正优质优价的农产品不能脱颖而出。

为争取五峰产区的“湖北名茶第一品牌”的称号，五峰 4 家茶叶公司和 1 家研究所进行合并，组成了现有的湖北采花茶业有限公司。正是因为有效资源进行整合，使得企业实力扩张，规模扩大，形成了“1 +1 >2”的规模效应。采花茶业集团深知在杂乱的绿色农产品市场立足，品牌建设是关键的一步，必须要积极实践，探索出适合自身企业的品牌建设之路。有了雄厚的资本做支撑，企业引进先进的生产线和科学的管理经验，加快了技术创新和新产品的研发，也进一步拟定质量规范，加强了对产品质量的控制。这一切都为采花茶叶品牌的推广打下了坚实的基础。

（二）依靠科技创新，保障产品质量

消费者在购买产品时之所以会选择品牌产品，是因为品牌是产品质量的保障，是公司信誉的体现，消费起来安全可靠。农产品也是如此，农产品的品质是树立品牌的基础，而产品品质和企业竞争力的提升必须要依靠科技创新，尤其是在绿色农业的生产上。企业一方面要加大农业科技投入，依靠科技激发企业活力，多方面学习汲取各种高新培育技术、加工技术、生物工程技术等。另一方面，要注重企业自身的研发能力、创新能力，增加绿色农产品的技术含量，保障绿色农产品的品质，将其做大、做精、做强，以此提升品牌知名度与品牌效益。

采花茶业集团的发展十分注重技术的研发与运用。在新产品的研发上，公司与中国农业科学院茶叶研究所、湖北省农业科学院、湖北省农业厅经济作物站等科研单位建立了长期合作关系，拥有 17 项国家专利，这大大提高了茶产品的科技含量。同时，公司也运用无公害茶、绿色食品茶和有机茶的生产技术，大大提高了茶叶品质。在生产技术上，公司改造厂房，引进先进的加工机械设备，开展采花毛尖清洁化生产流水线加工工艺研究，并进行标准化管理。在茶叶生长过程中采用生物防治、农业防治、物理防治等技术，以保证产品品质。

（三）拓宽宣传渠道，注重品牌推广

据统计，湖北省得到绿色无公害农产品认证的品牌超过 4 000个，每年可提供安全认证的农产品达到 1 600万吨以上。

俗话说，酒香也怕巷子深。在品牌效应深入人心的时代，好的产品没有好的营销，企业不重视品牌的建设与推广，终究会被市场淘汰。因此，绿色农产品企业要注重拓宽宣传渠道，将品牌建设与推广作为企业发展的重要部分。一是广告投放。由于绿色农产品具有周期性和季节性的特点，会对普通的商业广告投放时间产生影响，可以选择投放在公交车身、地铁站、路牌等流动广告或投放着眼于提升企业形象的公益广告、实力广告等。二是通过举办公共活动的形式进行广告营销。如在展览会、展销会、农产品交流会、绿色农产品节等一些活动进行广泛宣传，引导消费者参与来推销自己的品牌。三是利用媒体进行企业文化和产品品质的传播，如召开新产品发布会、为媒体提供企业的素材，邀其进行农产品质量、经营理念的宣传，把握住每一次产品在公众面前亮相的机会。四是在具体营销方面，可采取品尝、赠送样品、购买抽奖等活动，增加公众对绿色农产品的了解和认识。

（四）政府积极引导，助力企业发展

湖北采花茶叶有限公司的品牌建设离不开湖北省各级政府的关注与支持，可以说，政府是企业发展的最大推动力，政策的倾斜和各部门的配合是造就知名品牌的基本条件。湖北省政府于2009年10月发布了《关于实施农产品加工业“四个一批”工程的意见》，指出要发展优质、营养健康的农产品，提高产品档次，创立知名品牌。在此基础上，农业部门也为扶持农产品加工企业和农产品品牌建设设立专项资金，质量技术监督部门也在努力做好品牌培育工作，这些都为采花品牌的建设和推广提供了保障，对采花茶业集团的发展起到推动作用。

湖北省绿色农产品品牌的国际化经营*

周　莉[1]　王皓瑀[2]

（1. 中南财经政法大学；2. 湖北省绿色食品管理办公室）

当前，经济全球化使企业国际竞争已经由价格、质量、规模竞争转向了品牌竞争。我国作为农业大国，对国际农产品市场具有举足轻重的作用。现阶段，湖北省正积极致力于打造绿色农产品品牌的国际化经营。现在湖北省绿色农产品企业开始纷纷走出国门，开展国际营销，只是由于出口以初级农产品为主，获利空间小，竞争压力大。塑造品牌有利于提升产品的附加值，提高产品的竞争力，但到目前为止，湖北省绿色农产品在国际化过程中有影响力的品牌很少，缺少被国际公认的知名品牌，品牌国际化运营整体水平较低，因此，加强国际化中的品牌运营具有重要的意义。

一、湖北省绿色农产品的国际化经营现状

现阶段，面对国际上绿色农产品市场竞争日益激烈的趋势，湖北省作为国内农业大省之一，无论是在绿色农产品出口上，还是在绿色农产品进口上，都对国际绿色农产品市场有着举足轻重的作用。因此，现阶段湖北省绿色农产品在进出口方面挑战和机遇是并存的。首先，虽然湖北省是农业大省，但却不是农业强省，更不是农产品品牌大省，在国内外农产品市场上的"市场地位"较低。因此，在绿色农产品出口方面需要湖北省进出口企业努力加强自身的适应力和竞争力，在绿色农产品品牌的国际化经营方面更需巨大的投入和努力。湖北省绿色农产品无论是在数量上还是在质量上与以前相比都有了大幅度的提升。这些提升对于增强湖北省绿色农产品在国际市场上的竞争力都有了很大的帮助，更有利于湖北省绿色农产品品牌的国际化经营的顺利实现。因此，我们要坚定信念勇于接受挑战，即时抓住机遇。不仅要努力提高湖北省绿色农产品的产量，更要积极致力于提高湖北省绿色农产品的质量，做到保质保量，实现湖北省绿色农产品出口的利益最大化。另外，湖北省政府还要加大对农业的技术投入，努力提高湖北省出口绿色农产品的科技附加值，增加我国农产品出口利润。并积极致力于打造我省绿色农产品

---

* 本文原载于《湖北绿色农业发展研究报告（2014）》，湖北人民出版社出版，2016年

品牌的国际化经营。

二、湖北省的绿色农产品品牌国际化经营存在的问题

目前，湖北省绿色农产品品牌在国际上还比较落后的成因主要体现在，绿色农产品出口企业实力弱，出口规模小，缺乏龙头企业；出口结构不尽合理，低端产品创汇能力弱，品牌附加值低；绿色农产品质量安全体系建设不完善；对品牌内涵理解肤浅，品牌缺乏长远规划；绿色农产品包装简易。这些问题严重制约了湖北省努力打造绿色农产品文化品牌，提升产品的国际竞争力，绿色农产品品牌的国际化经营。

（一）绿色农产品出口企业实力弱，出口规模小，缺乏龙头企业

纵观世界知名品牌，无一不与大型跨国公司有关。湖北省绿色农产品出口企业大多规模较小，造成科技人员过于分散，企业科研能力不强，不但造成投入产出率低，而且无法进行技术更新，难以形成强势品牌。外贸主体为中小企业的现实制约了湖北省出口强势品牌的形成，也制约着湖北省企业“走出去”在国际市场建立品牌影响的进程。其实，湖北省有很多优势资源，本身有很好的开发和深加工潜力，如果品牌运营得当，是可以获得极大的品牌价值和利润增值的，但实际情况一直不尽如人意。例如，虽然湖北省具备发展有机食品生产基地的良好自然条件，但缺乏龙头企业的带动，难以形成自己的品牌体系；很多优质的农产品，因缺少核心品牌难以得到大规模开发，面临出口困难的窘况。湖北省有全国闻名的优质绿色农产品和优势资源，这些年出口规模也不断增加，但实现利润不高，资源优势没有转化为现实的经济优势，主要的原因是没有品牌，特别是没有创出知名品牌。

（二）出口结构不尽合理，低端产品创汇能力弱，品牌附加值低

品牌的附加值是指品牌中所包含的被消费者欣赏的东西和产品基础功能以外的东西，也就是通过品牌给消费者提供的信任感、满足感和荣誉感，它通过其商品形式维持一种溢价。湖北省绿色农产品加工业的多数企业仍处于小规模经营，基本上还处于初级产品加工阶段，致使农业产业链条短、加工转化率和增值率不高，农产品的高附加值流失严重。目前发达国家农产品的加工率平均在 70% 以上，有的甚至超过 90%，而像法国和荷兰等国家几乎所有的农产品都是经过不同程度的加工才进入市场的。所以，绿色农产品的深加工能力低，已成为影响湖北省绿色农产品贸易结构优化的瓶颈。目前，湖北省出口的绿色农产品大多是原料型的初级产品及其低端制成品，长期以来一直依靠价格开拓国际市场。因为缺乏足够的资金和技术支持，无法进行深加工，未能对优势资源进行产业链延伸，导致出口利润率较低，使得企业出口品牌价值长期处于低水平。

（三）绿色农产品质量安全体系建设不完善

完善的绿色农产品质量安全体系建设直接关系到绿色农产品贸易发展，也决定着品牌建设的成败，因为名牌意味着给消费者提供卓越的品质保证，优秀的服务质量。湖北省绿色农产品质量安全体系建设除了市场准入制度不健全外，还主要存在以下问题：一是缺乏认证意识。无公害食品认证覆盖范围小，仅涉及蔬菜、水果、畜禽肉、水产品等几类农产品，而国内通用的认证体系如绿色食品和有机食品认证，以及一些国际通行的认证体系如 GAP（良好农业规范）、HACCP（危害分析与关键控制点）、ISO9000 系列标准（质量管理和质量保证体系系列标准）、ISO14000 系列标准（环境管理和环境保证体系系列标准）等目前大多数企业还无法达到要求。二是检测技术水平落后。一方面，湖北省的检测技术主要针对产后安全性进行检测，忽视全程控制检测；另一方面，湖北省缺乏如二噁英及其类似物、氯丙醇等一些对健康危害大而国际贸易中又十分重视的污染物的关键检测技术。由于检测技术的落后，使得检测结果根本达不到国际要求，从而造成出口困难的现象。三是相关法律法规体系不健全。虽然湖北省可参照的绿色农产品质量安全方面的法律法规较多，但大都不成体系，法律法规之间缺乏有机结合，存在漏洞，尤其是对于农产品质量安全的细节方面缺乏具体的、可操作的相关法律法规。

（四）对品牌内涵理解肤浅，品牌缺乏长远规划

品牌内涵包括品牌归属、个性、文化、价值、群体、利益六大要素。目前，湖北省绿色农产品企业及农户对品牌的理解仅停留在最初层面，以为品牌建设就是给农产品起一个名字，搞一个标识，到工商管理部门进行注册成为一个商标，然后投入一定的人力、物力配合一定的概念进行宣传，就算成功了，对产品的个性、价值、文化等更深层次的挖掘很少，致使湖北省出口农产品品牌仍处于较低水平，缺少鲜明个性，存在严重的同质化现象。而且，湖北省农产品品牌缺乏突出当地文化、历史、民俗的内涵，品牌生命力较弱，品牌附加值不高，致使品牌资产增值潜力不大，品牌收益不高。另外，出口品牌杂乱、自相竞争，导致品牌多却不强。

（五）绿色农产品包装简易

我国农产品包装简陋，造成产品价格较低。一些国家进口我国的食品农产品后还需要再重新包装，进入本国市场，其市场价格远比进口时高。尤其是水果、蔬菜、茶叶等农产品的运输包装和国外相比，差距很大。湖北省的绿色农产品在产后往往因为运输途中的叠压，没有统一包装，任意堆放，无可靠的保鲜技术等，使其品质、形体遭到破坏。湖北省农产品急需专业的机构（如农业合作社等）来进行农产品的产后保鲜、统一包装和专业运输，直接在田头与市场间架起一座桥梁，来解决当前农产品的品质下降、甚至腐烂，无法销售和增值等难题。

三、湖北省绿色农产品企业国际化经营中品牌运营的对策建议

随着国际农产品市场竞争日益激烈，绿色农产品如何在激烈的竞争中脱颖而出是个至关重要的问题。湖北省作为一个农业大省，在经济全球化的背景下，绿色农产品的国际化越来越受到关注。

（一）转变政府职能，强化对湖北省绿色农产品品牌国际化的支持力度

政府应协调各相关部门，从研发设计、政府采购、境外投资、出国参展、广告宣传、整体推广、国际营销体系建设、贸易便利、金融保险、知识产权保护、公共信息服务等方面出台综合性的扶持政策；另外，还可以筛选出一批基础条件好、发展潜力大的绿色农产品品牌，集中力量进行重点培育，争取在较短的时间内形成一批具有自主产权的出口品牌；同时，积极引导绿色农产品出口企业进行境外商标注册，进行国际通行的质量管理体系、环境管理体系、安全生产和进口国（地区）要求的认证，这些出口品牌建设方面的基础性工作，将提高湖北省绿色农产品出口品牌建设的整体水平。

（二）精准定位绿色农产品出口品牌，培育国外消费者品牌忠诚度

培养出国际消费者对湖北省出口绿色农产品的品牌忠诚度，品牌国际化才有成功可能。因此，要找出影响消费者对企业品牌再次购买的关键因素是什么，从而针对性地努力改进。首先，湖北省绿色农产品品牌国际化的战略定位，一定要突出健康和绿色。绿色产品正成为一种健康消费和产业发展的时尚，从生产环境到生活消费结构，绿色消费已成为稀缺和需要支付更高价格的消费。近年来，有机食品在国外市场上越来越受欢迎，有机农产品的价格比普通的农产品至少要高 50%，有的品种甚至要高 2～3 倍。因此，湖北省农产品企业应依托无污染的绿色资源，大力发展绿色农业，创立、培育绿色品牌，这是发挥农业后发优势，争取比较优势的有效途径。目前，湖北省正在积极开展绿色食品和无公害农产品认证，也已取得了一定成绩，但全面实现绿色出口仍然任重而道远。

（三）建立国际营销网络，多种方式进行品牌国际化推广

由于出口时若只通过进口商和代理商销售，只管销售业绩，不管销售渠道建设，很容易造成受制于人，失去代理商就失去市场的尴尬局面。所以，建立自己的国际营销网络至关重要。在营销渠道方面，可借鉴国际著名品牌做法，建立本土化营销渠道。利用东道国经销商现成的渠道资源、客户群体、专业知识和人才队伍，按当地的营销方式，通过一种利益驱动机制，促使国外经销商、代理商为本企业服务，以低廉的成本迅速将产品分销到各个目标市场，可节约大量人力物力。另外，还要采取灵活多样的手段加强

对外品牌宣传力度，提升品牌国际知名度。例如，可以提供赞助或捐助，投身国际体育赛事；可以投放媒体广告，但要注重当地消费者心理分析和流行时尚及相关文化背景研究，做广告时要富有创意和创新，注重本土化；可以参加国际展会，一方面可以让国外消费者直接了解公司情况和产品，另一方面可结交国外的代理商和经销商；另外，还可以通过互联网进行品牌国际化推广，如加入到搜索引擎、供求信息发布、投放网络广告、开展网上电子商务等。

（四）依托龙头企业，培育名牌绿色农产品，增强国际竞争力

当今的国际市场是高科技含量、高附加值的优质、名牌商品称霸的市场，湖北省绿色农产品进入国际市场，应走以龙头企业为主体实施名牌战略的道路，大力发展特色绿色农产品的深加工，实现转化升值，提高产品的竞争能力。一方面要鼓励大型工商企业介入优势农业，作为龙头企业组织农产品产业化经营。另一方面，要通过以名牌企业为龙头的资产重组，建立大规模的企业集团，走集约化之路，通过收购兼并等手段，尽快形成产业集群，增强国际竞争力。例如，新疆的番茄酱产业就具有行业整合的空间。

（五）改进绿色农产品的包装

“品牌与包装”是增加产品附加价值的营销利器，对于消费者而言，良好的品牌形象等同于对产品的质量、服务及安全的保证，而具特色的包装设计更是吸引消费者青睐的关键。尤其是外销农产品必须在国际市场上与各国产品一起竞争。因此，配合国际趋势发展高度识别的品牌形象，并开发便利又具吸引力的亮丽包装，已成为提升产品竞争力不可或缺之成功关键。一是绿色农产品包装应该符合国际联运的需要，其大小尺寸应该实行标准化；二是包装材料除了满足无毒无害的基本要求外，还应该满足不同进口国的特殊要求；三是对国内包装业应该加强管理；四是加快包装标准化工作进程，包括包装材料、包装技术要求、包装标识、包装制造等的标准化，特别是有关绿色农产品包装标准应该是强制性的。

（六）积极实施出口品牌的国际保护

湖北省绿色农产品出口企业首先要积极关注和打击市场上的假冒伪劣产品，不断加强对防伪技术应用情况的监督和管理，规范市场次序；另外，要及时进行品牌的海外注册。海外注册途径主要是通过《马德里协定》或《马德里议定书》规定的国际注册途径取得其商标在协定或议定书成员国的保护。应尽可能宽注册、广注册，多样化注册。

黑龙江省绿色食品专营市场和品牌建设的探索与实践[*]

朱佳宁

（黑龙江省绿色食品发展中心主任）

绿色食品事业经过20多年的努力推进已进入了一个新的发展阶段，市场和品牌已成为推动绿色食品产业健康快速发展的主导因素。近年来，黑龙江省在全面抓好绿色食品基地建设、产品开发和质量监管的基础上，以拓展绿色食品专营市场为重点，以叫响品牌为目标，全力推进品牌和市场建设，有力地促进了绿色食品健康快速发展。2012年黑龙江省绿色（有机）食品认证面积6 720万亩，实物总量3 150万吨，总产值1 300亿元，不仅发展规模不断扩大，质量不断提高，更重要的是探索了一条通过市场和品牌建设实现绿色食品优质优价的新途径。

一、绿色食品品牌和市场建设取得明显成效

黑龙江省是全国最早开发绿色食品的省份之一。多年来尤其是最近两年，黑龙江省积极探索绿色食品发展的内在规律，把品牌培育和市场建设作为牵动事业的“牛鼻子”，不断创新机制，强化措施，推进品牌培育和市场建设持续向纵深领域拓展，市场规模不断增加，品牌影响日益扩大，特别是专营市场体系建设在促进绿色食品事业健康发展，实现农民增收、农业增效上发挥了重要作用。一是专营市场体系逐渐拓展。按照统一标准和要求，省内外具备一定规模的绿色食品专营销售网点达到1 670多家，其中在京、沪、穗三大城市占20%。二是新型营销模式不断涌现。先后在省内各大网站建立了一批绿色（有机）食品网，集中宣传展示绿色食品，发布产品信息。创建了绿色食品电子商务网，与国际大宗销售网站链接，打造和培育了新型销售模式。三是展会作用日益凸显。最近两年，组织和承办国内外大型绿色食品展销活动近20次，参加企业累计1 500余家（次），展销产品5 000种，签订合同800多份，签约额500多亿元，产品总量2 000多万吨。四是销售骨干企业不断崛起。到2012年底，全省从事绿色食品

---

* 本文原载于《农产品质量与安全》2013年第3期，27－30页

（有机、无公害）产品销售的企业发展到30多家，其中年销售额达1 000万元以上的企业20家，5 000万元以上9家，1亿元以上的5家。成立于2009年的龙商绿源有机食品（北京）有限公司已建立6家直营店，年销售额超1亿元。五是市场销售区域不断拓展。目前，黑龙江省绿色食品、有机产品、无公害农产品已销遍全国，远销40个国家和地区。在国外贸易壁垒日益严重的情况下，黑龙江省绿色食品省外及国外销售数量不断增加，每年增长速度都在两位数以上。2012年，省外销售额达470亿元，比上年增长52%。六是品牌影响力不断提升。目前，在绿色（有机）食品中，有省级著名商标138个，全国驰名商标17个，分别占全省获标食品企业的26.4%和68.2%。通过广泛宣传和推介，绿色食品品牌影响力不断提升，绿色食品大米、蓝莓、山特产品等产品优质优价的态势已初步形成。2012年，黑龙江省绿色食品大米平均价格比普通大米高出1.54元/千克，提高19.3%，企业和农民实现了增收增效。七是主打产品已形成且发挥主导作用。以大米为主的粮食类绿色食品，以大豆油为主的豆类绿色食品，以食用菌、蓝莓为主的山特类绿色食品，不仅规模不断扩大，而且价格优势也日益突出。全省在省外及国外销售的绿色食品种类已达14大类1 300多个。

二、创新绿色食品专营市场和品牌建设的途径

绿色食品专营市场是指按照有关规定和标准专业进行绿色食品产品销售经营的场所。发展绿色食品专营市场，是实现绿色食品品牌价值的基本平台，具有多重的正能量。一是可以集中宣传展示绿色食品，提升绿色食品品牌影响力，实现优质优价，增加经济效益。二是可以杜绝假冒绿色食品进入销售领域，保证绿色食品产品质量，确保消费者购买到真正的绿色食品。三是可以把各个种类、品牌的绿色食品集中起来销售，不仅可以方便消费者购买，也可以降低企业经营成本。四是有利于实现绿色食品全程质量控制，把质量标准落实到最后一个环节，切实提高绿色食品的公信力和信誉度。近年来，我们遵循绿色食品自身规律和特点，充分发挥绿色食品规模大、种类多的优势，全力推进绿色食品专营市场体系建设，努力构建新型的绿色食品市场营销模式。

（一）大力构筑多层次的绿色食品专营市场网络

建设完善的销售网络是市场和品牌建设的基础。黑龙江省坚持省内外相结合，“有形”与“无形”相结合，大力推进绿色食品专营市场网络建设，初步形成了以大型专业批发为中心，专卖店（柜）为重点的全国性绿色食品专营销售网络。一是切实抓好省内市场网络建设。按照“统一设计、统一形象、统一装饰，市场准入、许可销售”的要求，先后在哈尔滨、牡丹江等市建立了一批规范化的示范店，初步打造了黑龙江绿色食品专营店的新形象。黑龙江省具备一定规模的绿色食品专营销售网点1 670多家，其中经认定的绿色食品专卖店37家。2011年与雨润集团合作在哈尔滨市最大的南极国际食品批发市场建立了4 000多平方米的黑龙江绿色食品展销中心，去年销售额20亿

元。通过这一平台，将黑龙江省绿色食品企业及产品以“打包、捆绑”方式统一销往中西部地区，探索了绿色食品销售新模式。二是大力推进省外绿色食品专营网络延伸。把省外绿色食品目标市场定位在沿海发达地区的京、沪、穗三大城市及周边区域，建立了 300 多个黑龙江绿色食品展示销售中心（店）。2010 年，在上海西郊国际农产品展销中心建立了黑龙江绿色食品馆，年销售额 5 000多万元，产品进入 20 多个大型社区，并辐射到“长三角”地区，已成为黑龙江省在外埠最大的绿色食品展示和销售“航母”。三是积极推进电子商务销售网络。为拓展绿色食品销售渠道，构建永不落幕的展销平台，2011 年，黑龙江省建立了“黑龙江绿色食品电子商务网”，设置企业库、产品库、资讯和认证查询等 12 个栏目，同时与阿里巴巴等网站链接，建立了黑龙江绿色食品商城，已有近百家企业入驻，并形成了合同批发销售与产品零售相结合的新型销售模式。

（二）依托会展带动绿色食品专营市场建设

会展活动是推进绿色食品专营市场和品牌建设的有效途径。一是积极组织和参与各类展会。按照“政府搭台，企业唱戏”的原则，组织绿色食品企业积极参加省内外各种展会，仅去年就组织参加大型展会 7 个，参展企业 2 000余家，产品 1. 5 万个。对中国国际农产品交易会、中国绿色食品博览会等农业部主办的国际性展会，我们精心策划，精心设计，精心组织，以“中国大粮仓、绿色黑龙江”为主题，在展会开展多形式宣传，并在中央和省主流媒体进行全方位、深层次宣传报道，达到了推介企业和产品、宣传和叫响黑龙江绿色食品品牌的目的。二是全力打造自有绿色食品展会品牌。充分发挥黑龙江省绿色食品规模大、种类多的优势，创办了齐齐哈尔绿色食品博览会、大兴安岭蓝莓节等 9 个具有我省特色的绿色食品展会。从 2010 年开始创办了黑龙江绿色食品展销周，成效显著。特别是 2012 年在北京市举办的黑龙江绿色食品展销周和绿色食品春节年货大集，有 1 200多家企业，2 000多种产品参展，签订经贸项目 65 个，金额 61. 7 亿元，展会规模之大，宣传效果之好，品牌影响之广，均创历届展会之最，得到了农业部和省政府领导的高度赞誉。三是切实抓展会后续效应。在组织好展会的同时，更注重展会“落地生根”、后续发展，做到举办或参加一个展会，落地生成一批绿色食品专营销售网点。2012 年，在展会举办地建立销售网点 120 多个。在北京市举办绿色食品展销周期间，有 80 多家企业与北京的超市（商场）和农产品批发市场建立了合作关系，新增专卖店（柜）30 多个，成为黑龙江绿色食品新的宣传窗口和销售平台。

（三）全方位立体式宣传绿色食品

通过及时、准确、有效地宣传报道，提升绿色食品影响力和信誉度，是加快绿色食品市场开发和品牌建设的一条有效途径。一是抓媒体报道开展宣传。2012 年，全省在中央和省级媒体刊登宣传黑龙江省绿色食品的稿件 300 篇（条）以上，各类媒体转发上千条。仅在哈尔滨国际经济贸易洽谈会期间，新华社宣传报道百家绿色食品企业负责人质量宣誓和签字活动，全国就有 500 多家网站转载。二是抓各类广告开展宣传。黑龙江省把广告宣传作为市场和品牌建设的重要途径，2011 年以来在各类传媒投放绿色食品广告 5 万次以上。2012 年，黑龙江省积极争取资金，在央视多个频道的黄金时段播出黑龙江绿色食品公益广告，累计达 789 次。根据中央电视台调查数据，公益广告在全国 35 个中心城市传播累计触达约 4.6 亿人次，覆盖全国主要城市消费目标人群约 56%，进一步提升了黑龙江绿色食品知名度和影响力。三是抓载体开展宣传。引导各地和企业在交通要道、旅游区、生产基地设立广告栏、宣传标语区和基地指示牌 3 000多个，让来黑龙江省的国内外客人一进省界就可以感受到绿色食品的魅力，体会到，绿色食品是黑龙江新兴的“亮丽名片”。四是抓各种社会性活动开展宣传。从 2012 年开始，黑龙江省启动了绿色食品品牌推介系列活动，先后举办了“3・15”绿色（有机）食品知识宣传、生产企业质量承诺、消费者喜爱的绿色食品品牌等活动。全力推进《黑龙江省关于实施绿色食品品牌战略的意见》实施，鼓励和引导绿色食品企业开展多种形式的品牌宣传，切实推进绿色食品市场和品牌建设。

（四）不断夯实专营市场和品牌建设的基础

市场和品牌建设是一项系统性工程，必须从源头和基础抓起，在组织领导和政策支持上提供保障。一是大力提高绿色食品标准化基地建设水平。为确保绿色食品市场需求，加大了绿色食品标准化原料基地的建设力度。2012 年，黑龙江省标准化基地达到 141 个，面积 5 390万亩。为提升基地的管理水平，制定和推广统一的《生产管理手册》。同时，加大对基地农药、化肥等生产资料监管力度，从源头上确保了绿色食品产品质量。二是大力开发绿色食品新产品。充分发挥黑龙江省资源和环境优势，重点开发市场适销对路的产品。2012 年，黑龙江在抓好粮食、山特产品、畜禽产品认证的基础上，加大了蔬菜、马铃薯等产品开发力度，绿色食品企业和产品续展率分别达到 76.8%、76.1%。三是大力创新质量监管机制。扩大“三品”质量追溯试点范围，去年又启动了 20 家生产企业和基地质量追溯试点工作。加大产品抽检频率，普通产品抽检率达到 20%，高危产品达到 30%。全年抽检产品 2 800个，产品合格率达 99% 以上。

（五）切实强化领导和政策支持

近年来，黑龙江省委、省政府把绿色食品作为全省重点发展的“十大产业”之一，强力推进，并将市场和品牌建设作为重点，在政策和资金上给予倾斜。2012 年，全年用于市场品牌建设资金达到 1 500万元。同时，黑龙江省委、省政府主要领导多次参加省内外绿色食品展销会，并强调要解决黑龙江省农业“重产轻销、量大链短、质优价低”的问题，要从绿色食品抓起，做好市场品牌建设这篇大文章。制定出台了《黑龙江省关于实施绿色食品品牌战略的意见》，充分调动了企业开拓市场培育品牌的积极性。

三、加快绿色食品市场和品牌建设的对策措施

纵观产业发展，黑龙江省作为全国最大的绿色食品生产基地，但市场体系尤其是绿色食品专营市场体系建设相对滞后，“大生产，小市场”的现象比较突出，绿色食品内在价值没有在市场上真正体现。一是生产企业市场意识不强，不会自我宣传和推介，“小富即安”，没有做大做强企业的开拓精神，缺乏争当第一的雄心壮志。二是专营销售网络不健全。不少绿色食品与一般农产品“混场”销售，特别是绿色食品大豆、玉米、水稻、大宗蔬菜产品都没有规模较大、基础设施比较完备的专营批发市场，缺少绿色食品专营店、区、柜，许多具有特色的绿色食品没有形成市场优势。三是品牌多而杂，没有形成合力，不少品牌没有形成规模和地域优势。四是缺乏有实力和影响力的流通企业。绿色食品企业多是以“单打独斗”的形式开拓市场，普遍存在“入超难”的问题，难以形成固定销售区域和规模优势。解决上述问题的具体对策。

（一）准确定位绿色食品目标市场

黑龙江绿色食品是安全、优质食品的代表，其市场定位应高于普通的农产品，目标市场也应定位在中高端消费群体较为密集的经济发达地区，既有较大的消费市场，又可获得较高的效益。目标市场重点是以北京市为中心的京津地区、以上海市为中心的长三角地区和以广州市、深圳市为中心的珠三角地区。并以这 3 个地区为基础，逐步辐射到我国港澳台地区和东南亚。在市场经营模式上，则应该大力发展专营店、专营柜、专营区或者专业批发中心、配送中心，切实形成具有统一模式、统一标准的绿色食品专营市场体系。

（二）进一步完善以专营市场为重点的市场网络体系

要以打造专营销售网络为目标，在省内外建立黑龙江绿色食品展销中心和专营店，把具有黑龙江省特色的绿色食品集中起来，形成合力，走出省门、国门。一是继续在省外建设一批绿色食品展销中心。重点是在北京、上海、广州和深圳等区域中心城市建立一批集展示、销售于一体的绿色食品展销中心，并以此为平台在这些地区的超市和市场建设绿色食品专营区和专柜。通过这些销售平台和宣传展示窗口，逐步形成具有辐射全国（包括港澳台地区）和国外的黑龙江绿色食品市场。二是在省内建立一批绿色食品精品专营示范店。根据“展示精品、销售高端、全程检测、质量追溯、信誉承诺”的原则，继续在哈尔滨市建设一批绿色食品精品专营示范店，进一步探索新路，扩大影响，提升经营层次和水平，为实现连锁经营奠定基础。全力推进哈尔滨南极国际黑龙江绿色食品展销中心建设，逐步扩大经营规模，并通过其在外省建立的黑龙江绿色食品销售专区，把黑龙江省绿色食品“捆绑”“打包”销往省外。三是加快绿色食品网络市场建设。进一步完善黑龙江绿色食品电子商务网，尽快将其打造成为全国知名的电子商务

平台。逐步形成展示直销、物流配送、内外贸易、电子商务为一体的绿色食品销售体系，拓宽市场，提升品牌的影响力和竞争力。四是抓好大型绿色食品展销活动。加大国内外有影响力的重大经贸会展活动的组织力度，积极推介黑龙江绿色食品品牌，不断拓展销售市场。积极在国内外举办有黑龙江绿色食品特色的展销活动，进一步提升黑龙江绿色食品竞争力。

（三）进一步做大做强绿色食品品牌

品牌是一个企业和一个产业综合竞争力的重要标志，实施品牌战略是绿色食品发展进入新阶段的必然选择，是加快绿色食品强省建设的战略性举措。一要加快品牌培育。采取政府引导和市场化运作的方式，逐步整合绿色食品品牌，推进“一品一牌”，甚至“多品一牌”。同时，提高产品包装档次和设计水平，挖掘企业和产品文化内涵，增强黑龙江绿色食品品牌底蕴，不断提升绿色食品产品的比较效益。特别是要充分发挥黑龙江省资源和环境优势，将黑龙江省绿色食品分门别类梳理整合，叫响一个“龙字号”统一品牌，重点是要把黑龙江省大米、非转基因大豆和山特产品等产品打造和培育成为地理标志农产品，在国内外得到广泛认知、认同。二要加大品牌推介和宣传力度。充分利用中央电视台和省电视台等新闻媒体、户外大型广告牌等载体，多渠道、全方位、高密度地宣传黑龙江省绿色食品产品，真正在国内外叫响黑龙江的绿色食品品牌，不断放大黑龙江省绿色食品的内在价值，真正实现优质优价。三要加大品牌保护力度。注意培育绿色食品品牌经营主体，搞好绿色食品品牌评选认定，建立品牌培育激励机制，激发企业持续培育和打造品牌的自觉性和积极性。支持企业积极推进绿色食品品牌战略，提高企业核心竞争力。

（四）进一步扩大绿色食品生产规模

没有产品规模形不成品牌，没有品牌就没有市场优势和竞争力。一要扩大绿色食品标准化基地规模。推进种植业优势产业带与标准化基地建设相结合，在做好水稻、玉米和大豆三大作物基地建设的同时，加快畜牧业、乳业、水产品、蔬菜、马铃薯、林果等特色产品绿色食品标准化基地的创建工作，扩大生产规模，为绿色食品加工企业提供充足的优质、安全原料。二要扩大加工生产规模。引导支持大型农产品加工企业开发绿色食品，同时鼓励已认证的企业扩大认证数量，提高绿色食品产品的比重，扩大总量，夯实品牌基础。在扩大加工生产规模的基础上，大力开发科技含量高的精深加工产品，为市场提供充足的健康、绿色产品。

（五）进一步提升绿色食品品质

质量是绿色食品的生命，监管是保证绿色食品质量的手段。一要严格按照标准生产。提高标准化基地建设水平，加快绿色食品新品种、新技术和新标准推广，增加基地建设科技含量，提高农民科学种地水平，推广绿色食品的标准化种植技术，提高基地产品品质。加强绿色食品关键技术研究，支持企业引进、推广绿色食品生产新工艺、新技术，提高种植、加工、包装、储运、销售等各个环节的标准化水平，提高生产能力和质量水平。二要培育企业自律诚信。采取宣传、典型示范等多种措施，引导企业强化诚信意识，树立诚信强企的观念，促使企业严格按照绿色食品的技术要求生产和经营。严厉打击各种侵权、假冒伪劣等违法行为。对绿色食品企业实行动态管理，对出现不合格产品的企业实施“退出”制度，撤销其绿色食品标志的使用资格，并定期向社会公布。三要进一步提高产品品质。引导企业技术创新，加大研发力度，鼓励大专院及科研院所相互合作，形成技术创新协作体，积极应用新技术，加快产品更新换代步伐，开发精深产品，增加产品科技含量，延长产业链，保持品牌的持续生命力，提升产品品质，促进绿色食品持续快速健康发展。四要建立完善质量保证体系。抓住源头，强化监管，严格按标准控制投入品使用量和使用次数，完善生产档案记录。夯实品牌建设的基础。提高产品抽检密度，大宗产品抽检比例提高 10 个百分点，达到 30%，高危产品抽检比例提高 20 个百分点，达到 50%。管控全程，杜绝绿色食品生产中违法添加非食用物质和滥用食品添加剂，确保质量安全。五是积极推进质量追溯体系建设。力争 5 年内使黑龙江省绿色食品企业全部实现“生产有记录、流向可追踪、信息可查询、质量可追溯”。建立和完善产品公示和退出机制，切实做到“从土地到餐桌”的绿色食品全程质量控制，使黑龙江省真正成为全国人放心的“大厨房”。

（六）进一步加大政策和资金支持力度

充分调动各级政府和部门积极性，出台优惠政策，加大资金投入，加快绿色食品专营市场体系和品牌建设发展。对绿色食品品专卖店（柜、区）、批发中心、配送中心建设和品牌宣传等各方面给予政策倾斜和重点支持。媒体宣传部门要加大绿色食品专营市场和品牌宣传力度，通过播放绿色食品公益性广告、设立专题专栏等形式，营造良好的舆论氛围。开展品牌表彰和奖励活动，对获中国驰名商标、黑龙江省著名商标、中国名牌农产品的品牌给予奖励，进一步调动企业创建名牌的积极性和主动性。

浙江省“三品一标”品牌发展现状与对策探讨*

方丽槐

（浙江省农产品质量安全中心）

无公害农产品、绿色食品、有机农产品、地理标志农产品是各级政府和农业部门合力打造的安全优质农产品公共品牌，是当前和今后一个时期农产品生产消费的主导产品。实践表明，发展“三品一标”是推进“产出来”和“管出来”有机结合的有效载体，是推进农业标准化生产、提升农产品质量安全水平的重要支撑，是实现品牌化经营、促进农业增效、农民增收的有效途径。

一、浙江省“三品一标”发展现状

浙江省“三品一标”产业，从1990年发展绿色食品开始起步，从无到有，由小到大。特别是2003年，习近平同志在浙江工作期间提出了“创建生态省，打造绿色浙江”的方略，并把发展“三品一标”产业列入“创建生态省”的重要内容和对地方政府目标责任考核指标体系，全省“三品一标”产业由此进入了快速发展时期。

（一）从数量规模上看，增长速度持续加快

从2003年到2013年年底，浙江省无公害农产品从457个发展到4 565个（不含渔类产品），绿色食品从160个发展到1 232个，年均增长率分别达到25.9%和22.6%，有机农产品达458个。截至2013年年底，全省有效使用“三品”标志的生产经营主体5 451家，产品总数6 255个。“三品”累计产地认定面积96.9万公顷，约占主要农产品种植面积的40%；累计登记保护地理标志农产品30个。

（二）从产业结构上看，发展层次不断提升

2013年，全省“三品”实物总量达770万吨，其中无公害农产品677.9万吨，绿

* 本文原载于《农产品质量与安全》2014年第5期，10－12页

色食品 84.4 万吨。获证“三品”产品中，绿色食品和有机产品个数占 27%，种植业与养殖业产品数量比为 4∶1；种植业产地中耕地、茶园、果园面积分别占 50.8%、8% 和 16.5%，蔬菜、茶叶、水果等主导产业申报产品所占比重较大，突显浙江农业优势，体现了较为合理的种植结构。绿色食品中，加工产品占全部产品的 40.9%。

（三）从认证主体上看，带动能力明显增强

目前浙江省“三品”获证主体中，市级及以上农业龙头企业 833 家，占企业总数的 15.3%；农民专业合作社及家庭农场 2 586家，占企业总数的 47.4%。全省“三品”年销售额达到 43.09 亿元，年出口额 1.1 亿美元。“三品”企业规模化、组织化程度较高，基地化生产、企业化开发、品牌化经营已成为浙江省“三品”产业的主导发展形式。“三品”在农业现代化建设中发挥了重要引领示范作用。

（四）从产品质量上看，安全水平稳定可靠

按照监管工作程序化、制度化、规范化建设要求，以企业年检、质量抽检、标志市场监察、颁证前告诫性谈话、专项整治、企业内检员培训、协会引导行业自律等多项制度为主要内容的监管长效机制逐步完善。2013 年浙江省共抽检绿色食品、无公害农产品 396 个，合格率分别为 99.3% 和 98.8%。多年来，浙江省“三品”抽检合格率稳定保持在 98% 以上，未发生“三品一标”质量安全事件。事实证明，认证一个产地，可以带动一片标准化生产，认证一个产品，可以保障一方质量安全。

（五）从品牌效应上看，公信力日益增强

自 2009 年起，浙江省农产品质量安全中心连续 5 年组织开展“三品一标”宣传周活动，每年确定一个主题，以省、市、县“三品一标”管理部门、新闻媒体、生产企业互动的模式，不断创新宣传形式和手段，通过开展公共媒体宣传、绿色食品基地行、“三品一标”进社区进高校等一系列活动，广泛宣传“三品一标”产地优良、技术优势、产品优质的品牌形象，品牌公信力和影响力进一步提升，营造了良好的发展氛围。

二、当前浙江省“三品一标”发展面临的形势

解决农产品质量安全问题，根本在于推动农业转型升级，促进农业发展方式的转变。实践证明，发展“三品一标”，有效地促进了农业标准化的落地生根，有效提升了农产品质量安全水平，目前“三品”已成为引领市场消费的重要导向。浙江省农业正处在全面深化改革和产业转型升级的重要时期，“三品一标”产业发展正面临着一系列难得的发展机遇和挑战。

（一）政府强力推动

浙江省委十二届七次全会《关于推进浙江生态文明建设的决定》明确把大力发展无公害农产品、绿色食品和有机产品，加快建设一批有规模、有品牌、标准化的绿色食品生产基地，作为加快发展生态经济，发展绿色产品的重要任务之一。浙江省委十三届五次全会《关于建设美丽浙江创造美好生活的决定》，明确要求“加快建立和推广现代生态循环农业模式，大力发展无公害农产品、绿色食品和有机产品”。“三品一标”工作先后被纳入省政府对市、县长生态省建设目标责任书和生态市、县建设考核内容以及浙江省文明县（市、区）和浙江省文明县城、浙江农业现代化等重要评价指标。与此同时，各地结合本地区经济发展实际，在政策引导、资金扶持等方面制定了一系列推动发展的激励措施。政府的强力推动为“三品一标”创造了前所未有的机遇，开启新的发展征程。

（二）产业转型带动

浙江省现代农业发展正进入加速转型的重要时期，“高产、优质、高效、生态、安全”是农业转型发展的基本趋势，专业化、规模化、标准化、集约化、品牌化是基本方向。专业化解决经营主体问题，规模化解决效益问题，标准化解决质量安全问题，集约化解决要素资源配置问题，品牌化解决市场竞争力问题。这些都为“三品一标”发展创造了良好基础条件。浙江省大力建设的农业“两区”是建设现代农业的大平台，主战场，也是坚持以生态为导向，大力发展“三品一标”，生产健康安全农产品的大平台、主战场。近期，浙江省农业厅党组提出积极建设以“治水倒逼促转型、生态兴农美田园”、“产管并举促提质、安全放心美生活”为主题的浙江“两美”农业，努力打造绿色农业强省，这又为全省“三品一标”发展提供了有利契机。

（三）市场需求拉动

随着经济社会的发展，城乡居民收入水平不断提高，人们在吃饱的基础上，更加追求吃得健康、营养，食物消费结构正在由注重数量转向注重质量，进入数量质量并重、生产流通并重的新阶段，消费者对安全优质农产品的需求不断增长，农产品消费升级的市场拉动力日益增强。“三品一标”始终以“促进农产品质量安全、增进消费者身体健康、保护农业生态环境”为核心理念，质量可靠，安全保障，品牌忠诚度、美誉度高，得到越来越多消费者的青睐和信赖，具有广阔市场前景。

综上所述，浙江省大力发展“三品一标”产业，正逢其时、时不我待。当然，目前浙江省“三品一标”工作还存在一些问题，如各地认识不同，重视程度不一，政策扶持等行政推动的潜力和作用没有完全发挥，区域间发展不平衡；认证主体规模偏小，产品结构不尽合理，市场机制不完善，品牌效益表现不充分，产业发展质量有待提高；体系队伍不健全，认证和监管规范化、程序化、制度化工作有待加强，创新能力和服务水平有待进一步提升等。这些都需要在今后工作中引起高度重视，通过不断深化改革，不断开拓进取，认真加以改进。

三、加快发展“三品一标”的对策思考

当前，“三品一标”已由相对注重发展规模进入更加注重发展质量的新时期，由树立品牌进入提升品牌的新阶段。今后一个时期，浙江省“三品一标”工作要紧紧围绕建设“两美”农业，打造绿色农业强省的总要求，以省级现代农业园区和粮食生产功能区建设为平台，以稳存量、促增量、调结构、提质量为目标，坚持“确保质量与稳步发展”和“规范认证与严格监管”的方针，通过带动标准化生产、带动品牌化经营，提升发展水平、提升品牌公信力，促进农业增效、农民增收。具体来讲，要着重做好以下 5 个方面工作。

（一）严格规范认证，调整优化产业结构

正确处理发展速度与质量的关系、数量规模与可持续发展的关系，着力优化产品结构，提升“三品一标”产业发展质量和水平。在产品认证方面，严把环境检测、产品检验“两道闸门”和现场检查、材料审查“两个门槛”，积极引导更多的农业龙头企业、示范性农民专业合作社、示范性家庭农场等财政项目支持的基地及主体申报绿色食品，着力提高绿色食品在“三品”总量中的比重。在产地认定方面，进一步完善“两区”内无公害农产品产地整体认定工作机制，尽快实现农业“两区”无公害农产品、绿色食品生产基地全覆盖。认真组织开展全省“三品”产业与资源普查，为推进产业结构调整，制定产业发展规划提供支撑。

（二）强化证后监管，维护和提升品牌公信力

坚持认证把关和证后监管两手抓，“产出来”和“管出来”两手硬，全力确保“舌尖上的安全”。以保证产品质量、规范用标、查处假冒伪劣等为监管重点，全面落实企业年检、标志市场监察、例行抽检、内检员培训、风险预警、退出公告等制度，加强证后监管长效机制建设。全面实施绿色食品颁证面谈制度，加强对认证主体管理，严格落实主体责任。进一步督促落实无公害农产品、绿色食品企业等生产主体内部管理制度，推进监管工作“程序化、制度化、规范化”。强化淘汰退出机制，对年检不合格企业、抽检不合格产品，坚决取消标志使用权，发现假冒产品，坚决依法查处，切实维护好品牌公信力。

（三）深化制度改革，提升管理服务水平

立足农业现代化建设的新要求，坚持传承与创新相结合的原则，分类推进“三品一标”制度改革。按照农业部新修订的《绿色食品标志管理办法》要求，全面实施绿

色食品审核和颁证制度改革，全面启用“绿色食品审核与管理系统”，推进绿色食品信息化管理。完善无公害农产品认证审核制度，合理设置无公害农产品产地认定准入门槛，优化申报企业结构，增强示范带动能力。做好“三品一标”与省级农产品质量安全追溯平台建设的有效衔接，提升引领示范能力。加大对企业内检员的培训力度，进一步发挥好企业的主体作用，强化主体责任。持续开展检查员、监管员、核查员培训，完善“三品一标”专家库，进一步发挥好体系队伍的技术优势和支撑作用。

（四）加强宣传与营销，提升品牌影响力和竞争力

进一步加强“三品一标”品牌宣传与营销，提升认证登记产品的品牌形象，以品牌引领生产、以信誉促进消费。持续深入开展“三品一标”宣传周活动，大力宣传“三品一标”。依据技术标准开展质量审核、通过质量审核落实标准化生产、通过标志管理打造品牌形象的管理模式和工作亮点，培育消费者对“三品一标”品牌的信任感，增强品牌的社会公信力和美誉度。组织企业参加中国绿色食品博览会、中国国际有机食品博览会等国内外贸易推介活动，推进产销对接、商贸交流，提升“三品一标”品牌的市场竞争力。注重舆论引导，对社会关注的“三品一标”热点问题，主动答疑解惑，加大引导力度，加强正面宣传，为全力打造品牌、促进“三品一标”事业与生态文明建设深度融合营造良好氛围。

（五）发挥协会作用，强化行业自律管理

进一步健全浙江省绿色农产品协会工作机制，发挥行业协会的指导、服务、自律、协调和监督职能，促进企业自我约束、自我管理和自我规范，切实落实生产主体“第一责任人”的责任。以协会为平台，逐步建立起一套比较完善的“三品一标”企业诚信管理体系，从制度上形成良好导向，发出正面声音，科学指导会员企业严格执行生产标准，规范操作规程，切实把标准化落实到每个环节、每道工序。进一步组织好会员学习交流、培训研讨、评选示范企业等活动，大力宣传“三品一标”的先进理念、技术标准和优秀企业的质量管理经验，在全行业不断强化诚信意识、责任意识和自律意识，规范“三品一标”生产经营行为，建立良好的“三品一标”市场秩序。

参考文献

陈晓华 . 2014. 2014 年农业部维护“舌尖上的安全”的目标任务及重要举措 [J]. 农产品质量与安全 (2): 3 – 7.

张玉香 . 2012. 新时期“三品一标”工作重心及发展重点 [J]. 农产品质量与安全 (3): 5 – 7.